彩图典藏版

图解

经典读本　女人必备

精编精解　图文并茂

女人的魅力与资本

一本让女人更有魅力和吸引力的书

亦兮◎编

中国华侨出版社

北京

图书在版编目（CIP）数据

图解女人的魅力与资本 / 亦兮编.—北京：中国
华侨出版社，2017.12
ISBN 978-7-5113-7180-5

Ⅰ.①图… Ⅱ.①亦… Ⅲ.①女性－成功心理－通俗
读物②女性－修养－通俗读物 Ⅳ.① B848.4－49
② B825－49

中国版本图书馆 CIP 数据核字（2017）第 266206 号

图解女人的魅力与资本

编　　者：亦　兮

责任编辑：千　寻

封面设计：中英智业

文字编辑：清　一

美术编辑：刘　佳

经　　销：新华书店

开　　本：720 毫米 ×1040 毫米　　1/16　　印张：26　　字数：688 千字

印　　刷：北京佳创奇点彩色印刷有限公司

版　　次：2018 年 8 月第 1 版　2018 年 8 月第 1 次印刷

书　　号：ISBN 978-7-5113-7180-5

定　　价：68.00 元

中国华侨出版社　北京市朝阳区静安里 26 号通成达大厦 3 层　　邮编：100028

法律顾问：陈鹰律师事务所

发 行 部：（010）88866079　　传　真：（010）88877396

网　　址：www.oveaschin.com

E-mail：oveaschin@sina.com

如发现印装质量问题，影响阅读，请与印刷厂联系调换。

前言

　　女人如花，而由她身上所散发出来的独特魅力就好比花之灵魂。有了它，你无须再用其他东西来做点缀；而缺少它，你就是拥有得再多也等同于没有。索菲亚·罗兰说："美丽使你引起别人的注意，睿智使你得到别人的赏识，而魅力，却使你难以被人忘记。"女人是一道亮丽的风景，每个女人都有专属于自己的魅力，也都有自己独特的资本。

　　女人的一生，就是与各种角色共舞的一生，而不管角色如何变换，女人要想活出精彩，就必须要有自己独特的魅力与资本。魅力决定着女人在公众心目中的形象，是女性在现代生活的各个领域中获得成功的必要前提。擅用女性资本，则能为女人平添一份底气，更加游刃有余地游走于生活的各个领域。女人的魅力与资本并非与生俱来，而是内外兼修的结果。再漂亮的女人，如果缺少了魅力与资本的点缀，也就失去了那最打动人心的灵动与生气。

　　魅力女人，一生如花。美丽可能随光阴的逝去而逐渐褪色，魅力却能因时间的流转而更见风致。如果你很漂亮，高雅的魅力可以升华你的美丽；如果你不漂亮，脱俗的魅力同样能使你楚楚动人。正如美国女诗人普拉斯所说："魅力有一种能使人开颜、消怒，并且悦人和迷人的神秘品质。它不像水龙头那样随开随关，突然迸发。它像根丝般巧妙地编织在性格里，它闪闪发光，光明灿烂，经久不灭。"美丽只能让女人成为一时的焦点，而真正有魅力的女人却拥有使青春常驻的魔力，只有那些不断追求内外兼修的魅力女性，她们的一生才能在不断完善中成为一部杰作。有魅力的女人是有品位和内涵的，有魅力的女人善良真诚，高雅幽默，平和旷达，有魅力的女人做事收放自如，张弛有度，有着让人羡慕的高贵气质，她们使人禁不住驻足欣赏，却又不由得心怀一份敬畏。犹如出水的白莲，有魅力的女人既有外在的柔美，亦不乏内在的风骨，或艳若桃李，或淡若梅菊，却都有一种自然的风貌，冰清玉洁而又摄人心魄。

　　从某种意义上说，每个女人都是"资本家"，因为在今天，资本已不仅仅是金钱或财富的代称，而是涵盖了心态、健康、社交、财商等的诸多内容，这些正是女性把握成功脉搏的绝对资本。女人生来就有独特的资本，聪明的女人懂得如何利用这些资本，以最大限度地展示和流露自己的潜力，最终成为幸福一生的赢家。人生最大的悲剧莫过于没有发现自己巨大的潜能而潦草度过一生，而女人一生中最大的遗憾则莫过于没有去发现、发挥和利用自己的资本，最终与精彩的人生擦肩而过。对绝大多数女人而言，她们并非缺少抵达幸福的愿望，而是不懂得怎样去实现。如果女人善于发现、培植和发掘自己的资本，并找到适合自己潜在优势成长的土壤，那么女人会比男人更容易得到成功的垂青。善于运用女人的资本，才能做生活和事业上的幸福的成功者。

《图解女人的魅力与资本》是一本献给所有女性的生命化妆书。在本书中，每位女性都能看到自己的影子，也都可以找到帮助自己提升魅力指数与挖掘成功资本的良方。全书分为"魅力篇"和"资本篇"两部分，"魅力篇"主要从女人的性格、气质、形象、健康、社交等五个方面揭示现代女性的魅力要点；"资本篇"则主要从女人的心理、才智、处世、财商、职场、恋爱、婚姻等七个方面讲述现代女性获得成功的必备要素。本书内容全面丰富，语言清新明快，侧重实用。从时尚妆容到健康养生，从性格、财商到恋爱、婚姻，几乎涵盖了女性生活的方方面面，在给女性朋友提供切实指导的同时，书中一些新颖的观点和事例也能令女性朋友们为自己找到一个新的定位，展开自己更为亮丽的人生。

提升个人魅力，打造成功资本，赢得一生幸福。女人的魅力与资本，不仅取决于姣好的容貌、迷人的气质，还取决于温润的性格、处世的智慧。魅力十足的女人未必最美丽，却时时散发出一股神秘的吸引力；拥有成功资本的女人，同时拥有了一份处变不惊的底气，自如进退于生活的各个领域。内外兼修的女性，终将成为幸福一生的赢家。

女人，打造专属于你的魅力，积累和用好你独特的资本，绽放生命的精彩！

目 录

魅力篇

魅力篇

　　女人最怕的莫过于衰老，但残酷的是，红颜不可能永驻。岁月易逝，青春会老，女人不可能永远年轻，但却可以越来越有魅力。

　　真正有魅力的女人是可以超越年龄的鸿沟的。女人的魅力在于容貌，在于气质；女人的可爱在于爱心，在于智慧。

　　女人的魅力是可以打造的。在看似平凡的生活中提升自己，不再去学桃花那样的灼灼之美，如兰芷，如梅花，学会在生活中面对清风和寒霜，学会用冷静的头脑去思考问题，学会用冷静的目光去欣赏男人，把一切都注入一种成熟的内涵。即使化妆也不随波逐流，即使着装也不一味地讲究新潮。你要学会审视时尚，你要对魅力有感性的认知，至少你要知道什么是恰如其分。一丝高雅，一丝自然，一丝与众不同，这样的女人才会越来越美丽，越来越有魅力。

第一章

女人的性格魅力——完美女人的前提

第一节　好性格成就好女人

温柔：魅力女人的终极武器

谈起"温柔"，人们总是给它插上自由飞翔的双翅，把它喻为闭月羞花、沉鱼落雁、轻歌曼舞、雅乐华章，还有人把它喻为最纯洁的"水"。水——那一汪汪清冽、盈盈的水，是那么的明净透彻、可亲可爱，多少人为它发出了由衷的感叹，多少人对它表示了惊喜的礼赞——温柔之美啊！美就美在柔情似水。著名学者朱自清在《女人》一文中对女性的温柔做了绝妙的描绘："我以为艺术的女人第一是她的温醉空气，使人如听着箫管的悠扬，如嗅着玫瑰的芬芳，如躺在天鹅绒的厚毯上。她是如水的蜜，如烟的轻，笼罩着我们。我们怎能不欢喜赞叹呢……"由此可见，女性品格的这种温柔的美，是多么的令人陶醉，多么的令人沉湎，多么的令人神往！

女人最能打动人的就是温柔。当然，这种温柔不是矫揉造作，温柔而不做作的女人，知冷知热、知轻知重。和她在一起，内心的不愉快也会烟消云散，这样的女人是最能令人心动的。

一个女人站在面前，说上几句话，甚至不用说话，你就能感觉出这个女人是不是温柔。这种女人味与年龄无关，甚至与外表也没有特别大的关系。

"现在的女孩子都一副咄咄逼人的样子，一点儿也不温柔！"经常可以听到一些男士对现代女性发出类似的怨言。的确，与过去的女性相比，有些现代女性很少有柔顺体贴、小鸟依人的时候了。取而代之的，是作风像男性、满不在乎的所谓"新潮女性"。对于男士的"悲叹"，你可能会柳眉倒竖、杏眼圆睁、气势汹汹地反驳："时代不同了，现在我们可是和男人'平起平坐'的。你大学毕业，我还念过研究生呢；你月收入3000，我还年薪5万呢！我干吗对你百依百顺，做出一副可怜兮兮的'柔弱'状？"

这些话虽然言之有理，但是不论中外，雄性都是阳刚的代表，雌性则是阴柔的象征，有学问、有能力的女性固然令男士倾慕，但也不应该因此而失去女性特有的温柔。

所谓女人味，是指那种看起来含蓄、优雅、贤淑、柔静的女人的味道，也是一种令一般男性不可抗拒的力量。尤其是在传统的东方社会，男人所期望的仍然是富有母爱温柔的女性，如果女性的行为太开放，言语太大胆，只会令男士们望而却步。

在生活中，男性的严肃常常显示出一种深沉、成熟、沧桑、刚毅之美，而女性的严肃则更多地给人以冷漠、严厉的感觉，甚至会得到个"不像个女人"的评价。观察你身边的女人，你会发现：讨人喜欢、人缘好的往往不是那些"冷面美人""病态西施"，而是那些面相随和、温柔的女性。即使她的五官不精致，身材欠婀娜，但她洋溢着善良与爱心的神情气质，能给人一种精神上的美感和情感上的安慰。因为人是有思想的，需要的是鲜活生动的、感情上的相互交融与关爱。对于女性，人们期待的更多的是一种蕴含着母爱的美，这是一种崇高的美。这种美能够弥补先天的缺憾，使年轻的女性可爱、年老的女性伟大。

温柔是女人的终极武器，哪个男人不愿意被这样的武器击倒？温柔有一种绵绵的诗意，它缓缓地、轻轻地蔓延开来，飘到你的身旁，扩展、弥散，将你围拢、包裹、熏醉，让你感受到一种宽松、一种归属、一种美。

温柔是女性独有的特点，也是女性的宝贵财富。如果你希望自己更完美、更妩媚、更有魅力，你就应当保持或挖掘自己身上作为女性所特有的温柔性情。

那么，在日常生活中，女性怎样才能让自己的表现更温柔、更有魅力呢？你可以从以下4个方面来培养并释放自己的柔性魅力。

1.通情达理

这是女性温柔的最好表现。温柔的女性对人一般都很宽容，她们为人谦让，对人体贴，凡事喜欢替别人着想，绝不会让别人难堪。

2.善良

要有爱心，对人对事都抱着美好的愿望，乐于关心和帮助别人。对家人，尤其是子女要表现出更多的关爱。

3.性格柔和

温柔的女人绝对不会一遇到不顺的事就暴跳如雷或火冒三丈。以柔克刚，这是温柔女人的最高境界。

4.不软弱

温柔绝不等于软弱。温柔是一种美德，是内心世界力量和充实的表现，而软弱则是要克服的缺点，二者不可混淆。

　　总之，温柔可以体现在各个方面，在聪明女人来说，她们处处都能体现出温柔的特征。而且值得回味的是，女性的温柔不但能够超越国家的界线，把它的芳香洒向世界各地，而且还可以突破时间年龄的限制，永远贯穿于每个女性的一生。

　　女性正是依着自己那温柔性格，才给男士开辟了一个可以置身于其中的温馨世界，从而达到了爱情生活的美好和谐；才给男士创造了一个可以感受其内在的审美对象，女性从而在同阳刚之美的对立统一中看到了自身存在的价值，使自身的美感境界得以自由伸展和全面升华。

◇ 在生活中体现你的温柔 ◇

　　作为一个现代女性，不仅要保留自己独立的个性，也要保留那传统的温柔之美，这会让你受益无穷，也是你一生的魅力所在。

哎呀，小朋友你没事吧？阿姨把你抱起来！

1. 富有同情心

　　这是女性的温柔在为人处世方面的集中表现。对于老、弱、病、残、幼及境遇不佳者，女性都应表现出应有的同情。

2. 温馨细致

　　让人心动的不只是一个女人做出了多么惊人的业绩，更多的情况下，是女人那种适时适地的细心关怀和体贴。

累了吧？喝点水休息一下

快乐：美丽的人更有魅力

快乐是一种在积极的心态下努力去生活的状态。它并不是封闭式的自我陶醉，而是一种可以轻松自然地体会自我、驾驭生活的心情。

快乐是一种态度——它不属于富人，也不属于穷人，它属于寻找快乐的人。

一、美在快乐的心态

一个人有没有美丽的容貌并不是最重要的，关键是自己的心态是否良好。如果自己整天愁眉苦脸的，那么再美丽的容貌也可能让人敬而远之；反过来说，虽然一个人的容貌并不美丽，但是拥有快乐的心态、善良和宽容的心灵，为人处世非常得体，那么在人们的眼里，她也是十分美丽和可爱的。外表的美丽只是一个方面，内心的美丽才更为重要。快乐是幸福的源泉，快乐是自己心灵的一种满足程度。变的多是自己的心情。假如自己感觉快乐，那么整个世界也是美好的；假如自己感觉痛苦，那么整个世界也是灰暗的。

二、快乐的女人才有永恒的魅力

做一个快乐的女人，别人就会强烈地感受到你的魅力。

快乐的花朵会点缀你的整个人生，快乐是紧紧地抓住现在，让昨天所有的阴霾烟消云散，只留下理性的经验教训做今天快乐的基石；把对明天的担忧挡在门外，只让幸福的憧憬走进落地之窗，让自己尽情享受当下的人生！

快乐是自我的肯定，是在自我中发现种种可爱之处，对着镜子欣赏自己的美丽。快乐的女人要让自己的每一个早晨都滚动着露珠，每一个日子都有新鲜的花朵！

快乐来源于头脑的清醒。让身体、家庭、事业统统隶属于你的灵魂，你就是统管这一切的至高无上的尊贵女皇，它们从各个层次、各个方面构成了你那丰富多彩的女性世界。你支配它们、调度它们，让它们齐心协力为你弹奏出一曲优雅、华美、深厚的生命乐章。

你打扮自己，又善于保持个性风采；挚爱丈夫和孩子，但正如你不可能成为他们的一切一样，他们谁也不该独霸你的情感天地；认真读书却犯不上痴迷，工作在成为一种生命的享受时，才有不可遏制的吸引力与创造力。

快乐其实就在充实而朴素的生活中：它躲在厨房装满油盐酱醋茶的瓶瓶罐罐中，它藏进塞满了碎布头、毛线卷的抽屉，它钻入你读了一半的书内，爬进你正在撰写的论文里，它隐身于丈夫、儿女的谈笑间。在温馨的灯光下，安静的课堂上，熙熙攘攘的菜市场，琳琅满目的百货店、炉火旁、水池边、花丛中、草叶间，它悄悄地、静静地望着你。

快乐就在我们每个人的身边，抓住快乐，拥抱快乐，你就是一个快乐的女人！

三、做个快乐的女人

快乐，是幸福生活海洋里激起的美丽浪花，是人生乐曲中振奋人心的音符，是一种积极向上的人生态度。快乐的春天纯洁无瑕，快乐的夏天绚丽多彩，快乐的秋天金光闪烁，快乐的冬天自然宁静。

由于年龄、阅历的不同，每个人快乐的感觉也不一样。老年人的快乐似一坛香醇浓郁的好酒，中年人的快乐似一缕和煦的春风，少男少女的快乐则似跳跃着的音符，而小孩子的快乐似五彩缤纷的气球。

那么女人呢？其实，女人的快乐最简单，似一片白云那么纯洁，似一杯清茶那么清香，似一点星光那么宁静，似一抹朝霞那么绚烂。

女人的快乐从何而来？那就更简单了。温馨的家庭使女人快乐，富有挑战性的工作使女人快乐，在自己愿意做的事情中感受快乐，在对人生的感悟中体味快乐。

然而，在生活里，有许多东西是无法改变的；或者说，与其你要改变生活，不如先改变自己。事实证明：名利思想过重的人，容易患病、衰老和早亡，这类人整日心事重重、愁眉苦脸，几乎没有笑容。名与利本身不是坏事，它可以促使人奋发向上，问题在于以哪种思想指导名利观。当你从事一件工作或研究获得成功时，首先想到名和利，可是愿望得不到满足时，你的心理就会失去平衡，产生消极、悲观、愤怒的情绪。

快乐好比一杯红酒，女人完全可以按照自己的口味亲自调制。

下面是几种调制快乐的方法。

1.不贪图安逸

快乐的人总是离开让自己感到安逸的生活环境。快乐有时是人离开了安逸的生活才会积累出的感觉，从来不求改变的人自然缺乏丰富的生活经验，也就难以感受到快乐。

2.不抱怨生活

快乐的人并不比其他人拥有更多的快乐，只是因为她们对待生活和困难的态度不同，她们从不问"为什么"，而是问"为的是什么"，她们不会在"生活为什么对我如此不公平"的问题上做长时间的纠缠，而是努力去想解决问题的方法。

3.降低负面影响

少接受一些有关伤感、悲伤、恐惧等负面的消息，这样无形中就保持了对世界的一份美好乐观。

4.给自己动力

通常人们只有通过快乐和有趣的事情才能够拥有轻松的心情，但是积极乐观的人能从恐惧和愤怒中获得动力，她们不会因困难而感到沮丧。

◇ 让自己快乐起来 ◇

　　快乐是一种积极的心态，一个女人若能从日常平凡的生活中寻找和发现快乐，就一定比别人幸福。

1. 感受爱情

　　恋爱中的女人是快乐的，事实上，不只是恋爱中，拥有爱情的女人都是快乐的。

2. 感受友情

　　一个人如果没有友谊，就会感到孤独寂寞，不可能有更多的欢乐。因此，人需要有朋友。

3. 树立生活的目标

　　快乐幸福的人总是不断地为自己树立一些目标。通常人们会重视短期目标而轻视长期目标，而长期目标的实现更能给人们带来幸福的感受。

5.心怀感激

人在社会上生存不是孤立的，而是相互依赖的。在生活中，每个人的思想、性格、品质不尽相同，所表现的言行也不一样。抱怨的人把精力全集中在对生活的不满之处，而快乐的人把注意力集中在能令她们开心的事情上，所以，她们更多地感受到生命中美好的一面，因为对生活的这份感激，所以她们才感到幸福和快乐。

自信：女人魅力一生的资本

有内涵的人自然有一种气质，这种气质就来源于自信。

自信的女人，总是精神焕发、神采奕奕地投入到生活和工作当中去。

自信的女人不惧怕失败，她们用积极的心态面对现实生活中的不幸和挫折，她们用微笑面对扑面而来的冷嘲热讽，她们用实际行动维护自己的尊严。这一切都淋漓尽致地表现出自信者的气质，一种坦诚、坚定而执着的向上精神。

自信的女人，不会整天张狂霸气，高呼女权至上。超越男人的方法，不是把他们的霸权给他们，而是活得跟他们一样舒展、自信；也不是整天向男人发出战书，和谐、平等和互助的两性关系，才是社会进步的动力。

美貌可使女人骄傲一时，自信却可使女人魅力一生。

或许你没有超群的外貌，但是你不能没有自信。自信能使人产生魅力，自信能使人变得美丽。

一个有魅力的女人，无论她走到哪里，常常会成为男人注目的焦点，女性羡慕或忌妒的对象。有些女人认为魅力是天生的，与己无缘，因为自己长得不漂亮，不苗条，又没有高档的服饰包装，一辈子也别奢望拥有它。其实，每个女性都有属于自己的那一份魅力，只是因为你太自卑，太缺乏自信，以致使你的优点、长处、潜在之美得不到挖掘和展示罢了。

也许你确实相貌平平，甚至有点丑、有缺陷，其实世间又有多少女人称得上"天生丽质"呢？常言道："金无足赤，人无完人。"容貌、体态、性感、化妆、服饰，并非女性魅力的全部，也并非女性魅力的决定因素。气质、智慧、才华、技能等内在之美，也许更能使女人具有永久的魅力。能写一手好字、说一口流利的英语、电脑操作技术娴熟，等等，由之而产生的巨大魅力，也常常会令众人倾倒。

即使你的容貌远远达不到所谓的"佳人"，才华也远远达不到所谓的"才女"，只要你努力做到自信、自爱、自强，也仍然可以寻求到那一份属于你的魅力。因为温柔、细腻、大方、善良、宽容，以及待人彬彬有礼、通情达理，以真诚和友谊对待周围的人，用爱心和热心帮助不幸的人，以坚强迎接生活中经受磨难的人，为人落落大方，适时地自然微笑的女人，都具有无穷的魅力，且给人的印象更深刻、更美好。

值得一提的是，充满自信的女人，如能于闲暇之际积极投身于体育锻炼，练出一副洋溢着青春活力的健美体魄，岂不更具有女性魅力？

即使你是一个非常平凡的女人，只要你对生活充满信心，在人生的舞台上，定能焕发出你那一份女性的魅力光彩。

人生有很多需要自信的时候，在那些时刻，不同的选择就代表了不同的未来。对女人来说，更要勇于面对，因为这个社会属于女人的机会并不多。

那么，女人要如何才能培养自信心呢？

1.挑前面的位子坐

在教学或各种聚会或者是会议室的会议中，后排的座位总是先被坐满。为什么呢？因为大部分占据后排座的人，都希望自己不会"太显眼"，而他们怕受人注目的原因就是缺乏信心。

坐在前面能建立信心。不妨把它当作一个规则试试看，从现在开始就尽量往前坐。当然，坐前面会比较显眼，但要记住：有关成功的一切都是显眼的。

2.练习正视别人

眼睛是心灵的窗户，一个人的眼神可以透露出许多有关她的信息。要想让你的眼睛为你工作，你就要用你的眼神正视别人，这不但能给你信心，而且能为你赢得别人的信任。

3.练习当众发言

语言能力是提高自信心的强化剂。一个人如果能把自己的想法或愿望清晰明白地表达出来，那么她内心一定具有明确的目标和坚定的信心。同时她充满信心的话语也会感染对方，吸引对方的注意力。

4.怯场时，不妨说出实情

当你怯场时，不妨把内心的变化毫不隐瞒地用言语表达出来。这样一来，不但可将内心的紧张驱除殆尽，而且也能使心情得到意外的平静，这就是坦白的效果。

5.使用肯定的语气

不同的语言可将同一件事实形容成有如天壤之别的结果，而且也给人以不同的心理感受。肯定的语气能让人心情愉快，而否定的语气则会让人产生自卑感，损害一个人的心理健康。语气、措辞是无法比拟的魔术师。在任何情况之下，只要经常使用肯定的措辞或叙述，就可以将同一个事实完全改变，使人驱除自卑感，从而享受愉快的生活。

6.自信培养自信

一个人如果缺乏自信时一直做些没有自信的举动，就会越来越没有自信。

所以缺乏自信时更应该做些充满自信的举动。缺乏自信时，与其对自己说没有自信，不如告诉自己很有自信。为了克服消极、否定的态度，我们应该试着采取积极、肯定的态度。如果自认为不行，身边的事也抛下不管，情况就会渐渐变得如自己所想的一样。自信会培养自信。一次小成就会为我们带来自信；如果一下就想做伟大、不平凡的事而不能顺利实现，就会越来越没有自信。

◇ 建立自信的方法 ◇

自信心往往可以产生想象不到的力量，就像一种看不见的力场。当一个女人拥有了自信，她就会散发出不同一般的光彩。

我一定能做到！

1. 多说激励自己的语言

语言的作用有时会超乎自己的想象，多用具有激励作用的语言，会增强自己的信心。

2. 多与自信的人交往

正所谓"近朱者赤"，情绪也是会传染的。

这两个方法任何女人都可以做得到，不要小看这些小的技巧，只要勤加练习，对我们建立自信可是会有大功效的。

7.做自己能做的事

做自己做得到的事时，个性就会显现出来。心智发育成熟的人，会向往自己能够做到的事，不成熟的人往往会不断采取以自我为中心的态度，从而错过了此时此地自己应该做的事，最终一事无成。所以，与其极欲恢复自我的形象，不如找出现在可以做的事。知道应该做的事，然后加以实行，一步一步地达到目标，这样会使人产生信心，从而带给人实现最终目标的动力。总之，要试着记下马上可以做的事，然后加以实践，没有必要必须是伟大、不平凡的行动，只要是自己力所能及的事就足够了。

幽默：魅力女人精神品位的最好表现

杨澜在主持《正大综艺》节目时，语言风趣幽默，很受观众好评。有一次，她的一位搭档夸张地说："只要提到位于北极圈的加拿大，身上就会冷得直打哆嗦。"杨澜接过话头，更加具体、形象地说："我也听说，有两位加拿大人在室外说话，因为那里天气冷得出奇，话一出口就冻成冰碴儿了，所以很快用手接住，进屋用火烤了才听见说了些什么……"杨澜的幽默说笑使演播厅的气氛更加轻松、活跃，电视机前的观众听了也禁不住捧腹大笑。这种幽默的谈吐是杨澜知识丰富、才思敏捷的直接表现。

当近代才女林徽因放弃徐志摩，跟梁思成结婚之后，梁思成问林徽因："你为什么选择了我？"

林徽因笑笑，淡淡地说了一句话："看样子，我要用一生来回答你的这个问题。"

这一句话里，包含了多少人生的"不能承受之重"啊！让人们再三咀嚼之余，不由得深深感慨于林徽因的才智与幽默，更欣羡于梁思成后半生的幸福与快乐！

显然，这样的女人才是真女人，才是让人动心、怜爱、喜欢的女人，才会真正得到丈夫的宠爱、朋友的喜欢、同事的亲近……

善于创造幽默的女人，不仅可以让自己如鱼得水，而且能笑对人生、豁达处世。

幽默的女人是智慧的，因为幽默必须具备一定的文化底蕴，没有一定文化的人是学不会幽默的。但文化虽高，没有灵气也不行，所以，但凡幽默的女人总是兼具才气与灵气。

幽默的女人是自信的，因为幽默有时就是一种自嘲。一个姿色平庸的女子若是能将自己的外表当作玩笑，那么，可以肯定她已经并不以此为卑，而且，她的身上肯定还有更多让她引以为傲之处。

幽默的女人是乐观的，因为幽默的机智反应并非只是能言善道，它也是一种快乐、成熟的达观态度。当她身处困境之时，并不会因此沉沦丧志，而总能开朗豁达、从容不迫。

　　幽默的女人是真实的，欲求幽默，必先有淡然的心境，不为浮名，不忸怩作态，不博庸人之欢心，举止言谈之间尽显超脱淡然的率真性情。

　　幽默的女人是可爱的，她总是能适时地在一汪清水之中激起点点涟漪，为平日

◇ 幽默在人际交往中的作用 ◇

　　幽默是人的思想、常识、智慧和灵感的结晶，幽默风趣的语言风格是人的内在气质在语言运用中的外化，在公关交际中有很重要的作用。

　　1. 幽默能激起听众的愉悦感，使人轻松、愉快、爽心、抒情。这样可活跃气氛，沟通双方感情，在笑声中拉近双方的心理距离。

　　2. 幽默风趣还可使矛盾双方从尴尬的困境中解脱出来，打破僵局，使剑拔弩张的紧张气氛得以缓和平息。

　　幽默是通过可笑的形式表现真理、智慧，于无足轻重之中显现出深刻的意义，在笑声中给人以启迪，产生意味深长的美感趣味。因此，聪明的女人总是喜欢幽默的生活。

里琐碎的生活增添几分韵味与情趣。

一个幽默的女人，肯定是一个热爱生活的女人，有着淡淡的从容和优雅，会用带笑的心去体会生活、感受生活，去化解生活之路上的一切问题。

不懂幽默的女人，就像绿叶中缺少红花一样没有情致。

所以，要想成为具有高尚精神品位的魅力女人，就要注意培养自己的幽默感，掌握幽默语言的艺术，努力使它成为自己的知识和本领。

（1）注意丰富自己的幽默资料。看得多了，听得多了，占有的幽默资料多了，运用幽默语言的能力自然就会得到提高。有道是"熟读唐诗三百首，不会写诗也会吟"，说的就是这个道理。

（2）注意从别人的幽默语言中体会幽默的要领。仅仅是从抽象的概念中学习幽默的要领，往往是不深刻的，只有结合大量的幽默语言实例进行深入体验，才能深刻理解幽默的要领，使自己对幽默语言运用自如。

（3）注意从别人的大量幽默语言实例中启发思路。运用幽默语言，要有独特的思维方式，要有如何借题发挥、创造幽默语境的思路，而且要求反应敏捷、思路明快，这些从幽默语言实例中都能体验出来。

（4）注意从别人的幽默语言实例中学习幽默语言方式。幽默语言是表达思想的一种特别的语言方式，这也需要从大量的幽默语言实例中去学习、体会和掌握。

（5）多找机会应用。实践出真知，幽默语言的修养也是这样。从书上学来的幽默语言知识，只有经过自己在实践中的练习和运用，才能变成自己的东西。而且，在实践中练习和运用幽默语言，也能加深对幽默的理解，丰富幽默知识，这本身也是一种学习，是书本学习的继续和深化。通过多练习、多运用，才能有效提高使用幽默语言的水平。

（6）幽默只是手段，并不是目的。不能为幽默而幽默，一定要根据具体的语境，选用恰当的幽默话语。另外，人的才能不一样，有的会幽默，有的不会幽默，不会幽默的，则不必强求，若故作幽默，反而会弄巧成拙。

宽容：女人最有魅力的财富

大海因为能够容纳百川，所以可以成为浩瀚的海洋。莎士比亚忠告人们说："不要因为你的敌人而燃起一把怒火，灼热得烧伤你自己。"富兰克林说："对于所受的伤害，宽容比复仇更高尚。因为宽容所产生的心理震动，比责备所产生的心理震动要强大得多。"如果自己能够对别人宽容，不但自己能够及时释放心理垃圾，而且别人也能够因此而对自己宽容，同时与自己友好相处。假如别人伤害了自己，千万不要只会怨恨，关键是要学会宽容，并避免被别人再次伤害。心胸太狭窄绝对是一件坏事。报复心太强烈，最终只能害自己。宽容别人不仅是自己的一种美德，更是让自己健康长寿的秘诀。愤怒是毒药，宽容是良药。

所以，女人应该学会宽容。

宽容是一种非凡的气度、宽广的胸怀，是对人对事的包容和接纳。女性的宽容更是一种高贵的品质、崇高的境界，是精神的成熟、心灵的丰盈。宽容是一种仁爱的光芒、无上的福分，是对别人的释怀，也是对自己的善待。宽容是一种生存的智慧、一种生活的艺术，是看透了社会人生以后所获得的那份从容、自信和超然。

学会宽容能使自己保持一种恬淡、安静的心态，去做自己应该做的事情。整日为一些闲言碎语、细小的事情郁闷、恼火、生气，总去找人诉说，与对方辩解，甚至总想变本加厉地去报复，这将会贻误自己的事业，使自己失去更多美好的东西。女人要成为一个生活的强者，就应豁达大度、笑对人生。有时一个微笑，一句幽默，也许就能化解人与人之间的怨恨和矛盾，填平感情的沟壑。

学会宽容是一个女人成熟的标志。宽容的人常常表现出勇于承担责任的作风，如果肯检验一下自己，就可以从失败和差错中找到自己所应负的责任。当一个人心平气和的时候，才可能保持头脑的清醒，找出失败的原因，采取有效措施，以便更加有效地工作。

首先，宽容表现在处世上不愤世嫉俗、不感情用事。

生活中，确实存在很多矛盾和困难：物价上涨、住房拥挤、人际关系紧张，还有这个"难"那个"难"，真让人有点喘不过气来。谩骂、生闷气都无济于事，倒给疲惫的身躯又增加了几分新的负担。只要冷静观察，就会发现人们的生活本来就是酸、甜、苦、辣、咸五味俱全。在生活中，"看不惯"的有很多，理解不了的有很多，让人失望的也有很多。但人的能力毕竟是有限的，愤世嫉俗不会改变事态的发展，不会使关系缓和。所以，首先应当适应事件的发展，在适应中发现"破绽"，掌握改造的契机和应知应会的本领，而不是游离其外去指手画脚。这就是一种宽容的表现，人要顺利走完生命的旅程，就离不开宽容。

其次，宽容体现在对别人的不苛求，"但能容人且容人"。每个人都有自己的思维、工作、学习、生活习惯，既有其长处，也有其短处。在社会生活中，人们总要同各种各样的人打交道。所以，为了生存和发展，为了事业的成功，我们必须习惯于人际交往，善于同各种各样的人，特别是同能力、天赋等各方面不及自己或脾气秉性与自己不同的人友好相处、和谐共事。就是对于有各种各样的缺点和毛病的人，我们也应注意发现其所长，尊重其所长。

如果你只注意到别人的缺点，就容易使自己陷入孤立无援的境地。相反，换个角度，多注意别人的好处，用理解、同情和爱心去影响别人，使他既能认识自己的缺点，又能心悦诚服地改正，你就会处处碰到信赖和爱戴自己的朋友和下属，你的人际关系也会因此得到很好的发展。

给人面子，既无损自己的体面，又能使人产生感激和敬重之情。

◇ 保持宽容之心 ◇

很多时候,想要做到宽容,并非易事,那么,该如何让自己拥有一颗宽容的心呢?

1.要做到理解别人

这样你就不会感到失望。要时不时地对自己的要求进行一下判断性的检查,看看是否恰当。

2.不要等别人来道歉

我们往往都认为自己是正确的,而过错则都在他人身上。这种心态显然无助于人际交往。

3.强迫自己同情对方

这样有助于你理解对方所持的那些观点。命令自己停止那些无休止的烦恼和抱怨。

不计较小事，不苛求别人，会为你赢得更多的时间和精力。

胸襟广阔，能容人容物是现代女性追求的境界，因为大度和宽容能给你带来太多的好处。

当然，宽容不是无条件的，要因人、因事、因时、因地而异，所谓"大事讲原则，小事讲风格"，即应取的态度。

处处宽容别人，绝不是代表软弱，绝不是面对现实的无可奈何。在短暂的生命历程中，学会宽容，意味着你的心情更加快乐，宽容可谓女人一生中最有魅力的财富。

第二节　性格决定女人的命运

好性格造就女人的好命运

好性格会使人幸运，也会让人成功。对女人来说也是一样。

什么是好性格？纽约著名的心理学研究专家汉斯曾经说："对于一个人来说，拥有诸如坚忍、勇敢、冷静、理智、独立等性格，无疑就等同于拥有了一笔巨大的财富。坚忍会让你在困难面前永不低头，勇敢则让你能够面对一切挫折，冷静和理智会让你永远保持清醒，独立则会让你不受他人的摆布。"

不得不承认，坏性格的女人不但会把人际关系搞得一团糟，把要做的事情搞得一团糟，也会把她自己的人生搞得一团糟。什么是坏性格？还是那位心理学专家说的："如果一个人的性格懦弱、胆怯、冲动、依赖性强的话，那么恐怕他一生都将一事无成。"

别以为他是在"恐吓"男人，性格懦弱的女人同样会将一生的幸福毁在自己的手里。

听人讲过这样一个故事：

第二次世界大战开始不久法国就被德国占领了，那时候，很多法国人为了躲避战争逃亡到国外。苏丽的家人都死于德军的炮火之下，她只好一个人逃到了英国的一个小村庄。在那里，一位善良的老妇人收留了她。同时，老妇人也收容了另外几名不幸的女孩子。

老妇人对这几位不幸的女孩子非常热情，甚至到了疼爱的地步。时间一长，其他几个姑娘都看出了端倪，并陆续离开了那里。只有苏丽没走，她不愿意再忍受漂泊之苦。

终于有一天，那位老妇人对苏丽提出，希望她能够答应嫁给自己弱智的儿子。

苏丽心中并不愿意，但她最终还是答应了老妇人的请求，因为她张不开口，她觉得自己应该报答老妇人的收留之恩。

苏丽今后的人生会幸福吗？可想而知。或许有人会说苏丽太善良了，可这不是善良的问题，要知道过分的善良就是软弱。她的迁就已经超出了善良的底线。就算是为了报恩，她也可以选择其他方式。

像苏丽这样的女人很多，她们的处世方法通俗点说就是把握不住关键，其实不是她们在拿自己的人生当儿戏，而是她们的性格使然。

再回到前面的问题，女人真的结了婚就万事大吉了吗？当然不是，不说外界因素会让婚姻充满变数，就是女人自身的性格优劣，也会让婚姻或向良性发展或步入意料之外的一条轨道。

因为性格懦弱，而不会拒绝丈夫的无理要求；因为胆怯，不管丈夫做了什么，大气都不敢出一声；因为爱冲动，鸡毛蒜皮的小事也会引发一场大战争；因为依赖性强，成为丈夫身上、心上难以摆脱的负担……还有一种被称为悍妇的女人对婚姻最具杀伤力，任凭男人优秀如苏格拉底、托尔斯泰，也会被这样的女人逼得有家不敢回，还谈什么和谐婚姻？关于女人，托尔斯泰说："等我一只脚踏进坟墓时，再说出关于女人的真话，说完立即跳到棺材里，'砰'一声把盖碰上，来捉我吧！"说这话时，托尔斯泰的眼光调皮又很可怕。

有人说，江山易改，本性难移，"我就是我，根本没办法成为别人"。那么，面对离婚的危险，你还不改吗？当你因为性格缺陷而面临"姥姥不疼，舅舅不爱"的局面时，你还不改？要知道，就连父母，都可能会因为孩子性格不同而偏向一个，冷落另一个。

每个人的性格都是有缺陷的，不是太倔强，就是独立性不够，要么就是太过软弱，太爱冲动，不够勇敢、不够坚强、太过武断……总之，拥有十全十美性格的人是极少见的。女人要想多获得一些幸福，就应该做出一定的改变。

克制猜疑，收获爱与信任

某位女性原本很幸福，她的丈夫很爱她，并且对她百依百顺，可她却总怀疑自己的幸福会在某一天被别的女人偷去，所以整天提心吊胆，几乎感觉不到幸福。

于是，她对丈夫有了防范之心：见到丈夫外套上有根长头发，就大吵大闹，非说他与别的女人一起出去过。在丈夫身上找不到长头发，她还会大吵大闹，说他是故意想隐瞒。

某天，接到丈夫要"加班"的电话，她的脑子"倏"地一下就大了。加班？这在男人的字典上不就是外遇的代名词吗！她决定采取行动自救——去给加班的丈夫送"温暖"。

晚上10点多，她来到丈夫单位楼下。见整幢办公楼灯火通明，她愣了一下，然后决定先给丈夫打个电话。"电话关机！鬼才会相信没事。"她愤愤地奔上楼去。

结局不言自明。如此猜疑，一次，男人会觉得她很爱自己；两次，男人会认为她离不开自己；三次，男人虽然很烦，也会一笑了之；四次，五次……人的忍耐是有限度的，到忍无可忍之时，势必不会再忍，只会拂袖而去。

此女的行径是很常见的，因为女人天生情感细腻，容易神经过敏、容易多心，爱猜疑。

猜疑是女人特有的人性弱点。好事为什么总落在对面的同事头上？她跟领导一定有什么猫腻；领导看我的眼神怎么总有点不对劲？一定对我有什么想法；那家伙最近怎么不太热情了？肯定怀疑我做了什么对不起她的事；那家人是不是在指桑骂槐？骂自己儿子怎么能用那样的话；男友对我是真心的吗？怎么那么不舍得为我花钱；他说"只爱我一个"是真的吗？他之前的女友不定有多少呢，5个，8个，说不定更多；这男人值得托付终身吗？我跟他能白头偕老吗？老公的同事说我"贤妻良母""特有气质"，不是在讽刺我，说我不漂亮吧……从工作到生活，从恋爱到婚姻，猜疑女人的一颗心就没踏实过。尤其是结婚后，那颗心更是在半空悬着，无时无刻不在担心丈夫有外遇。

女人生就一颗玲珑心，但为什么有些事就想不明白，非要给自己套上无形的精神枷锁，让自己痛苦地挣扎在猜疑中不能自拔呢？

因为猜疑的女人从来不觉得自己的猜疑是错的。女人猜疑的依据在外人看来是不可思议的，但在她们内心却认为是不容置疑的。当猜疑的念头控制她的时候，任何理性的解释都是苍白无力的。在她眼里，假想的东西就是现实真理，她甚至能罗织出无数的证据支持自己的判断，就如"疑邻窃斧"者。在确定老公没有背叛自己前，疑心女人观老公之言谈举止、神色仪态无一不是有外遇的样子。

当然，女人的猜疑也并不总是空穴来风的。女人天生第六感发达，凭借细枝末节往往就能判断出事情的本质，这也是很让男人苦恼的地方——男人说谎总能被女人拆穿。

这样的先天优势女人当然应该好好利用，这对于经营婚姻、感情、友谊甚至事业都是大有裨益的。但是，如果无端地过分猜疑，就是害人害己了。

尽管很多时候女人的猜疑过程只是求证的过程，但这样的过程却往往会误解别人、被人误解，直至失去别人的信任，将自己置于难堪的境地。有道是"疑心生暗鬼"，猜疑能败家败事。又如培根所说："猜疑之心有如蝙蝠，它总是在黄昏时起飞，这种心理使人精神迷惘，疏远朋友，而且扰乱事务，使之不能顺利。"

如果"天下本无事"，女人就不要凭自己的所谓聪明"自扰之"了，女人因为猜疑而毁掉幸福的事可是举不胜举的。

◇ 如何对待猜疑 ◇

作为女人，对待猜疑的最高明做法有以下三点：

只有我站在他身边才最合适！

1. 自信

对自己有信心的人自然不会疑东疑西，相信自己有魅力让丈夫只爱自己，相信自己有能力工作好，让他人无话可说。

你要不要过来查看一下我的邮件？

不用，我相信你！

除了自信之外，女人还应该相信对方，只有信任了对方，才能不再猜疑对方。

2. 相信对方

嗯，你工作上的事我帮不上忙，你有个好搭档也挺不错的！

上次我和小丽出去是因为公司有任务，不是你想的那样……

3. 宽容

拥有宽容，女人就能很好地控制自己的情绪，化解假想的和现实的危机，进而收获真正的爱与信任。

忌妒心少一点，幸福多一点

古希腊神话之所以受人喜爱，原因之一应该是那里面的神并不是神化了的人，而是人化了的神。人身上的一切好的、不好的秉性都存在于"神"的身上，所以，在和"神"交流的时候，我们才不会有隔阂，才会更有亲近感。比如，女神们的忌妒心理。

在众女神中，天后赫拉的名声并不是很好，原因就在于她的忌妒心很重，常常因为忌妒而加害其他女人——让伊娥变成牛，诱惑塞墨勒丧生在宙斯的雷电之下等。

当然，天后的忌妒全因宙斯而起。花心的宙斯到处拈花惹草，作为天后的赫拉自然咽不下这口气，但她又奈何不了宙斯，为了维护自己的尊严，她只好对宙斯染指的女人施以报复。

神话中的女人如此，现实中的平凡女人也一样。当男人忽略女人的感受和尊严四处留情时，女人除了紧盯丈夫的行踪或对情敌大打出手外，想必没有什么更好的办法了。

就像那个被称为最恶毒女人的吕后。刘邦当上皇帝后，把满腔的情爱都转移到了戚夫人身上，还一度打算废掉吕后之子刘盈的太子之位。吕后哪能咽下这口气。刘邦死后，吕后先让戚夫人吞火炭弄哑了嗓子，后让人剁掉戚夫人的胳膊和腿脚，把她弄成一个被称为"人彘"的大肉球，扔到猪圈里吃猪食，真是令人毛骨悚然。

这大概是女人忌妒的根源：因爱生妒，因妒生恨，因恨变成蛇蝎心肠。这大概也是"忌妒"一词成为东西方人眼中绝对的贬义词的原因——女人因忌妒而苦恼、失态、疯狂、自残、凄楚、决绝、苍凉，全没了美感，让男人见了再无念想，甚或对身处的世界都心灰意冷了。

当然，男人也会忌妒，但是，客观地说，男人忌妒起来不会像女人那么不理性、死钻牛角尖，誓把忌妒进行到底，他们会用阿Q精神胜利法转移自己的忌妒。

女人的确比男人爱忌妒。尤其是女人之间，很少会有男人之间那种惺惺相惜的故事发生。一个女人，不管她有多优秀，都万难得到同辈女人的真心崇拜、真诚赞赏。就是对心底最羡慕的对象，女人也毫不例外地会生出忌妒。

尽管很多女人不承认，总还是喋喋不休地标榜自己和女友铁得如死党，但事实就是事实——同辈女人之间有的往往只是忌妒和因忌妒引起的故意批判和诋毁。就说那"女为悦己者容"吧，初衷或许是为了讨好男人，但最终目的还是为了把女人比下去，以独占男人的眼球。

其实，小女子的忌妒有时也挺可爱的，也不是一无是处。正如培根所言："在人类的各种情欲中，有两种情欲最为惑人心智，这就是爱情与忌妒。"

　　一个人如果失去了忌妒，也会丧失前进的动力。想那不会忌妒的女人，肯定也是心如止水、安于平凡、没有追求的，自然就不会有激情和斗志去图谋极致的美丽、让人陶醉的诗意以及羞煞男人的成功，那这世界该少了多少精彩。

◇ 忌妒的危害 ◇

　　女人要善于驾驭自己的忌妒。毕竟忌妒是一把双刃剑，搞不好，很容易在被忌妒者没怎么样的时候，忌妒者本人先就深陷泥潭，深受其害了：

1. 破坏正常交往

　　一旦有了忌妒心理，就会与忌妒对象之间出现冷淡、隔膜的现象，人际交往就会受到阻碍。

2. 危害身体健康

　　忌妒是一种消极情绪，超过人体正常的生理限度时，会造成人体生理机能的失调，导致身心疾病。

　　对女人来说，让容颜消损最厉害的不是岁月，而是女人那颗爱忌妒的心。如果女人的忌妒心少一点，幸福就会多一点，美丽就能更长久一些。

尤其是对待爱情，女人更是往往会因爱生妒，因妒生恨，再因恨而变得疯狂。就像前面的赫拉和吕后，她们因为手中掌握着无上的权力，自然能做到只让妒火烧别人。可是，寻常女子就不同了，极度忌妒的结果只能是伤害别人也伤害自己，这是不值得的。女人是该看重爱情，但是，爱也是要有前提的，如果是那男人花心，对你不加珍惜，你还有必要为爱生妒、玩火自焚吗？

当然，忌妒是难以克服的，人性使然。女人要想幸福多一点，就必须要学会思考。有头脑的女人就算不能让小女人式的忌妒随风飘散，也能让忌妒的指向更合理，更有利于创造幸福人生。

保持自我

很多女士都喜欢模仿别人，想让自己和别人一样。她们希望能够跟上潮流，或是让自己散发出明星般的魅力。然而，这种模仿似乎并没有给女士们带来成功或是快乐，相反让她们感到焦虑、痛苦，而且这种焦虑、痛苦是和失败联系在一起的。

应该承认，对成功和快乐的渴望是女士们模仿别人的出发点，但事实证明这是一种很不明智的做法。当任何一位女士因为模仿别人却得不到肯定而苦恼时，不妨告诉他说："做你自己，那是最快乐的，也是最好的。"

有一次，卡耐基到一位朋友家做客，正好他的邻居爱迪丝太太也在。这位体形有些胖而且长得并不算漂亮的爱迪丝太太给卡耐基留下的第一印象是活泼、开朗、快乐。他们之间很快就没有了陌生人初次见面的那种陌生感，彼此都给对方留下了很好的印象。爱迪丝太太很健谈，尤其喜欢给卡耐基讲述一些她年轻时候的事。让卡耐基大吃一惊的是，就在几年前，爱迪丝太太还每天都生活在不开心和忧虑之中。

爱迪丝太太告诉卡耐基，她以前是个很敏感而且很羞怯的人。那个时候她就已经很胖了，而且两颊还很丰满，这样使她看起来更加胖。她的母亲是个非常古板的农村妇女，在她看来，女人最愚蠢的做法就是穿太漂亮的衣服。同时，爱迪丝的母亲还不赞成穿紧身衣，因为她认为衣服太合身的话很容易撑破，还是做得肥大一点好。这位母亲不只自己这样打扮，而且还要求她的女儿爱迪丝也这样打扮。说实话，这让爱迪丝十分苦恼，但却又无可奈何。她不敢参加任何形式的聚会，也没有任何开心的事。在那时，她就把自己当成怪物，因为她和别人不一样。

后来，爱迪丝太太嫁给了阿尔雷德先生。为了能够融入这个新家庭，爱迪丝太太开始模仿身边的人，包括她的丈夫和婆婆，但这一切却总是不能如愿。她不是没有努力过，但每次尝试的结果都是适得其反，甚至将她推向更糟的境地。渐渐地，爱迪丝太太变得越来越紧张，而且很容易发怒。她不愿意见任何朋友，也不想和任何人说话。她意识到，自己是彻底地失败了。

爱迪丝太太整天提心吊胆，因为她害怕有一天自己的丈夫会发现事情的真相。她非常努力地装出快乐的样子，甚至有些过了头。最后，爱迪丝太太实在不能忍受这种折磨了，她甚至想到用自杀来结束这种痛苦。

卡耐基对爱迪丝太太讲的故事非常感兴趣，追问道："爱迪丝太太，我现在更想知道您是怎么改变自己，变成现在这个样子的？"

爱迪丝太太笑了笑说："改变自己？没有，根本没有。事实上，现在的我才是真正的我。我必须要感谢我的婆婆，是她的一句话才有了今天的我。"原来，有一天，爱迪丝的婆婆与她谈论该如何教育子女时说："我觉得我是一个成功的母亲，因为我知道，不管发生什么事，我都要我的孩子们保持他们的本色。"天啊，婆婆的一句话就像一道灵光一样闪过爱迪丝的头脑，她终于知道了自己不开心、不快乐的根源。从那天起，爱迪丝开始按照自己的意愿穿衣打扮，也开始按照自己的兴趣参加一些团体活动。慢慢地，爱迪丝的朋友多了起来，她自己也变得越来越快乐。

卡耐基当时忍不住给爱迪丝太太精彩的"演说"鼓了掌，而且称赞她是自己所见过的最有魅力的女性。爱迪丝太太则有些不好意思地说："其实没什么，这就是我。"

保持自我是一项相当重要的事情。如果你做不到，那么你永远都不可能成为一个快乐的女性，因为你总是活在别人的影子里。

甚至有人说，保持自我这个问题几乎和人类的历史一样久远，这是所有人的问题。事实上，大多数精神、神经以及心理方面有问题的女性，其潜在的致病原因往往都是不能保持自我。

好莱坞著名导演山姆·伍德说："现在的年轻女士太没有自我了，在好莱坞，青年女演员去模仿他人的现象是相当严重的。实际上，这种做法让观众不好受，也让那些姑娘们自己痛苦。"

这位导演的话可谓一语中的，现实生活中这样的例子的确不在少数。

一名公车驾驶员有一个梦想成为歌手的女儿。但是，上帝并不怎么眷顾这个女孩，因为她长得很一般，而且嘴巴很大，还长有龅牙。当她第一次来到纽约一家夜总会唱歌的时候，她为自己的龅牙感到羞耻，几次想要用上嘴唇遮住它。这个女孩希望通过这种遮掩来使自己显得更加高贵，但却反倒把自己弄成了四不像。如果她照这样下去的，失败是肯定的。

不过上帝给了这个女孩一次机会，那天晚上有一位男士非常欣赏她的歌，但他也直言不讳地指出了女孩的缺点。男士说："我非常欣赏你的表演，但我知道你一直想要掩饰什么东西。我不妨直说，你一定认为你的牙非常难看。"女孩听到这儿的时候已经非常尴尬了，但那个人丝毫没有停下来的意思，而是继续说："龅牙怎么了？那不是犯罪。你不应该去掩饰它，或者你根本就不应该去想它。你越是不在乎它，观众就越爱你。另外，这些让你认为是羞耻的龅牙说不定哪一天会变成你的财富。"

女孩接受了他的意见，真的不再去考虑她的龅牙。后来，这个女孩终于成为家喻户晓的歌手，她就是凯丝·达莱。

有人做过专门的研究，其实我们每个人都具备成为伟人的潜质。之所以没有成为伟人，是因为我们不过只用了10%的心智能力，而剩下那90%却一直不为我们知道。这其中最主要的原因就是人们不能保持自我，正确地认识自我，从而发挥自己的潜能。

女士们，你们是否还在为不能惟妙惟肖地模仿别人而感到痛苦呢？其实，保持自我才是令你获得快乐的最好方法，也是让你获得成功的最好选择。卡耐基先生在年轻时也曾经很愚蠢地去模仿他人，并为他的模仿付出了惨重的代价。也正是这一经历让他明白，失去自我而一味地陷入模仿中是多么的可怕。他在一本书中讲述了这一经历：

"当我刚刚从密苏里州出来时，首先选择了纽约这个城市，那里有我向往的学校——美国戏剧学院，因为我一直都渴望自己能够成为一名优秀的演员，当然我相信很多女士都和我有一样的想法。我当时很喜欢自作聪明，因为我想出了一个很简单、很容易成功的愚蠢办法，那就是好好研究一下当时的几个著名演员，然后把他们的优点集中在我一个人身上。这大概是我这辈子做出的第二愚蠢的事了，因为还有一件事更加愚蠢。我花费了很多年去模仿别人，最后我发现我什么都不是，因为我根本成为不了别人。相反，我能做得最好的只有我自己。

"那次经历真的很惨痛，我曾经下定决心以后再也不去模仿他人。可谁知，几年后，我居然又犯下了我这辈子做出的最愚蠢的事。当时我正计划写一本有关公众演说的书，于是我又冒出了那种想法。我找来了很多有关公众演说的书，因为我想吸取他们的精华，然后使我的书包罗万象。事实证明，我错了，这是一种不折不扣的傻瓜行径。我居然妄想把别人的想法写入到自己的文章中，这种东西没人会看。就这样，我一年的工作成绩全都变成了纸篓中的废纸。"

女士们，没有什么损失能比失去自我的代价更大。事实上，很多成功的女性都是因为保持了自我才取得骄人的成绩的，尽管这做起来很难，因为做到这一点需要极大的勇气。纽约市女播音玛丽·马克布莱德就曾因保持住了自我而取得了事业的成功。当她第一次走上电台的时候，她也曾经试着模仿一位爱尔兰的播音演员，因为当时她很喜欢那位演员，而且很多人也非常喜欢那位明星。可是很遗憾，她的模仿失败了，因为她毕竟不是那位演员。

面对失败，玛丽·马克布莱德深深地反思了自己，最后她终于决定找回自己本来的面貌。她在话筒旁边告诉所有的听众，她，玛丽·马克布莱德，是一名来自密苏里州的乡村姑娘，愿意以她的淳朴、善良和真诚为大家送去快乐。结果怎样大家都看到了，她现在根本不需要去模仿别人，甚至还会有很多人去模仿她。

每一位美丽的女士，都是这个世界上唯一的、崭新的，你的确应该为此而高兴，因为没有人能够代替你。你应该把你的天赋利用起来，因为所有的艺术归根结底都是一种自我的体现。你所唱的歌、跳的舞、画的画等，一切都只能属于你自己。你的遗传基因、你的经验、你的环境等一切都造就了一个个性的你。不管怎样，你们都应该好好管理自己这座小花园，都应该为自己的生命演奏一份最好的音乐。

你不仅因为可爱而美丽，你还因为你的独特而美丽。

◇ 如何在恋爱中保持自我 ◇

恋爱容易使人头昏脑热。每个人都逃不过这样的宿命。那么，如何在恋爱中保持自我呢？

1. 女人要有自己的事业，不能依附男人

唯有靠自己，才能不用担心自己会被抛弃，才能在经济上独立，不用委曲求全。

2. 要美丽，要自信

女为悦己者容。女人的美丽不仅仅体现在穿衣打扮上面，还有行为举止。要自信，要拿得起放得下。

我就是最棒的！

能听意见，也有主见

听不进别人意见的人，往往过于自尊，他们习惯一意孤行，一条道走到黑。但这样做的结果，不但会使自己在实际中频频受挫，人际关系也会不断陷入僵局。

当卡耐基先生还是瓦伦斯堡州立师范学院的一名学生的时候，他同时还是一名热衷于参加辩论和演讲的积极分子。有一次，学院里举办了一场辩论比赛。这场比赛很重要，因为最后胜出的冠军可以代表整个学院参加全国性的学员辩论比赛。对于正充满斗志与拼搏精神的年轻人来说，这场比赛的意义自然非常重大。当时，卡耐基和几名同学报名参加了选拔赛，而且还很荣幸地被推选为队长，因为卡耐基在当时已经算得上小有名气。在最初的几场比赛中，他们发挥得非常突出，一路杀进了决赛。其实，当时的条件对他们很有利，因为对方在这方面的能力都要稍逊于卡耐基一方。本来，应该完全有获胜的把握才对，然而就在这时，卡耐基犯下了一个严重的错误——官僚作风。

也许是比赛的压力太大，也许是卡耐基被胜利冲昏了头脑，在为决赛做准备的时候，他开始变得"专制"起来，因为他认为只有按照他的思路去准备才能最终取得胜利。当时，他的队员们提了很多不错的建议，其中也确实都很有道理。然而，那时的卡耐基却根本听不进去。每当他们要求卡耐基采纳意见的时候，卡耐基总是会说："我是队长，你们的意见只有经过我的允许才能通过。"就这样，整个准备的过程都在卡耐基意思的操纵下进行着，一直到比赛那天。

最后的决赛终于开始了，应该说卡耐基一方开头的表现还是不错的。可是，随着比赛的进行，他们和对方的辩论到了白热化的状态。就在这时，卡耐基发现对方提出的很多问题都是他没有想到的，但他的队友们曾经想到过。因为没有对那些问题做好充分的准备，所以大家当时显得有些手足无措。最后，他们输掉了那场比赛。

赛后，卡耐基感到很失落，因为这场比赛的失败是由他自己一手造成的。本来，站在领奖台上的应该是他，可如今却是别人。虽然他的队友们没有责怪他，但卡耐基看得出，他们很失望，也很伤心。只有一个人在私下偷偷和他说："戴尔，说实话，我们对你这次的做法真的很失望。"那大概是卡耐基生平听到过的最让人难过的话了。

事情过去多年，卡耐基先生仍不能释怀。每次一提到当年的情形，他就忍不住深深地自责与羞愧，"我真的不愿意再提起那段往事，它给我的伤害实在太深。如果不是因为我的固执己见，那么我的队员和我就不会留下如此大的遗憾了。现在回想起来，那时的我真是心智太不成熟了，因为我根本听不进别人的意见"。

其实，听不进别人的意见这种情况在很多女性身上都有，甚至包括那些步入中年的女性。加州大学校长，著名的心理学博士卢卡多·哥伯曾经说："自信是一种好的心态，也是一种成熟的心态。只有自信的人才能最终取得成功。然而，如果盲目自信，不肯听取任何人的意见，那么这种心态则是相当的不成熟。"后来，卢卡多博士在他的著作《做一个成熟的人》一书里，对这种不成熟的心理做了详细精辟的阐述。书中这样写道："一般情况下，两个群体的人容易产生这种不成熟的心理。其中，第一种是那些入世未深，但又年轻气盛的人。他们往往刚刚具备独立思维的能力，很希望能够得到别人的承认。他们将自己的意见看成是世界上最神圣的东西，不允许任何人侵犯它。因此，别人的意见对于他们来说无疑是最刺耳的东西。第二种则是那些有一定能力和社会阅历，但还没有真正成熟的人。这些人已经从幼稚中脱离出来，所以他们对自己各方面的想法非常自信。当面对年轻人的建议、同龄人的建议甚至比自己成功的人的建议的时候，他们往往会选择排斥，因为他们觉得自己已经具备很强的判断能力了，别人的想法并不会比自己的高明多少。"

博士的话的确很有道理。就拿上面提到的卡耐基的例子来说，那时的卡耐基之所以听不进他的辩论队友的意见，主要就是想让他们知道，只有他才是真正的辩论天才，也只有在他的领导下团队才能取得胜利。也就是说，整个辩论队的成功应该全靠他一个人，别人不过是他命令的执行者而已。至于说第二种类型，其实在现实生活中很常见。我们经常可以看到这样的情形，在一个公司里，部门经理在给本部门的员工安排任务的时候往往采用一种强迫性的、命令性的、不可怀疑的语气，而各个部门在进行讨论的时候，那些经理们则喜欢各执一词，似乎谁也不能说服对方接受自己的意见。

听不进别人意见虽然只是一种不成熟的表现，但是却会给自己制造很多不必要的麻烦。道理很简单，没有一个人可以保证自己在任何情况下都是正确的。不管是谁，他在思考问题时总是习惯性地陷入自己的思维模式。这样一来，势必就会把思维陷入一条狭窄的单行道内，从而使问题得不到很好的解决。很多人认为自己不会犯下如此愚蠢的错误，事实上，当你们有了这种想法的时候，就已经犯下了不听别人意见的错误。

能听进别人的意见，表明我们可以通过广泛地听取别人的意见，来使自己耳聪目明，做出更好的权衡，但这并不意味着只要是别人提出的建议，我们就一概接受。芝加哥心理学教授斯科尔·德莱克曾经说过："世界上有两种人最不成熟——一种是听不进别人意见的人，另一种是盲目轻信别人的人。"

曾经，卡耐基先生的一位女学员拉诺夫人找到他，希望卡耐基能够给她提供帮助。拉诺夫人告诉卡耐基，最近自己非常烦恼，因为她不知道该如何解决眼前的困难。原来，拉诺先生失业了，这使本来就不富裕的家庭马上陷入了财政危机。为了

◇ 听不进别人意见的原因 ◇

听不进别人意见的原因有很多，但是总结起来的话大概有下面三种：

1. 对自己的能力和判断力过于自信。

2. 好胜心强，希望证明自己的观点是正确的。

3. 疑心较重，不信任别人。

帮助家庭摆脱经济危机，也为了让丈夫能够安心工作，拉诺女士决定走出家门，找一份力所能及的工作来干。为此，她征询了很多人，希望能从他们那里得到一些好的建议。然而，就是这些人的建议才使得拉诺女士不知所措。

拉诺的丈夫劝她不要找工作，因为男人就应该养家糊口，而她的表姐则大力支持她去找工作，因为她认为女人就应该独立。此外，在对工作的选择上，她的亲戚朋友们在意见上也发生了分歧。有的人认为她应该找一份轻松一点的工作，因为那样会让她有精力来照顾家庭；有的人则认为应该找一份薪水多一点的工作，因为拉诺的主要目的就是为家庭缓解财政危机；有的人又认为不应该挑三拣四，因为一个已婚的女人找工作并不是一件很容易的事……总之，每个人都给拉诺提了一个建议，而且每个建议听起来也都很合理，这让拉诺很苦恼，因为她不知道究竟该采纳谁的。

当拉诺问起卡耐基的建议时，卡耐基对她说："拉诺夫人，你为什么要问我？难道最了解情况的不是你自己吗？的确，那些人给你提的建议都非常好，你也应该对他们表示感谢。可是，他们都是从自己的角度考虑问题的，并不一定就适合你的情况。我觉得，现在最好的意见就是你自己的，因为那才是最符合你的情况的。"拉诺女士摇了摇头说："不，卡耐基先生，我一直都很失败，很少做出正确的判断。再说，我已经习惯听别人的意见了。好吧，既然你不肯帮助我，那我就去找找别人。"

真的是卡耐基不愿意给她提供帮助吗？事实并非如此。其实，卡耐基已经给了那位女士建议，只不过她自己没有觉察出来而已。最终，拉诺夫人也没有找到一份工作，因为她根本不知道自己要做什么、该怎么做。

对于明智的人来说，如果非要在"固执己见"和"毫无主见"中选择一个的话，那么绝大多数人会宁可选择前者。因为"固执己见"虽然可能让我们偏离正确的方向，但我们毕竟是去做了，而且是按照自己的意思去做了。相反，"没有主见"则可能让我们错过解决问题的最佳时机。这是因为，如果一个人没有主见，那么他满脑子里装的都是别人的意见。他会觉得这个人说得有道理，那个人讲得也不错，采用哪个都可以，采用哪个又都不太合适。于是，这些人会犹豫不决，裹足不前，最后浪费掉了一次次的机会，使得事情越来越糟。

任何事情其实并没有绝对的对错，关键在于分寸的把握。不论是固执己见也好，没有主见也罢，都是一种心智不成熟的体现，这两种心态都是不可取的。我们需要做的就是看清形势、看清自己，使自己尽快地成熟起来。

第二章

女人的气质魅力——永恒的诱惑

第一节　做最有气质的魅力女人

让自己成为魅力女人

想找一个好老公的女人比比皆是，可是如愿以偿的女人却很少，为什么呢？因为只有少数女人懂得利用自己的红颜资本，修炼自己的女性魅力，让自己成为一个魅力女人。

人们常说，男人都喜欢貌美的女人，尤其是有经济实力的男人更喜欢美女。所谓郎才女貌，这话说得没错，男人常常会在美丽的姑娘面前伫立注目。但是，当男人发现一个拥有美丽外表的女人竟然没有什么内涵时，他会毫不迟疑地离她而去。为什么会这样呢？因为缺乏魅力的美貌很快就会让人厌倦。

由此可见，魅力是一种力量。拥有了魅力便拥有了影响力、吸引力，甚至拥有驱动和驾驭他人的力量，拥有了对未来生命的掌控力量。一个有追求的女人对魅力是不应该淡漠和忽视的，因为魅力可以放大女人的生命，可以在无形中提高女人的吸引力。美丽的女人未必就是有魅力的女人，而一个优雅而有魅力的女人也并不一定有着多么出色的容貌，但是，无论她出现在哪里，都能让人感觉到她那光彩照人的"美丽"。其实，那种看不见的美丽就是魅力，它犹如一个人内在的品格，如影相随、含而不露，这才是真正的美丽。这样的女人就是女人见了都会喜欢，更何况男人呢？

也许你会说，有钱的男人都是很粗俗的，跟了这样的男人，谁能担保婚后的生活就一定幸福呢？但是，事实确实如此吗？

现在的成功男士大多数都是以头脑和智慧创造财富的。他们大都有着大学本科以上的学历，很多人还有国外留学的经历；他们不是自己创业当老板，就是高级的职业经理人，集修养、才能、品位于一身；他们追求高质量的生活，当然不会视婚姻为儿戏。

◇ 魅力女人的三大特征 ◇

1. 聪明博学

"女子无才便是德"的时代已经过去了，有才学的女子冰雪聪明，令人折服。她的言谈举止绝不会令人感到厌烦乏味。

她虽然没有漂亮的脸蛋，但看上去赏心悦目；她不盲从潮流，却能独具匠心地穿出自己的风格。

2. 修饰得当
有独到的品位

是不是很无聊？

不，很有料！

3. 言语风趣
收放自如

她很懂得语言的艺术，能够轻松地化解无聊的玩笑，也能适时地挽救尴尬的场面。

总之，魅力女人并不是只有漂亮的外表，要知道，一个既有美貌又有魅力的女人会令男人一见倾心，再见倾情。

另外，这样的男人更看重女人的魅力。外貌只是女人魅力的一部分，除此之外，女人还有许多别的东西可以使她具有魅力，比如女人的言谈举止、对待生活的态度、处理一些问题的方法、性情爱好等，所有的这一切特点都将在男人心中留下很深的印记。女人的魅力就是指这些特点，它是一种自然神韵的流露，买不到，装不出，自然也无法模仿。

也许你生下来就是一个相貌平平的女人，长得不漂亮，但拥有魅力的女人比那些只有美丽外表而没有魅力的女人更有吸引力。美貌是上天给的，我们没有办法选择，但是魅力却可以通过后天的修炼获取。因为魅力不像美丽一样是天生的，只要你努力地去追求，你就会成为一个魅力女人。

魅力是不会丢弃任何人的，只要你不丢弃它。你想拥有魅力吗？很多女人都会毫不迟疑地说："想。"但是要想获得魅力、拥有魅力，并不是一个"想"字就能解决问题的，它是一个需要女人用一生的时光来完成的艰难工程。凡是那些特别富有魅力的女性，一定为魅力付出了超常的努力。如果你真的想拥有魅力，那么你就要确实为之付出努力，努力地去修炼自己。

魅力是女人内在品质的表现，不同的女人有着不同的魅力表现形式。一位健康、充满青春活力、热情活泼、爽朗大方的女人是具有魅力的女人，一个关心别人、富有同情心、有上进心的女人是具有魅力的女人……不管你是什么性格的女人，魅力都可以让你更加美丽。

对于一个女人来说，容貌是与生俱来的，但是魅力却完全可以通过自己的努力获得。只要你能够控制饮食、天天锻炼并不断学习提升，你的魅力就能不断提升。渴望成功的女人，大多懂得为获得学历、知识、技能等付出足够的努力，同样，如果你渴望成为魅力女人，你也需要付出足够的努力。

气质是女人美的极致

女人的美丽，已经被人们无数次地讴歌和赞美，文人骚客为此差不多穷尽了天下的华章。其实，在美丽面前，诗歌、辞章、音乐都是无力的。无论多么优秀的诗人和歌者，最后都会发出奈美若何的叹息！美丽的女人人见人爱，但真正令人心仪的永恒美丽，往往是具有磁石般魅力的女人。那么，什么样的女人才具有魅力呢？三个字：气质美。

气质是女人征服世界的利器，就如同一座山上有了水就立刻显现出灵气一样。一个女人只要拥有了气质，就会立刻神采飞扬、明眸顾盼、楚楚动人起来。

著名化妆品牌羽西的创始人靳羽西说过："气质与修养不是名人的专利，它是属于每一个人的。气质与修养也不是和金钱权势联系在一起，无论你是何种职业、任何年龄，哪怕你是这个社会中最普通的一员，你也可以有你独特的气质与修养。"

那么，现代的女性应具备哪些气质呢？

1.人格之美

女性气质的魅力是从人格深层散发出来的美，自尊、自爱、端庄、贤淑、善解人意、富于同情心等都是美好的人格特征。相反，轻浮、自私、叽叽喳喳和小肚鸡肠的女人，即使容貌长得再漂亮、惹人喜爱，也只是过眼云烟。

2.温柔的力量

说到温柔，人们自然会想到圣母玛丽亚，想起在极其柔和的背景中圣母玛丽亚温柔而圣洁的微笑。这微笑向人们展示了她的善良、无邪、温柔和博爱，她巨大的艺术魅力亘古不衰。男人们最喜欢的大概不是女人的外貌，而是女人的阴柔之美。

3.腹有诗书气自华

读书和思考可以增加一个人的魅力。知识和修养可以令人耳聪目明，也会给一个女人增添不凡的气质。学识和智慧是气质美的一根支柱，这根支柱，完全可以弥补容貌上的欠缺。

4.可贵的坚韧

柔的温情并不是主张女孩子一味地顺从、依赖、撒娇，女性也要有个性、有主见、有行为的自由。这种独立性是一种情感中的柔韧和追求中的坚定，是一种意志上的自持和克制力，是一种既不流于世俗又深深地蕴含着理性的行为。那些见异思迁、毫无主张，遇到挫折便哭哭啼啼的女孩，即使长得再漂亮也不会有人喜欢的。相反，对美的事物毫不动摇，坚持不懈追求的精神，完全可以使丑姑娘变得美丽。

在现实生活当中，几乎所有的男人和女人都喜欢与这样的女人相处，因为这种女人使你既有眼球上的好感，还有一种吸引人的特别力量，能不断地感染你，使你羡慕，让你追随。

气质是一种灵性，一个女性如果只靠化妆品来维持美貌，生命必定是苍白的。

气质是一种智慧，一点点地雕琢着一个人，塑造着一个人，一个不经意的动作，就能吸引所有人的目光。

气质是一种个性，蕴藏在差异之中，只有不断创新，才能拥有与众不同的韵味，成为一个让人一见难忘的人。

气质是一种修养，在城市流动的喧嚣中，洗练一种超凡脱俗的"宁"与"静"，面对人间沧桑，才会嫣然一笑。

对女人而言，气质是一种永恒的诱惑，因为气质不仅仅靠外貌就能获得，而且还要拥有丰富的智慧与常识，拥有傲人的气度与素质。

在生活水平日益提高的今天，用来美化包装女人的手段可谓层出不穷。皮肤不白可以增白，五官不正可以再造，脂肪过剩可以吸除，形体不美可以训练，但至今还没听到有"女人气质速成"之类的技术面世。

　　事实上，女人的气质首先是先天的或者说是与生俱来的，其次，后天长期的潜心修养也很重要。而刻意模仿、临时突击则是难以从根本上改变气质的，弄不好"画虎不成反类犬"，成为效颦的东施，反而贻笑大方。

◇ 女人的气质 ◇

对于女性而言，气质主要包括以下三个方面：

1. 良好的形象

包括仪容、仪表和姿态。

2. 好修养

你的见解独到，让我们深有感触啊！

谢谢夸奖！

包括品德修养和文化修养。

3. 好心态

是啊，我正在找新工作，正好趁这个时间休息一下呢。

听说你们公司破产了？

是女性在感情、事业生活中如鱼得水的保证，也是增添自身魅力的重要法宝。

真正高贵脱俗、优雅绝伦的气质，需要的是全方位的修养和岁月的沉淀。像一抹梦中的花影，像一缕生命的暗香，渗透进女人的骨髓与生命之中，让她们能够在面对岁月的无情流逝时，仍然能够拥有一份灵秀和聪慧，一份从容和淡泊……

优雅的气质来自完美的内心

戴尔·卡耐基曾评价一位女士说："你的粗俗将会毁了你的幸福。我要告诉你的是，只有举止优雅的女人，才会赢得男人的尊重和爱。"优雅，表现出了女人的修养、内涵，她们在一举手一投足之间，都会使人觉得恰到好处，很有分寸。确实，要做到这点，没有智慧，没有修养那是无法完成的。

人们往往对举止粗鲁、不讲文明的女人嗤之以鼻，即使这种女人腰缠万贯，也没有人愿意把她们当上宾看待。但优雅的女人则不同，即使她们没有钱，即使她们没有什么名声、地位，就凭她们的优雅举止，便足以赢得人们的尊重。

所以说，女人是需要优雅的，男人都希望看到更多的优雅女人。

相信每一个人都喜欢以迷人的优雅气质著称的女演员格蕾丝·凯利和奥黛丽·赫本。格蕾丝·凯利智慧而优雅的气质，让她一下子走红，甚至使这位有着"王妃"气质的灰姑娘在某一天成了真正的王妃。自此之后，其装扮言行愈加散发出高贵、典雅之气。赫本的优雅，则纯净而清丽，仿佛天上仙女般一尘不染，虽举手投足间仍有些稚气，却难掩那份与生俱来的优雅之气。

20世纪末，又有一位幸运得叫人忌妒的好莱坞女孩冒了出来，她就是格温尼斯·帕特罗。这位并不漂亮的女子亦是以现代女孩少有的欧洲式优雅而显得耀眼无比。高挑修长的帕特罗因为高雅而不失现代的气质，以及品位出众而时尚的衣着让人十分欣赏。就是这个五官平平的女孩及其优雅简洁又透着些新时代随意风格的着装方式说明：脸蛋不漂亮的女人也可以美丽。

优雅是一种恒久的时尚，当优雅成为一种自然的气质时，这个女人一定显得成熟、温柔。

女人必须学会从今天开始改变自己，去读书、学习、发现、创造，它能让你获得丰富的感受、活跃的激情。要学会爱自己、赞美自己，善待自己也善待别人，让生活充满意义。

优雅是不分阶层、贫富贵贱的，它是一种处乱不惊、以不变应万变的心态。美国女人不惧怕离婚，更不会忍受丈夫的暴力，面对家庭暴力她会立刻出走，并潇洒地丢下一句："哪儿不能谋生？哪儿没有男人？"而生活中不少女人却总把离婚当成世界的末日，屈服于家庭暴力，这是因为她们还没有形成独立自主的意识，任何微不足道的外在打击都能摧毁她们的自信。其实，如果你自己不打倒自己，就没有人能够打倒你。做一个优雅女人，就是相信自己，相信爱情，相信人生中所有美好的东西。

真正的优雅来自完善的内心，是充实的内心世界、质朴的心灵形之于外的真挚表现，是自信的完美个性的体现。而所有的这些都来自你所受的教育、你的自身修养以及你对美好天性的培植与发展。

◇ 让自己变得优雅起来 ◇

如果能在日常生活中注意以下几个方面，优雅于你而言就不会是那么遥远的事情了。

1. 女性不仅要让"女人是弱者"的说法改变，而且还要将女性气质中的恬静、温和、性感等充分发挥出来，在婚姻、生活、工作中处处闪现出女人的迷人气质。

2. 兴趣广泛，优雅的女人有着广泛的兴趣爱好，并能持之以恒。

其实，真正的优雅不一定需要有很多的金钱或者时间作为后盾，只要你留心，优雅无处不在。一个眼神、一句话、一个动作、一抹微笑，无不让你优雅万分。

那么，什么样的女人才是具备优雅气质的女人呢？

1.装扮得体、举止大方

不可能每个女人都拥有美貌。如果你的长相并不十分出众，那你就要懂得怎么改变自己，弥补自己的先天不足，通过服装、发型、化妆品等把自己装扮得体，显示出你特有的魅力。在言谈举止中要落落大方，既有女性的温柔，又有高雅的气质。女人的高贵并非指要出身豪门或者本身所处的地位如何显赫，而是指心态上的高贵。高贵的女人往往会给男人生活的信心和勇气，因为她们生命里潜存着一种净化男人心灵、激励男人斗志的人性魅力。她们不媚俗、不盲从、不虚华，最让男人欣赏。

2.富有同情心

优雅的女人都有一份同情心，对弱者或是受到委屈的人们总会表示出由衷的同情，并理解他们，给他们以适当的安慰和帮助。

3.心地善良、宽容待人

善良是女人的特性。假如你有一颗善良的心，并且待人宽厚，从不苛求他人，而且经常帮助一些老人、小孩子，那么，即使你不是很漂亮，但在这个物欲横流的世界里，你不俗的优雅气质依然会让人心动。

4.健康、开朗、乐观

身体是生活的本钱，只有健康才能让自己活力四射、趋于完美。优雅的女人开朗乐观，遇到挫折时敢于认真面对，用女性特有的韧性，在克服困难的过程中寻求属于自己的幸福。

5.有理想和自信

优雅的女人对未来有着崇高的理想，追求事业上的成功，用充满自信的目光看待每一件事、每一个人。男人就欣赏这种乐观自信的女人。自强自立的女人多了，男人背负的精神压力就会相对减小。而且，一个男人能与一个不仅只满足于衣食之安的女人共度人生，生活就永远不会变得陈旧，人生也不会走向退化。

女人味——对女人最到位的赞美

所谓女人味，指的是一种人格、一种文化修养、一种品位、一种美好情趣的外在表现，当然更是一种内在的品质。简而言之，女人的味道就是女人的神韵和风采。有味道的女人，三分漂亮可增加到七分；没味道的女人，七分漂亮可降低到三分。没味道的女人，即使她有着如花的脸蛋、傲人的身材，但只要她一开口，便足以暴露出她贫瘠的内心和空荡荡的精神。

因此说，漂亮并不代表女人味。

有的女人，把"弱"作为"美"的化身，把《红楼梦》中的林妹妹式的病态、愁态、苦态理解为女人味。这种女人总是多愁善感，好像人生是一场灾难。这类女人似乎与生俱来的就只有悲愁和哀怨，没有欢乐和喜悦。

有些女人已经有一些女人味了，可她偏偏又那样的高傲和唯我，掩盖了自己的女人味。这种女人绝对相信自我，相信芸芸众生中的这个"自我"只能有一个，不能有两个。她固执地认为："自我"是男人心中唯一的"最可爱的人"。因为这种盲目而主观的高傲，便目空一切，纵然人胜于己，仍不以为然。或妒意横生，或寻人短处、揭人隐私、恣意诽谤，甚至不择手段。她们总是以自己为圆心，要他人绕着"自我"画圆，是与非、好与坏完全要以她的意志为转移。她刚愎自用、一意孤行，从不尊重他人。这种女人有再多的女人味，也等于没有。

林清玄说过，这个世界一切的表象都不是独立自存的，一定有它深刻的内在意义。那么，改变表象最好的方法，不是仅在表象上下功夫，一定要从内在改革……化妆只是最末的一个枝节，它能改变的很少。深一层的化妆是改变体质，让一个人改变生活方式，睡眠充足，比化妆有效得多；再深一层的化妆是改变气质，多读书，多欣赏艺术，多思考，对生活乐观、对生命有信心、心地善良、关心别人、自爱而有尊严，这样的人就是不化妆也让人乐于亲近。脸上的化妆只是化妆最后的一件小事。简单而言，三流的化妆是脸上的化妆，二流的化妆是精神的化妆，一流的化妆是生命的化妆。

也就是说，做女人一定要有女人味，那样才能吸引众人的目光，尤其是来自异性赞赏的目光。最有资格评价女人的是男人，那么，在男人眼中，到底什么才是女人味呢？

1.矜持

不管你是白领还是蓝领，也不管你待字闺中还是初为人妻，作为女人，永远不要大大咧咧、风风火火。要记住：凡事有度，矜持永远是女人的最高品位。

2.智慧

外表漂亮的女人不一定有味，有味的女人却一定很美。因为她懂得"万绿丛中一点红，动人春色不需多"，具有以少胜多的智慧；她懂得凭借一举一动、一言一语的优势，尽现自己的至善至美。

3.有度

再名贵的菜，它本身是没有味道的。譬如"石斑"和"鳜鱼"，虽然很名贵，但在烹调的时候必须佐以姜、葱才能出味。女人也是这样，妆要淡妆，话要少说，笑要微笑，爱要执着。无论在什么样的场合，都要好好地"烹饪"自己，使自己秀色可餐。

4.品位

前卫不是女人味，切不要以为穿上件古怪的服装就有味了。当然这也是味，但却是"怪味"。

总的来说，女人味，代表着男性对女性的评价和希冀。因此，拥有女人味，可以使女人的魅力永存。

那女人如何才能恰到好处地表现自己独特的女人味呢？

1.适当的小动作会增强你的吸引力

在人际交往中，可采用一些适当的小动作来增强你的吸引力，散发你的魅力。

（1）利用发香。女人的头发香味对异性有很大的诱惑力。

（2）拉丝袜。有时不经意间拉一下自己穿的丝袜，这动作在异性看来是很性感，你同时要观察他的眼神。

（3）显露羞态。害羞是女人吸引男人并增加情调的秘密武器，这种武器是先天赋予女性的，女性如果不知，那就真是大大的损失，使自己的女人味大打折扣。羞态出现得适时而又恰如其分，是一种女性美。

（4）凝视他的眼睛。面对他，睁大眼睛直视他的眼睛，观察他的反应；反之，突然闭起自己的眼睛也有效。

2.使用固定牌子的香水

对女性来说，香水是心头挚爱。香水的缕缕幽香怡神净脑，能诱发出女性独特的韵味来。若是你能巧妙地使用香水，会使你更显魅力。因此，你应该选择适合自己的香水，并最好是使用某种固定牌子的香水，这种香味就会成为你的专有标志。

3.穿高跟鞋

穿着薄丝高筒袜，踏上一双合适的高跟鞋，亭亭玉立，魅力是难以言表的。男人对女性腿的好奇是每时每刻的，所以，要十分注意自己的腿与高跟鞋的配合，它会给你引来众多羡慕的目光。

4.适度表现自己的脆弱

为了满足男性天生喜爱"保护"女性的欲望，女性在适当的时候表现一下"脆弱"是必要的。这种"脆弱"既可表现为一副弱不禁风的模样，也可表现在精神方面，像怕打雷或者容易掉眼泪等。

5.适度裸露

女人关键部位露得太多，会被误认为不雅。故如何露得恰如其分，是一门大学问。

（1）对颈部有自信的人，穿着V字领的衣服，再搭配以精致的项链，即能衬托美丽的颈线。

◇ 男人眼中的女人味 ◇

女人味，如果叫你真正说说其内涵，大多又很难说清楚。很多男人认为，一个充满女人味的女人至少要有以下特征：

1.善解人意，不强人所难，与人为善，有理也让人三分。

2.穿着得体，不传统守旧也不夸张，但绝对干净清爽。

3.举止斯文，声音悦耳，说话节奏不快也不慢。

说到底，女人味其实就是男性眼里的女人形象。因此，谈论女人味，其实就是站在男人的角度上看女人。

（2）对肩部有自信的人，不妨穿着削肩、直筒形服装；如果担心肩露出太多，可以缀缝一些花边或是搭配肩围。

（3）对胸部有自信的人，可以穿着有纽扣的衬衫的纽扣，穿透明衬衫搭配同色系的内衣。

（4）对大腿有自信的人，可以穿着迷你裙。若穿长裙的话，最好露出足踝。

6.学会动作语言

动作语言，也就是语言的辅助手段，如手势、眼神、表情、姿势等。

有些女人不善用手势而善用眼神、身体的姿态，脉脉含情的目光、嫣然一笑的神情、仪态万方的举止、楚楚动人的面容，有时胜过千言万语。

成熟是一道独特的风景

在生活中，经常会听到男人带着赞赏的口气说："某某真是个成熟女人。"在成熟男人的眼里，不是随便一个到了婚育年龄的女人就都能够被称作"成熟女人"的。家庭主妇也不是"成熟女人"的代名词，不管家庭主妇多么成熟，多么善解人意，没有人会赞她们一声"成熟女人"。所以"成熟"两字，是有其特定的复杂含义的。

什么样的女人才是成熟的女人呢？

（1）成熟的女人善解人意。善良，温柔，具有同情心和正义感，能够在人群中感受爱、接受爱，也能给予他人爱。能接纳自己，也能使别人接受自己。

生活中总有烦恼，一个成熟的女人遭遇失意时，不会惊慌失措，而是将注意力转到自己的兴趣之中，听音乐、读书、工作，会尝试利用弹性丰富、张力十足的生活态度塑造出一个崭新的自己。

（2）成熟的女人举止适度、言谈有礼。站立时姿势优美，走路时步态稳健，用餐时温文尔雅，坐下时神态安详，谈话时平静温和。有很好的道德修养，不谈与事实不相符的事，不高谈阔论、固执己见，不一味表现自己。

（3）成熟的女人服饰得体、打扮适宜。她们对服饰的选择有独到的见解，从来不追逐潮流，不在乎豪华或名牌，崇尚服饰与人的完美和谐，追求一种淡泊、宁静、高雅的意境。她们会根据自己的个性、气质、经济条件挑选或制作适合自己的服装，穿出个性与魅力。

那么要如何才能做一个真正成熟的女人呢？

1.不要因为小小的挫折而灰心丧气

（1）不要沉溺于以往的失败中。容易遭受失败的人在性格上有一个共同的弱点，就是对琐事都极为敏感，遇到小小的挫折便会产生强烈的反应，甚至得出极端的结论。

（2）不要以偏概全。容易陷入抑郁状态的人对事物的解释常有一定的模式，就是将所有不快的原因归咎于自己的错误。

2.消除自我能力不足的疑虑

（1）克服"升迁"后遗症。有些女人，升职后，总是害怕自己能力不足，不能胜任新岗位的工作，因而产生疑虑、骄躁的情绪。

（2）重视自己。每个人在人生舞台上都是最优秀的演员。

◇ 成熟的女人 ◇

成熟的女人懂得体贴别人，更懂得爱护自己。成熟的女人对自己的生活有着更高的要求。

1. 成熟的女人打扮适宜，看上去赏心悦目

她们不追求潮流，却能独运匠心，穿出个人品位。

2. 成熟的女人善解人意，举止得体

她们知书达理，不会被自己的情绪左右，不在大庭广众下失态。她是一个好听众，可以敏锐地感受对方的情绪，体察对方的苦恼。

成熟的女人总是善于发现生活中的美与辉煌，不对生活抱怨和苛责。

3.从崭新的角度去思考自己的弱点

（1）不要歪曲事实。事实不会对人们的心理造成不良影响，而人们对事实的解释却往往形会成不可磨灭的阴影。由此可见，一个最大的敌人不是别的，正是人自己。

（2）接受真实的自我，就能保持内心平衡。有自知之明的人与自卑的人是不同的。

4.不要隐瞒真相

（1）不成熟的人容易掩饰自己的真实面貌。隐瞒真相只会使原本微不足道的小事变得严重。

（2）隐瞒真相可能导致两种不良的结果，一是觉得欺骗了他人，因而愧对他人；二是加重了自卑感，因而愧对自己。

（3）不要妄自菲薄。妄自菲薄的人痛苦都是自找的。

5.与其非难他人不如改变自我

诽谤他人毫无益处。一味地责难他人、诽谤他人没有什么好处，充其量只是获得暂时的满足，而且是一种空虚的、虚幻的满足。而为了这暂时的、空虚的满足，你必须付出极大的代价，包括不再激励自己奋发向上和损害良好的人际关系等。越不想改变自我的人越会责难自己。

6.做自己的主人

（1）不要为他人所左右。经常为他人所左右的女人心中充满了恐惧，进而时常坐立不安。这样的女人必定是一个失败者，因为她们无法做自己的主人。

（2）要敢于说"不"。对于不符合自己意愿的事，要敢于说出内心真实的想法。

（3）不要怀有罪恶感。应该高兴、快乐时却产生罪恶感，一定是因为自己的观念有所扭曲，这种女人会经常对他人的要求产生不必要的责任感。

第二节 "妆"扮出良好气质

气质女人化妆术

化妆可以说是女人展现自己优雅气质的一种武器。化妆的至高境界是自然，要化出一个看上去很自然的妆容，确实需要女人下一番功夫。

一、脸部化妆的第一步是打粉底，它决定着整个化妆的效果

1.根据肌肤类型选择适合自己的粉底

（1）油性肌肤。如果你的肌肤是油性的，就应该选择粉质的粉底液。这样你

的肌肤看上去就像是擦了乳液一般，不会使本来就油亮的肌肤又多一层黏腻的不适感，化妆的效果也会较为持久。

（2）干性肌肤。如果你的肌肤是干性的，肌肤缺水，就应该选择含水量较高的粉底，或者选择质地较为滋润的粉条。

（3）混合性肌肤。如果你的肌肤是混合性的，那么，两用粉饼是你最方便、最有效的选择。既可以用粉饼盒内附的海绵直接蘸取粉底擦在脸上，也可以沾水使用。在T字部位容易出油的地方宜用干擦的方式，而在两颊较为干燥的地方宜以湿抹的方式进行。

2.根据你的肤色选择粉底

（1）黄皮肤。宜选用黄色粉底，这会让你的黄皮肤看起来更加均匀、明亮，使肤质宛如搪瓷般细致柔和。但不能用得太多，最好的方法是让黄色和肤色粉底以1:4的比例进行调和。

（2）肤色偏黄，暗沉。宜选用紫色粉底，这会使你的肤色变得晶莹剔透，细腻而有透明感，而且对遮盖黑眼圈也有神奇的效果。如果点在眼下、鼻梁和额头等突出部位，会让你看起来宛如有烛光照着一般，让脸庞立时生出光辉。

（3）肤色苍白。宜选用粉红色粉底，这会让你面色红润健康。另外，你还可以用它代替腮红，在双颊使用，更可使你呈现出一种非常自然的白里透红的感觉。

（4）肤色偏红，偏黑。宜选用绿色粉底，它不但可以解决你的肤色问题，就连脸上的小雀斑或是痘痘留下的小疤痕都能一并遮隐。

3.粉底的涂抹顺序

如果你想化出完美的底妆，则需要用三种不同的粉底色彩来创造立体感。顺序为：浅色在先，而后使用中间色，最后用深色修饰。

（1）浅色粉底：用于涂在T字部位。

（2）中间色粉底：因为与你肤色最接近，可以作为整个脸部的底色。

（3）深色粉底：用于修饰脸形，如两颊、下巴等处。

4.用粉底掩饰你的缺点

化妆时，应先用接近肤色的粉底均匀涂抹面部，然后用其他颜色的粉底修饰细节。

（1）下颌骨突出。选用较肤色暗的粉底，涂于颌及颌下，沿下颌弧线上下抹匀，并扩及颈部。

（2）鼻子较宽大的。可使用较两颊粉底稍暗的粉底沿鼻子的两侧轻抹，直至鼻孔。鼻子较低时，应在鼻子中线上涂些淡于肤色的粉底，而在两侧涂深色粉底。鼻子较短的人可用淡色粉底将鼻中线从上到下画得长些，再用深色粉底把鼻子两侧也涂长些。

（3）颧骨较高。用手蘸上较深色的粉底，最好是带些暗红色的粉底在颧骨上点三点，然后依颧骨的外弧，向上轻抹均匀。

二、嘴唇描画得当，使人分外迷人

唇部一向是化妆的重点，只需一支口红，就足以使一张毫无生气的面孔变得分外动人。

1.用唇膏改变你的唇形

（1）小而薄的嘴唇。宜使用明亮色彩的唇膏，浅橘色或粉红色较佳。画唇线时，可用唇线笔将嘴唇轮廓线画成比实际嘴唇稍偏外一些，口角稍向上翘。

（2）大而薄的嘴唇。宜使用大红色和咖啡色的唇膏，用唇线笔增加嘴唇的厚度，缩小嘴唇的宽度，在唇线内涂满口红。忌用珠光、银光等膨胀色。

（3）小而厚的嘴唇。宜用鲜艳的唇膏，如明亮的红色或粉红色，忌用暗色唇膏，否则会使嘴唇显得更小。画唇线时，可用唇线笔向外扩0～1厘米，唇峰描高，下唇的曲线画平一些。

（4）大而厚的嘴唇。宜使用暗红色的唇膏，以使唇形看起来小一些。涂粉底时可使之压上天然唇线，然后再用唇线笔画出较内收的唇线，在唇部中心处把唇膏涂浓些。

（5）上下嘴唇相同的嘴形。宜使用浅咖啡色的唇膏，才会使嘴唇美丽可爱。画唇线时，可用唇线笔描上唇峰，但不要太过于刻意。

（6）唇角上翘的嘴唇。画唇线时，应适当将上唇修薄，唇峰呈圆形的曲线形，而将唇角线稍微挑高。口红宜使用明艳的橙色、粉红色系列，那样效果会更好。

（7）唇角下垂的嘴唇。画唇线时，可把下唇画得丰满些，近唇角处画得丰厚些；而上唇角处两边修薄些，形成上薄下厚的嘴形；还可在上唇角处用唇线笔涂上一点，使之有上扬的感觉。

（8）下厚上薄的嘴唇。画唇线时，下唇轮廓向内缩0～1厘米，上唇用唇线笔适当向外扩展。

2.按想要的妆效抹口红

（1）透明妆。可选用淡色口红及透明唇膏，这样双唇透明又有光泽，可透出原来的唇色及唇纹。

方法：立起刷子，在双唇上涂一层淡色口红，再用手指轻轻拍打，使口红渗入唇纹，最后涂上一层透明唇膏，使双唇的颜色浅淡透明。

（2）雾光妆。可选择无光泽的哑光口红，涂抹后可持续6～8小时不褪色，为你省去补妆的麻烦。

方法：先用手指蘸取粉底在双唇上打上薄薄的一层，再用与唇膏一致的唇线笔将唇线描画在双唇之外，最后在双唇上涂满雾光口红。

（3）油亮妆。可使用含有金盏草及甘菊精华成分的滋润口红，可让双唇光泽细腻。

方法：先涂上一层唇彩，再用纸巾轻按，擦掉唇上的浮色，最后涂上口红，这样油亮度更高又不易掉色。

3.唇妆小窍门

如何让唇妆持久？

◇ 美唇小技巧 ◇

唇妆是女人脸部的点睛之笔，想要有一个漂亮的唇妆，需要以下的技巧：

1.嘴唇要配合面貌。大脸形当然要大嘴唇才能配合，脸形大时，为配合也可把小嘴唇画大些。相反的，小脸形对大嘴是不相称的。

2.嘴唇的两端要涂得稍微扬起来，垂下就显得很老。

另外要注意，嘴唇不要涂得太突或太尖，曲线要平滑，带有圆形的样子，嘴唇中央的曲线不要突出来，否则像嘲笑人家的样子。

（1）哑底的口红比银底的容易保留。

（2）先用唇笔把唇形勾好，再涂口红。

（3）在涂完口红后加上一层无色唇彩。

（4）喝水前先舔一下杯沿，你的唾液就会在杯口上形成一个光滑的表层。

三、画眉——尽显女人灵动飘逸之姿

画眉时要根据自己的脸形来确定浓淡粗细，这样才能使自己的妆容具有灵动飘逸的美感。

1.尖脸形

也就是倒三角形的脸，这种脸形以瘦人居多。为了使脸颊看起来丰满些，可将眉头往中间稍加长一些，画法与方形脸正好相反，使重点集中在额头，脸颊自然就可以显得胖些了。

2.方脸形

方形脸的腮骨较大，为了平衡腮骨的突出，可将眉头稍许往外移一点，眉峰也跟着往后移，腮骨也就可以显得小些。

3.长脸形

长形脸的眉毛应画成平形，只要稍微弯一点就好，不必画眉峰，眉头与眼头呈直线，这样可以缩短脸的长度。

4.圆脸形

眉头和眼头呈直线，逐渐往上挑高，直到眉峰再往下画，眉峰在眼球的正中心。这样使圆形的脸看起来比较长。

5.椭圆脸形

眉头应与眼头呈直线，慢慢高起，至眉峰处往下斜，眉峰应在眼球的外围。眉头较粗，眉尾较细，这是眉毛的标准画法。

另外，画眉时要把握好"三庭五眼"的原则。

所谓"三庭"，就是画眉时，要知道眉毛的起点、角度、高度描画的基本原则，通常眉毛的起始位置与内眼角的位置应是一致的。所谓的"五眼"，便是在两个眉头之间可以放下一只眼睛。如果你不懂得这个原则，使眉头超出了内眼角，两眉之间距离过短，人就会显得压抑、苦闷。

眼妆——点缀迷人双眸

眼睛是最传神的部位，眼妆需要女人用心去画。所以，首先要对照镜子设计好化妆的方案，并根据时间、场合、服饰来确定化什么样的眼妆。

1.描眼线

描眼线时，最好把手肘靠在桌面上，小手指可以轻轻依附脸颊，先画下眼线，一手持镜，一手将眼线笔先从眼线的外眼角由粗而细地缓缓向内眼角移动。画好下眼线，再画上眼线。上眼线可先从中间向外眼角画一条垂线，然后再从中部向内眼画一条细线。上眼线应粗些、深些，而下眼线应细些、浅些。

如果使用眼线液，可用一支细小的刷子，眼睛向下看，用一只手将上眼皮拉紧，另一只手紧贴着睫毛处画一条细线，从内眼角至外眼角，一般无须延长。

不同眼形眼线的画法：

（1）丹凤眼。上眼皮的眼角部分要画得较宽些，下眼皮只画眼尾就可以，且要离上眼线远些。

（2）小眼睛。画眼线时，将上、下眼皮都画上眼线，要画得宽而长，而且两条线不要连到一起，这样小眼睛就会显得大些。

（3）大眼睛。画眼线时，只画眼尾处就可以弥补大而无神的眼睛。

（4）单眼皮。画眼线时要粗一些，眼线由眼头稍外侧画起，到眼角时眼线向上翘，这样可使眼睛显得大而有神。

（5）双眼皮。画眼线时，在上眼皮的双眼皮褶皱处涂画上灰色或黑色眼线，浓一点，下眼线则细一点、淡一点。

（6）下垂眼。画眼线时，将上眼皮的眼尾画得粗且上翘，下眼皮只画眼角就可以，且要距离上眼线远些。

2.涂眼影

棕色眼影容易与肤色协调，并且显得大方自然；紫色眼影令人有神秘感，可增添眼睛的妩媚；紫色与黄色眼影令人感到华丽；黄绿与灰色眼影富有青春气息；蓝色与绿色眼影有冷艳感，比较适合于成熟的女性；淡红色眼影可以强调眼睛的明净和可爱；金黄色眼影有甜美感，比较适合于年轻的女孩子。

涂眼影，如用粉末状的眼影粉，可以用海绵头刷涂沫；如用油性的眼影膏，那么可以用自己的指尖、指腹及化妆笔抹上去。在日常生活中，涂眼影要掌握以下基本技巧：

（1）从靠近睫毛处刷深色眼影，越向上越淡，可以给人以清爽、自然的感觉。

（2）眼头处眼影颜色较浅，越向眼尾越深，并微微拉出上翘，可以让女人表现得神秘成熟。

（3）眼头、眼尾色深，中央搽上较浅的颜色，可以使眼睛看起来较圆，散发出华丽的韵味。

3.打睫毛膏

睫毛膏大致可分为防水配方、自然色泽配方和纤维配方三种。防水睫毛膏效果最持久，自然睫毛膏颜色柔和，纤维睫毛膏能增加睫毛的粗浓感。

打睫毛膏可根据自己睫毛的特点按步骤进行。

（1）睫毛浓密。对于拥有浓密睫毛的你，只需一些简单的技巧就可以让你拥有锦上添花的睫毛了。

可采用如下步骤进行：

①用蜜粉轻轻刷在睫毛上，突出睫毛的浓密；

②从上睫毛刷起，用Z字形的刷牙方式将睫毛膏刷在睫毛的根部，再由上往下地

◇ 化妆、补妆时要尽量避开人 ◇

很多女性敢于在办公室里、餐桌上、火车上等公众场合当众化妆、补妆，这是有失礼貌的。

1. 化妆、补妆要到专门的化妆间或者洗手间。实在没有条件，也应尽量避人。

你今天的妆真好看，怎么化的呀？

我呀，是用……

2. 不要在工作岗位上与别人讨论化妆品和化妆技巧，商务人员、公务员等职业女性更应注意。

除了化妆之外，其实当众梳理头发、频繁照镜子也是不合适的，应该尽量避免这些行为的发生。

将睫毛刷翘；

③用睫毛刷的尖端刷下睫毛，即可使眼睛变大；

④等第一层睫毛膏干了之后，再刷一层就可达到增加睫毛浓密的效果了。

（2）睫毛较稀。如果你的睫毛较为稀少，选择粘贴假睫毛的方法可以使你的睫毛显得浓密一些。

①颜色的选择。最适合亚洲女性的颜色是深棕色和黑色。粘贴这两个色系的假睫毛，可以使假睫毛和自己本身的睫毛糅合在一起时显得很自然。

②改造假睫毛。刚买回来的睫毛虽然很漂亮却极不自然，一定要自己动手"修理"一下。将一条假睫毛剪成两半，贴在自己希望加强的部位，如外眼角、眼睫中央等位置。

③粘贴假睫毛。在假睫毛的边缘处涂上黏合胶，两端因容易脱落，所以黏合胶要稍多一些。然后沿着自己的睫毛涂上一层睫毛胶。等到黏合胶快干时，用5秒钟把假睫毛弯一弯，使之变得柔软。然后沿睫毛根轻轻地安上假睫毛。用手按10秒钟，真假睫毛即可完全黏合。

总之，化妆时要把握好正确、准确、精致、和谐四大要素，这样才能成就女人美好的妆容，让女人的优雅气质更好地展现出来。

爱化妆的女人，懂得追求生活的美；会化妆的女人，懂得把握艺术的美。通常美好的妆容所表达的美，是可以超越本身所具有的美。那份与身体的和谐，那份洋溢于周身的风采和风韵，那份内心世界精彩的描述和渴求，是需要女人用心去表现的。因此说，爱化妆，是一个女人积极生活的需要；会化妆，是一个女人智慧人生的体现。愿天下所有的气质女人都能拥有自己美好的智慧人生！

穿出你的气质来

要全面评价一个人的品位与涵养，外表虽然只是一个很小的方面，但往往是最直接的。女人的妆容、发型、服装乃至一只手表、一对耳环都直接折射出你对生活的要求和时尚的品位。它们就像一面忠实的镜子，将你的情趣、修养以及格调清清楚楚地映照出来。

穿衣也是这个道理。真正优雅的女人，穿的衣服不刻意彰显颜色款式，不张扬夸张，却可以让人细细品味。她们永远不会拒绝享受流行所带来的乐趣，但又懂得在自己和流行之间保持一定距离。前卫是那些摇滚青年和未成年孩子的钟爱，而女人要懂得如何把衣服穿得舒服、熨帖、得体，如何穿出自己的气质品位。

要使自己的衣服穿得有品位、有气质，首先要考虑自己是哪种女人，根据自己的类型选择适合自己的服装。

1.暖色型女人

一些传统的色彩并不适合你，它们会把你的那种自然色彩遮掩住。

应该选择大红而不是紫红色的服装。如果你的肤色较白，那么选择白色的服装会使你看上去特别漂亮。

如果你想突出身上的其他部分，那就不要穿黑色的裙子。

赤褐色或黄棕色的口红与你所有的服饰都相配。

你穿大红色的衣服，应使用赤尾红色的口红。

用咖啡色或浅草色的眼线笔勾出眼睛的外形会使你更具有吸引人的魅力。

当需要描眼影时，眼睑最适合金黄色，并用棕色眼线来突出这种化妆效果。

2.冷色型女人

这种色型的女人不宜穿棕色、米色、土黄色和奶油色服装。穿和蓝色相近的服装将会使你的冷色彩看起来协调，而用紫红色、淡黄色和玫瑰红来衬托白色服装，将有损于你形象的严肃性。

亮泽的口红应该尽量避免使用，那会使你看起来比实际年龄大得多。口红的颜色至少应与你的眼睛的明亮度相符合。

3.明亮型女人

这种色型的女人宜穿戴深浅颜色相同的或色彩单一的服装，如以天蓝色为基色与其他相对较灰暗的颜色匹配。

单一的较柔和的颜色对于其他人来说可能较合适，会产生一种温馨的感觉，但对于你却是最不雅致的。

因为你的服装多数仅限于强烈的中性色彩，所以要注意使用多种颜色搭配的服装来改善你的形象。如艳黄色的上衣将会削弱黑色服装给人带来的不舒服感觉。

眼影和眼线的颜色应和你的眼睛的颜色搭配得当。

4.深色型女人

深色型女人应配中性或深色的服饰，并用鲜艳的色彩来点缀。

像黑色配橄榄绿，天蓝配艳黄色，青绿色配黑色等。但不能穿淡色的服饰，那样会与你的肤色产生极大的反差，严重影响色彩的协调感，给人一种不健康的印象。

化妆的时候，一般使用半透明的黄色口红。

同时设法突出你的眼睛，通过眼线描出它的轮廓。

5.淡色型女人

淡色型女人给人以一种精神的感觉。对于这种色型的女士，绿色是最佳颜色。

适合穿中性颜色的服饰，应避免穿黑色的服装。

如果一定要穿诸如海蓝色之类的深色的服装，那就一定要选择柔和一些的淡色相配。

如果你天生就喜欢色彩艳丽的服装，那一定不要太招摇了。

化妆时，应用一些有光泽且实用的较暖色的口红，如橙色，而应尽量避免霜露色和珍珠色的口红。

眼影，则可以用暗褐色或灰色和整体相配合。

6.柔和型女人

这种色型的女人往往呈现出一种文静柔和的印象，由于性格上的因素，很多颜色的服装都适合于她们。

鲜艳的服装能使她们看上去别有动人之处，但并不意味着她们就局限于其中。颜色强烈一些或与浅色相搭配的服装比较适合她们。如果周围的人都穿单一色调的服装，那也只有特别深或特别浅的颜色才会使你看上去漂亮些。如果你的肤色是冷色的，那就穿粉红色或棕色的服装。如果你的肤色是暖色调的，那么奶油色就更适合你。

穿衣服要想穿得有品位、有气质，还要根据自身特点来选择服装：

1.充分考虑自己的身高和体形

（1）体形娇小的女性宜选用简洁流畅风格的服装，使身材显得修长。

①宜选用素色衣料，即使选用花布，也应以素雅小花为宜。

②全套服装，包括鞋袜全部同色或相近色，统一的颜色可增加视觉上的高度。

③宜选择V字领、方领等显露脖颈的领型，避免高领或太累赘的领型。

④宜穿长T恤式的衫裙，衫裙狭长不卡腰，裙摆上不要有印花图案，可使身材见长。

⑤造型简洁、狭长贴身的西裤可使腿部显长。

⑥颜色偏深的丝袜与文雅的高跟鞋会使双腿显得修长动人。

⑦在款式上，宜穿白色高跟鞋，选用与服装颜色对比强烈的面料做衣领，以能起到修长身材的作用。大裤筒的喇叭裤、衣肩过宽的上装都不合适。也不宜穿长裙或低腰类的裙、裤和笨重的鞋子，以免降低人们的视线，暴露出身材的缺点。

（2）身材不高而丰满的女子，可利用衣着来创造高度。

①单一色可使身材有变高的感觉，选择同色的鞋袜效果更佳；直条、单襟都有增高的作用。

②宜选择深色的面料，不宜选用闪光发亮的鲜亮衣料或大型图案的花色布和格子面料。

③应尽量选择式样简单的服装，避免一切横向扩展的线条，衣领可选择V形的，能使短颈显得稍长。

④可选择直身的上衫，可使你的身材产生增高的效果。

⑤穿瘦长、紧身的裤子如牛仔裤，也能使矮腿增长。

⑥不宜穿下摆有印花的裙子。

◇ 衣服的颜色要和肤色相协调 ◇

要根据自己的皮肤颜色来选择服装的色调，以求得互为映衬、浑然一体的效果。

1. 肤色白皙的女人

对服装色彩的要求不很严格，适应度较宽。

下次你可以试一下茶色的衣服，我觉得茶色比黑色更适合你。

2. 肤色较深的女人

不宜穿黑色的服装，也不宜穿太鲜嫩的颜色；可选择咖啡色、茶色系列色彩，但肤色暗褐者不要穿这种颜色或其他色调混浊的衣服。

如果不知道自己适合什么样色的衣服，可以选择白色或海军蓝，因为这两种颜色几乎适合各种肤色的人。

⑦避免质料硬的衣服，应选择柔软贴身的面料，它能使你身材看起来显得狭长。

2.衣服的颜色应和自己的性格协调

不同性格的人选择服装时应注意性格与色彩的协调：

（1）沉静内向的女人：宜选用素净清淡的颜色，以吻合其文静、淡泊的心境；活泼好动的女人，特别是年轻姑娘，宜选择颜色鲜艳或对比强烈的服装，以体现青春的朝气。

（2）有时有意识地变换一下色彩也有掩短扬长之效。如过分好动的女性，可借助蓝色调或茶色调的服饰，增添文静的气质；而性格内向、沉默寡言、不善社交的女性，可试穿粉色、浅色调的服装，以增加活泼、亲切的韵味，而明度太低的深色服装会加重其沉重与不可亲近之感。

3.领型与自己的脸形应协调

（1）椭圆脸形：可选择所有式样的衣领。

（2）长脸形：不要选择V形领口或开得很低的领口，应选择水平领样，如一字领、方领、高领等，在视觉上有缩短脸部的作用。

（3）圆脸形：不宜选择大圆领、前阔后狭的领样，而应选择V字形领和方形开关领或尖形领样，能使脸形显长。

（4）方脸形：不宜选择方形或横形领样，而应选择细长的尖领、小圆领或双翻领等，以增加柔和感。

（5）三角脸形：可选择V字形领或大敞领，以减少下颌的宽大感，增加上额的宽度感。

（6）尖脸形：宜选择能多遮盖住颈部的领样，以大翻领为最佳，还可选择秀气的小圆领或缀上漂亮花边的小翻领等，以使脸部看起来较为丰腴。

还要注意服装与饰物配件的搭配。讲究穿着的女性皆注重服饰的各种细节，尤其是各种"小件"的搭配。如皮带、围巾、帽子、包等，不仅实用，而且具有极强的装饰效果。搭配和谐得体不但能点缀衣服，更可突出个人的整体形象。

1.皮带

皮带是个人服饰搭配最突出的一环，它主要用在各类裙、裤及风衣等服装款式上，起到装饰美化的作用。尤其是其显眼的扣环设计，最引人注目。所以皮带扣环的设计是非常重要的，设计越是简单得体，越能表现皮带独有的特色。

另外，我们还可以尝试选择不同风格的皮带及扣环。选购皮带时，要选择质地较好的皮带，作为形象搭配，这项投资是值得的。

2.背心

背心虽然不是主装，但它却可以为主装增添色彩。如牛仔裤、T恤等便服，加上

◇ 形体对服装选择的影响 ◇

形体条件对服装款式的选择也有很大影响。

1. 身材较胖、颈粗圆脸形者，宜穿深色套装。浅色高领服装则不适合。

2. 身材瘦长、颈细长、长脸形者宜穿浅色、高领或圆形领服装。方脸形者则宜穿小圆领或双翻领服装。

3. 身材匀称，形体条件好，肤色也好的人，着装范围则较广，可谓"浓妆淡抹总相宜"。

一件背心，可令形象更为活泼；西服搭配背心则显得大方得体。穿着质料不同的背心，可给人不同的观感。例如，牛仔布代表活力、豪爽；丝质代表温文尔雅等，可随个人喜好，选择适合的质料和款式。

3.包袋

包袋是相当个性化的选择，如何搭配服饰亦因人而异。不同款式的包袋，可展示不同的生活节拍。在选择包袋时要注意包袋的容量，其耐用功能和内里设计是否易于找寻物件等。虽然颜色鲜艳的包袋较为抢眼，但就实用价值而言，咖啡色和黑色是较受一般人欢迎的，也可选择较小的黑色皮包，适宜不同场合使用。对女性来说，包除了实用价值，其装饰作用在近些年也越来越重要。根据不同的季节、不同的款式、不同的服装色彩，甚至发型、耳环等，选配最为相宜的包，可以塑造出一个崭新的自我。总之，有时一只简简单单的小提包也会生出一份新感觉；一只造型别致的布挎包也会平生醒目的效果；甚至自己动手做的塑纸拎包也会使你增添一份随意、一份潇洒、一份自在。

4.围巾

围巾也是服饰搭配的主要物品之一，它的点缀效果是颇为惊人的。围巾利于保暖，但也在实用的前提下发挥着装饰作用。围巾的面料大致分为棉质、毛质和丝质等几种，前两者多用于秋冬季，给人爽朗豪迈的感觉，能突出活泼的形象；至于丝巾则代表斯文和高贵，多用于春夏。围巾在使用过程中是人脸部、头部与上衣的中介体，所以围巾的选择应注意自己的肤色和服装的色调。一般情况下，围巾色彩的选择应该是明快的，花纹图案也应该是鲜亮分明的，搭配纯色的衣服尤为迷人。

5.帽子

帽子是服饰搭配的主要物品之一，通常是在实用的前提下发挥其装饰作用的。比如夏季使用的遮阳草帽，其功能是遮挡阳光，但身穿短袖素色连衣裙的女人戴上它之后，便形成了富有乡野情趣的装饰效果，给人一种朴素、纯洁的美感。再如冬季使用的绒线帽、呢帽，其功能是御寒，但由于它的色彩丰富、跳跃，戴上后能冲淡冬季所固有的凝重气氛，为女人增添几分活力。

搭配衣服

支起一张轻便的衣服台子，或者用个熨衣板来当衣服台子也行。把你能照见全身的穿衣镜放到房间里光线较好的地方。再说一遍：你必须有一面能够照见全身的穿衣镜。你需要看到自己的上上下下和前前后后，欣赏到你自己创造的美妙艺术。而站在椅子上照镜子或蹲在浴室里那面镜子的前面都是不可取的做法。由于我们是在搭配出全套的衣服，所以把你的那些配饰物品也都拿出来——围巾、腰带、鞋子、帽子、耳环、手镯和项链——然后把它们和衣服搭配起来。

从你的衣橱里拿出一条裤子或裙子。让我们先用深紫色的毛料裤子来做个实验。

打开你的衣橱，看看有哪些上衣能配得上深紫色的裤子，然后把够资格的那些都拿出来。把它们摆在你的衣服台子上或者堆成一堆放到你的床上。先把那条深紫色的裤子穿上，然后一件一件地去试穿那些上衣，看看你穿哪一件最好看？你的时尚秘诀中有没有关于裤子和上衣的搭配呢？如果你的秘诀要求这类搭配必须是"活泼的"，那么就选一件显得活泼的上衣穿，比如也许是那件闪亮的橘黄色短衫。如果你的秘诀要求搭配得"成熟"一些，那么你或许想配一件深紫色的短衫。先不要急着否定哪件"候选"上衣，把它们全都试穿之后再决定也不迟啊。让自己大胆地去面对那一个个的惊喜吧！

一旦你最终选出了一件配得上的上衣，你就要开始考虑再搭配一件什么样的外套了，比如夹克、外套或运动衫。一件不同的外套必然会改变整套衣服的面貌，比如一件越野赛的皮夹克和一件带闪光饰物的开身羊毛衫就会给你带来两种完全不同的形象。一套衣服只要外套和另一套衣服搭配得不同，就算别的衣服穿得都一样，还是会给人带来截然不同的感觉。只要在内容上稍做变动，你就能展现出很多风格各不相同的形象。

现在你要为这套衣服去试穿几双鞋，注意你要穿什么样的袜子。然后再看看你的那些配饰，你要怎样来完成这套衣服的搭配呢？配饰真的会使一套衣服显得与众不同。那么你要戴什么样的耳环、项链和手镯呢？你是不是会加条围巾呢？你会配个什么样的手提包？也许你要在试几种不同的搭配之后才会发现最合适的那一套，当你找到令你心仪的搭配时心中便会为之一喜。

不要忘记还有内衣裤呢！有些裤子需要搭配上合适的内裤，否则就穿不出效果来！有的裙子需要"光滑的内衣"，就是那种里面带钢托儿的贴身内衣，它能突显出身体光滑的曲线。有些丝织上衣需要穿那种平滑的胸衣，这样才显得平整，而不会起褶皱（蕾丝款式的胸衣就会出现这样的情况）。现在就把这些需要注意的细节都用笔记下来，以免你穿这套衣服的时候会忘记。

也许你能搭配出一套样子不错的衣服来，它却和你的时尚词语对应不上，那么就再想想，看看你能不能搭配出一套符合那些词语的衣服。你记录下来的只能是这样的衣服：你喜欢看到自己穿在身上、迫不及待地想要穿上的衣服。因为这些是最适合现在这个你的衣服，它们会让你变得更加完美。

把有可能和那条裤子配上的每件"候选"上衣都试穿一遍，然后再去换另一条裤子。当你把每一件有可能配上那条深紫色裤子的上衣都试过之后，那么你的手头或许已经有12套和它搭配的衣服了——这当然比你能想象的还要多，而这种方法的好处就在于此。

　　你要把搭配好的每套衣服都用笔记下来，这样做的理由就是防止你忘掉它们，也许你自己也已经认识到了这一点。但是也有一些和你一样聪明的人，他们也搭配出了很多自己喜欢的衣服，他们觉得这些衣服都搭配得非常完美，所以自己是不会忘记的。这些衣服是搭配得很完美，每一套也都有可能成为你的最爱。也正因为这

◇ 得体穿衣的原则 ◇

衣服只有穿着得体才能让其他人感觉舒服，想要穿衣得体，应该注意以下原则：

这是什么打扮？

这是今年最流行的装扮！

什么流行，看起来怪怪的……

1. 不要盲目跟风，一定要选择适合自己的。

这个饰品的颜色正好和我的衣服搭配！

我的腿长，这件衣服正好露出我的腿！

2. 学一些有关色彩的知识，让自己懂得如何进行搭配。

3. 款式不一定要新潮，但一定要能突出你的优点。

样，你才很难把它们全都记在脑子里。

随着你把各种衣服搭配起来，你兴许会发现总是缺点儿这样或那样的东西。拿出一张白纸，在上面写上"购物单"这几个字。也许你会想：要是能再配上一双可爱的红色凉鞋，那么那套正在搭配的衣服就会更加完美了。这时你就可以把红色凉鞋添加到你的购物单中。

随着你不断扩充自己购物单的内容，请你尽量把要买的东西记得详细些。不能只记下你要买的是什么，还应该把要和它搭配的东西也一起写下来。如果你记得不全的话，那么你很快就会忘记自己那个奇妙的搭配想法。说不定你还会有史以来第一次把自己的衣橱看个仔细，因为那儿有太多的线索了，你简直一点也想不起来了。例如，三天后当你看着自己的购物清单时，你发现上面写着"金色的围巾"，"好吧，"你说，"我要去买金色的围巾喽……可是和它搭配的是什么来着？啊，我居然忘啦！"好记性不如烂笔头，多记总是比少记好。

在你搭配衣服的过程中，一定要多注意一下自己衣服的保存情况。也许你需要修改几条裤子——如果你瘦了就要把腰部收一收，而如果你胖了就要把腰部放一放。

然后把这张单子放到你随手就能拿到的地方。也许你想把那件衬衫上的扣子缝一缝，把那条裙子改短些，把那几条裤子的裤腿改瘦点儿。写下都有哪件衣服需要改，以及怎么改，并定个日期来做这些事，最好在一个星期之内完成。

继续去搭配新的衣服！你这会儿把衣橱规划得越有效率，待会儿买东西时就越能理智地去选择。你应该努力去揭开一些谜团，比如，为什么你从来都不愿意穿那条粗花呢的裤子——因为你确实需要有一双橄榄色的鞋才能和它搭配起来！还有为什么你有一件配饰磨得都快散架了——因为它和你衣橱里的每件衣服都能搭配上（所以你应该马上把它添加到你的购物单中，这样你以后就可以替换着戴了）。

不要忘了突显出你的优点来。在搭配衣服的时候，你要站在镜子前仔细观察。这身衣服有没有如你所愿地突出了你脸蛋和身上的优点部位？你的好朋友可以帮忙验证一下。

不要控制，让你的时尚词语从你自己或好朋友的嘴里自由地冒出来。当你和好朋友在一起搭配出几套衣服之后，你们都会情不自禁地欢呼："哎哟，我的天啊！这套衣服真的很____！"（填上恰当的时尚词语，比如成熟、调皮、有舞台风格、性感等。）

恰当的衣着和妆容

外表对于一个女人来说并不是最重要的，只要女士们有内涵、有气质，就一定可以成为众人眼中最有魅力的女人。这是针对提升自己的内在魅力而言的，通过不断地学习和提升自我，内在的美无疑会为女人增添无尽的魅力，但这样说并不代表就否认个人仪表的重要性。虽然我们在评价一个人是不是有品位和涵养的时候，仪表仅仅是一个很小的方面，但它又的确是最直接、最关键的。女士们的穿着打扮、发型化妆或仅仅是一块手表、一对耳环都会直接折射出你对生活品质的追求。仪表就像是一面镜子，可以将你内心的情趣、修养以及格调等清楚地反映出来。很多时候，人们都是根据你的外在衣着和装扮来对你做出评价，因为这往往是最为直观和迅速的。

美国铁路局董事郝伯特·沃里兰以前只不过是一名普通的修路工人。在一次演讲中，郝伯特说："恰当的衣着对于一个人的成功也是很重要的。我承认，一件衣服并不能造就一个人，但是一身好的衣服却可以让你找到一份不错的工作。如果你身上只有50美元，那么你就应该花上30美元买一件好衣服，再花10美元买一双鞋，剩下的钱你还需要买刮胡刀、领带等东西。等做完这些事情以后，你再去找工作。记住，千万别怀揣着50美元，穿着一身破烂的衣服去面试。"

纽约职业分析机构的沃森先生也曾经说："几乎所有的大公司都不会雇用那些不懂得穿着和化妆的女职员，因为她们觉得一个不懂得穿衣打扮的女人一定也不懂得如何处理好手上的工作。"华盛顿一家大型零售店的人事经理也曾经说："我在招聘的时候有些原则是必须严格遵守的，决定任何一个应聘者能否经得住考验的先决条件就是他的仪表。"

女士们是不是觉得这有些荒谬？的确，一个应聘者能力的多少确实和他是否能够恰当地穿衣和化妆没有多大关系。然而，任何人都有对美的追求，公司的主管也不例外。不会有人愿意看到在自己公司工作员工的是一群邋里邋遢的。

仪表作为求职敲门砖这一原则已经在全美通行，《纽约布商》杂志曾经对这一原则大加赞赏，而且还做出了分析。它是这样说的："一个人如果非常注意个人清洁卫生和穿衣打扮的话，那么他就一定会非常仔细地完成自己的工作。相反，如果一个人在生活中不修边幅，那么他对待工作也就势必马马虎虎。凡是注重仪表的人都会同样注重工作。"

英国的莎士比亚曾经说："仪表就是一个人的门面。"这位文学巨匠的说法得到了全世界的认可。在我们身边经常会看到有人因为不得体的衣着和化妆而受到人们的指责。女士们可能会争辩说："天啊，怎么可以如此肤浅，难道仅仅是因为没有漂亮的外表就断定他是一个有修养和内涵的人吗？"的确，如果仅凭仪表就去判断一个人确实有些草率，然而无数的经验和事实都已经证明，仪表的确可以直接反映出一个人的品位和自尊感。那些渴望成功的人，那些希望自己魅力四射的人，无一不会精心挑选他的衣装。曾经有一位哲学家说过："如果你把一个妇女一生所穿的衣服拿来给我看，那么我就可以根据想象写出一部有关她的传记。"

心理学家斯德尼·史密斯曾经说："如果你对一个女孩说她很漂亮，那么她一定会心花怒放。如果你敢随便地批评她，说她的衣着难看、化妆糟糕透顶的话，她一定会大发雷霆。的确，漂亮对于女人来说简直太重要了。一个女人，她可能将自己一生的希望和幸福都寄托在一件漂亮的新裙子或是一顶合适的女帽上。如果女士们稍稍有一点常识，那么你们就一定会明白这一点的。如果你想帮助一个陷入困境的女士，那么最好的选择就应该是帮助她了解到仪表的价值所在。"

我们不妨将斯德尼的话和郝伯特的话联系起来。是的，虽然衣着和化妆并不能造就出一个人，但是它的的确确给我们的生活产生了深远的影响。全美礼仪协会主席普斯蒂斯·穆俄夫德就曾经说："一个人的仪表是能够影响到他的精神面貌的。这不是危言耸听，也不是言过其实，你们可以想象仪表究竟对你们有多大的影响就可以了。"

这里有必要再强调说明一点，那就是与化妆比起来，衣着对于女人更为重要。我们会在大街上看到一个穿着整齐但却没有化妆的女人，可是我们绝不会看到一个化着漂亮的妆，但却穿着一件邋遢衣服的女士。

如果我们让一位女士穿上一件破旧不堪的大衣，那么这势必会影响到她的整个心情。即使这位女士以前是一个非常讲究的人，这时也会变得不修边幅。她的心里会想："反正自己已经穿了一件这样的大衣，而且这也没什么不好的，那还何必去在乎头发是不是脏了，脸和手是不是干净，或者鞋子是不是已经破烂？"这只是外在的影响，这件大衣还会让这位女士的步态、风度以及情感发生变化，当然这是潜移默化的。

相反，如果我们给这位女士换上一件漂亮的风衣，那么情况就大不一样了。她会在心里想："我一定要把自己打扮得漂漂亮亮的，因为只有这样才能配得上这件风衣。"于是，女士会把自己的头发梳理得很顺畅，脸和手也会洗得干干净净，而且还会化上漂亮的妆。这位女士会想办法挑选那些与风衣相配的衣服来穿，就连袜子都必须相宜。更进一步的是，这位女士的思想也会发生改变，会对那些衣冠整洁的人更加尊敬，同时也会远离那些穿衣邋遢的人。

相信女士们现在一定明白仪表对于自己的重要性了。可是很明显，如何装扮自己也是一门学问，并不是所有的女士都知道该如何打扮自己。很多女士都认为，花大价钱买那些既贵又时髦的衣服就是最好的选择，浪费一个月的薪水去买那些让人生畏的化妆品就是最棒的。其实，这是一种非常严重的错误观念。

想必女士们都知道英国著名的花花公子伯·布鲁麦尔。这个有钱人居然每年会花费4000美金去做一件衣服，仅仅扎一个领结就要花上几个小时。这种过分注重自己仪表的做法其实比完全忽视还糟糕。这种人对衣着太讲究了，把所有的心思全扑在对仪表的研究上，从而忽略了内心的修养和自身的责任。如果你能够在穿衣打扮上量入为出，做到与自己的身份相匹配的话，那么无疑是一种最实际的节俭做法。

很多女士，特别是一些年轻的女士，她们都把"仪表得体"误认为就是买贵重的衣服和名牌的化妆品。实际上，这种做法与那种忽视仪表同样都是错误的。她们本该将自己的时间和心思放在陶冶情操、净化心灵和学习知识上，然而她们却把大量的时间、金钱和精力浪费在了梳妆打扮上。这些女士每天都在心里盘算着，自己究竟怎样计划才能用那有限的收入来买昂贵的帽子、裙子或是大衣。如果她们无论

◇ 根据场合选择化妆 ◇

化妆只想到适合自己，却不去想是否符合场合，是不合礼仪的。妆容符合场合既是对在场者的尊重，也是对自己的尊严、形象、品位和亲和力的肯定。

1. 在家中接待客人、日常生活中拜访友人、外出旅游时，适合化亲切自然的淡妆。

2. 在工作场合，或者去见客户，适合化清新大方、体现职业色彩的淡妆。

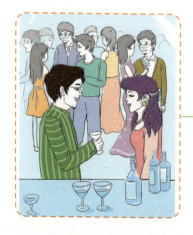

2. 参加正式的舞会或宴会，适合化浓妆。而参加严肃的场合如葬礼，化妆应尽可能地素淡，唇膏和眼影都要涂暗色的。

如何也做不到这一点的话，那么就会把眼光放在那些粗糙、便宜的假货上。结果是适得其反，她们自己反落得个遭人嘲笑。卡拉尔曾经辛辣地讽刺这类人说："对于某些人来说，他们的工作和生活就是穿衣打扮。他们将自己的精神、灵魂以及金钱全都献给了这项事业。他们生命的目的就是穿衣打扮，所以根本没有时间去学习，当然也没有精力去努力工作。"

其实，对于大多数普通的女士来说，这里倒是有一条不错的建议，那就是穿上得体的衣服，化适合自己的妆，但这并不需要大量的金钱。实际上，朴素的衣装同样有着很大的魅力。在市面上有很多物美价廉的衣服可供女士们选择，而且我们也能够花少部分的钱买到不错的衣服。

女士们千万不要有这样的错觉，"寒酸"的衣服并不一定会让人反感，相反邋遢才是最让人生厌的。只要女士们懂得如何恰当地穿衣和化妆，那么不管你有没有钱，都可以让自己魅力不凡。只要女士们尽量让自己保持干净整洁，那么就会赢得别人的尊重。

很多已经精通化妆与着装技巧的女性都是由当初的"丑小鸭"蜕变而来的，曾经她们也弄不明白恰当的衣着和化妆到底是怎么回事，要怎样做才能达到要求。其实，这是一门比较深的学问，但是只要你愿意花时间就一定可以掌握。这里有些建议送给女士们，虽然不一定能让女士们马上改变，但却可以给你提供改变的方向。

1.得体穿衣的七个原则：

①不要盲目跟风，一定要选择适合自己的。

②提高自己的文化素养，培养自己的内在气质。

③训练自己的举手投足，让自己随处可现风雅。

④学一些有关色彩的知识，让自己懂得如何进行搭配。

⑤款式不一定要新潮，但一定要能突出你的优点。

⑥可以适当选择一些饰物搭配。

⑦对衣服的质料要求高一点。

2.恰当化妆的四个原则：

①买一瓶适合自己的香水，记住，不同年龄的需要也不同。

②保护好自己的皮肤，让它随时都能得到呵护。

③并不一定浓妆就是最好，要根据你的需要来选择口红和眉笔。

④万不要忘记对手指甲和脚趾甲的护理。

第三章

女人的形象魅力——让你战无不胜

第一节　形象——女人永远的追求

香水——魅力女人的无字名片

"女人与香水的关系如同女人与镜子的关系一样永恒。"玛丽莲·梦露的这句话将"香水女人"的唯美、感性诠释得淋漓尽致。

香水从出现至今，就有了借以表达自我情感的方式，或是丝丝忧郁，或是明快自信，全都锁在霓裳的芬芳之中。香味犹如一个女人的无字名片，悄无声息地透露着一个女人的故事，不用只言片语。每一种香水，都可编织出一个只属于女人的梦。蕴藏于小小瓶子中的缕缕幽香缭绕数百年，俘获了千万女人心。真正的女人都善用香水，她们会在步履穿梭间轻洒幽香，以此诱发人无穷的幻想。

时尚的女人不能不用香水，自由、明快、热情、开朗、傲慢、孤独……种种与女人个性和情调相关的词汇都可以通过香水来表现。

香水潮流已完成由馥郁到清香，从中性到女人味的演变，就像一个名家所说："在这个没有历史的年代，回忆的时段越缩越短，挑起片刻的激情远比琢磨永恒更让人刻骨铭心。"

香水的个性与自我的气质浑然一体或相互补充，从而体现出独特的个人魅力，这是使用香水的最高境界。

一、根据你的性格来选择适合自己的香型

1.坚强外向型

这种性格的女性心态总是保持平衡，很少忧郁失望，热情奔放，能克服一切困难，对朋友坦诚，是可以信赖的对象。

适合香型：檀香、花香及水果香。

建议选用：诗芙浓的温柔森巴（Samba natural），它醉人的幽香为性格坚强且外

64

向型女士更添一分深情。另外，娇兰的忧郁（L'Hevue Blue）或伊夫·圣洛朗的香槟（Champage）也是不错的选择。

2.智慧型

这种性格的女性聪明理智，觉得可以和男人一样撑起半边天，承担家庭责任，性格倔强突出，日理万机。

适用香型：东方香型。

建议选用：娇兰的香榭丽舍（Chomps-Elysees），这是一款属于时尚女性的东方香水。也可以选用娇兰的一千零一夜（Shamlimar），它是娇兰1925年出品的香水，在世界上销量最佳，可以为时尚女性增添不俗的品位。另外，香奈尔十九号（No.19）对那些行动能力强、处世态度独立的女性来说也是再合适不过了。

3.坚强内向型

这种性格的女性追求情感上的平衡，既不活跃又不文静，为人处世谨小慎微。

适用香型：树木、乙醛、东方香型。

建议选用：伊丽莎白·雅顿的红门（Red door），它糅合了山中百合、玫瑰、橙色、风信子等温婉迷人的香气，娇而不媚，可以使内向型女士的冷傲融化，让浪漫温婉倾情而出。另外，戴安娜王妃钟爱的"迪奥小姐"（Miss Dior）也可使你信心倍增。

4.活泼可爱型

这种性格的女性爽朗，不拘小节。

适用香型：曼陀罗花、香子兰、柑橘调、甜香调等花香型。

建议选用：莲娜丽姿的幸福女人（Deli Dela）、凯黎的圣大菲（Aanta Fe）的柑橘调，皮埃特的喧哗（Fracas）也很适合你。

5.纯情明朗型

这种性格的女性喜欢简洁明朗，不爱华丽，有着如诗般的纯洁情怀。

适用香型：清新的水果香型。

建议选用：三宅一生的一生之水（L'eau D'issey），它纯净、自然、透明的质感以及甜蜜的果香味将是你的最爱。mnocent的芳香好像清香的苹果，让人有一亲芳泽的欲望，而Tommy Girl Jeans清新的果香中又蕴涵着花香，特别适合一些牛仔或是纯面质地的服装。

6.多情善变型

这种性格的女性是矛盾的最佳诠释。活泼、古典、前卫、谦虚、骄傲、内敛等都是对多情善变型女性的最好形容。

适用香型：丁香、檀香、玫瑰香。

建议选用：桑丽卡的诱惑（Leparful）会使你在对比中找到和谐。此外，莲娜宝姿由102种香料配成的莲娜（Nina），能在大自然的协调气氛中烘托你的性格。

二、教你成为用香高手

1.浓烈香水的使用方法

东方系与激情派的浓烈香水，最好选用喷式，用喷头一喷香水便漫向空中，你就可以浸在香雾里蘸取香气了。喷雾的距离大概离身体一条胳膊长，然后在香雾中待上2～3秒钟，你的身体就能充满柔和香气的诱惑了。

2.从手腕移向身体，香气圆润又舒适

把香水先沾在一只手的手腕上，然后再移往另一只手的手腕，再从手腕移至耳后。香味依着体温，随着你的一举一动挥发出来，想不留香都难。以香奈尔为首的好几家香水厂商都是提倡用这种用法，这样可以使香气圆润又舒适。

3.少量多处

擦香水最基本的要求就是少量多处。在人群里，如果感到谁散发出强烈的香气，通常都来自一个地方，而且多半是上半身，就在鼻子一嗅便到的部位。其实，擦香水与香雾的道理是一样的，平均而薄淡的香气才是擦香水的高明办法。

4.香水与头发

香水若喷在干净、刚洗完的头发上，可以产生令人惊奇的效果。但千万别用喷头直接往头发上喷，这样太直接，而且不够婉约。最好的方法就是在擦完全身时，凭借手指上留下的残香，用手指从内侧梳起，切记从内侧，或者把距离拉远喷在手上，再像抹发油似的一抓就好了。

5.善用无名指

擦香水时，最好用自己的无名指推行。因为其他的手指力度太大，而无名指最温柔，可使香气柔和、苏醒。只要轻轻地在各个地方按压两次即可。

6.香水与服装

在衣服上喷香水与喷在肌肤上有所不同。抹在裙摆的两边是不错的主意。此外，熨衣服的时候，在熨衣板上铺一条薄手帕，喷些香水，然后再把衣服放在上面熨，可使香味更持久。

香水喷在羊毛、尼龙的衣料上不容易留下痕迹，但香味留在纯毛衣料上会较难消散。棉质、丝质衣料上很容易留下痕迹，而且千万不要喷在皮毛上，因为香水不但会损害皮毛，而且会改变皮毛的颜色。

7.香水的保存

一般质量比较好的香水可以存放3～5年。存放时要避免阳光直射，放在阴凉干燥的地方。淡香水也可放进冰箱里保存，香精则不可，过冷或者过热均会影响香味。如果剩余少许香水，颜色变混浊，可加入一些乙醇稀释。

◇ 香水的礼仪 ◇

用香水应该遵守一定的礼仪：

1. 去医院探病或就诊时，用淡香水比较好，以免影响医生和病人。

2. 参加严肃会议，千万不要用香味浓烈的香水。

3. 在宴会上，香水涂抹在腰部以下是基本的礼貌，因为过浓的香水会影响食物的味道，可能降低宾客的食欲。

女人，要让你的青春永驻

年轻就是一种资本和财富，虽然人人都梦想永远年轻，永远18岁，遗憾的是，谁都无法挽留岁月的脚步。

女性由30岁开始，肌肤衰老的迹象开始逐渐在脸上出现。

你会在一些"脆弱"的地方找到皱纹的痕迹：颈侧、唇边、眼角及前额，等等。皮肤不再像昔日那般柔滑细致，虽不至粗糙，但你能觉察到脸上的肤色开始不均匀，睡觉时枕袋在脸上所造成的"压痕"或者一些微小的伤口及暗疮印，需要较长时间才能消失。不仅如此，你脸上的毛孔开始变得明显、粗大，角质层很易积聚在表皮上，而皮肤专家也发现，30岁以后女性的肌肤易长暗疮。

还有一点不可不提，在20岁时肌肤所受到的紫外线伤害，有90%会在30岁才出现，所以你会发现，就算很少晒太阳，雀斑也会不断出现及加深。所以要立即采取补救行动，使你依然保持青春的活力。

1.充足睡眠

正常情况下，理想的睡眠时间是8个小时。因为一般在晚上10点到清晨4点是人体，尤其是肌肤新陈代谢最旺盛的阶段，脑垂体会分泌大量荷尔蒙使皮肤光泽有弹性。如果此时得不到充足的睡眠，很容易在第二天造成皮肤灰暗失色、眼圈发黑、脱水生皱。因此，应当尽量改变熬夜的习惯，保证良好的睡眠。睡前饮杯热牛奶、用热水泡脚或洗个热水澡，舒展一下身体，可以助你早入梦乡。

2.多喝水

女人是水做的，人体的主要成分是水，因此一般情况下每天饮用6～8杯水或2～3升水才能维持皮肤含水量的平衡。但喝水是有讲究的，晨起一杯温开水有利于清除肠胃垃圾，促进人体排出污物或毒素；早餐一杯牛奶、豆浆或果汁既补充了机体能量和营养，又补充了身体必需的水分；上班时间多喝水能够缓解疲劳，防止皮肤干涩；晚餐汤粥都含水，营养物质全在内；餐后再吃一些时令水果，有助于消化和养颜。补水过程中应尽量少喝甜饮料，过多的糖分会使皮肤酸化而不利于皮肤的保护。睡前半小时左右不宜再喝水，这样可避免第二天早晨眼部浮肿及眼袋的出现。

3.常通便

肠道内的"宿便"，是一些寄生虫和细菌良好的"培养基地"，肠道内的100多种细菌在摄取"养分"的同时也会不断发酵、腐败，产生有害的毒素和废物，被肠道吸收进入血液，并通过血液循环，将毒素和废物带到肌肤表层，引起面部色斑、痤疮、皮肤粗糙、皱纹和气色难看等皮肤问题的出现。所以，要多吃含粗纤维的蔬菜和粗粮，加强肠道蠕动，方便排便。

4.饮食均衡

女性在饮食上要能做到既不戒荤也不拒素，每餐荤素合理搭配。不过多摄取含油、糖、脂肪高的食物，以免身体内热量过多，导致皮下脂肪堆积，引起肥胖、痤疮、脱发和心血管疾病；多摄取一些优质的蛋白类、胶原类和含维生素丰富的食物，如鱼虾、肉皮冻、油菜、金针菜、玉米等。女性为美容和养身的需要，还应经常选配一些具有补气养血的食疗佳品，如银耳枸杞汤、当归红枣炖乌鸡等，以调理身心，达到美颜靓肤的功效。

5.修身养性

读书可以使人修身养性。"腹有诗书气自华"，丰富的知识一定会让你青春勃发、魅力无穷。读书可以提高你的内在气质，读书可以使你更具魅力！这是潜移默化的，也是充满神奇的！

6.有梦想

梦想代表你年轻，而年轻就代表你充满活力！这也是培养你拥有乐观精神和浪漫性格的一种方法。有了这种精神和性格，你就会永远都年轻，永远都快乐！

◇ 如何保持青春 ◇

青春是女人人生的一个短暂阶段，但是如果想要让自己的青春延长一点，下面两点很重要：

1. 晨跑

生命在于运动。运动才能使生命充满活力、青春永驻。而最好的运动方式就是跑步了。

2. 保持好心情

"笑一笑，十年少。"笑口常开，才能青春永驻；无忧无虑，才会使身体里的每一个细胞都快乐而不至衰老。

追逐自己的梦想，并在生活中让自己保持一个好的心态，你的生命就会保持年轻、美丽！

7.勤洗澡

洗澡可以洗掉你一天下来沾染的杂质与灰尘，洗掉你一身的烦恼和疲惫。洗澡的过程也是自己做运动的过程。身体的各个关节都在运动，血液循环加速，新陈代谢加快。洗完澡，还可以睡个香甜的觉，一觉醒来，必定神清气爽，容光焕发。

呵护女性肌肤的妙方

如果要问，在金钱、成就、知识、文化、荣誉、美丽等诸多方面，女性最关心的是什么？那么，毫无疑问，一定是美丽。

然而，在美丽的细节中，女性最注重什么？

每个女人都会毫不犹豫地说，她们最关心的是肌肤保养的问题。

任何一个女人都希望自己拥有平滑、细腻、鲜艳、嫩泽、光洁而富有弹性的肌肤，在视觉上向别人传递一种美好、新鲜、健康的感觉，同时也为自己营造一种愉快的心情。

但是，事物的发展是不会以个人意志为转移的。尽管女人千方百计地想留住青春，拥有不老的容颜，但无奈的是，自然规律是不可改变的。随着女性年龄的增长，她们的皮肤就会走下坡路，一些不讨人喜欢的色斑、皱纹将悄无声息而又万分执着地爬上那经过岁月洗礼的皮肤。

如果你不想过早地失去青春，不想衰老得那么快，那么，就要想一些办法来保持你的青春——这就是肌肤护理的意义所在。

张爱玲说过："出名要趁早。"套用这句话，女人的肌肤护理也要趁早。

要想护理好皮肤，首先要清楚自己的皮肤到底属于哪种类型。

1.先要了解自己的皮肤类型

如果你对自己的皮肤情况一无所知的话，还是先停下来了解一下自己再继续美容吧。否则，用错了化妆品，非但不会起到美容的效果，还可能使脸上出现色斑或小痘痘。在选择护肤品时，了解自己的皮肤类型很重要。

（1）中性皮肤：皮肤毛孔不太明显，皮肤细腻平滑，富有弹性；晨起时察看皮肤油脂光泽隐现，化妆后近中午时刻出现油亮，面部T形区（额头、鼻子及下巴）有油腻；洗发四五天后头发会轻微黏起，并易随季节变化，天冷变干，天热变为油性。如果是这样，你就是中性皮肤。

（2）干性皮肤：皮肤毛孔看不清楚，皮肤无光泽，表皮薄而脆，细碎皱纹多，晨起面部无油脂光泽，化妆后长时间不见油光；洗发一周后，头发既不黏腻也无光泽；耳垢为干性；用手抚摸皮肤感觉粗糙。如果是这样，你就是干性皮肤。

（3）油性皮肤：皮肤毛孔十分明显，大多时间油腻光亮，早晨起来面部油光浮现，而且需要用香皂才易洗清；面部易生粉刺、暗疮，化妆后不超过两小时就面部油腻；洗发后第二天就有黏着现象；耳垢为油性。这种情况你一定是油性皮肤了。

2.购买适合自己皮肤性质的化妆品

清洁面部后都要顺手涂一些护肤品。微酸性雪花膏能中和香皂残留在脸上的碱性物质，对一般人都适用。乳液类护肤品涂抹后紧贴皮肤而无油腻感，粉蜜有增白、收敛和减少溢脂的作用，这些适合油性皮肤者搽用。冷霜类是油性护肤用品，干性皮肤者使用最为合适。

3.学会正确清洁肌肤

洁肤不是随随便便用毛巾抹一把脸，这样的清洁方式不仅对皮肤无益，甚至还

◇ 正确清洁肌肤的步骤 ◇

正确的清洁方式能使皮肤处于尽可能无污染和无侵害的状态中，为进一步护肤提供良好的生理条件。

1. 可采用清水冲洗，也可以在脸盆中倒入开水，俯首向盆，持续几分钟，让水蒸气熏蒸面部，使皮肤毛孔舒缓张开。

2. 再将洁面用品抹在脸上，并轻轻按摩。

3. 之后再用温水洗脸，并涂以保湿润肤的护肤品。

如果可以的话，适当做一下面部按摩、软膜敷面护肤，一则可促进皮肤的血液循环;二则可进一步清除面部的污垢，保持毛孔舒畅和肌肤的光洁。

是有害的。

洁肤主要有三个方面的含义：一是要清除掉附着在皮肤上的污垢、尘埃、细菌等；二是要清除掉人体分泌的油污、汗液和老化的角质细胞；三是要彻底清除掉皮肤上残留的化妆品。

在这些皮肤护理中，防晒是重要的抗衰老的方法。因为阳光中的紫外线会令皮肤产生酵素，分解皮肤中的骨胶原、弹性蛋白，令皮肤出现皱纹。而阳光直射会促使黑色素活跃，导致黑斑、雀斑，从而使肌肤过早衰老。

1.如何选择防晒护肤品

首先，在选择防晒护肤品时，必须了解其防晒性能。

防晒化妆品的防晒性能，在产品标志上一般用SPF和PA来表示。SPF是Sun Protection Factor的英文缩写，表明防晒用品防止UVB侵害的防晒效果数值，是根据皮肤的最低红斑剂量来确定的。

假设某人皮肤的最低红斑剂量有15分钟，那么使用SPF为4的防晒霜后，即可在阳光下逗留4倍时间，即60分钟，皮肤才会呈现微红。若选用SPF为8的防晒霜，则可在太阳下逗留8倍时间，即120分钟。

对于只在上下班的路上才接触阳光的上班族，选择SPF值在15以下的防晒品即可，且以面部防晒为主。在旅游、游泳时，人的肌肤长时间裸露在阳光下，防晒品的SPF值要在30以上。而且，游泳时最好选用防水的防晒护肤品。

此外，肤色白皙者最好选用SPF超过30的防晒品，以防斑点的产生。

PA则是1996年日本化妆品工业联合会公布的"UVA防止效果测定法标准"，是目前日系商品中被最广泛采用的标准，防御效果被区分为三级，即PA+、PA++、PA+++，PA+表示有效，PA++表示相当有效，PA+++表示非常有效。

其次，了解了防晒护肤品的防晒性能后，还应考虑自己的肤色、所处的环境等因素。对以前没有用过的产品，应先将其涂于耳后，观察48小时，无不良反应后再使用。

最后，看产品的卫生指标、安全性等步骤也是必不可少的。

2.如何防晒

防晒品的正确使用方法是在出门前的半小时至1小时先行涂抹，就算不出门，在家也同样会受到紫外线的关照，所以每天早上一洗完脸，就应该擦上防晒霜。涂防晒霜时，不要忽略了脖子、下巴、耳际等位置，因为年龄往往最容易在这些地方展露无遗。

防晒除了涂抹防晒油、防晒乳液外，还应该准备太阳眼镜、防晒护唇膏以及防晒的衣物，每天早上10点到下午2点的紫外线最强，这段时间尽量避免让自己被太阳晒到。

即使阴天或下雨天也有高达80%以上的紫外线，皮肤在不知不觉中加速了老化的进程，所以这个时候的防晒抗衰工作更应注意。

另外，日常生活中的一些习以为常的小动作，不但无法保护皮肤，甚至还会破坏肤质，女性朋友们必须要避免：

（1）拔眉。采用拔眉的方式修整眉毛，会让眉毛显得更呆板，新长的眉毛会更加杂乱无章，反而破坏了原有的美感，甚至还会引起皮肤发炎。

（2）化妆品随便买。脸部的皮肤非常细嫩，而化妆品中的刺激性物质与酒精会破坏皮肤细胞组织，所以在购买化妆品时，尽量不要买含这类成分的化妆品。

（3）痘痘脸也搽保养品。长痘的皮肤，有很高的含脂量，如果再进行皮肤保养，只会恶化症状。所以，皮肤如果出现发炎生痘的状况，要注意避开这些部位。在健康的部位使用保养品。

（4）香水擦面部。香水一定要正确使用，绝对不能擦在外露的皮肤上，它会对皮肤产生刺激作用，加速皮肤的衰老。有些香水经紫外线照射会发生化学变化，引起皮肤发炎。所以香水用量宜少，而且应该用在能被衣物遮挡处。

（5）随便按摩脸。脸部按摩有一定的步骤，如果按摩不当，就会破坏皮肤底层的脆弱组织，不但无法美容，还会起到相反的作用。

（6）洗脸水过热。用热水洗脸会使毛细孔张开，如果再使用含去角质成分的清洁用品，就会使皮肤的毛细孔与细胞受到破坏。所以要保护好皮肤，不管在什么季节，都应该以温水、冷水交替洗脸。

（7）使用含可可油的化妆品。皮肤松弛是由于体重迅速增加、超过皮肤弹性限度而造成的，使用含可可油的化妆品对防止皮肤松弛并没有太大的帮助。

（8）眼周不用保养品。眼睛周围的皮肤是脸部肌肤最脆弱的一部分，也是最需要养分滋润的地方。若是眼睛周围不使用保养品，会使眼部皮肤干燥，出现皱纹。所以要选用适宜的眼霜或护眼产品，轻抹在眼睛的周围。

（9）皮肤呼吸不顺畅。健康的皮肤不会有呼吸是否顺畅的问题，所以日常的皮肤清洁工作非常重要。皮肤的毛孔堵塞通常是因为使用不合适的化妆品引起的。如果清洁不彻底，必会出现皮肤问题。

（10）吃饭时偏嚼。如果吃东西时只用一边咀嚼，会造成一边肌肉发达而另一边肌肉萎缩的现象，甚至有可能形成歪脸。若是因为牙齿的原因而单边咀嚼，应及时请牙医治疗。

（11）汗毛粗密的人应多修剪。如果女性身上的汗毛过于浓密，会影响外观的美感。有些人认为，汗毛越剃长得越密越粗。其实，剃毛不会改变汗毛的结构，但是过长则会给人留下不舒服的感觉。

以上是皮肤日常护理方面需注意的问题，下面再向女性朋友们推荐几种护肤养颜的方法。

一、饮食养颜

1.方法要正确

（1）正确地进餐。假如两组人每日进食一顿同样的食品，一组是早晨7点钟进

◇ 根据自己的皮肤类型选择合适的食物 ◇

1.油性皮肤

宜选用碳水化合物食物及富含维生素的新鲜蔬菜和水果。不宜吃含脂肪量多的食品、油炸食品及奶酪类食品。

2.干性皮肤

宜选用含脂肪高的食物及富含维生素E的食品，不宜吃有刺激性的食品。另外，要多喝水。

3.混合性皮肤

宜吃富含维生素A和维生素B_2的食物，如动物肝脏、蛋黄、牛奶、蔬菜、豆类、贝类、芋头、黄瓜等。

食，另一组在晚上5点钟进食，结果前一组人体重普遍下降，后一组人体重明显上升。这就说明：早餐可以适当多吃，而晚餐一定要少吃。

（2）吃健康的食物。吃健康的食物比定时做健康的运动应该更容易坚持，效果也更明显。因此，作为女性，要从现在开始关心自己所食用的食品是否有益健康，目的就是要减少罹患癌症和心脏病的危险性，而不是单纯为了减轻体重和美容。

（3）一日多餐。一日多次进餐可使血清胆固醇维持较低水平。但目前多数女性一日三餐热量的70%集中在晚餐，这样自然会使血脂增高。晚上睡觉时，血流量明显降低，大量血脂容易沉积在血管壁上，造成血管硬化。一日多餐则会使这种情况得到改善。

2.水果的妙用

每天摄取适量的水果，不但可以让你的肌肤晶莹剔透，还有益于身体其他器官。

草莓：富含维生素C，可防止伤风、牙龈出血、便秘、动脉硬化等。

杏：富含维生素A，可预防癌症、消除疲劳。

香蕉：补充体力，防止便秘、高血压等。

木瓜：帮助消化、防止便秘。

枇杷：预防感冒、便秘、动脉硬化，消除疲劳等。

苹果：整肠作用、利尿、消除疲劳。

柠檬：预防感冒，消除疲劳。

猕猴桃：预防雀斑黑斑、防止伤风、帮助消化等。

葡萄柚：富含维生素C，有消除疲劳的作用。

二、排毒养颜

1.排毒、护肤两不误

不让肌肤受到毒素伤害最普通的方法就是选择合适的护肤品。宜选择护肤品中含有能使皮肤中的蛋白质和脂质免受污染的物质——抗氧化物。

银杏提取物具有很好的抗氧化作用。绿茶、葡萄核、维生素E和B族、胡萝卜素等一系列活性植物的提取物也是很好的抗氧化物质，许多化妆品中都加入了这类物质。另外，椴花、人参、玉米、藻类等也是很好的抗氧化物，在选择时不妨多考虑含这些物质的护肤品。

2.洗脸排毒

先用温水洗脸，接下来用冷水冲30秒，再用温水洗，再用冷水冲，冷热交替的洗脸法，能够促进血液循环，也是促进排毒的小诀窍。

3.沐浴排毒

目前，浴盐的种类和功能越来越多，不同的浴盐散发着不同的"味道"，不同颜色的浴盐具有不同的功能，如舒缓疲劳、松弛神经、安抚情绪等。缺水紧绷的肌肤经过20分钟的浸泡后，就会变得清澈透明。

4.精油排毒

精油可以帮助身体排除毒素。不论是搽的精油还是闻的精油，都可以代谢出体内的毒素，让身心得到净化。

干性肌肤适合使用玫瑰精油；油性肌肤适合使用茶树、柠檬、鼠尾草精油；敏感性的肌肤则适合使用甘菊及矢车菊等精油。使用精油可以采用吸闻、按摩或者是沐浴的方法。

5.淋巴引流排毒

淋巴引流一般是美容院的服务项目，但如果掌握了手法，完全可以自己在家做。这种排毒方法要以淋巴较多的腋下、锁骨、脸部与耳际交界处为重点。排毒必须深而缓慢，先从鼻翼两侧缓而深地按摩，一直到耳际，最后再由额头沿着脸侧慢慢到锁骨，完成脸部的排毒。

需要注意的是，排毒时要顺着皮肤的纹理按压，一周可进行三次。每次清洁面部后，拍上化妆水和排毒产品后再进行，切忌不涂任何滋润的产品就做按压，以免给皮肤带来伤害。

6.运动排毒

运动时大量出汗，会让身体内的毒素随着汗液排出体外，从而达到排毒的目的。但要注意及时补充水分。

7.饮食排毒

菌类植物、新鲜果汁、生鲜蔬菜、豆类等食物都具有排毒功效，不妨平日里多吃一些。另外，每天的8杯水必不可少，再加上多吃含膳食纤维多的食物，那么饮食排毒就能轻轻松松做到了。

8.心情排毒

心情的好坏对皮肤的影响最大，伤心、恐惧、烦闷等的不良情绪打乱了平和的心境，令身体的内分泌失调，而让皮肤充当了心情的"晴雨表"。好心情是最好的护肤品，所以要努力使自己保持好心情。

9.睡眠排毒

睡眠时，当身体的其他器官处于休眠状态时，皮肤却在进行全速的细胞分裂，这时皮肤的恢复功能达到了顶点。如果没有充足的睡眠，皮肤就得不到全面的放松，细胞再生的能量无法得到恢复，也就无法拥有健康完美的皮肤了。

三、自燃香薰护肤

香薰护肤在欧洲已有悠久的历史，被认为是一种可让精神放松、令皮肤细腻光滑、重现青春活力的自然美容健康疗法。美容中心提供的香薰疗法一般都比较昂贵，其实自己可以到专门的香薰专卖店，买一些品质不错的精油，在家兑水后点燃香薰炉，让精油的精华通过鼻腔进入身体，给人以身心愉悦、肌肤柔美感，但一定要注意明火的安全性。好的香薰精油都是天然花草制品，不同的材料有不同的功效，可咨询香薰技师意见或按功效自行判断挑选。

四、电脑女人的养颜术

多数职业女性的工作都离不开电脑，这会引起许多身体上的问题，比如皮肤干燥、双目红肿、腰酸背痛等。当这些情况出现时，就表示身体已经超过负荷了。这时候就应该关掉电脑，好好地做一些保养身体和皮肤的工作。

1.脸部防护

面对电脑显示器就不可避免地要受到电磁的辐射。因为显示器的辐射会带静电，容易吸引灰尘，长时间面对显示器，容易造成脸上的斑点与皱纹的出现。所以在使用电脑前，一定要先涂上一层护肤乳液，再抹上淡粉，以加强皮肤的抵抗力。

2.清洁皮肤

离开电脑后第一件要做的事便是清洁皮肤，可用温水配合洁面液，彻底清洗脸部，将静电吸引的污垢洗去，再涂上温和的护肤品，可以减少电脑辐射的伤害，也能滋润皮肤。

3.补充营养

可经常喝一些枸杞茶或胡萝卜汁，有养目、护肤的效果。一些碳酸饮料如可乐、雪碧等，会增加皮肤的酸性，应尽量少喝或不喝。

肉类、鱼类、奶制品有助于增强记忆力，而巧克力、干果能增强神经系统的协调性，若是体重许可的话，可作为电脑族的零食。

新鲜水果与绿色蔬菜中含有丰富的维生素B群物质，而维生素B对脑力工作者很有帮助。

4.勤做运动

坐在电脑前的时间长了，不但会觉得腰酸背痛、手指僵硬、头晕，还会出现下肢水肿、静脉曲张等状况。平常只要多做些简单的伸展活动，就可以避免这些状况的发生。

例如，可以利用工作间隙伸伸懒腰，或仰靠在椅子上，双手用力向后伸，可以舒缓紧绷的腰肌，另外还可以做抖手指运动，放松一下手指。晚上睡前平躺于床上，全身放松，头仰放于床沿以下，能够提高脑部的供血与供氧。如果再垫高双足，可减轻双足的水肿，促进血液循环，避免下肢静脉曲张。这些动作运动量不大，不过却有很好的舒筋活血效果。

5.保护眼睛

经常使用电脑，会对眼睛造成很大的伤害。最理想的措施便是控制使用电脑的时间，平常还可以使用滴眼液，在使用电脑前与完毕时使用。除此之外，用完电脑后可在双眼敷上新鲜的黄瓜片或冲泡过的茶叶包，闭目养神十分钟，既能舒缓眼睛的疲劳，又可以滋润眼部周围的皮肤。

只有认真做好以上几点，才能做个真正美丽的电脑女人。

五、加班女性的养颜绝招

由于工作繁忙，熬夜是免不了的，但熬夜对女人的皮肤伤害很大。那怎样才能减少伤害呢？

◇ 利用睡眠时间美容 ◇

经常熬夜加班的女人，可以充分利用睡眠时间来美容。

1. 熬夜是最违反生物钟的做法，所以要在熬夜后给自己充足的补充睡眠的时间。

2. 补充睡眠时要制造一个适宜的环境，如拉上窗帘、关上灯等，或者给自己泡泡脚，这样做对于睡眠质量的提升很有帮助。

要注意的是，在补充睡眠前，女士应该彻底清洁眼部的化妆品，然后涂抹上含精华素的眼霜，给眼睛补充足够的营养，这样第二天起床才不会变成"熊猫眼"。

1.熬夜前

如果你要准备要熬夜了，就必须注意：

（1）先卸妆，清洁皮肤，这样既可避免残妆给肌肤造成负担，又可避免皮肤呼吸不畅而长出小痘痘。

（2）敷上面膜，面膜要以保湿成分为主。

（3）多喝温开水，给身体和肌肤同时补水。

2.熬夜后

在通宵熬夜之后，要注意：

（1）不管熬夜到多晚，睡前或起床后一定要利用5～10分钟时间敷一下脸，最好使用保湿面膜来滋养缺水的肌肤。

（2）工作完以后利用冷、热水交替洗脸，刺激脸部血液循环。

（3）涂抹保养品时，先按摩脸部5分钟。

（4）保持愉快的心情，皮肤也会显得很健康。

珍爱自己的脸

关于醉酒最奇怪的事就是，第二天早晨醒来之后，怎样都想不起来前一天晚上发生了什么事，直到有一天晚上又去喝酒你才知道发生过的事。如果你从来都不会因为醉酒导致第二天早上起来的时候脸上皮肤松弛，那也应该知道那时脸色绝对不好看。这是因为过度饮酒伤害了你的容貌，这主要是由脱水引起的。脱水就是皮肤上的水分（还有血液供给）离开皮肤，流向了体内更关键的器官。睡得不好（醉酒意味着睡眠效果更差），又多吃了一些多油脂的食物，或者你打算吃多油脂的食物，所有这些因素加起来，第二天早上醒来时，你肯定看起来状态不佳，尽管理想的解决办法是不喝酒，稍微好一点的办法是适量喝酒，而现实是你最好知道怎样修复因喝酒而松弛的脸。下面教你怎样做。

1.多喝水

这一技巧总是很奏效。饮酒狂欢时体内丢失的最主要物质是水分，所以一到家就补充水分会对身体大有裨益。睡觉前喝半升水，第二天早晨起来时会感觉稍微舒服一些。

2.按摩脸部

按摩脸部不但能使血液回到脸上，从而使你看起来更健康，而且可以缓解肌肤因为脱水而引起的紧绷感。用食指按摩脸部10分钟，从下巴开始，慢慢移到眼睛，再移到太阳穴。下一步是在鼻子两侧与眼窝相交的两点用手按压旋转，然后顺着眉毛和额头按摩。

3.轻轻涂上一层增湿霜

你的肌肤渴望得到水分，所以第二天早上，要在脸上多涂抹一些增湿霜，在嘴唇上涂上润唇油，如果当天晚上能涂就当天晚上涂。好的面霜能帮助肌肤吸收水分，并且能保持水分。

4.照顾好眼睛

治疗眼睛疼痛的一个好用的技巧就是，先把眼霜放到冰箱里冰一冰，这样在擦眼霜的时候眼睛（搽在眼睑的上方和下方，而不是眼睛里面）就会感到很凉爽。第二天早上用冰茶叶袋或者黄瓜片敷在眼睛上，这样能去除眼睛浮肿。如果眼睛干涩、看不清楚，那就用些滴眼液，这样能给眼睛补充水分，使眼睛清新明亮。

5.不要使用过多的化妆品

尽管你很想通过化妆来掩盖宿醉后松弛的面容，但是值得注意的是，这时化妆可能会使脸色暗淡，所以最好的选择是尽量少用化妆品，轻施淡粉，抹一点唇彩，再配上黑色的眼镜。

6.使口气清新

酒精还会使唾液变得黏稠，从而容易使你的口气难闻。最好的办法是嚼无糖口香糖，这能激活口中的唾液。嚼姜糖能收到同样的效果，而且还能防止第二天早上起来伴随的恶心现象。

穿好高跟鞋，走路添风采

高跟鞋——女孩子最好的朋友。高跟鞋会让你的腿看起来更修长、更性感，帮你以完美身姿款步进入各种场合，甚至能让满屋子里其他的女孩都忌妒你。此外，高跟鞋还能增强小腿和大腿的肌肉力量，改善腿部血液循环。然而，要穿着高跟鞋走路而不至跟跄（这就是为什么高跟鞋又被叫作喝醉鞋），那么腹部肌肉就必须有力，以支撑身体前部，后腰肌肉也要有力，以支撑身体后部。

幸运的是，如果光着脚你能够站得笔直，那你就能学会穿着高跟鞋走路。下面教你怎样做。

1.增强腹部力量

如果穿了一晚上的高跟鞋你就感到好像有人在背后踢了你一脚，问题就在于你的腹部肌肉很少，或者根本没有腹部肌肉。这就意味着你后背下面的肌肉不但要支撑身体后面，而且还要支撑身体前面。穿高跟鞋会让你感到有些不平衡（脚后跟的角度将盆骨往前推），这让你的后背压力越来越大。解决办法：你需要增强腹部肌肉的力量。

2.记住：脚后跟不应该感到疼痛

如果穿高跟鞋走路让你感到好像有大头针在刺脚前掌，并非只有你一个人有这样的感觉。脚是人体天然的减震器，将身体全部的重量从整个脚掌移到前脚掌，肯

◇ 学会选择高跟鞋 ◇

穿高跟鞋会让自己的形体更加优美，但是很多女士却不适应穿高跟鞋，其实，只要选择适合自己的鞋穿起来就会舒服一些。

1.选择合适的高度和宽度

如果你以前没有穿过高跟鞋，最好选择跟宽些的，因为鞋跟越宽你就会感到越稳定（受力面积更大，更容易平衡）。

2.选择有鞋襻的或者有鞋带的鞋子或者靴子

穿有鞋襻的或者有鞋带的高跟的鞋子走路时会比较稳，因为你的脚是安全的。

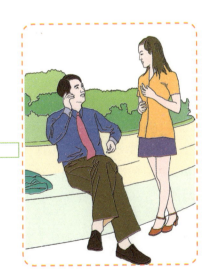

如果你没有穿高跟鞋的习惯，在开始的时候可以高跟鞋与平底鞋交替着穿，慢慢适应穿高跟的鞋子。

定会让人感到疼痛。要解除这种疼痛，首先把鞋子脱下，按摩前脚掌，然后坐下来（最好是把腿抬高）休息10分钟，让血液循环回脚部。最后，起身站直，双脚分开与臀部同宽（臀部比你想象的要窄），想象有一根绳子从头的中间将你往上拉。

3.自信地走路

现在你能穿着高跟鞋站得很好了，剩下的事就是要学会走路的时候怎样充满自信。这需要练习，因此，当你要去某一种正式场合，而且想给别人留下深刻印象的时候，诀窍就是提前两个星期就开始穿高跟鞋。做家务时都穿着，以适应穿高跟鞋时怎样站立、怎样坐、怎样弯腰、怎样移动。这听起来有些太过小题大做了，但是这很管用。下一步就是观看职业人士是怎样做的。模特们穿高跟鞋很优雅大方是因为她们很自信，微微地摆动臀部，以增加腿部的力量。如果大摇大摆地走进一间屋子不是你会做的事，那一定要自信地走进去（练习时放一本书在头上）。这就是说走路时不要晃荡，而且还把臀部突出来，也不要很有力地一步一踩地走路，因为那一点儿都不美，还不如穿平底鞋好看。

梳理养护好你的头发

当你的头发看起来很丑陋的时候，你会感觉自己也很丑陋。这是一种非常正常的现象，这和我们的自我观念有很大的关系。我们大多数人照镜子时都会集中注意头和脖子这块区域，如果头发（直面现实吧，这是脸部四周最大的集合体）看起来很奇怪，很自然地就会设想你的整个脸看起来也很奇怪。值得注意的一点是，良好的心情确实能帮助你的头发保持健康良好的状态。下面教你怎样收拾头发。

1.头发用品不要使用过量

如果你经常在头发上使用发胶、摩丝、喷雾和定型胶，那就得注意了，在这种情况下，经常洗头也没有用（即使是每天洗一次）。要去掉头发里聚集的这些产品，你需要用好的洗发水彻底地洗一次头。你所需要的全部产品就是一瓶上好的洗发水。

2.用冷风吹头发

将冷风对准发根吹头发能使头发有韧性。要使纤细稀疏的头发有韧性，可以考虑染色，这能使头发表皮变得丰满起来，从而改善头发的状况。

3.计算出每月例假的时间

例假前的症状和例假都会影响头发的样子和你对头发的感受，而且这些经常就是头发很丑陋的真正原因。这全都是由体内荷尔蒙的变化引起的，所以在例假结束之前不要做任何激进的事，例假结束后可以考虑剪剪头发，改变一下发型，甚至可以考虑改变一下头发的颜色。

4.正确地吹干头发

不要花很长的时间去洗头发，然后以每小时100千米的风速把头发吹干。这样不但会使你的头变成一个卷毛球，而且还会使头发干枯。要更有效地吹干头发，就要在吹头发之前先等待一会儿，等到头发有八成干的时候再去吹就会使头发少受一些伤害。

5.咨询理发师

经常让专家看看你的头发也非常关键。头发很糟糕通常就是显示你的头发需要剪了，或者需要"看"理发师了。一个敬业的理发师不但会就你应该使用的头发用品给出建议，而且还会明确地指出你的头发是什么状况，需要做些什么保养。

第二节　打造良好形象，追求真正的时尚

时尚与健康同行

追求时尚是为了美丽，越来越多的女人在追逐时尚潮流的时候漠视了健康的重要。虽然只是很不起眼的生活方式，但当这些有损健康的生活方式一旦成为"时尚"，不负责任地蔓延开来时，对健康的负面影响就不可小觑了。

时下流行的可能有损健康的时尚观念主要有：

1.塑身内衣

塑身内衣有的束腰，有的收腹，有的修饰腿部线条，还有一种被称为"全身绑"的连体内衣，厚厚的强力纤维把上腹、腰、下腹、臀、腿从上到下紧紧地箍起来，穿着它连呼吸都有些困难。不过爱美的女孩还总是自我安慰，"习惯就好了"。事实上，如果为了某个场合，短时间内用内衣修饰体形没有问题，但如果天天如此，恐怕就要影响健康了。

女性由于体内激素的作用，脂肪沉淀，特别在臀、胸、腹等部位，是自然的生理现象，没有必要去刻意改变。追求不健康的所谓"骨感美"，长期用紧身衣、腹带等束紧胸部、腰腹部，将严重影响健康。特别是处在青春期的女孩，身体尚未发育完善，如果一味求"瘦"，束腰、收腹会影响腹部器官的正常生长发育。

腹部有许多重要脏器，如肠、胃、子宫、卵巢等，束身衣长时间紧绷肌肉，影响身体的自由活动，从而使腹部的血液供应受到限制，腹腔器供氧不足，会影响众多器官的生理功能。另外，束腰还可能影响下肢血液循环，出现下肢水肿。

2.打耳洞

打耳洞已不是什么新鲜事了，而且随着"韩风"日劲，耳洞的数目也有逐渐上

扬的趋势。

但是打耳洞越多，细菌病毒越容易入侵。耳钉、耳坠等饰物放在柜台，长期暴露在空气中，本身未必干净。有的摊主在打耳洞前都不用酒精消毒，街边的所谓"无痛穿耳"就更没有安全可言了。病毒和细菌侵入身体，极有可能造成感染，特别是气温渐高的春季和夏季。更严重的是：在耳朵上过多穿孔，有可能造成软骨炎，使耳朵萎缩。至于在鼻、舌、眉、脐环等部位打洞，就更危险了。

3.滥吃减肥药

当减肥成为时尚，就是一件很可怕的事情了。不少女性在医院减肥遭拒之后，开始自寻门路买减肥药吃，殊不知这是一件更加危险的事情。不少减肥药是处方药，如果在医生的指导下服用，完全是安全有效的药品，但若不顾禁忌不遵医嘱随便吃，就会出现不良后果。其实减肥的根本在于改变不良的生活习性，滥吃减肥药是没有效果的。

对于单纯性肥胖者而言，少进食、多运动比任何减肥药都要安全有效。女性随着年龄的增长，自然会在臀、胸、腹等部位沉淀脂肪，如果为了减肥而强制性节食，势必导致营养不良，甚至器官功能衰竭。所以，减肥切忌盲目，一定要在专业医师的指导下进行。

4.健身房健身

现在越来越多的白领女性把去健身房锻炼身体当成一种时尚。殊不知，健身房里可能会因装修等原因残留一些有害气体和粉尘，再加上空气流通不是很好，对健康就会产生不利影响。

5.泡吧、唱KTV

泡吧、唱KTV逐渐成为城市生活的潮流。到一个城市，有没有像样的酒吧，有没有豪华的KTV包房，也反映了这个城市的时尚指数。的确，泡吧、KTV既能缓解工作压力，还能扩大交往圈子，成为时尚女性生活方式的一部分也无可厚非。

但是，如果为了赶时髦，每天都去酒吧、迪厅或KTV，那可不利于身体健康。酒吧和KTV里污浊的空气和噪声并不是休息放松的好地方，长此以往，与其说是到这些地方去休息疗伤，还不如说是去找病。

6.洗肠美容

近两年，都市又兴起了一个美容时尚新概念——断食、洗肠。许多女明星都坚持洗肠美容，目的是让自己的身体里没有宿便，不蓄积毒素。但洗肠容易让肠管变粗，长时间反复刺激还会使肠管麻痹，容易导致一些人为的疾病。

7.长期佩戴戒指、项链等首饰

有些女性怕戒指丢了，就用线把接头缠牢，紧紧地箍在手指上，由于摘戴不便，就干脆不摘。天长日久，受箍的手指皮肤、肌肉就会下陷或产生环状畸形，里面会藏有很多细菌，严重地影响手指的血液循环，造成局部坏死或细菌感染。

另外，长期戴项链也不利健康。除纯金项链外，其他项链在制作过程中均掺入了少量的铬与镍。尤其是那些廉价的合成金属制品，成分更加复杂。佩戴后，项链所接触到的皮肤有时会出现微红、瘙痒，此时如不及时取下项链，几天后，症状就会蔓延开来，形成湿疹般的红肿，严重者还会形成溃疡。

◇ 如何预防佩戴首饰带来的危害 ◇

长期佩戴首饰会给身体造成一定的危害，那么喜欢佩戴首饰的女士应该如何预防这些危害呢？

1. 最好选用纯金、纯银首饰，购买有《质量检测合格证书》的首饰，尽量避免佩戴镀金、镀银、镀铬、镀镍等容易引发皮炎的首饰。

2. 不要长期佩戴，应该定期清洗。首饰是藏污纳垢之物，可传播多种疾病，可用中性洗涤剂或热水浸泡清洗，清洗时要用软毛刷。

如果已经造成了危害，比如说出现感染等，应该及时就医，不要自己随便消消炎就不当回事了。

总之，时尚可以追，但健康不能不要，没有了健康怎么去追求时尚？所以，喜欢追求时尚的女人要懂得在追求时尚的同时保护自己的健康，以免使健康在不知不觉中离自己越来越远。

时髦不等于时尚

羽西牌化妆品是所有女性耳熟能详的化妆品牌，而它的创始人靳羽西女士更是让众多女人无限羡慕的女性美的代表。她既是著名的女企业家，又是有名的女主持人，依靠自己的气质彰显独特的魅力，一本《魅力何来》更让她魅力四射。《纽约时报》称她为"中国化妆品王国的皇后"，她还是美国电视六强人之一，获得了许许多多的成就奖，影响了一代的中国人和电视主持人，同时她更是个漂亮的、充满女人味的女人。

但是，在25岁以前，她也和爱赶新潮的年轻人一样，喜欢尝试新的东西，以此显示自己的与众不同。她那时赶时髦、追流行，把头发染成金色，涂蓝色的眼影。25岁以后，她才开始知道什么才是使自己漂亮的东西，并给自己的衣着打扮做了定位。也可以说，她从盲目的追求时尚中进行了反省。

从此靳羽西不再花时间和金钱去追求那些虽然流行、时尚但并不能使她变得漂亮的所谓的时髦。为了事业的成功，她需要一个成熟的、有品位的自我形象。她选择的"整齐刘海、扣边短发"的发型，使她看上去既比同龄人年轻，又保持了她内在的青春活力，尽显朴素高雅的魅力。这一发型似乎成了她的固定选择。她对流行色有独到的见解，能使皮肤白嫩、细腻、年轻、更漂亮的颜色就是永恒的流行色。在众多女性追求和崇尚西方的金发碧眼，并为自己的黄皮肤、黑发、黑眼睛感到自卑时，靳羽西却认为黑发就是美，因此她保留了黑发的黑、真的特点。她同样认为黄皮肤也是美丽肤色的一种，关键是要使这种肤色成为一种健康色，打扮的效果是要使这种肤色更美丽，而不是要改变它。显然，她的定位——新色彩、新风格和新服装使她光彩照人，她的形象设计得到了全世界女性的认可。

华丽的衣裳不一定能装扮出灵魂的美来，而朴素的衣服也不一定能掩盖住一个人的精神风采，这就是气质的魅力，它来源于精神世界的充实与丰富。

著名京剧表演艺术家云燕铭对自己的穿衣之道曾做过精妙的总结："我不想成为时髦的先驱，正因为这样我的服装很少受外界的干扰，都是我自己投入内心的情感，根据自身的特点精心设计的。我把我的愿望和爱好深深地寄托于服装中，使服装充分体现我的个性。"

遗憾的是，大多数的女性似乎过于容易被光怪陆离的时尚所迷惑，在不惜花费大量金钱奋起直追中踏入了歧途。"越是新奇的东西命越短"，越是时髦、流行的东西也就越容易大众化。在越来越多的女性争相模仿中，时髦也就日见俗气，开始令人望而生厌。流行服饰界的观念瞬息万变：今天兰格弗德饰有荷叶边的裙子一统天下，明天凯琳的扎脚管长裤又会主宰乾坤。今天的流行很可能被明天唾弃。即使是最善于"赛跑"的女性，也很难追赶上如此迅捷变化的流行新潮，而只能无可奈何地面对一衣橱的过时服饰叹息一声："永远少一件衣服！"

服饰界不存在永远新奇的衣饰，却存在永不过时的品位。拥有几套款式大方、质地较好、色彩含蓄的服装，再经过巧妙的搭配、适度的点缀，就可以在任何场合

◇ 时髦并不一定美丽 ◇

时髦并不一定就是美丽，穿出自己的个性与气质才能真正彰显自己的魅力。

1.低胸、露背式的晚礼服穿在性格开朗的女性身上，会使她在宾朋满座的晚宴上充满信心、应酬自如、光彩照人。

2.但若穿在生性胆怯的女性身上，难免会令她局促不安、手足无措，显出一股不自然的忸怩状。

她怎么这么紧张！

所以说，服饰的风格如果不能与自身的气质相配，那么再华丽时髦的装饰也只能是一堆赘物。

都不失其优雅且又免于流俗。

因此要想拥有永恒的魅力，就要保持不变的个性，永不为外界所干扰。

创造时尚的人将会把自己的形象铭刻在他人的脑海里，使模仿者黯然。时装模特的风采令人如痴如醉，但T形舞台不等于现实生活。女性在追求时尚之前，一定要仔细琢磨一下自己的个性、体形、肤色、身份和生活方式是否具备了追求的条件。如果抱着"别人有的我也要有"的观念不放，那你最多也只能是一个成功的购买者。一味追求他人创造的时尚，说明你对自己缺乏基本的自信。

现代时尚女性要学会的是用自己的眼睛观察自己，相信自己具有与众不同之处。如果仅仅生活在他人创造的流行与时尚中，那么你所拥有的也只能是茫然和盲从。

追求时尚的女人，避开时髦的陷阱吧！为什么不穿出自己的个性，创造出自己的风格呢？只有当你的内涵和外表协调统一时，你才是最有魅力的时尚女性。

追求时尚的正确方式

对时尚的追逐、对自然的崇尚，是年轻女性的永恒话题，而漂亮、随意、充满青春活力也应是最喜好自由生活、重视自我感受的年轻女性的专利。

女人追求时尚是大方向和大趋势。但有些商家看准了女人追赶时尚的劲头，为了赚钱，不惜损害女性的健康，他们通过电视、报刊、网络等媒体对时尚大加渲染，卖减肥药的宣传苗条是时尚，卖染发剂的宣传染头发是时尚，做美容的宣传长睫毛、双眼皮是时尚，等等。总之，生活中不乏这样的现象：商家赚足了钱，而追求这些时尚的女人则花空了钱袋，弄坏了身体。

当然，女人爱美没有错，追求时尚也没有错。只是在追求时尚时，一定要采取正确的方式和把握适度的原则。

1.多运动

"性感"在今天已经成为时尚的代名词。一个时尚的女人可以没有美丽的容貌，可以没有丰厚的薪水，更可以没有这种或那种名牌香水，但是，时尚的女人必须是个性感的女人。

运动是性感的，也可以使女人变得性感，那么追求时尚的女人就无法拒绝运动。不要说那些驰骋赛场的体坛名将，就是体育馆、健身房中挥汗如雨的女人，哪个不让人另眼相看？她们在坚持不懈的运动中，散发出了对健康的渴求。健康是性感的前提，越是健康的女人距离她们心目中的性感形象就越近。

虽然运动不是追求时尚的灵丹妙药，但是运动的确可以拉近女人与时尚间的距离。在人们感叹女人为体育运动痴迷所展现出来的豪情时，体育运动正高举时尚大旗，引领着更多追求时尚的女人，在性感的大路上飞奔。

◇ 时尚与年龄的和谐 ◇

　　时尚具有很强的年龄特征，不同年龄的女性追求不同的时尚，已经成为普遍的生活现象和文化现象。所以，女性要根据自己的年龄特征选择恰当的时尚服装。

　　1. 处于青春妙龄的女孩，她们只需穿上活泼明快、宽松利落的时尚运动装或简便装，就可以把少女的天然美、韵律美淋漓尽致地表现出来。

　　2. 青年女性应穿着以明朗色彩为主色调的时尚服装，这类服装跳跃性强，视野空间较广，且装饰性线条较多，可给人以热情、振奋的感觉。

　　3. 中年女性则应穿着柔和性色彩的时尚服装，这类服装色彩心理反射不太强烈，流动美感属中等水平，装饰性线条不太多，给人以沉静、典雅之感。

2.注重时尚的和谐

（1）时尚与性格的和谐。每个女人都有自己独特的个性，在追求时尚时也应根据自己的性格选择时尚，追求时尚与性格的和谐。模仿不是美，时髦也不一定是美，只有当内在性格与时尚追求和谐一致时，女人的美才能得到最充分的体现。

当时尚成为女人的一种"强加物"时，它就会破坏女性的美。如旗袍给人以文静优雅的感觉，"假小子"式的姑娘就不宜穿着。所以，女性追求时尚时要注意，服装款式、色泽、质地都应与个性吻合，不可一味模仿。

（2）时尚与环境的和谐。女性在追求时尚、强调着装个性化的同时，还必须重视环境的因素，即在选择时尚服饰时，应与一定场合的气氛和谐起来。如在办公室里不宜着过分时髦的时装，职业女性也不能什么颜色的头发流行就烫什么颜色。如果在比较严肃的环境里工作，刚好社会上流行红色，你头顶耀眼的红发去上班，肯定会引来异样的目光。

因此，女性在追求时尚时要考虑与场合、氛围相统一，与生活环境相适应。

（3）时尚与职业的和谐。职业不同，在社会上扮演的角色就不同。因而，女性在追求时尚时要注意与自己的职业相协调。例如女教师为人师表，就要为学生做好榜样，因此穿戴不要太前卫，以免造成不良影响，损坏自己的形象。

在追求时尚时，注意结合职业特点来着装，可以显示出女性的工作能力和气质风度。

3.切忌重金追时尚

大多数女性追赶时尚主要出于以下三种心理：一是好奇心；二是希望出人头地；三是不愿落在人后。

因此，为了追求时尚，她们甚至不惜重金，弄得自己看起来光彩照人。

其实，今日的时尚，大多为商业行为所制造。为了使自己的产品成为受大众青睐的商品，商家不约而同地将经营策略放到了在成本不变的前提下如何最大限度提升产品价格上。于是，一系列时尚制造行动频频出现在世人的面前。在电视屏幕、报纸杂志和网络的引导下，人们不可避免地会将这些商业运作的结果和时尚画等号。于是，时尚也开始变得铜臭味十足起来：一张普通的木床，价格可以高到能买下半亩树林；一件花花绿绿的衣服能花去一个女人一个月的粮款；一个吊挂在脖、腕上的小饰物足以全额支付几个失学儿童的三年学费……对待如此这般的所谓时尚，女性不应不识，更不能不防。

第四章

女人的健康魅力——让女人受益一生

第一节　健康才是真正的美

身体健康才美丽

　　身体健康包含两个方面的含义，一是指主要脏器无疾病，人体各系统具有良好的生理功能，有较强的身体活动能力和劳动工作能力，这是身体健康的最基本的要求。二是指对疾病的抵抗能力，即维持健康的能力。有些女人平时没有疾病，也没有身体不适感，经过医学检查也未发现异常状况，但当环境稍有变化，或受到什么刺激，或遇到致病因素的作用时，身体机能就会出现异常，这说明其健康状况非常脆弱。能够适应环境变化、各种心理生理刺激以及致病因素对身体的作用，才是真正意义上的身体健康，才能更美丽。

　　世界卫生组织认为现代人身体健康的标准是"五快"，具体是指：

1.吃得快

　　是指胃口好。什么都喜欢吃，吃得香甜，吃得平衡，吃得适量。不挑食，不贪食，不零食。吃得快，当然不是指吃得越快越好，而应做到细嚼慢咽，使唾液充分分泌，这样可以减轻胃的负担，提高营养吸收率，也能减少癌症的发生。

2.便得快

　　是指大小便通畅，胃肠消化功能好。良好的排便习惯是定时、定量，最好每天1次，最多2次。起床后或睡眠前按时排便，每次不超过5分钟，每次排便量250～500克，说明肛门、肠道没有疾病。假如便秘，大便在结肠停留时间过长，形成"宿便"，有毒物质就会吸收得多，引进肠胃自身中毒，出现各种疾病，甚至可能导致肠癌。

3.睡得快

　　是指上床后能很快入睡，且睡得深，不容易被惊醒，又能按时清醒，不靠闹钟或呼叫。醒来后头脑清楚、精神饱满、精力充沛、没有疲劳感。睡得快的关键是提高睡眠质量，而不是延长睡眠时间。睡眠质量好表明中枢神经系统兴奋、抑制功能协调，内脏无病理信息干扰。睡眠少或睡眠质量不高，疲劳得不到缓解或消除，会形成疲劳过度，甚至出现疲劳综合征，降低免疫功能，产生各种疾病。

4.说得快

是指思维能力好。对任何复杂、重大问题，在有限时间内能讲得清清楚楚、明明白白，语言表达全面、准确、深刻、清晰、流畅。对别人讲的话能很快领会、理解，把握精神实质，表明思维清楚而敏捷，反应良好，大脑功能正常。

5.走得快

是指心脏功能好。俗话说"看人老不老，先看手和脚""将病腰先病，人老腿先老"。加强腿脚锻炼，做到活动自如、轻松有力，不要事事时时离不开车，不要忘记腿是精气之根，是健康的基石，是人的第二心脏。

这几条标准虽然内容简单，但要真正做到却并不容易。

只有身体健康才能说美，女人的美丽是灵性加弹性——拥有活生生肉体的健康女人，才会永远吸引男人的目光，也才会成为社会生活中最美的风景。

有健康，才有爱和被爱；

有健康，才有追求和梦想；

有健康，才有快乐和幸福；

有健康，才能真正称其为女人。

但是，一些不健康的生活方式正在吞噬着女性的健康，特此提醒爱美女性们注意。

1.穿戴上的"好看不好受"

爱美是女人的天性，但若为了外表的光鲜亮丽，在穿戴上"虐待"自己，迷恋又细又高的高跟鞋、又小又紧的内裤和胸衣以及质量低劣的首饰等，长此以往，美丽的背后将付出健康的代价。

有些追求身材完美的女性片面注重束身效果，经常穿着又小又紧的内裤，这样不仅会感到浑身不舒服，而且也会影响血液流通，并会使局部肌肉因为不透气、汗渍而发炎。

还有的女性喜欢穿收腹裤，这种衣服长时间穿在身上会引起心口灼热、心跳加快、头晕、气短等不适现象，甚至会出现心口疼痛。

女性如果每天长时间地穿着又紧又窄的胸罩，则会影响乳房及其周围的血液循环，使有毒物质滞留在乳房组织内，增加患乳癌的可能。

各类金属首饰，除了纯金（24K）以外，其他的在制作过程中一般都要添加一定量的铬、镍、铜等，特别是那些价格较为低廉的合金制品，其成分则更为复杂，女性细嫩的皮肤戴上这类材料的首饰很容易受到伤害。

◇ 危害女性健康的两种"美丽"行为 ◇

女人若把健康都交出去，赔进去的是永远无法赚回来的生命。下面两种行为会损害女性的身体健康：

我要减肥，我要减肥！

1.盲目减肥

女性追求完美体形的愿望是可以理解的，但不可盲目为了减肥而过量运动或者节食，否则只会让身体垮掉。

2.冬季"要风度不要温度"

在寒冷的冬季，一些爱美女性却仍然身着短裙。这样的打扮确实是时髦，却给健康带来了隐患。

好冷啊。

健康是女人的本钱，女人得从爱惜自己开始。女性想要美丽可以理解，但是不能为此不顾身体健康。

2.职场女性的健康隐患

（1）化妆过浓。职业女性由于工作需要，适当的化妆是必要的，但切忌浓妆艳抹。目前市场上出售的化妆品无论多高档，还是化学成分居多，含有汞、铅及大量的防腐剂。不少女性把美容的希望寄托于层出不穷的化妆品上，而忽略了自身的健康。化妆品中的化学成分会严重刺激皮肤，粉状颗粒物容易阻塞毛孔，减弱皮肤的呼吸功能，产生粉刺、黑头等皮肤问题。

（2）超负荷工作。在职场中，竞争越来越激烈，职业女性的工作节奏也日趋紧张，精神压力也越来越大，但精神上和身体上的超负荷状态对健康是非常不利的。如果不注意休息和调节，中枢神经系统持续处于紧张状态就会引起心理过激反应，久而久之可导致交感神经兴奋性增强，内分泌功能紊乱，从而产生各种身心疾病。

（3）饮茶过浓。很多职业女性有饮茶的习惯，茶可消除疲劳、提神醒脑，从而提高工作效率。但茶中的茶碱是一种有效的胃酸分泌刺激物，长期胃酸分泌过多，可导致胃溃疡。所以，职业女性切忌饮茶过浓，饮茶前最好在茶中加入少量牛奶、糖，以减轻胃酸对胃黏膜的刺激。

（4）吸烟过多。很多职业女性以抽烟为时髦，而不知道烟草对女性健康的严重危害。有数据表明：吸烟女性的心脏病发病率比不吸烟女性高出 10 倍，绝经期提前 1~3 年，孕妇吸烟导致产生畸形儿的概率是不吸烟者的 25 倍。另外，青年女性吸烟还会抑制面部血液循环，加速容颜衰老。

（5）饮酒过度。职业女性在工作中总会遇到一些不顺心的事，有些人就采取借酒消愁的方式，还有的女性把喝酒当成现代生活方式中的一种时髦行为。其实，借酒消愁愁更愁，喝酒不仅解决不了问题，还会使大量酒精进入人体，导致神经系统受损，给自身健康带来很大危害。

（6）营养不良。职业女性为了节省时间，也为了免除麻烦，经常买快餐食品充饥，如方便面、面包、各种糕点饼干，等等，或是在小食堂买一块肉夹馍、烧饼了事。这种做法对于工作来说，可称得上是快省，但身体却会受到很大伤害，时间长了会导致营养不良。

3.优秀单身女人的"孤独症"

据统计，美国某州两年内每10万人中死于心脏病的有775人，其中结婚的为176人，而独身者（指未婚和离婚者）却有599人，后者是前者的3倍多；在122个自杀者中，17人是有家眷的，105人是独身者，后者是前者的6倍多。这说明，孤独在一定程度上已成为人类健康的杀手。

现代社会，单身女人越来越多，尤其是高学历、高能力的单身女人的人数日趋上升。许多男人认为：高学历、高能力的女性整天忙于事业，不懂生活情趣，跟这样的女人组建家庭，婚后的日子肯定像一杯白开水似的，淡而无味。还有一些男人认为在能力强的女性面前，自己显得无能、渺小，不仅感到自卑，而且缺乏安全感。因此，出于男性的自尊心理，他们不愿选择高学历、高能力的女性为伴，这使得更多高学历、高能力的女性选择了独身。

美国心理学家林奇说："孤寂生活本身会慢慢而必然地伤害人的肌体，向着人的心脏冲刺……"

单身女人在工作中要不辞劳苦，在生活中还要面对着周围人投过来的无法理解、

◇ 有益健康的"小动作" ◇

人要先有健康才能谈到五官、皮肤等的美丽，身心的健康都有了才有外在的美丽。下面是几个有益身体健康的"小动作"，平时可以多做做这些小动作。

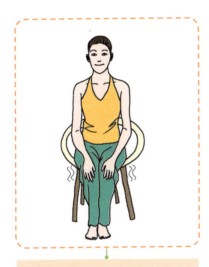

1. 有时坐久了站起来会眼冒金星，如果坐时抖抖脚就可缓解这种眩晕的感觉。

2. 如果你经常腰痛，可以在平地上倒着走，膝盖要弯曲，同时要甩开双臂均匀地呼吸，每天早上坚持半小时，一两个月后即可以见效。

3. 每晚坚持用热毛巾搓耳朵，上下轻轻搓摩双耳各 40 次，毛巾凉了放入热水浸泡后再搓，这样可以防止和治疗感冒。

这些动作不需要太多的时间和精力，却能让身体健康起来，所以，女士们，多做做这些简单的小动作吧。

不可思议的目光，这种孤立于友谊和家庭之外的生活方式，使人患病和死亡的可能性大大增加。孤独对死亡率的影响，同吸烟、高血压、高胆固醇、肥胖和缺乏体育锻炼一样大。

车尔尼雪夫斯基说："生命是美丽的，对人来说，美丽不可能与人体的正常发育和人体的健康分开。"健康的人是最美丽的。无论你是早上八九点钟的太阳，还是娇艳欲滴的玫瑰，保持健康的身体和心态，你才会是最美的。美丽女人应该具有健康的肤质、红润的面色、亮泽的发色等，总之，只有从内到外的健康才可以很好地保持美丽。

健康从吃早餐开始

很多人没有养成吃早餐的习惯或是早餐吃得过于随意，这对身体健康很不利。其实如何吃好早餐大有学问。

1. 7 ~ 8点是早餐的最佳时间

一些人早晨起得早，早餐便也吃得早，其实这样并不好。早餐最好在早上 7 点后吃。因为人在睡眠时，绝大部分器官都得到了充分休息，唯独消化器官仍在消化吸收晚餐存留在胃肠道中的食物，到凌晨才渐渐进入休息状态。如果早餐吃得过早，势必会干扰胃肠的休息，使消化系统长期处于疲劳应战的状态，扰乱肠胃的蠕动节奏。所以 7 点以后再吃早餐最合适。另外，早餐与中餐最好间隔 4~5 小时，也就是说，在 7 ~ 8 点之间吃早餐最合适。

2. 早餐吃冷食不利健康

很多人早上起床后，喜欢喝果汁、牛奶等冷食，虽说它们可以提供水果中直接的营养及清理体内废物，但却忽略了一个关键问题，那就是人的体内永远喜欢温暖的环境，身体温暖，微循环才会正常，氧气、营养及废物等的运送才会顺畅。所以吃早餐时，千万不要先喝蔬果汁、冰咖啡、冰果汁、冰牛奶等冷食。

早餐吃热食才能保护胃气。胃气并不单纯指胃这个器官，还包含了脾胃的消化吸收能力、后天的免疫力、肌肉的收缩功能等。早晨体内的肌肉、神经及血管都还处于收缩的状态，假如这时候你再进食冰冷的食物，必定使体内各个系统更加挛缩、血流更加不顺。天长日久，就会导致皮肤越来越差，时常感冒，出现胀气、便稀等症状，这就是长期的冷食伤了胃气，降低了身体的抵抗力。

3. 理想早餐并非牛奶加鸡蛋

很多职业女性早晨起来，喝一杯牛奶，煎一个鸡蛋，吃一些肉片，拿上一个水果便匆匆冲出了家门。看上去这样的早餐营养还不错，如此搭配，蛋白质、脂肪摄入量是够的，但却忽略了碳水化合物的摄入。

理想的早餐应该是营养均衡的早餐，蛋白质、脂肪与碳水化合物的摄入量应该有一个合理的比例，即蛋白质、脂肪与碳水化合物的产热值的比例应该在 12：25~30：60。由此可见，碳水化合物所占比例最大，是理想早餐营养结构的基础。而粮谷类食物是碳水化合物的主要来源，谷物含有丰富的碳水化合物、蛋白质及 B 族维生素，同时也提供一定量的无机盐，且脂肪含量低，约为 2%。

常见的谷类食物包括大麦、玉米、燕麦、大米、小麦等，职业女性在选择早餐时，以这些食物或含有这些食物成分的食品为早餐的主要内容，获得的营养才会更充分，营养结构才会更合理。

◇ 想要健康要吃早餐 ◇

健康营养的早餐要符合以下几点要求：

1. 早餐前要先喝一杯温开水，这样既可以补充生理性缺水，还对人体内器官有洗涤作用，可以改善器官功能。

2. 按照"主食搭配、荤素搭配、粗细搭配、多样搭配"的基本原则，尽可能做到每天有粮有豆、有肉有菜、有蛋有奶，营养均衡。

另外要注意，除了营养的早餐外，在餐后最好吃 1~2 种水果，这样营养更丰富。

4.注意早餐的酸碱平衡

有不少女性早餐习惯吃馒头、油炸食品、豆浆等，也有人吃些蛋类、肉类、奶类等食品。虽然这些食品含有丰富的碳水化合物及蛋白质、脂肪，但都属于酸性食物，酸性食物在饮食中超量，容易使血液偏酸性，导致体内生理上酸碱平衡的失调，还会出现缺钙症。

所以，早餐还要适当摄入一些碱性食物，如蔬菜、水果等，因为蔬菜、水果中含有比较丰富的碱性物质，所以只要吃点蔬菜、水果补充一下就能做到早餐营养的酸碱平衡。

以下向您推荐几种健康营养早餐的食谱：

周一：全麦面包、火腿、蒸蛋羹、牛奶、拌菠菜粉丝。

周二：椒盐花卷、叉烧肉、煮鸡蛋、麦片粥、胡萝卜汁。

周三：奶黄包、酱牛肉、茶叶蛋、豆浆、海米油菜。

周四：小蛋糕、盐水肝、咸鸭蛋、酸奶、番茄汁。

周五：豆沙包、肉松、荷包蛋、牛奶、拌凉瓜。

周六：鸡肉青菜粥、小笼包、西柚汁。

周日：小馄饨、火烧、拌芹菜、胡萝卜和煮熟的黄豆。

清晨多爱自己9分钟

早晨睡醒后，不要急于起床，在床上做9分钟的保健运动，可使你一整天都精神焕发、神采奕奕。

1.第1分钟：手指梳头

双手十指张开，稍弯曲如耙状，将双手小指放在前额发际处，大拇指放在鬓角前，用中等稍强的力量，从前向后匀速梳理，至颈后部发根处，然后绕耳返回原位置。动作以缓慢柔和为佳，边梳边揉按头皮更好，反复数次，会顿觉头脑清新、耳聪目明。

用手指梳头，可以增加头部的血液循环，增加大脑的供血量，促进神经系统的兴奋，预防脑部血管疾病的发生；同时，通过手的梳理按摩，可使头部气血流畅，头发乌黑又有光泽，所谓"手过梳头头不白"。

2.第2分钟：轻揉耳轮

用双手的拇指和食指轻揉左右耳的耳郭，可以从上到下揉，也可从下向上揉，反复数次，直至双耳发热为止。因为耳朵上布满穴位，这样做可使经络疏通，尤其对耳鸣、目眩、健忘等症有防治作用。

3.第3分钟：按摩双眼

闭上双眼：（1）揉天应穴。以双手大拇指按左右眉头下面的上眶角处，其他四指弯曲如弓状，支在前额上。（2）挤按睛明穴。用双手大拇指按鼻根部，先向下按，然后向上挤。（3）按揉四白穴。先以左右食指与中指并拢，放在靠近鼻翼两侧，大拇指支撑在下颌骨凹陷处，然后放下中指，食指在面颊中央按揉，注意穴位不要移动。（4）按太阳穴，轮刮眼眶。拳起四指，以大拇指按住太阳穴，以左右食指第二节内侧面轮刮眼眶上下一圈，上侧从眉头开始，到眉梢为止，下面从内眼角至外眼角止，先上后下。

做完后睁开双眼，转动眼球，可按顺时针和逆时针的方向转动，速度要均匀，每个方向转动 6 ~ 8 圈。

眼部按摩可加速眼睛周围肌肉的血液循环，可以防止视力衰退，提神醒目。

4.第4分钟：轻叩牙齿

叩齿的方法主要有三种，即轻叩、重叩、轻重交替叩。一般来说，牙齿好者宜重叩，牙齿不好者宜轻叩或轻重交替叩。叩齿时要求心静神凝、自然闭口，先叩白齿 36 次，次叩门牙 36 次，再错牙叩犬齿各 36 次，最后用舌舔牙周 5 圈即告结束。每天只需花 1 分钟的时间，即可收到强身健体的功效。所谓"清晨叩齿36，到老牙齿不会落"，说的就是这个道理。

叩齿可以发挥咀嚼运动所形成的生理性刺激，经常叩齿可促进牙床、牙龈和牙体的血液循环，改善这些组织的营养，使牙齿变得更加坚硬而有光泽，使咬肌及牙齿的基部保持和增强机能，并维持其一定体积的充盈度，在一定程度上可以减缓因年老机体萎缩造成的凹脸瘪肋状。已经有牙病的女性，经常叩齿也能起到良好的辅助治疗作用。

5.第5分钟：按摩肚脐

肚脐附近的"丹田"，被誉为人体的发动机，系一身元气之本。肚脐与十二经络、奇经、八脉、五脏六腑、四肢百骸、骨肉都息息相关。

平躺在床上，排除一切杂念，意守丹田。然后用双手掌对搓，使掌心发热，将掌心置于肚脐上，从右至左按顺时针的方向按摩 30 次左右，再从左至右按逆时针的方向按摩 30 次左右，速度不快不慢，力度不重不轻，按摩到腹部发热时为止。

经常按摩肚脐能刺激肝肾之精气，促进恢复阴阳的动态平衡，可促进腹腔内部的血液循环，刺激消化液的分泌，使胃肠蠕动加速，有利于腹部肌肉的强健，使粪便顺畅地排出。这样可以减少便秘产生的有害物对胃肠的毒害，从而有效防止胃肠病的发生。如能长期坚持按摩肚脐对许多慢性病如肾炎、冠心病、肺心病、高血压等，都有辅助的治疗作用。同时，还能活络丹田、气海等穴位，有提神补气的功效。

6.第6分钟：收腹提肛

平躺在床上，思想集中，收腹，慢慢呼气，同时用意念向上收提肛门，当肺中

◇ 女性日常起居三不宜 ◇

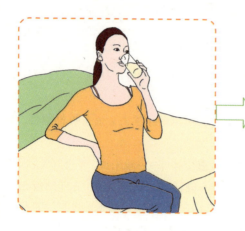

1. 空腹忌喝牛奶

空腹喝牛奶时，蛋白质还来不及被吸收即排到大肠，不但造成营养的浪费，而且蛋白质还会在大肠内转化成有毒物质，对人体健康造成危害。

2. 洗澡时间忌过长

洗澡时会产生出大量的水蒸气，附在水中的有毒物质会随蒸气会被人体部分吸收，进入血液循环系统，给人的身体健康带来很大的危害。

3. 睡觉窗户忌紧闭

入睡时如果门窗紧闭，室内空气中的二氧化碳含量就会增加，细菌、尘埃等有害物质也会成倍增长，因此，睡觉时应留些窗缝。

的空气尽量呼出后，屏住呼吸并保持收提肛门 2 ~ 3 秒钟，然后全身放松，让空气自然进入肺中，静息 2 ~ 3 秒，再重复上述动作；同时尽量在吸气时收提肛门，然后全身放松，让肺中的空气自然呼出。提肛运动是预防和治疗肛门疾病，以及促进肛门手术后患者伤口和肛门功能恢复的一种较好的方法。在做提肛运动过程中，肌肉的间接性收缩起到"泵"的作用，改善盆腔的血液循环，缓解肛门括约肌的压力，增强其收缩能力。有效的肛门功能锻炼，还可以改善局部的血液循环，减少痔静脉的瘀血扩张，增强肛门直肠局部的抗病力，促进伤口愈合，以避免和减少肛门疾病的复发。

7.第7分钟：蹬摩脚心

仰卧，先用右脚根蹬摩左脚心，再用左脚根蹬摩右脚心，反之亦可。反复数次，直至脚心感到温热。

脚掌是人的"第二心脏"，脚心的涌泉穴是足少阴肾经的起点，常按摩脚心，能活跃肾经内气，强壮身体，防止早衰；同时可促进全身血液循环，对神经衰弱、失眠、周期性偏头痛及肾功能紊乱都有一定的疗效或辅助治疗的作用。

8.第8分钟：辗转反侧

在床上轻轻地翻身，可从左至右，也可从右至左翻，反复数次。这样可以达到活动脊柱大关节和腰部肌肉的目的。

9.第9分钟：伸屈四肢

平躺在床上，双臂弯曲，同时双腿向上曲起，保持 3 秒钟后伸直，反复数次。

通过伸屈运动，可以使血液迅速回流到全身，供给心脑系统足够的氧气和血液，防止急慢性心脑血管疾病的发生，同时可增强四肢大小关节的灵活性。

女人每天必做的 8 件事

1.一天两杯白开水

女人是水做的，充足的水分是女人健康和美容的保障。女人若缺水，就会使她们的身体过早衰老，皮肤因缺水而失去光泽。女人的代谢慢，消耗也低，因此女人如果喝水比较少，就会使身体和皮肤的问题同时出现。

女人应该做的是：每天至少两杯白开水，早晚各一杯。早上的一杯可以清洁肠道，补充夜间失去的水分，晚上的一杯则能保证睡觉时血液不至因缺水而过于黏稠。血液黏稠会加快大脑的缺氧、色素的沉积，使衰老提前来临。

2.一片多种维生素复合片

为了减肥而节食的女人在现代社会中比比皆是，这样就难以保证身体获得充足的营养。所以，每天补充必需的维生素和微量元素是现代女性保健之必需。女人可以选择多种维生素的复合剂，比如"施尔康"。

女人年龄超过30岁时，为延缓衰老的到来，维生素C、E是必须补充的，可以选择"维生素EC合剂"。它们可以中和侵袭人体皮肤组织的自由基，对皮肤起保护作用。为了防止骨质疏松，30岁开始就应该每天服用一定的钙剂，以乳酸钙、柠檬酸钙为好。

3.一杯醋

醋在女人生活中发挥着非常重要的作用，每日三餐中摄入的食用醋可以延缓血管硬化的发生。除了饮食之外，在化妆台上加一瓶醋，每次在洗手之后先敷一层醋，保留20分钟后再洗掉，可以使手部的皮肤柔白细嫩。如果自来水水质较硬，可以在洗脸水中稍微放一点醋，就能起到很好的养颜护肤作用。

4.一杯酸奶加一袋鲜奶

女人是最容易缺钙的，而牛奶中含钙量很高，其补钙效果优于任何一种食物，特别是酸奶，更容易被人体吸收。所以，女人应每天保证喝一杯酸奶。另外的一袋鲜牛奶，则是为美容准备的。

如果每星期能够选一天去做个"桑拿浴"，蒸去皮肤表层的脏东西，不但能美容，而且又能保养皮肤。其中牛奶就是最便宜又是最有效的美容面膜。在桑拿室中蒸10分钟后，用鲜牛奶涂抹全身保留半小时，待洗浴结束后再冲掉，经过牛奶浴的皮肤会明显地细嫩起来。最重要的是，这样美容的全部价格不会超过15元。

5.一瓶矿泉水

名副其实的矿泉水中含有的微量元素和矿物质是皮肤最需要的。清洁脸部后仰卧，用矿泉水浸湿一块干净的纱布，然后敷在脸上，等到纱布变干后再次浸湿。如此反复进行，就等于给面部做了一次微量元素的营养补充。

6.一袋茶叶

茶，女人是一定要喝的，对于那些想要减肥的女人来说，茶是最天然、最有效的减肥剂，其中以绿茶和乌龙茶最好，再没有什么比茶叶更能消除肠道内淤积的脂肪的了。另外，便秘的女人可以每个星期饮用2~3次缓泻茶，保持大便每天通畅，是女人保健的关键。

7.一个西红柿或一片维生素C泡腾片

在水果和蔬菜中，西红柿是维生素C含量最高的一种，女人每天至少应保证摄入一个西红柿，以便满足一天所需的维生素C。如果因各种原因办不到，则至少要每天喝一杯用维生素C制成的泡腾片饮品。要注意，泡腾片溶解后要立即喝掉，否则其氧化的速度很快，水中的维生素C也就失效了。

8.一个简单的面膜

在每天晚上临睡前，女人应该做一个简单的面膜。面膜的作用就是将沉积在面部的脏东西消除掉，让皮肤做一次彻底的清洁，然后涂上护肤品，从而使晚间的皮肤得到最好的修复。

35 岁以后开始减肥

生命在25～35岁的时候是迥然不同的，这就是为什么随着年龄的增加，一块巧克力面包从进入嘴巴到在腰部沉淀的速度越来越快。罪魁祸首（除了你的食物量之外）就是新陈代谢——这是人体燃烧热量的方式。尽管有些人很幸运，新陈代谢的速度很快，这让他们即使每天吃了1千克肥猪肉，体重也不会增加。大多数人每10年新陈代谢的速度就会下降5%到10%。这就是说，35岁的时候每天燃烧的热量要比25岁时少420焦耳，这就等于每年体重都会增加0.5千克左右。

减肥的方程式非常简单：少吃多运动。不管你是天生的大骨架，天生就容易发胖，已经试过了书上的每一种节食方法，还是新陈代谢速度本身就慢，但只要遵循上面的方式就一定能够减肥成功。如果想减去多余的体重，下面就是你需要做的。

1.忘记时尚的节食方法

一些时尚的节食方法在短时间内可能非常有效，但设计的时候并没有考虑怎样保持减肥以后的体重。每周只能减1千克（除非你非常的胖），否则的话就肯定会反弹。任何承诺能让你每周减掉多于1千克的节食方法，任何告诉你只吃一种食物的节食方法，任何听起来华而不实的节食方法，都不要相信。

2.简单地节食

节食方法不能复杂得难以实行。多吃水果和蔬菜（如果可能的话每天吃5份），选择吃一些瘦肉和鱼类，食物要烧烤着吃而不要炸着吃，少吃含糖量高的食物，如加工过的食物、酒、蛋糕、饼干和巧克力。

3.坚持锻炼

如果想减肥，你就需要做一些锻炼，因为这会加快新陈代谢的速度。同样的，有力的肌肉组织比脂肪的新陈代谢速度要快，这就是说你会燃烧掉更多的脂肪，所以减肥的效果就越明显。

4.多吃

研究显示，70%的人经常每天都要少吃一顿。如果你正努力减肥，这可是个坏消息，因为4个小时不进餐，人体就会自动压制燃烧热量的能力以保持能量。大多数人没有认识到的是，吃东西的时候新陈代谢速度会加快，因为人体需要燃烧能量以消化和吸收食物。这就是说要减肥就要多吃东西。

◇ 减肥智慧小贴士 ◇

减肥并不是一朝一夕的事情，而是不断坚持的结果，想要减肥成功，要注意以下几点：

一定要吃早饭

早餐是一天中最重要的一餐，特别是减肥的时候。这是因为睡觉的时候新陈代谢的速度自然地就会变慢，只有吃点东西才会使它加快速度。

多做运动会使你变瘦，因为肌肉要比脂肪少占1/3的空间，女性可以选择跑步、瑜伽、游泳等运动项目。

2.多做运动

3.早点上床睡觉

夜里睡眠少于5个小时会使身体产生大量的胰岛素，胰岛素又会促使脂肪堆积。

第二节　健康源于锻炼

瑜伽——最适合女人修身养性的锻炼方式

轻盈空灵、洁净舒展的音乐，配合着身体的一个又一个造型，如清风、如水流、如露珠、如鸟鸣，瑜伽就是女人身心的极致。

练习瑜伽需要有一个光线充足的场地，需要有干净清洁的空间，需要有一份从容的心态。瑜伽不需要激情，不需要冲突，不需要呐喊。瑜伽像30岁的女人，成熟平静中有生活的修养和世事的洞明；瑜伽更像40岁的女人，略带沧桑的脸上有着温暖的回忆，不再年轻的心里却理想依旧。

一、瑜伽使女人更美丽

拥有柔软如少女的身躯，美丽纤细的腰身，是每个女人的梦想。用传统而又古老神秘的瑜伽安安静静地修身养性，就可以让爱美的女人有意外的收获。

瑜伽其实并不复杂。一般的体育锻炼，往往注重的是外在的美丽，而内在的东西却很少顾及。瑜伽则不同，它在雕塑外形的同时，还给人一种来源于内心的力量。经过一段由内而外、由外而内的锻炼后，你会惊奇地感受到自己的心态已经变了个样子，不会再为了减几千克的体重折磨自己，但会因为快乐而美丽，因为美丽而快乐。

二、瑜伽经典七式

这里介绍瑜伽的7个经典动作，让时尚的女人拥有自己的美体理念，保持一颗平静的心，让身体更加灵活、健康，当然更是保持瘦身的秘密武器。

在瑜伽开始之前，先做2分钟的准备活动。可做一些颈部、踝部、肩部运动，尽量使各个关节都能活动到位。在练习过程中，每种姿势持续30～60秒。尽量缓慢地深呼吸，体会空气进入你肺部的感觉。

（1）莲花坐。坐正，双腿向前伸直，曲起右腿，将右腿放在左大腿上，脚心朝上；再曲起左腿，将左脚放在右大腿上方，脚心朝上。挺直脊背，收紧下巴，让鼻尖同肚脐保持在一条直线上。手掌向下放在双膝上。

这一姿势作用于胸口的能量中心，即横膈膜以下部位，包括胃部、膀胱、肝脏和神经系统。主要可以增加头部和胸部区域的血液供应，有助于使人的身心平和稳定，增强专注力，同时还协调新陈代谢，促进消化系统排出毒素。

（2）单腿伸展式。坐正，右腿向前伸直，左腿从膝盖向里弯曲，正好碰到右膝内侧，双臂上举伸直，身体慢慢前倾，头尽量向下低，直到你的双手碰到右脚为止。只要你能坚持，可以尽量向前伸展。保持20秒，然后换左腿完成同一动作。

这一姿势作用于身体底部的能量中心，即脊椎骨底端，很好地伸展了腿部肌肉、韧带、腰脊肌，放松髋关节，可以帮助缓解肌肉僵硬和疼痛。另外，它还作用于肾上腺、双腿、骨骼和大肠。当这一能量中心失去平衡时，新陈代谢减慢，消化系统还会出现问题，如令人困扰的腹泻和便秘等，这都是女人机体衰老的反映。

（3）猫伸展式。双手、双膝和小腿着地，头朝下，臀部和膝盖成一条直线，肩膀和双手成一条直线，吸气，同时收腹，背部慢慢弓起，像猫一样。坚持6秒钟，呼气，然后慢慢地抬起头，姿势还原，放松，然后再做。

这一姿势作用于骶骨的能量中心，即腰部骨骼上，可以活化整个脊柱，放松肩部和颈部，收紧腹肌，同时还可作用于生殖器官并帮助缓解痛经，改善月经不调和子宫下垂，还可以减轻关节炎和加快血液循环。

（4）抱胸式。以莲花坐姿势坐好，交叉双臂，两手各搭在左右肩膀上。

这一姿势作用于心脏的能量中心，即胸部。可促进心脏和血液循环，对哮喘、呼吸不规则及高血压有一定疗效。

（5）秦手印。以莲花坐姿势坐好，双手的拇指和食指相抵，其余三个手指伸直放松，把双手放在膝上，掌心朝上。

这一姿势作用于前额的能量中心，即大脑下端、神经系统、鼻、眼，有助于治疗头痛与神经问题。

（6）倒立。如果这对你来说太难的话，双脚可以不必抬起。但要注意月经期间不要采用这一姿势。

这一姿势作用于头顶的能量中心，包括大脑上端、脑下垂体，有助于治疗失眠症，减缓压力及平复过度兴奋的神经。

（7）放松式。后背挺直，双臂轻松地置于身体两侧，呼气，向前伸展全身，前额向下，直至碰到膝盖前的地面为止。保持这一姿势6~10秒钟。

这一姿势是结束练习的最佳方式。它可以很好地伸展脊椎骨、背部底端、脖颈和手臂部位，是镇静和放松的绝好方法。

练习瑜伽时还要注意：练前要空腹2~3小时，结束后半小时内不能喝水、吃饭、洗澡，以免破坏体内的能量平衡。

三、瑜伽饮食规则

（1）瑜伽强调细嚼慢咽。咀嚼的速度根据食物的种类而定。在一般情况下，一口食物要保证咀嚼12次以上，一定要把食物嚼烂再咽下去。细嚼慢咽好处很多，养成这种饮食习惯的人，食量尽管不大，却更能充分地吸收养分和能量，足够的唾液能很好地与食物混合在一起，帮助肠胃消化吸收。

（2）就寝前两个小时不要进食。许多人都有吃完东西就躺下来休息的不良习

◇ 瑜伽减肥的三种简单动作 ◇

如果说拳击是男人的运动，那么瑜伽就是女性的运动。下面介绍三种简单的瑜伽减肥动作：

1. 抬上身

身体向下触及地面，双臂保持俯卧撑姿势，双手向下推，胸部离开地面，抬头看天花板，吸气，呼气。

2. 双手手掌触地，头部向下垂至两膝之间，吸气。保持这个姿势，再抬头挺胸，同时呼气，然后全身放松。

2. 触脚趾

3. 引体向上

3. 身体直立，双腿并拢，吸气，同时双臂向上伸直举过头，双掌合拢，向上看，背部不能弯曲，呼气放松。

惯，这毛病在晚饭后尤为明显，这样做对身体是非常不利的。就寝数小时前进食，食物可以在体内充分消化，胃部负担减轻，有助于良好的睡眠和休息。多数肠胃病患者有晚间进食的习惯，结果腹部肌肉过分紧张，当人睡着时，体内的肠胃还在剧烈地运动，这样既没有得到好的休息，也造成了肠胃的负担，使消化功能长期处于混乱的状态。如果注意到这个不良的习惯，患者的痛苦也便随之消除。

（3）不过多使用调味料。也就是说不要在烹饪食品时放入过量的盐、辣椒、胡椒或是其他的植物香料和经过加工的变质香料。这并不是说调料有害，而是这些东西使食物的味道过于强烈，在短时间内满足了口舌之欲，但长期下来对感觉器官会造成巨大的伤害。同时，强烈的刺激使消化系统过多地承受压力，分泌更多的物质来中和这些不适合身体的刺激，对身体健康非常不利。

（4）每天喝10～15杯的清水。虽然提倡喝大量的水，但在吃饭时千万不要喝水或是饮料，即便是口渴也应该在饭后半小时再饮水。吃饭时不喝水，可以治愈某些皮肤疾病。大量饮水可以清洗一天中体内产生的毒素，保持肌体的水分平衡，抑制过早的衰老。身体内水分的平衡可以使女人更加有精力且能保持性情愉快。然而很多女性每天都不能饮用足够的水，还有一些人习惯喝果汁、牛奶或其他饮料，其结果是导致多种疾病和机体混乱。充足的水分，使得肌体不过分依靠食物中的油脂，从而使体内脂肪明显减少，保持身体健康。

打造魔鬼身材

要拥有理想的体形并不意味着一辈子都得吃芹菜，所有的闲暇都要在健身房度过。还是那句老话说得好：现实一点。这大概是说你想拥有的体形并不一定是你能够拥有的体形！现实是大多数人都对自己的体形有着不切实际的期望，渴望拥有那种完全在自己能力之外的体形——总想着流行明星、靓丽的模特、拥有修长的腿的女演员。大众媒体里的女性并不能代表大多数女性，因为她们中的大多数人都是经过精心修饰的、拍出来的录像是经过剪辑的，所以看起来才如此魅力四射。那些没有这样做的媒体女性也是身边随时（一天7个小时）都有训练师、厨师、设计师和化妆师的帮助，所以她们看起来才如此自然。还有一些女性是天生幸运，拥有大多数人绝对不可能拥有的完美体形。

这并不意味着放弃和永远都吃油炸圈饼，而是要定一个实事求是的、可以实现的体形目标，这样你就：（1）不会灰心放弃；（2）不会很痴迷于不可实现的目标，使每个人都烦你；（3）对最终的结果感到很满意。将目标定得太高或者定了难以置信的目标，即使最终达到了目标体重，而且每个人都说你看起来炫目明丽，你仍然会感到自己失败了。

1.你真正能拥有什么样的体形

看看你的家人。如果他们每个人的体形都比模特凯特·摩斯还瘦弱，那情况就是尽管你可以变得很瘦，但你绝不可能在巴黎的T形台上走猫步。有些人天生就很瘦，天生就拥有修长的双腿和双臂；有些人看起来很强壮，像个运动员；还有的人身体曲曲拐拐，只有中等或中等偏下的个头。当然，你的体形可能是上述这些体形的集

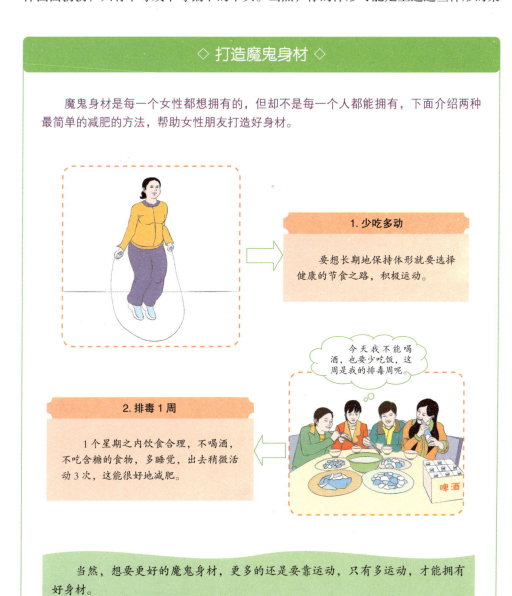

◇ 打造魔鬼身材 ◇

魔鬼身材是每一个女性都想拥有的，但却不是每一个人都能拥有，下面介绍两种最简单的减肥的方法，帮助女性朋友打造好身材。

1.少吃多动

要想长期地保持体形就要选择健康的节食之路，积极运动。

今天我不能喝酒，也要少吃饭，这周是我的排毒周呢。

2.排毒1周

1个星期之内饮食合理，不喝酒，不吃含糖的食物，多睡觉，出去稍微活动3次，这能很好地减肥。

当然，想要更好的魔鬼身材，更多的还是要靠运动，只有多运动，才能拥有好身材。

合，但是知道自己努力要改变的体形是什么性质的，还是会对你有帮助的，这样就可以确保你不是在努力把一个有些男性化的形象变成一个小巧玲珑的小女生形象。

2.设定一个个切实可行的小目标

一旦确定了你要改变的是什么样的体形，就一定要设定一个个小目标，因为如果目标太高，那就没有人能够坚持任何锻炼或者健康的饮食习惯。这就是说如果你现在平均每年只锻炼5次，那就不能要求每周都锻炼5次。要清楚，如果想拥有良好的体形，就得持之以恒。

3.设定阶段目标

把要达到目标的期限定为3个月非常好，而截止的日子可以是一个假期、一场婚礼，或者是一个特别的事件。在这段时间里你应该有3个阶段目标。目标一：每周去两次健身房；目标二：合理饮食，控制分量；目标三：外出时要控制酒量，少吃垃圾食品。

拥有扁平的腹部

厌倦了总是吸着肚皮的日子了吗？受够了总是看到自己的肚子悬在半腰中的日子了吗？好了，如果你想从一个肚子鼓鼓的芭比变成一个腹部平平的芭比，幸运的是你完全可以做到这一点。不管你信不信，要想拥有扁平的腹部并不难。大多数人腹部不均匀、不平坦主要是以下几个因素造成的：不健康的饮食，错误的姿势，身体有过多的脂肪和错误的腹部运动。这就是说如果你一直每天都做100个仰卧起坐，吃油炸圈饼，再用泡沫饮料把圈饼冲下肚子，那么你的腹部更会像一架六角手风琴，更不用说扁平了。下面教你怎样改变这一切。

1.减肥

要是肚子上覆盖了一层脂肪，就绝对看不到像洗衣板一样扁平的腹部，这就是为什么你的首要目标是要保持饮食健康，每周要做4～5次有氧健身运动，每次至少20分钟，以达到消耗脂肪的作用。

2.自行车式的运动

躺在地板上，后背的下部压着地板，当头离开地面时将手放到头后面。现在将双腿拱起呈45°角，开始骑自行车式的运动，左边的胳膊肘贴到右边的膝盖，右边的胳膊肘贴到左边的膝盖。每套重复10次，共做3套。

3.抬膝盖运动

坐到一把稳当的椅子边上，膝盖弯曲，双脚平放在地板上，双手扶稳椅子的两边。挺胸收腹，双脚离开地面几厘米。现在，稳稳地将两只膝盖往胸部靠近，上身往前倾，然后将双脚放回原来的位置，重复再做。每套重复10次，共做3套。

4.增强腰部力量

对那些不容易找到合适身体姿势的人来说，首先要做的就是增强深层姿势肌肉，就是身体上束腰的一圈。增强这些地方的肌肉可以创造中心稳定，从而使你看起来更高，使腹部看起来更平坦。试试下面的方法，每天3次，每次5分钟：

深深地吸一口气，将一只手放到肚脐上，呼气的时候要把胃和腹部往里收缩，想象肚脐被推到后脊骨的感觉。保持这个姿势，数3下，再重复。

5.饮食得当

要想迅速地得到扁平的腹部你需要减少脂肪和腹部肿胀。胃里有水和气，腹部看起来就不会平。如果你有胃肿胀，就要避免食用过多的淀粉类碳水化合物，选择食用一些瘦肉、蔬菜、水果和沙拉，避免吃加工过的食品。

拥有纤美健康的玉臂

如果胳膊停止运动之后，你胳膊上的肉还在摇摆颤动；如果你害怕夏天的到来，因为要穿短袖上衣，那你读这一节是读对了。如果坚持锻炼，但是不改变饮食，你的胳膊就会变得越来越粗，越来越壮。

举重物是去除胳膊赘肉的理想方法。这是因为，胳膊上的肱二头肌和肱三头肌需要锻炼才能够有力量。加强肌肉纤维的负荷可以使胳膊变瘦、变得有力。这样你的胳膊看起来会更瘦，因为肌肉要比脂肪少占1/3的空间。

1.拳击练习

连续30秒钟不停地对着空气打拳击。前10秒钟你会感到自己好像什么也没做，然后肌肉就开始感到疲劳。两只手都要做，在做完下面的一系列锻炼之后再重复整套动作。

2.侧身举重

这能帮助增强双肩和背阔肌（双腋下面的肌肉）的力量，并且使它们的形状变得完美。直立，双脚与臀同宽，双肩自然下垂（想象两个肩胛骨自然往后背下垂），收腹。现在，双手拿好重物（2千克），双肘微微弯曲，将重物向身体两旁举起，直到与双肩同平，双掌向下。保持1秒钟然后重复再做。每套做15次，共做3套。

3.窄距俯卧撑

俯卧撑是迅速增强胸部和双臂肌肉力量的最佳锻炼方法。面朝下躺下，双手撑在双肩之下（手掌朝前）。腹部收紧，身体保持笔直（如果从来没有做过俯卧撑，可以双膝着地），双臂弯曲呈90°，然后起身，再开始做。技巧就是双臂支撑身体的重量，腹部肌肉的力量支撑后背的重量。每套重复做12次，共做3套。

4.倾斜肱三头肌

肱三头肌是胳膊下面很少使用的肌肉，所以对它进行锻炼对你非常有好处。坐到一把稳当的椅子边缘，双手放于臀部两边，握紧椅子的边缘。双腿弯曲呈90°与臀部同宽。臀部往前慢慢移动，离开椅子的边缘，然后双臂弯曲，臀部往地板方向下降，再将双臂伸直，回位。每套做10～15次，共做3套。要使这个锻炼更富于挑战，可以伸直双腿（双腿移动离开身体）。

5.卷曲肱二头肌

要使上臂肌肉性感，可以先站直了，双脚与臀同宽，挺胸收腹，双手各拿一样重物（3千克），双臂伸直，双手朝下。然后，双肘弯曲（保持双肘弯曲），将重物送往肩膀处（上身保持不动）。保持1秒钟，再慢慢把重物放下（要做完全部过程，这样不至缩短肌肉）。每套做10～15次，共做3套。

◇ 锻炼出纤美手臂 ◇

纤美的手臂对于女性来说十分重要，尤其是在夏天穿裙子的时候。那么，在日常生活中应该怎么锻炼出纤美的手臂呢？

1.多做运动
双臂很少使用就会松弛，所以可以考虑打打网球、羽毛球、壁球，甚至是上拳击课。

2.保持良好姿势
这不会使你的双臂变结实，但是抬头、挺胸、收腹总会使你看上去瘦很多，这方面可以通过勤做瑜伽运动来保持。

第五章

女人的社交魅力——尽情展示女性风采

第一节　魅力女人的社交须知

"第一印象"很重要

女人给别人留下的第一印象直接影响着别人对她的评价，而言谈举止是构成人们对她直接评价的主要因素。许多人在初次交往时，就很快为对方所接受，或被奉为事业的楷模，或被尊为学业上的恩师，或被敬为思想上的领袖，或被求为人生的伴侣。

第一印象是非常深刻的，很长时间都不容易被改变。在许多回忆录中，常常可以读到这样一段话："他还是老样子，像我第一次见到他的时候……"多少年以后，由于历史的变化更加之岁月的沧桑，一个人怎么会没有变化呢？但在作者眼里，对方还是他初次见到的模样。事实上，不是对方依然如故，而是作者脑中的第一印象太深刻了，没有随着时间的流逝而改变。

在纽约一处晚餐聚会里，有位刚继承了大笔遗产的女宾，极力想给众人留下深刻印象。她花了不少金钱购买貂皮大衣、钻石和珍珠，却忘了花点力气整顿一下面容——那张散发着乖戾之气和自私自利的面容。她并不懂得：一个人脸上的表情要比她身上的衣装重要多了。

显然，好的印象不是靠金钱堆砌出来的，其实一个真实的"你"就足够了，将你最真实的一面表达出来，无论一个微笑还是一个动作，都会给人留下良好的印象。

那么女性在社会交往中如何给别人留下良好的第一印象呢？

1.发挥长处

女人首先要了解自己，把握自己的特点，如外貌、精力、说话速度、声音的高低和语气、动作、手势、神情以及其他吸引别人注意力的能力，等等。要知道，别人正是根据这些特点来形成对你的印象的。如果你发挥自己的长处，别人就会喜欢跟你在一起，并容易同你合作。所以，与人交往，要充满自信，并尽可能发挥自己的长处。

2.保持本色

善于与人交往的女人，不会因场合的不同而改变自己的性格。保持最佳状态的真我是给人留下美好印象的秘诀。不管是与人亲密地交谈还是发表演说，都要保持自己的本色。

3.善用眼神

不管是跟一个人还是一百个人说话，一定要记住用眼睛望着对方。进入有很多人的房间时，应自然举目四顾，微笑着用目光照顾到所有的人，而不要避开众人的目光，这会使你显得轻松自若。

当然，笑容也很重要。最好的笑容和目光接触都应是温和自然的，并不是勉强做出来的。

4.先听后行

参加会议、宴会或面试时，切勿急于发表意见，要先等一会儿，了解一下现场的情形：会场气氛如何？别人的情绪怎样，是高涨还是低落？他们是渴望聆听你的意见，还是露出厌烦的神色？只有你觉察到别人的情绪，才能比较容易地接触他们。

5.集中精力

怎样集中精力？一位专家说："我在跟别人见面之前，通常会静静地坐下来集中思想，然后深呼吸一下，我会思考这次见面的目的——我的目的和别人的目的。有时候我会步行几分钟，使心跳加速，这样踏进门口，就不会再想着自己。我把注意力全集中到那人身上，尝试找出他值得我喜欢的地方。"

6.态度肯定

肯定的态度很重要。在日常交往中常会见到有些人说起话来声音越来越小，甚至用手捂住自己的嘴巴。没有人愿意跟这样一个态度迟疑的人打交道。冷静是必要的，小心谨慎也不可少，但切勿迟疑不决。

7.放松心情

要使别人感到轻松自在，你自己就必须表现得轻松自在，不管遇到什么严重的事情，心理上都要尽量放松。学会幽默，不要总是神情严肃，或做出一副愁眉苦脸的样子。应该学会把心情放松一下，否则家人、朋友和同事会对你感到厌倦。

在社会交往中，不要为别人而改变自己的性格，不要摆出虚假的姿态。只要保持真我——最佳状态的真我，就足够了。事实上，做到以上 7 点，你就已经具有了给别人留下良好印象的神奇力量。

◇ 怎样塑造良好的第一印象 ◇

在社交活动中，第一印象很重要。它是在没有任何成见的基础上，完全凭着你的"自我表现"来判断的，因而第一印象直观、鲜明、强烈而又牢固。下面总结出了给人留下良好第一印象的几条意见。

1. 微笑

微笑是最美好的语言，没有人会拒绝微笑，如果在初次见面时展现微笑，无疑会给对方留下一个美好的印象。

2. 多提对方的名字

这是对对方的尊重，试问，有几个人不想被别人尊重呢？

3. 说对方感兴趣的话题

听说你在足协工作，最近有什么比赛吗？我很喜欢看足球比赛。

真的吗？最近……

这会让对方认为和你有共同语言，更能引起他的共鸣，当然会留下一个好印象。

微笑是最美丽的语言

当有人向你展露出璀璨笑容的时候，大抵你都会认为他在向你传递"我现在很快乐"或是"和你在一起很开心"的信息。

世界上不管哪一个人种、民族，每当人们心情愉快时，总会喜形于色。这时候，笑是内心喜悦显之于外的一种方式，也是人与人之间表达善意的最直接方法。多年不见的朋友相遇时，在互相趋近、热烈握手之前，老远就可以见到对方的笑靥，这就是最好的证明。

换个角度来看，笑不仅是喜悦的表现，它对你的身心健康也很有好处。

就生理方面而言，不管是大笑还是微笑，都会让人产生一种幸福感，而这种幸福的感觉又能提升免疫系统的功能。

至于心理层面的影响，范围就大得多。紧张繁忙的生活很容易造成心理压力，而笑就是对抗压力最有效的方法。比如，当你正在烦恼时，有人讲了个笑话或是像小孩那样做出逗趣的动作，刹那间，你原本紧绷的脸会因为笑而松弛下来，纵使不能让你烦恼尽除，也会让你的心情好一些。

如果所处的情境实在让你笑不出来，你不妨假装一下自己很快乐，因为笑本身就具有传染性，在无法发笑的情境下保持欢笑，久而久之也会影响你的心情。

不管是微笑还是大笑，都是非常具有感染性的。当你笑脸迎人时，别人也会感受到你的善意，纵使对方的心情不怎么好，总会看在你的笑脸的份上，不好对你怒目相向，说不定还会缓解他的怒意。

那么，如果想成为一个充满魅力的女人，从现在起就面带微笑吧！

1. 微笑比语言更传情

一个女人继承了万贯家财，她急欲替自己塑造一个完美形象，身上佩戴着各式珠宝，可是在朋友的晚宴上，她的面孔却冷漠得可怕。她根本不了解男人的心理：态度和悦的女人比衣饰华丽的女人更能博得男性的好感。

在生活中，微笑往往比语言更能传递感情。一个微笑所包含的意义就是："我很高兴看到你，你带给我快乐，我喜欢你。"

一家大百货公司的经理曾经说，他们宁愿雇用没读过书但和蔼可亲的女孩当店员，也不愿请表情冷漠的女博士当店员。

一个人若不热爱自己的工作，就绝不可能获得事业上的成功。如果你希望别人对你热诚，就必须先以良好的态度待人。每个人都希望追求快乐，获得快乐的唯一方法就是控制自己的情绪。它不是依赖外界，而是来自内心。你如果真想获得它，它就会来临。

快乐并不会因为你是有钱、有地位的人而特别优待你，你的职业、身份、地位都不会影响你对快乐的追求。就好比两个拥有相同际遇的女人，她们一个是快乐的，而另一个却很悲观，为什么会有这种差别？因为她们的人生态度不同。

莎士比亚曾说："世界上的事物没有绝对的好与坏，就看你从何种角度去看它。"

林肯也说过："只要人们下定决心要获得快乐，就一定能得到。"

不论你到何处，以愉快的心情、甜美的微笑去招呼每个你认识的人，诚恳地与人握手，不要怕表错情，也不要记恨人，时时想着快乐的事。久而久之，你会发现自己的生活充满乐趣，自己的目标随时可以达到，世界也变得那么可爱。

◇ 微笑的作用 ◇

她笑起来可真吸引人！

1. 微笑使我们有吸引力
愁眉苦脸只会把人推开，而微笑却能把人吸引过来。

2. 微笑会传染
当某个人在微笑时整个房间气氛变得轻松，其他人的心情也就随之改变。

既然微笑有如此神奇的作用，还等什么呢？让嘴角上扬，让笑容绽放吧！

2. 微笑能获得对方的好感

现实的工作和生活中，若一个人满面冰霜、横眉冷对，另一个人面带笑容、温暖如春，她们同时向你请教一个工作上的问题，你更欢迎哪一个？显然是后者，你会毫不犹豫地对她知无不言、言无不尽；而对前者，恐怕就恰恰相反了。

如果一个人的面部表情亲切温和、充满喜气，远比她穿着一套高档华丽的衣服更吸引人，也更容易受人欢迎。

因为微笑是一种宽容、一种接纳，它缩短了人与人之间的距离，使人与人之间心心相通。喜欢微笑着面对他人的人，往往更容易走入对方的天地。正如那句话所说的："微笑是成功者的先锋。"

的确，如果说行动比语言更有力量，那么微笑就是无声的行动，它所表示的是："我对你满意，你使我快乐，我很高兴见到你。"笑容是结束说话的最佳"句号"。

"你希望别人高兴来见你，你就必须高兴会见别人。"这是一位秘书小姐的经验之谈。她说她所属的部门经理只要是见到上司总会微笑着打招呼、点头，上司也以同样的态度回报他。可一回到自己的办公室，他对下属便很冷淡、很严厉，从没有笑脸，这样他也就得不到同事们的微笑与拥护了。

对人微笑是高超的社交技巧之一，是一种文明的表现，它显示出一种涵养。

带着微笑面孔的女人，会有成功的希望。因为她的笑容就是她传递好意的信使，她的笑容可以照亮所有看到她的人。没有人愿意帮助那些整天皱着眉头、愁容满面的人，更不会信任她们；而对于那些受到上司、同事、客户或家庭的压力的人，一个笑容却能帮助她们了解一切都是有希望的，也就是世界是有欢乐的。人只要活着、忙着、工作着，就不能不微笑，女人更是如此。

3. 微笑能够化解社交中的问题

只要细心观察你就会发现：很多人能在社会上站住脚，都是从微笑开始的；还有很多人在社会上获得了极好的人缘，也是从微笑开始的；很多人在事业上畅行无阻，更是通过微笑获得的。微笑是十分微妙的东西，它能在生活中荡开一层层水圈，把生活的湖泊变成一种源自于生命深处的美感。

任何一个人都希望自己能给别人留下好感，这种好感可以创造出一种轻松愉快的气氛，可以使彼此建立友好的关系。一个人在社会上就是要靠这些关系才能立足，而微笑正是打开愉快之门的金钥匙。

如果微笑能够真正地伴随着你生命的整个过程，这会使你超越很多自身的局限，获得很多人生真正的含义，使你的生命由始至终都生机勃发、辉煌灿烂。

用你的微笑去欢迎每一个人，那么你就会成为最受欢迎的人。

微笑，它不花费什么，却能创造许多奇迹；它丰富了那些接受它的人，而又不使给予的人变得贫瘠；它产生于一刹那间，却给人留下永久的记忆。它创造家庭快乐，建立人与人之间的好感；它是疲倦者的休息室，沮丧者的兴奋剂，悲哀者的阳光。所以，假如你要获得别人的欢迎，请给人以真诚的微笑。

有人曾经做了一个有趣的实验，以证明微笑的魅力：

他给两个人分别戴上一模一样的面具，上面没有任何表情，然后，他问观众最喜欢哪一个人，答案几乎一样：一个也不喜欢，因为那两个面具都没有表情，他们无从选择。

然后，他要求两个模特儿把面具拿开，现在舞台上有两张不同的脸，他要其中一个人把手盘在胸前，愁眉不展并且一句话也不说；另一个人则面带微笑。

他再问观众："现在，你们对哪一个人最有兴趣？"答案也是一致的，他们选择了那个面带微笑的人。

上面这则例子就充分说明：微笑是最受欢迎的。

4. 微笑具有无穷的魅力

微笑是琼浆玉液，能够带给人们快乐、温馨和鼓励；微笑是友好的标志，是融合一切的桥梁；微笑还可以化干戈为玉帛，协调人与人之间的关系，可以创造快乐和谐的气氛。

（1）微笑是成功之路的"通行证"

两名刚毕业的女大学生同到一家公司应聘。面对发问，甲滔滔不绝，甚至不等主考官说完就发表意见，很有"英雄无用武之地"的感慨；而相貌平平的乙却始终面带微笑，平静而又不失机灵地陈述着自己的见解。结果只有乙被录用了。究其原因，用主考官的话来说，他就是从乙的微笑中看见了乙礼貌、自信和稳重的品质，看见了乙潜在的创造力。因此，无论你是生活上求助于他人，还是请求上司调换自己的工作，只要你巧施微笑，你一定会万事皆顺。

（2）微笑是深化感情的"催化剂"

有人说，微笑是爱情的"催化剂"，是家庭的"向心力"，是人际交往的"润滑剂"；微笑能给人以美的享受；微笑又是向他人发出的宽容、理解和友爱的信号。面对这样的表示，又有谁会拒绝呢？

（3）微笑是开启心扉的"钥匙"

一个偷拿同学东西的女学生被叫到了老师面前，老师面对这位红着脸低着头的学生，微笑注视良久后，只轻轻说了一句话："还是由你自己说吧。"学生立即哭了，并承认了错误。试想，假若这位老师大动肝火，结果又会怎样？在这里，微笑既是对对方的宽容和理解，也是对对方的启发和诱导，更是对对方含蓄的指责和批评。

（4）微笑是巧妙回绝的"借口"

有句俗话说"上山擒虎易，开口求人难"。当别人有求于你时，往往都有惴惴不安的心理。此时，你想拒绝却又无法说明原因，也不便向对方多说什么道理，但又不得不让对方"下台"，说"行"不好，说"不行"又会使对方不安心理加剧而产生强烈的反应，怎么办？微笑。它既能缓和紧张的情绪而免使对方难堪，又能免去言语不周而导致的麻烦，有"此时无声胜有声"之效。而且，微笑还能为你赢得思考的时间，借以找到巧妙的处理方法。

（5）微笑是医治萎靡不振的"良方"

有一位性格抑郁沉闷、心情沮丧的女孩，毕业后被分到幼儿园。当她面对天真可爱的孩子们时，不得不强颜欢笑给他们上课。一天天过去了，令人惊奇的是她竟变成了活泼愉快并能发自内心微笑的姑娘，舒心的微笑使她振作起来了。美国心理学家保罗·爱克曼研究指出：悲哀能使人心率变慢、体温下降，而微笑却能使人心率加快、体温上升……郁郁寡欢、空虚紧张、萎靡不振的情绪，通过微笑都能得到克服。

（6）微笑是融洽气氛的"润滑剂"

当客人来访或是你走入一个陌生的环境时，由于感到陌生或羞涩，双方往往会端坐不语或拘谨不安。此时，你若微笑，就能使紧张的神经松弛，消除彼此间的戒备心理和陌生感，相互产生良好的信任感和亲近感。记住：要使他人微笑，你自己得先微笑。

（7）微笑是以柔克刚的"妙招"

法国作家阿诺·葛拉索说："笑是没有副作用的镇静剂。"在社会交往中，可能会遇到爱发脾气者、刻薄挑剔者、出言不逊者、咄咄逼人者，也有与你存有隔阂芥蒂者，对付这些人，含蓄的微笑往往比口若悬河更可贵。面对别人的胡搅蛮缠、粗暴无礼，只要微笑冷静，你就能稳控局面，用微笑缓解对方的怒意，以微笑化解对方的攻势，从而以静制动，以柔克刚，摆脱窘境。

（8）微笑是传递歉意的"载体"

如果在电梯间或公共汽车上不慎踩了别人的脚，带着真诚的微笑说声"对不起"，一场小小的麻烦就能轻松化解。

只是笑的交流，却达到了很好的效果。所以，在难以用语言表达心境的情况下，笑是最好的交流工具。

（9）微笑是吸引他人的"磁石"

社交中，人们总是喜欢和个性开朗、面带微笑的人交往，而对那些个性孤僻、表情冷漠的人则总是敬而远之。一个优秀的电视节目主持人、公关小姐、售货员，她们深受人喜欢的奥秘，就是她们具有动人的微笑。

古有云："笑开福来。"微笑因幸福而发，幸福伴喜悦而生，即"情动于中而形于外"。

所以，在社会交往中，只要你时时超越自我情绪的困惑，你就能保持轻松愉快的心境，你的面孔也会因此而涌起幸福的微笑，并感染他人，而且他人的微笑又会反过来强化你的愉悦和微笑，形成你与他人之间人际关系的良性循环。这无疑会极大地促进你完美个性和创造力的发展，为你把事情办好铺下一块块"基石"。

◇ 微笑时要分清场合和对象 ◇

微笑是人类最美的表情，它传达着尊重、爱、友好、期待、赞许。但如果滥用，或者在不适当的时候绽放，就免不了让人感到莫名其妙。

1. 别人在难过需要安慰的时候，你却露出微笑，会让别人觉得你没有同情心，甚至是在幸灾乐祸。

2. 一个人在葬礼上微笑，别人会以为他居心不良。参加葬礼应该表情严肃，至少不应该露出笑容。

所以说，只有在必要的场合、面对合适的对象，微笑才能体现出对别人的尊重。

在社交中展示优雅的风度

女人风度，又称女人气质、女人风韵等，它是女人在社会交往中最富有吸引力的因素之一，是女人内在文化修养和道德风貌的体现。有的人认为女人的风度美就是指青春、漂亮、身材好等。其实，这是对女人风度美的误解。美的气质不是靠先天的遗传，也不是靠东施效颦式的模仿，而是靠后天长期的培养而形成的，它通过女人的言行举止、表情神态、仪表服饰等自然而然地流露出来。它较之外表美更含蓄，更能够体现一个人的精神。女人要培养良好的社交形象，就必须努力追求风度美。

风度美包括以下几方面：

1.气质美

气质是一种精神因素的外部体现。如果一个人具有一定的文化教养、理想抱负、情感个性等，就更能显示出气质美。

2.行为美

行为美是人在举手投足等动作中所透露出的能引发审美联想的一种美感形式。对女人而言，行为美是塑造女人形象，展现其固有美的气质的重要形式。女人行为美的自我培养可以从以下三个方面入手：自尊、自强；举止自然大方，讲究礼仪；加强文化修养，增强文化底蕴。

3.语言美

语言是人的力量的统帅，是表现人的风度的重要载体和手段，它能塑造人的各种不同风度，而风度又能使语言的色彩和力量得到最大发挥。所谓语言美，主要指说话文雅、用字恰当、语气和蔼热情、措辞委婉贴切、态度诚恳谦逊、尊重别人。

语言风度是一个人内在气质的言语表现，是其涵养的外化。如果一个女人语言有风度翩翩，她会具有强烈的人际吸引力，使人仰慕不已。使自己的语言具有风度，是塑造语言形象的重要途径。

风度是一种品格和教养的体现，培养语言风度，首先要提高思想修养。此外，要使语言风度与自己的性格特征相吻合。风度是一种性格特征表现，各种不同的风度增添了人们交际时的靓丽风采。正如卡耐基所说："不要模仿别人。让我们发现自我，秉持本色。"

具有优雅风度的女人，必然富有迷人的持久魅力。优雅的风度像有形而又无形的精灵，紧紧攫住人们的感官，悄悄潜入人们的心灵，从而给人留下难以磨灭的印象。

那么，女人该怎样培养优雅的风度呢？

1.锻造美好的心灵

一个人潜藏于内心深处的灵魂境界（诸如人格、人品、情操、格调）的高低，

◇ 女人的行为姿态 ◇

女性在社交场合应该注意自己的行为姿态，特别是坐、立、行的姿态。

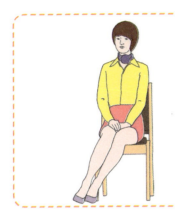

1. 坐时两脚不要左右分开或腿向前伸直打开。

2. 站时不要左右摇晃，不要弓腰驼背，左右肩不一样高。

3. 走动时不要太快也不要太慢，身体不要左右晃动。

规范行为姿态除了自己要有意识地调节外，最好学一点艺术体操和古典舞蹈。

可以直接影响一个人的风度。培养风度，先要培养人格。为人正直、坦率、表里如一、诚实守信，这是最基本的。此外，人品的好坏直接影响人的风度。人品包括责任感、任务感、集体感、荣誉感、羞耻心等。人格和人品都是心灵美的体现。

2.提高文化素养

（1）学习女人神态。女人神态着重指眼神，因为眼神有传情达意的功能。女性朋友在交往中，切忌乱用眼神。游移不定的眼神、冷漠的眼神往往有举止轻浮或孤傲之嫌，因此要学会用柔和、自然、关切的眼神看人，这样才能体现出自己的修养和智慧。

（2）学会着装打扮。年轻女人的着装除了要体现自己的精神风貌外，还要考虑服装与自己的体形、肤色、性格、气质等的和谐统一。切忌不顾自身状况，盲目追赶时髦。因此需要学一点美学知识，提高审美能力，做到量体裁衣、扬长避短是非常必要的。

（3）学习女人的语言。理想的女人语言应该是语音甜美、语调柔和、语速适中、词汇丰富。要达到这4个要求，首先应保护好自己的嗓子，说话切忌声音过高或尖着嗓音，要学一点发声技巧。其次要把握声音的抑扬顿挫，学会控制自己的语音、语调，你可以跟着电台的播音员练习，体会她说话时的语调和语速控制。此外，平时还要注意积累一些优美的词汇，以丰富自己的语言，以便能自然、流畅、委婉、有分寸地表达自己的思想感情。

（4）学习女人的行为姿态。在社交场合中，应该落落大方而又不失稳重。因此要注意在动作、站立、姿态、体态等方面的礼仪规范。

（5）多欣赏女人艺术作品。"女人艺术"包括艺术作品如文学、美术、音乐、影视等所塑造的理想的女人形象。由女艺术家所创作的文艺作品，具有典雅、柔美的特点。在欣赏这些作品和形象时，要准确把握住其言行举止、表情神态、内心活动方面的描写与刻画，在脑海里再现其栩栩如生的形象，体验其情感历程和言行历程。同时，欣赏一些男性艺术，这有助于形成柔中带刚的女人风度。

3.认识自身个性与社会角色的关系

每个人的个性都是由许多复杂因素共同作用形成的，不同的人会体现出不同的个性。个性不同，风度迥异。培养风度美，不是要强求个人改变原有的个性和气质，将人套入一个刻板的模式中去，而是引导人们依据自身的个性和气质特征扬长补短，塑造具有鲜明个性特征的风度美。另外，每个人都置身于特定的社会环境，而不是在"真空"中生活，每个人的个性、气质都是在相互联系的人与人的社会关系中体现出来的。不同的人在不同的人际关系中充当着不同的社会角色，而不同的环境、场合、气氛，对人的个性、气质也有着严格的限制、不同的要求，并不是由着自己的个性任意表现的。如严肃的场合，需要有严肃的风度；轻松愉快的气氛中，需要有活泼幽默的风度；对老人要有比较稳重的风度；对孩子应有亲昵的风度……不同交往关系、场合决定了风度的不同要求。因而，一个人在复杂的社会环境中是多角色的，充当什么样的社会角色，就应按照什么样的风度要求去表现，否则便会丑态百出、贻笑大方。

那么，怎样才能使自己在社交中展示良好的风度呢？

1.要有饱满的精神状态

愁眉苦脸、心事重重的样子在社交场合是不受欢迎的；萎靡不振、无精打采，别人会感到兴味索然，无法与你交往。但若是精力充沛、神采奕奕，就能使对方感到你富有活力，交往气氛也就自然活跃了。

2.要有出色的仪表礼节

对女人来说，动人的风度和仪表比美貌更重要。

容貌姣好的人，并不等于她的仪表也美；同样的，举止仪表优美的人，也并不一定容貌漂亮。有些女人虽然面貌一般，但由于她有优美的风度，反而更吸引人。衣冠不整或者不修边幅的人，常会令人生厌。仪表出众、礼节周到却能为女性增添无穷的魅力。

3.要有诚恳的待人态度

端庄而不矜持冷漠，谦逊而不矫饰做作，就会使人感到你诚恳而坦率，交往兴趣也随之变浓。但如果你说话支支吾吾、躲躲闪闪，别人就会感觉你缺乏诚意，而疏远你。

4.避免没有教养的行为

一个人要在各种社交场合上给人留下美好印象，就一定要注意风度与仪态。

（1）不要说长道短。饶舌的女人肯定不是有风度教养的女人。在社交场合说长道短、揭人隐私，必定会惹人反感。再者，这种场合的"听众"虽是陌生人居多，但所谓"坏事传千里"，只怕你不礼貌、不道德的形象从此传扬开去，别人——特别是男士，自然会对你"敬而远之"。

（2）不要闭口不言。面对初相识的陌生人，也可以由交谈几句无关紧要的话开始，待引起对方及自己谈话的兴趣时，便可自然地谈笑风生。若老坐着闭口不语，一脸肃穆的表情，便跟欢愉的宴会气氛格格不入了。

（3）不要忸怩作态。在社交场合，假如发觉有人经常注视你——特别是男士，你也要表现得从容镇静。若对方是从前跟你有过一面之缘的人，你可以自然地跟他打个招呼，但不可过分热情或过分冷淡，免得影响风度。若对方跟你素未谋面，你也不要太过于忸怩作态，又或怒视对方，有技巧地离开他的视线范围即可。

（4）不要当众化妆。在大庭广众下打粉、涂口红都是很不礼貌的事。要是你需要修补脸上的妆，必须到洗手间或附近的化妆间去。

（5）不要大煞风景。参加社交活动，别人都期望见到一张张笑脸，因此纵然你内心有什么悲伤或情绪低落，表面上无论如何都应表现出笑容可掬的亲切态度。

◇ 社交场合要避免的行为 ◇

在社交场合女性一定要注意自己的行为，如果想要给别人留下美好的印象，下面这些行为就应该尽量避免：

1.不要耳语

在众目睽睽下与同伴耳语是很不礼貌的事。要是你在社交场合老是耳语，会令人对你的教养表示怀疑。

2.不要失声大笑

不管你听到什么"惊天动地"的趣事，在社交场合中，都要保持仪态，顶多一个灿烂笑容即止，不然就要贻笑大方了。

3.不要滔滔不绝

在社交场合中，切忌忙不迭向人"报告"自己的身世，或向对方详加打探，要不然会被视作"长舌妇"。

仪态美——女性社交魅力的最好体现

大哲学家培根说："形体之美胜于颜色之美，而优雅的行为之美又胜于形体之美。"

仪态美是指人的仪表、姿态所显示出来的外在美。仪表，主要是指装饰装束；姿态，主要是指行为举止的姿势形态。

如果一个女人拥有优雅端正的体态、敏捷协调的动作、优美的言语、行之有效而又大方的修饰、甜蜜的微笑和具有本人特色的仪态，即使是容貌平平，也会给人留下美好的印象。

所以，女性最珍贵的是内在美，有学识、有修养。品格高尚有理想的女性，她的言谈举止是非常自然的，不会流露出一点粗俗，女性的内在美，才是永久的美，不会凋谢的美。

美丽的女性，大自然赐给她好运气，可是她不应该骄傲，因为一个人的青春是有限的。相貌平平的女性，也不必自暴自弃，只要从其他方面努力，善处环境，珍视前途，同样可以创造幸福的生活，拥有精彩的人生。世界上有不少杰出、成功的女性，由于她相貌上有了缺憾，于是把心志专一集中于事业上，结果取得了很大成就，为世人所尊敬。

女性优雅的仪态从日常生活中表现出来，主要包括食的仪态、立的仪态、坐的仪态、行的仪态、衣的仪态、笑的仪态等。一个受人尊重的女性，并不一定是最美丽的女性，而一定是仪态最佳的女性。

一、食的仪态美

现代社会的职业女性一切求快，而往往忽视了吃东西的"艺术"，这是大错特错的，因为由吃的仪态可看出一个女性的家教修养。

（1）在公共场合吃饭时切忌高谈阔论，影响邻桌的客人，尤其是当你跟你的"另一半"及你们"爱情的结晶"出现在餐馆时，更不可因小孩不听话而动怒打骂，这种情景在日常生活中经常可以见到。如果这样做，不但你的先生没有面子，而且会影响孩子的食欲，当然最主要的就是你失去了一个现代女性的仪态美。

（2）在饭桌上切忌谈论一些不雅的事情，比如"我今天在街上看到了地下污水水管阻塞，脏物四溢……"之类，这会严重影响大家的食欲。

（3）切忌吃饭时发出"吧嗒"嘴声，这样会让人觉得没有教养。

（4）要注意拿筷子的样子、喝汤的姿态、嚼饭菜的口形、拿碗的动作等，均应以自然为主，千万不可为了"美"而做作，否则将会适得其反。

二、立的仪态美

1.站姿的基本要求

（1）抬头，颈挺直，同脊椎骨成一条直线，双目向前平视，下颌微收，嘴唇微闭，面带笑容，动作平和自然。

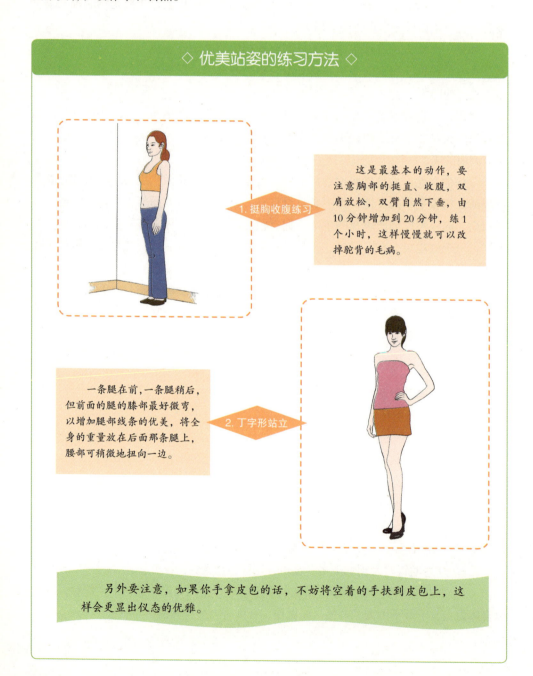

◇ 优美站姿的练习方法 ◇

1.挺胸收腹练习

这是最基本的动作，要注意胸部的挺直、收腹，双肩放松，双臂自然下垂，由10分钟增加到20分钟，练1个小时，这样慢慢就可以改掉驼背的毛病。

一条腿在前，一条腿稍后，但前面的腿的膝部最好微弯，以增加腿部线条的优美，将全身的重量放在后面那条腿上，腰部可稍微地扭向一边。

2.丁字形站立

另外要注意，如果你手拿皮包的话，不妨将空着的手扶到皮包上，这样会更显出仪态的优雅。

（2）双肩放松，气向下压，身体有向上的感觉，自然呼吸。

（3）躯干挺直，直立站好，身体重心应在两腿中间，防止重心偏移，做到挺胸、收腹、立腰。

（4）双臂放松，自然下垂，稍微移向臀部后面，手指自然弯曲。

（5）双腿立直，保持身体正直，双膝和两脚后跟要靠紧。

当腿和手的姿势略有变化时，如站"丁"字步，双手要在体前交叉等，这样仍不失女性的优雅美感。正确优美的站姿会给人们以挺拔俊美、庄重大方、精力充沛、信心十足和积极向上的良好印象。

2.站姿的方式

（1）正式站姿。这种站姿一般适合于在正式场合，肩线、腰线、臀线与水平线平行，全身对称，目光直视，所表达的是一种坦诚的、谦和的、不卑不亢的形象。常以这种姿势站立的女性是职业女性，其训练有素的正式站姿已形成自己的风格而融入平时的生活中去。

（2）随意站姿。这种站姿要求头、颈、躯干和腿保持在一条垂直线上，或两脚平行分开，或左脚向前靠于右脚内侧，或两手相互搭，或将一只垂于体侧。这种随意站姿有时是一种随性的站姿，有时表达了淑女的含蓄、羞涩、收敛。微微含胸、双手交叉于腹前，手微曲放松，则表达了一种性感女性的曲线之美。倾斜的肩、分开的脚、突出的胯无论从哪个方向来看都具有一种动感。有时又表达了一种健壮的肢体美，让人有一种上升的感觉，力量从内向外慢慢渗透出来。

（3）装扮站姿。这是一种具有艺术性和表现欲望的站姿，在表达情感上最为生动，有时甚至会夸张。在T形舞台上、艺术摄影中常可以见到这种站姿。头斜放，颈部被拉得修长而优美，一手叉在腰上，脚左右分开，重心在直立腿上，向人们在展示一种自信的美，一种艺术的美。

三、坐的仪态美

在日常生活中，常可看到一些打扮入时的女性，谈话时神采飞扬、风趣幽默，但是再看她们的坐姿，那可真是五花八门，绝对不能用"美"来形容了。

优美的坐姿，要求上身挺直，两眼平视，下巴微收，脖子要直，挺胸收腹，脖子、脊椎骨和臀部成一条直线。另外，一切优美的姿态让腿和脚来完成。

上身随时要保持端正，如为了尊重对方谈话，可以侧身倾听，但头不能偏得太多，双手可以轻搭在沙发扶手上，但不可手心向上。双手可以相交，搁在大腿上，但不可交得太高，最高不超过手腕两寸。左手掌搭在大腿上，右手掌搭在左手背上，也很雅致。

不论坐何种椅子，何种坐法，切忌两膝盖分开，两脚尖朝内，脚跟向外。跷腿坐时，尤其是一脚着地，一脚悬空时，悬空的一只脚尽量让背伸直，不可脚尖朝天。女孩子最忌两脚呈"八"字伸开而坐。

虽然这些坐姿做起来都很简单，但是要做得习惯自然，就不是一两天的工夫所能做到的，必须要天天练习、时时注意，久而久之，也就习惯成自然了。

有很多职业女性，可能是因为工作的辛劳及身心的疲惫，往往不能将精神集中到坐姿上，当她们伏案提笔时，往往会出现弯曲背部或趴在桌上的一些不雅姿态。

坐办公室的女性，一天8小时的时间，并非一定要像操练一样死板板地挺立，也不需像拍艺术照那样讲究姿态，但是起码应保持身体的自然挺秀。总之，坐姿以让人看了自然舒适为宜。

还有些女职员坐在办公室时，喜欢把鞋子脱下来透透气，这对她个人而言，固然是解脱了，但是却苦了别人。更重要的是，因此而影响了自己优雅的气质和风度，给主管及同事留下一个不好的印象。

四、行的仪态美

女性的一举一动永远是男性注意的目标，而女性走路的姿态，更是不可忽视的要点，甚至会成为别人对你仪态评价的依据。

通常，走路最容易犯的毛病就是"内八字"和"外八字"，其次就是弯腰、驼背，或者肩部高低不平、双手摆动幅度过大，或臀部扭动过剧，或步子小、频率太快等，这些走路的姿态，都足以影响女性的仪态美。

正确的走路姿态是靠训练而来的。首先就是要纠正站立的姿态：双腿合并，挺胸收腹，下巴向内微收，双手自然下垂，眼睛平视。考核站姿最佳的方法便是把身体贴近墙壁，尽量使后脑、双肩、腰部、臀部及脚后跟靠近墙壁，使身体成为一条直线，切忌弯腰腆肚、仰天俯地。

当你的站立姿态得到正确的训练之后，就可以开始训练行走了。

走路的时候，两只脚平行，轮番前进。也许你会认为两只脚是分别踩在两条平行线上，其实不然，两只脚踩的应是同一条线，臀部、腰部要自然摆动，这才是女性的标准步态，这样才会显出女性婷婷袅袅的行的仪态美。

走路时要想保持良好姿态，可遵循以下原则：

（1）上半身挺直，下巴微收，两眼平视、挺胸收腹、两腿挺直、双脚平行。

（2）迈步时，应先提起脚跟，再提起脚掌，最后脚尖离地；落地时，应脚尖先落地，然后脚掌落地，最后脚跟落地。

（3）一脚落地时，臀部同时做轻微扭动，但幅度不可太大，当一脚跨出时，肩膀跟着摆动，但要自然轻松。让步伐和呼吸配合成有韵律的节奏。

（4）穿礼服、长裙或旗袍时，切勿跨大步，显得很匆忙。穿长裤时，步幅放大，会显出活泼与生动。但最大的步幅不超过脚长的2倍。

（5）走路时膝盖和脚踝都要富于弹性，否则会失去节奏，显得浑身僵硬，失去美感。

五、衣的仪态美

爱美是女人的天性，但并不是每个女人都懂得如何打扮自己，有些人花了不少钱买贵重的衣服，但穿在身上却总是缺那么一点完美感；而有的人却能花很少的钱把自己打扮得漂亮又大方，这就是个人审美观的问题了。

一个有穿着品位的女人，绝不会一味地追求昂贵和时髦的衣服。比如一个身材矮胖、腿部粗短的女性，穿流行的窄腿裤或超短裙是肯定不合适的，这样就完全把她的缺点暴露出来了。她应当选择色泽较深、花纹单纯或直条纹的稍宽裤管的长裤或长及小腿以下的长裙，裙摆遮住粗壮的小腿肚为宜，脚下可穿高跟鞋，使裤管遮住鞋跟，这样可使身材看起来修长一些。

此外，衣料的质地也很重要，身材丰满或个性活泼的女性，宜穿软料的衣服，而硬料则比较适宜瘦小的女性穿。

服装的式样对女性的仪态美也有很大影响。短的衣服，适于身材高挑的女性，而身材矮小的女性衣服最好长一些；丰满的女性式样应力求简单，有时不妨戴一条长项链，也可起到拉长身材的作用。身体瘦小的女性，式样还可以有些变化，如可在小圆领上加些飘逸的荷叶边，但切忌衣服不合身。

六、笑的仪态美

笑，是七情中的一种情感，是心理健康的一个标志。对女性来说，笑也很有讲究。在日常生活中，常看到有些女性不注意修饰自己的笑容，而影响了自己的仪态美。笑有很多种，如拉起嘴角一端微笑，使人感到虚伪；吸着鼻子冷笑，使人感到阴沉；捂着嘴笑，给人以不大方的印象。

要想笑，嘴角翘。这是公认的美的笑容，达·芬奇的名画《蒙娜丽莎》中的微笑被誉为永恒的经典微笑。

美丽的笑容，犹如三月桃花，给人以温馨甜美的感觉，发自内心的笑是快乐的，但切忌皮笑肉不笑，或无节制地大笑、狂笑。因为经常大笑易使面部肌肉疲劳，滋生皱纹，狂笑会影响生理机能导致疾病。

愿你讲究笑的艺术，修饰笑的仪容。

现代女性要学会运用美的微笑、美的肢体语言、美的表情、美的仪态来展现你的风采，让你美在容颜上，美在言行举止上，进而美在思想上，美在心灵上，从而让你成为有气质、有修养、有风度、有魅力的新女性，以赢得他人的尊重，获得事业和人生的成功！

◇ 微笑时也要注意别犯错 ◇

1. 笑过了头
这种情况就是在微笑时嘴咧得太大。嘴咧得过大，会给人一种不礼貌的感觉。

2. 假笑
也可以叫作皮笑肉不笑，这是因为微笑者并没有投入感情，只是机械地按照要求在摆动作。

皮笑肉不笑，真是虚伪。

不要把别人当成傻瓜，每个人都是敏感的，如果你不是真笑，别人一眼就能看穿。只有真诚的微笑才能打动别人。

魅力女人不可不知的社交礼仪

礼仪之所以被提倡，之所以受到社会各界的普遍重视，主要是因为它具有多重重要的功能，既有助于个人，又有助于社会。

1.有助于提高人们的自身修养

在人际交往中，礼仪往往是衡量一个人文明程度的准绳。它不仅反映着一个人的交际技巧与应变能力，而且还反映着一个人的气质风度、阅历见识、道德情操、精神风貌。因此，在这个意义上，完全可以说礼仪即教养，有道德才能高尚，有教养才能文明。这也就是说，通过一个人对礼仪运用的程度，可以察知其教养的高低、文明的程度和道德的水准。由此可见，学习礼仪，运用礼仪，有助于提高个人的修养，有助于"用高尚的精神塑造人"，真正提高个人的文明程度。

2.有助于人们美化自身、美化生活

个人形象，是一个人仪容、表情、举止、服饰、谈吐、教养的集合，而礼仪在上述诸方面都有自己详尽的规范。因此，学习礼仪、运用礼仪，无疑将有益于人们更好地、更规范地设计个人形象、维护个人形象，更好地、更充分地展示个人的良好教养与优雅风度，这种礼仪美化自身的功能，任何人都难以否定。当个人重视美化自身，大家个个以礼待人时，人际关系将会更和睦，生活将变得更加温馨，这时，美化自身便会发展为美化生活。

3.有助于促进社会交往，改善人际关系

古人认为："世事洞明皆学问，人情练达即文章。"这句话，讲的其实就是交际的重要性。一个人只要同其他人打交道，就不能不讲礼仪。运用礼仪，除了可以使个人在交际活动中充满自信、胸有成竹、处变不惊之外，其最大的好处就在于：它能够帮助人们规范彼此的交际活动，更好地向交往对象表达自己的尊重、敬佩、友好与善意，增进大家彼此之间的了解与信任。假如人皆如此，长此以往，必将促进社会交往的进一步发展，帮助人们更好地取得交际成功，进而造就和谐、完美的人际关系，取得事业的成功。

经常出入社交场合的女性，应该熟练地掌握一些经常使用的社交礼仪，这样对于你的社交活动会有很大的帮助。

一、见面礼仪

1.握手礼

握手是一种很常用的礼节，一般在相互见面、离别、祝贺、慰问等情况下使用。纯礼节意义上的握手姿势是：伸出右手，以手指稍用力握住对方的手掌持续 1 ~ 3 秒钟，双目注视对方，面带笑容，上身要略微前倾，头要微低。

2.拱手礼

拱手礼，又叫作揖礼，是我国民间传统的会面礼。即两手握拳，右手抱左手。行礼时，不分尊卑，拱手齐眉，上下加重摇动几下，重礼可作揖后鞠躬。目前，它主要用于佳节团拜活动、元旦春节等节日的相互祝贺。有时也用在开订货会、产品鉴定会等业务会议时，厂长经理拱手致意。

3.吻手礼

主要流行于欧洲国家，男子同已婚妇女相见时，如果女方先伸出手做下垂式，

男方则可将指尖轻轻提起吻之；但如果女方不伸手表示，则不吻。如女方地位较高，男士要屈一膝做半跪式，再提手吻之。

4.合十礼

合十礼，即双手十指相合为礼，流行于南亚和东南亚国家。

5.鞠躬礼

鞠躬意思是弯身行礼，是表示对他人敬重的一种礼节。"三鞠躬"称为最敬礼。行礼时，应脱帽立正，双目凝视受礼者，然后上身弯腰前倾。女士的双手下垂放在腹前。在我国，鞠躬常用于下级对上级、学生对老师、晚辈对长辈，亦常用于服务人员向宾客致意，演员向观众掌声致谢。

6.接吻礼

多见于西方，是亲人以及亲密的朋友间表示亲昵、慰问、爱抚的一种礼仪，通常是在受礼者脸上或额上吻一下。吻的方式为：父母与子女之间的亲脸，亲额头；兄弟姐妹、平辈亲友是贴面颊；亲人、熟人之间是拥抱，亲脸，贴面颊。在公共场合，关系亲近的妇女之间是亲脸，男女之间是贴面颊，长辈对晚辈一般是亲额头，晚辈吻长辈，应当吻下颌或面颊，只有情人或夫妻之间才吻嘴。

7.拥抱礼

拥抱礼是流行于欧美的一种礼节，通常与接吻礼同时进行。拥抱礼行礼方法：两人相对而立，右臂向上，左臂向下；右手挟对方左后肩，左手挟对方右后腰。据各自方位，双方头部及上身均向左相互拥抱，然后再向右拥抱，最后再次向左拥抱，礼毕。

二、交谈礼仪

在社交场合中，经过介绍之后便进入互相用语言交流的阶段。如果说见面是相互认识的第一步，那么，交谈就是相互认识的第二步了。而且交谈时给别人的印象比初次见面时更为深刻得多，因为"言为心声"，交谈中措辞是否恰当？态度举止如何？是否能给别人一种温文有礼、大方明快的印象？这都可以从交谈中表露无遗。

一个善于交谈的女人，她不但在社交场中到处受人欢迎，会获得别人的好感，而且在个人事业上也会获得意想不到的成就。

1.选择合适的话题

当你遇见一个朋友或熟人的时候，不善于交谈，那实在是相当尴尬。为了你的快乐与幸福，谈话的艺术是不可不加以注意的。首先就要选择一个比较适合谈话双方的话题。

◇ 什么才是好话题 ◇

话题即谈话的中心。话题的选择反映着谈话者品位的高低。选择一个好的话题，使双方找到共同语言，预示着谈话成功了一半。那么什么样的话题才是好的话题呢？

1. 对方喜闻乐道的事情

有关体育比赛、文艺演出、电影电视、风景名胜之类的话题，往往是比较轻松愉快和普遍能够接受的。

2. 自己闹过的一些无伤大雅的笑话

例如，买东西上当、语言上的误会，或是办事摆了个乌龙，等等，这一类的笑话多数人都爱听。

3. 轰动一时的社会新闻

假使你有一些特有的新闻或特殊的意见和看法，那足够把一批听众吸引在你的周围。

2.交谈时要有好态度

常听见有人这样说："不管他是多么有学问，不管他的话多么有道理，可是他的态度不好，我实在不愿跟他多谈。"

这是一种普遍的情形，一个人要是没有良好的态度，别人就会讨厌他、避开他，不愿和他谈话。对女人来说，交谈时的良好态度尤为重要。

3.交谈要恰到好处

交谈要恰到好处，就是说既要不卑不亢，又要热情谦虚、富有幽默感，这样的谈吐才能给别人留下深刻的印象。

不亢就是谈话时不盛气凌人，不自以为是。即使你是一个很有学识的人，也不要轻视别人，而要用心倾听别人的意见。更何况"智者千虑，必有一失，愚者千虑、必有一得"，别人的意见不见得完全不可取，而自己的意见也不见得全都可取。如果你总是以高人一等的口吻说话，好像处处要教训别人，这样只会引起别人的反感。

反过来，交谈时有自卑感也是要不得的。一个对自己没有信心的人，是难以得到别人的重视和信任的。比如在谈话时，你处处都表现得畏畏缩缩，说什么都不懂，或者显出一副未经世事、幼稚无知的样子，这也是很糟糕的。

自卑与谦虚，两者是大有分别的。谦虚在谈话中受人欢迎，又不失自己的身份，更不等于幼稚无知。"虚怀若谷""不耻下问"，这就是交谈中的谦虚态度。碰到自己在交谈中不了解的话题，不妨请教对方作简单的解释。这样既可避免误解别人的说话，又可表示出对对方的赏识，尊重对方，自然使对方也觉得你很有礼貌了。

交谈时诚恳、亲切，也是很受别人重视的。如果你碰到一个油腔滑调、说话不着边际的人，你一定会觉得非常不舒服，甚至会引起反感。自己的心情如此，别人的心情也是一样，因此，在社交的谈话中也须特别注意。

4.注意说话过程中的礼节

谈话是人们交流感情、增进了解的主要手段，是一门艺术。谈话过程中的一些礼节要特别注意：

（1）谈话超过三人时，不要冷落了某个人。尤其要注意的是，同男士们谈话要礼貌而谨慎，不要在许多人交谈时，只同其中一位男士谈个不休。

（2）谈话时要温文尔雅，不要恶语伤人、讽刺谩骂、高声辩论、纠缠不休。不要与人抬杠，也不打破砂锅问到底。

（3）谈话时要注意自己的气量。当你选择的话题过长或不被人感兴趣时，应立即止住；当有人反驳自己时，要心平气和地与之讨论；有人想同自己谈，可主动与之交流；谈话一度冷场，应设法使谈话继续下去；谈话中途急需退场，应说明原因，并致歉。

（4）谈话时目光应保持平视，轻松柔和地注视对方的眼睛，不要直愣愣地盯住别人不放。谈话应集中精力，不要让人感到心不在焉。

（5）谈话中要善于聆听，要让别人把话讲完，不要在人讲得正起劲时打断他。在聆听中积极反馈是必要的，适当地点头、微笑、重复一下对方的要点，会令人感到愉快，适当地赞美对方也是必需的。

三、宴会礼仪

在当今这个社交活动频繁的社会，许多的人际交往、生意洽谈、事务交涉等，常通过餐饮聚会来促成。因此，无论你的身份地位如何，都有许多参加宴会的机会。而要去参加宴会，就必须知道一些基本的宴会礼仪。

1.中式宴会的礼仪

中国人吃中餐，就像拿筷子夹菜一样轻松自如，还有什么不明白的地方？可是，真要上大场面，仔细寻思起来，也还有不少礼节必须再三叮咛。

入座之后，首先将餐巾打开平放在膝上，千万记住，那是用来擦手指或嘴唇的，可别把它挂在颈项之间。席间若奉上毛巾，多半是为了方便你擦去吃螃蟹、炸鸡等食物时手上所留的油渍，千万不能用作他途。

至于餐具的使用，须注意的原则是：能用筷子取的，应以筷子夹取，不方便用筷子的才用汤匙，但应避免用筷子或汤匙直接取菜送入口中，最好先置于自己的碗碟中，然后再慢慢吃。用餐时，通常以右手夹菜盛汤，左手则扶碗、端碗，切忌右手拿筷，左手又持汤匙，更不可一手兼持筷子和汤匙。

在宴会中，主人敬酒时，你也必须回敬一杯。敬酒时，身子要端正，双手举起酒杯，待对方饮时即可跟着饮。如果是大规模的宴会，主人只能依次到各桌去敬酒，每一桌可派出代表到主人桌去向主人回敬。敬酒时，态度要从容大方。

用餐时，切忌狼吞虎咽，呼噜作声；骨头、鱼刺等不可吐在桌布上，应置于盛装骨头的专用碟中；取菜时也不可拨弄盘中食物，或是站起来取用远处的食物。

吃完之后，应该等到大家都放下筷子，以及主人示意可以散席，才可离座。

向主人告辞，你照例得和主人握手，握手要用力一点，以表示诚恳。如果多人轮候与主人握手告别，你只要和主人握手道别便可，不宜耽搁主人的时间。

2.西式宴会的礼仪

参加西式宴会，首先应该向女主人打招呼，然后才轮到男主人。

西餐宴会中还有一个特点，就是席位的安排与中国的宴会迥然不同。中国人请客一般都用圆桌，西餐是用长桌。男女主人，一般都是在长桌的两端，主宾的位子是在最接近主人的地方，女主宾坐在男主人的左边，而男主宾则坐在女主人的左边。最接近男女主人右边的位子，也是属于主宾的。

　　宴会中的席位，主人事前大多有安排，在入席前，你要先看你的名卡在哪里，然后入席，如果没有排定座位，而你又不是属于主宾，那你可以坐在远离主人的席位。但是，按照规矩，应该待主人或招待员请你上座方可入席，不可自己闯上去，否则会招人笑话。

　　上菜的时候，也是女性优先，第一个上菜的是男主人左手边的那位女主宾，其次是男主人右边的那位女主宾，跟着是女宾依次上菜，等到女主人上菜后，才替女主人左边的那位男主宾上菜，顺序轮下去，最后才是男主人上菜。等到女主人招呼吃菜时，客人才可吃，这时，女主人好像是一个司令官。在非正式的场合中，你有

◇ 西餐礼仪 ◇

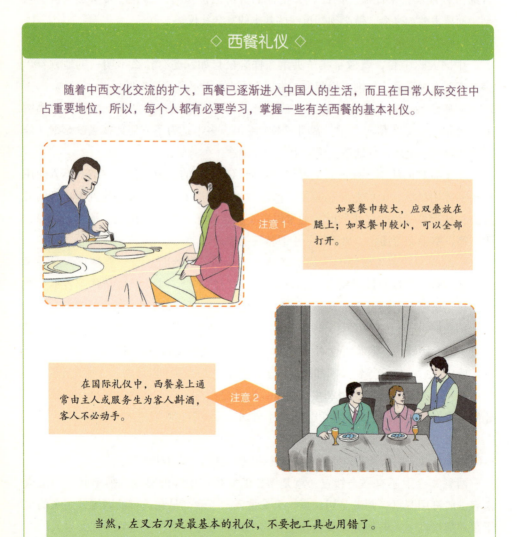

　　随着中西文化交流的扩大，西餐已逐渐进入中国人的生活，而且在日常人际交往中占重要地位，所以，每个人都有必要学习，掌握一些有关西餐的基本礼仪。

注意1
　　如果餐巾较大，应双叠放在腿上；如果餐巾较小，可以全部打开。

注意2
　　在国际礼仪中，西餐桌上通常由主人或服务生为客人斟酒，客人不必动手。

　　当然，左叉右刀是最基本的礼仪，不要把工具也用错了。

时不必等到每个人都上了菜才吃，但必须是你左右两人的菜已经上来，才可以动手吃。这也算是一个小礼貌。

正式的宴会，通常是由服务员用大盘盛着食物托到你的面前，由你自己取食物到碟子里。在这种情况下，通常在你的前面有一张餐单，你可以看餐单内容而考虑你的食量，不要取得太多。按照西方人的习惯，如果你吃不完而把东西剩下来是很不礼貌的，这表示你不喜欢主人的菜式。

在西式宴会中，要是你迟到了，所有宾客都已经就座，在这种场合之下，你要特别小心，不能惊动四座，也不能悄悄地溜入，连对主人也不敢望一眼，这样是很失礼的。你应该走近主人所指定的位置，向主人打招呼，然后坐下来，用点头方式和宾客们打招呼。这个时候，女主人招呼你时，她不必站起来，因为她一站起来所有的男宾客就必须站起来，未免太过惊动全座了。而在你的座位右边的一个男宾客，他就应该站起来，替你拉开椅子，你向他致谢后再坐下。

在宴会进行中，你应该和左右两侧的人轻轻说话，不可以隔着他们和另外的客人大声说笑。口中咀嚼食物时不要说话。如果你需要一些酱料，而它们又不在你的面前，你不能站起来伸手去取，这样也是很不礼貌的，应该请邻座递给你。用完餐后，要等到主人宣布散席才可轻轻地离开座位。更重要的是，餐后必须逗留一段时间才可告辞回家，以示礼貌。

四、舞会的礼仪

舞会是社会交际的一种方式，如何更好地利用这个机会，使自己更受欢迎呢？方法只有一个：做舞会礼节的典范。

具体要求有以下几个方面：

1.良好的个人形象

参加舞会时，必须先期进行必要的、合乎舞会要求的个人形象修饰。修饰的重点主要有三方面：

（1）服装。舞会的着装必须干净、整齐、美观、大方。有条件的话，可以穿格调高雅的礼服、时装。若举办者对此有特殊要求的话，则须认真遵循。在舞会上，通常不允许戴帽子、墨镜，或者穿拖鞋、凉鞋、旅游鞋等。在较为正式的民间舞会上，一般不允许穿外套、军装、工作服。穿的服装不宜过露、过透、过短、过紧，这样既不庄重，也不合适。

（2）仪容。参加者均应沐浴，并梳适当的发型。女士在穿短袖或无袖装时须剃去腋毛。特别需要强调的有两点：一是务必注意个人口腔卫生，清除口臭，并禁食带有刺激性气味的食物；二是身体不适者应自觉地不要参加舞会，否则不仅有可能伤害身体，而且还会影响大家的情绪。

（3）化妆。参加舞会前，要根据个人的情况，适度化妆。女士化妆的重点，主要是脸部和头发。舞会大都在晚间举行，舞者肯定难以避免灯光的照耀，与家居妆、上班妆相比，舞会妆允许相对化得浓一些。但除非参加化装舞会，否则化舞会妆时仍须讲究美观、自然，切勿搞得怪诞神秘、令人咋舌。

2.邀舞的礼节

对一个注重社交的人来说，交谊舞是一门不可缺少的"必修课"。参加舞会向别人邀舞时要注意的礼仪主要有以下几点：

（1）男女即使彼此互不相识，但只要参加了舞会，都可以互相邀请。通常由男士主动去邀请女士共舞。

（2）在正常的情况下，两个女性可以同舞，但两个男性却不能同舞。在欧美国家，两个女性同舞，是宣告她们在现场没有男伴；而两个男性同舞，则意味着他们不愿向在场的女伴邀请，这是对女性的不尊重，也是很不礼貌的。

（3）如果是女方邀请男伴，男伴一般不得拒绝。音乐结束后，男伴应将女伴送回原来的座位，待其落座后，说一声："谢谢，再会！"方可离去，切忌在跳完舞后不予理睬。

（4）邀请者的表情应谦恭自然，不要紧张和做作，以免使人反感。更不能流于粗俗，如叼着香烟去请人跳舞，这将会影响舞会的良好气氛。

3.跳舞的注意事项

（1）如果身体不适，就不要勉强参加舞会，特别是在你有传染病时更不可进舞场。否则，不仅影响自己的休息，不利于早日康复，而且还容易传染给别人疾病。

（2）刚学跳舞的女性，下舞场前最好多学几种舞步，否则会影响别的舞伴跳舞。不要在舞场学舞步，这会影响对方的情绪。

（3）跳舞时如和对方比较熟悉，可以小声地交谈，声音小到不影响其他舞伴为好。对不熟悉的舞伴，不可问长问短，闲聊不止。如果遇到一对密谈的舞伴，就应立即离开。舞伴之间有什么重要事最好在休息时找地方谈，不可在舞场上争论不休、大声喧哗、高谈阔论。

（4）如有事找人，找到后不能在舞场交谈，要到休息室去谈。更不能在音乐进行中就把人从舞池中拉出来，这会使人尴尬。有事需要到舞池的对面，应绕道而行，不可穿越舞场。

（5）跳舞休息时，不能把吃剩的果皮等物随手扔掉，这是一种很不文明的行为。

（6）舞兴要有所控制。不要只想着在舞场上出风头满场飞，捉住舞伴不放。

（7）要尊重主人为舞会所做的一切安排。不管当面还是背后，都不要对舞会安排进行批评或讽刺。不要随便要求改动舞会的既定计划程序，或凭个人兴趣和愿望

◇ 不要邀请不合适的舞伴 ◇

参加舞会时，不是任何人都适合做你的舞伴。如果你请错了舞伴，尴尬就会不请自来。

1.一位女性正同她的同伴亲密地坐在一起聊天，丝毫没有进入舞池的意思，你上前邀舞是对她的打扰。

2.一位女性独自坐在角落里，显然是不希望被别人注意，你上前邀舞如果遭到拒绝，只能说明你不懂得察言观色。

3.邀请身高、体形与自己相差极大的人跳舞，等于是为别人演滑稽戏。

邀请不合适的舞伴，就会导致共舞不和谐，是对邀请对象的不尊重。这是不礼貌的。

要求临时改换舞曲，或要求延长舞会的时间。

（8）切忌争风吃醋。不要为了在异性面前逞强，或受不良情绪指使，对同性过分尖酸刻薄。不要容不得其他女士长得、穿得比自己漂亮，舞跳得比自己好，被邀请的次数比自己多，而说些有失风度的话，与舞场的氛围格格不入。

（9）异性之间要自重自爱。不要跟刚结识的异性乱开玩笑，说话要注意分寸。不要一厢情愿地要求对方护送自己回家。舞场上撒娇发嗲和浅薄轻浮都是要不得的，稍有不慎，吃亏的还是自己。

第二节　女人需要具备的社交智慧

成为别人的知心朋友

在别人指出之前，每个人都认为自己够资格成为别人的好朋友。与大众观念相反的是，好朋友不只是黏在一起说说笑笑。如果不断地有朋友离开你，不断地发现自己有未接电话，不断地被朋友指责说你只可同甘不能共苦，而你却对此感到惊讶。下面教你怎样改变自己的行为方式。

1.抽出一些时间给朋友

重要的欢快时光你总是在场，如：生日聚会、酒会、圣诞节。但是在朋友情绪低落，需要一个可以趴上去哭泣的肩膀的时候，你在哪里呢？自己的生活太忙了，连抽出10分钟的时间去安慰一下他们都不行吗？果真如此，那你就真的要思考这样一句话了："抽出一些时间给朋友。"这句话不但是指在朋友一切顺利的时候要抽出时间给他们，更是指在朋友遇到困难的时候，要抽出时间为他们分担忧愁。尽管你不需要一天24小时有7个小时都在电话中陪他们谈心，但作为好朋友，在朋友有困难的时候，一定要放下自己所有的事；在朋友有喜事的时候，要放下自己的事。总是让朋友感到他们好像是被你塞进繁忙日程安排的夹缝里，只会让朋友慢慢地离开你。

2.不要说朋友的闲言碎语

显然，每个人在得知一条有点刺激的新闻时就很想说几句。这时需要考虑的是：这到底是关于谁的新闻？更要思考的是：如果别人说你的闲话，你是什么感受？要阻止别人说你的闲话，那就不要说别人的闲话。如果听到"不要告诉任何人，但是……"从你的嘴中冒出来，赶紧打住，因为你正要背叛一份信任，你很清楚这一点！

3.不要成为抱怨王后

和朋友熟悉不会滋生鄙视，但是会滋生坏习惯，其中最常见的就是经常抱怨。

尽管朋友想和你同甘共苦，但你不停地抱怨、散发悲观的言论，会让人很难和你待在一起（而且无聊透顶）。审查一下自己的行为，不要让自己成为那个总是造就怀疑因素的人，从而使友谊濒临末日。你不会觉得有趣，你的朋友当然也不会觉得有趣。

4.避免在背后抱怨别人

要提醒自己朋友其实是你生命的影子，所以如果不喜欢他们，而且觉得需要不断地抱怨他们，那你就需要问自己，你们为什么是朋友。当然，每个人都有一两处让人抱怨的地方，但是一定要确保快乐的时间长于不快乐的时间，否则的话，无论如何也要结束这段友谊。

5.做一些不需要理由的温馨之事

寄一张卡片，买一样特别的小礼物，从报纸上剪下一个相关的剪辑寄给他们，所有这些小东西再加上其他一些细枝末节，会让朋友认识到对你来说他们很特别。你不需要有很多的钱，不需要做夸张的手势，不需要歃血为盟，以显示你们是朋友；你所要做的就是表达一些感激之情，花点时间向他们透露他们对你来说有多么重要。

增进你与朋友间的友谊

有时候你在这个世界上最喜欢的两个人不但彼此讨厌对方，而且还对你毫不隐瞒这个事实，这真是命运残酷的捉弄。除了把他们两个一起搁浅到沙漠中，还有一些方法能让他们绑在一起，成为朋友。如果生日聚会由于这两个朋友闹翻了而成为一场噩梦，下面是一些怎样让他们举止适宜的办法。

1.再次向他们保证他们都是你的好朋友

你有了严重的烦心事，你的两个合不来的朋友会因为"领土"问题而截然对立，这个"领土"就是你。这是因为大多数朋友不但害怕失去朋友，而且当他们要去见朋友的"好"朋友的时候，他们认识到自己是多么的可有可无。要打消这种会造成无数问题的不安全感，你的工作就是再次向他们保证，你的心里有足够的空间去容纳每个人，每一周都有足够的时间给他们。

2.强调共同点

要使朋友融洽相处，你要让他们知道，除了你之外，他们之间还有许多共同点。这就是说当你们3个人在一起的时候，你自动退出。不要说"某某和我一起去了这个艺术展，你也会喜欢这个展览的"，而要说"你喜欢的那位艺术家，某某确实也喜欢"，等等，然后让他们两个单独讨论。共同点可以是任何事，所以你只要丢下几句相关的话，然后离开，让他们去讨论就行了。

3.不要火上浇油

有时候我们的朋友之间相处得不融洽会让我们感到很得意，因为我们窃喜，他

◇ 学会和多个朋友相处 ◇

对于大多数人来说，并不是一生只有一个朋友，而是有很多个朋友，朋友又有很多他自己的朋友。因此，在相处起来就会变得复杂。

倚在桌边的那个也是我的朋友，我介绍你们认识一下吧。

1. 让你的朋友互相认识

这是为你自己好，也是为他们好。毕竟，总是听说某某人非常出色，但又从没有人介绍你们认识，没有比这更糟糕的了。

虽然不喜欢，但看在小丽的面上也要和善一些才行。

我是小丽的朋友张华，一直听她说起你。

2. 做一个体谅别人的好朋友

当你不喜欢朋友的朋友时，就把他们当作朋友的家人看待。你不需要喜欢他们，但是你却要对他们和善有礼。

我们都有自己的喜好，但是为了所有的朋友，要珍视每个朋友给你的生命带来的精彩，这非常重要。让他们知道你很重视他们，当你跟他们说其他朋友的时候，他们就不会那么担心了。

们仍然最喜欢我们。如果是这种情况，要么不要让他们彼此认识，要么你就不要玩这种幼稚的游戏了，尽力让他们成为好朋友。这就是说不要在背后瞎搅和，不要打听你不在的时候他们之间发生了什么事。

4.遇到危机时让他们两个都帮忙

更好的办法是，要他们两个为了你而一起合作。危机更有可能让人们停止瞎闹，努力适应对方。此外，既然你已经使自己成为他们两人之间的共同点，他们就有了一个焦点提醒他们和你之间的联系。如果这管用，那就是时候让他们关注大局了，那就是为了你而好好相处。不管怎样，要求过平静的生活是没有错的。

5.如果他们不喜欢彼此，别担心

有时候你尝试了上面所说的每一条诀窍，但是无论如何都不能让他们两个人成为朋友。如果情况就是如此，那就不要充当中间调解人了。一切都顺其自然，也不要避免邀请他们二人去相同的地方。每个人都够聪明、够成熟，能够应付自己不喜欢的人。如果你认为他们有问题，而且总是小心翼翼地行事，他们之间就真的会有问题。记住：并不是每个人你都喜欢，他们也不需要喜欢每个人。

做个优秀的倾听者

认为自己善于倾听类似于认为自己很有风格。每个人都以为自己善于倾听，但不是每个人都能做到。事实上，有些人根本就不会倾听，但具有讽刺意味的是，他们却觉得自己是"优秀的"倾听者。他们要么容易走神，要么根本就不习惯于长时间集中注意力，所以经常听着听着就不知所云了。当然，真正不善于倾听的是这样的人，他们在听完第二句话之后就神游到其他地方去了，而且通常是你还没有讲到要点的时候。这让你带着责怪的口气问"你在听吗"？他们又会用心虚的口气说他们在听。厌烦了自己总是遗漏别人说话的要点了吗？厌烦了倾诉时别人总是不听吗？下面教你怎样改进倾听技巧。

1.抓住要点

如果想让别人听你说话，就要多讲事实，少说细节。谈话要言简意赅，好让别人明白你的观点。如果要告诉别人你在上班路上遇到堵车了，怎样进不能进，退不能退，就不要告诉他们你早饭吃了什么，他们没有必要知道这个。谈话总是要以要点开始，然后再从头说起，抓住他们的注意力，别让他们走神。

2.聆听和说话的时间要差不多

你可能就是这样做的，但也可能不是这样做的。如果不相信我，就拿出手表，测一测你能在多长时间内保持倾听，不打断别人的谈话。如果真的几乎什么都不说，那就完全可以对你的聆听技巧充满自信。谈话的时候可以适当打断别人的谈话，要他们抓住要点，如果仍然听不明白，重复他们最后说的话，这能帮他们记起他们一直在说什么。

3.锻炼全神贯注地聆听

只是静静地聆听别人说话，当感到自己走神的时候，就有意地把自己拉回到当前，深呼吸或者拧自己几下。这样做的目的是点点头，发出一些声音，强调你在听，但不需要实在地说什么。这是一项非常关键的聆听技巧，需要帮助的朋友通常只是想说说话，而不是要你采取拯救他生命的行动。

4.不要把谈话拉到自己身上

这是大多数人听别人说话时最容易犯的错误：重复。你不需要说任何虽然有些帮助但完全遥不可及的事；不需要谈论自己；不需要在别人停下来喘口气的时候插话；不需要因为感到无聊了就打哈欠。最后，如果那个人说了几个小时了，你确实认真听了，但又确实没有听到任何有意思的事，你完全可以走开。

结识新友

生活中，知道怎样能使别人成为自己的朋友会对你大有益处，不仅是在友谊方面，而且对生活的方方面面都会有好处，因为这是成功的社交活动和工作的关键。幸运的是友谊和长相、智力没有太大关系，友谊却和"感情智力"关系紧密。这就意味着：你能很好地解读别人，并据此行事吗？如果你根本就不知道我在说什么，你可能会在那种别人都知道该怎样避免出错的地方犯大错。如果你已经厌倦了自己总是说错话，厌倦了总是让别人误解你，下面教你怎样在社交场合给别人留下深刻印象。

1."阅读"肢体语言

我们发出和收到的信号中有55%都是通过肢体语言传递的，所以知道怎样"阅读"这些肢体语言会对你大有益处。别人有兴趣和你说话的信号有：你说话的时候他们身体往你这边倾斜；与你进行眼神交流；自信而认真的举止。没有兴趣和你说话的信号有：你说话的时候他们的眼神总是从你的肩膀上溜走；你靠近时他们就后退；回答时只用一两个词。如果遇到的是后者，赶紧走开，这个人不值得你去了解。找一个更乐于接受你、更乐意和你说话的人。

2.建立信任

如果对方给你积极的反馈，那就开始通过强调你们之间的共同点以建立感情纽带。这让人感到很舒服，因为他们会感到自己的信念得到了认同。显然，这也不能做得过火了，那会让人觉得你不真诚，因而会撤退。最后，即使你们非常志趣相投，也要确保说话的时间和聆听的时间差不多长。

3.不要太激进

就像你和未来的男朋友相处时不能太激进一样，和新朋友相处时也不要太激进。把电话号码给他们，互相交换邮箱地址，建议一起做些事，然后坐下来等待他们的反应。每天给他们发两三条短信或者每天都给他们打电话，那是在过度杀伤你们之间可能的友谊。同样，他们的电话你总是不回，把他们当作无聊时的消遣，或者在紧要关头抛弃他们，这些无论如何都无法巩固你们之间的友谊。

4.事不过三

要以"3次犯罪你就完蛋"为原则。打电话给新认识的人，约他们出去，然后等待回应。如果他们取消你的约会，不要把责任归到自己身上，再试一次，看看他们是

◇ **正确选择朋友** ◇

每个人的一生中都需要友谊，那么就必须要学会交朋友。

1. 找志趣相投的朋友

这听起来很好理解，但是大多数人都不会在眼皮子底下找朋友。如果希望友谊能持久，要有多于两个的共同兴趣点。

2. 不要害怕对别人说"不"

同样的，你不用和每个向你伸出友谊之手的人做朋友。选择朋友要明智，该说"不"的时候要坚决说出口。

如果身边暂时没有值得交的朋友也不要着急，更不要随便交一个朋友，只需要耐心等待，总会有友谊之花盛开。

什么反应。如果尝试了3次，他们每次都找出许多借口或者推脱事情的责任，那你就得想清楚是否仍然想和他们做朋友。如果不，赶紧撤退，试着找其他人。

5.不要把自己的丑事全都抖出来

建立友谊时你很可能想将自己所有的事全都告诉对方，千万不要！这不但会让人感到不愉快，而且还会显示你感情太过强烈，难以相处。一开始时要让彼此开怀大笑，严肃困难的事留到以后再说。

扩大交友圈

因为生活环境的变化而需要交一些新朋友吗？厌倦了认识已久的朋友，或者只是迫不及待地想认识和交往一些新面孔和有趣的人吗？如果是这样的，那你可以随心所欲了。我们都假想没有人正在努力认识和交往新朋友，只是因为没有人愿意承认他们正在这样做。但事实是，大多数人都渴望扩展生活圈，认识一些新朋友，以帮助他们打开新的世界。

以前在学校的操场上你可以直接走到一个人的面前，要他做你最好的朋友，或者假想他会成为你最好的朋友，因为你邀请他去参加你的生日聚会了。当然，这样的日子早已一去不复返了。现在，交朋友需要付出努力，并且还要看性格是否合得来。但是朋友还是可以交上的，下面教你怎样做。

1.像单身一样

这是说交朋友就和找新男朋友一样。想一想你经常去的地方，那儿有吸引你注意的人吗？笑起来或者看起来像是你要交往的朋友的类型吗？如果是，就主动和他们搭话，看看有没有用。下一步是，接受所有聚会的邀请，因为那是认识合得来的新人的理想场所。更好的办法是，看看朋友的朋友里面是否有合适的新朋友人选。

2.抓住每一个可以交朋友的机会

想一想你现在拥有的朋友，你们是怎么认识的。都是在学校和工作时认识的吗？可能不是，也有可能是在其他相当奇怪的地方。交朋友的关键是不管在什么地方都乐意和新遇见的人交往，公共汽车上、咖啡店、酒馆，甚至是在排队的时候。

3.考虑一下为什么想交新朋友，并据此寻找

知道自己为什么想交新朋友可以帮助你弄清楚上哪儿去找他们。你是要找几个单身朋友一起出去游山玩水吗？那就问问已婚的朋友，看他们是否认识这样的人。更好的办法是办个"百乐餐"，这时每个朋友都要带上另外一个朋友，以帮助大家认识新朋友。

4.经营新友谊

记住新的友谊是需要经营、需要付出努力的。这就是说你也许要花几个星期的时间去约他们出来，甚至是去献殷勤。如果你坚信你和这个人一定很合得来，就不要为这样做而感到不好意思。这是在讨人喜欢，而且大多数人都会欣然接受这个可以更好地了解你的机会。

如何与难处的朋友交往

由于各种各样的原因，有些朋友可能很难相处。有些人天生如此，而有些人身上的问题现在才开始影响她们的各种人际关系。还有一些人是因为正在压力下煎熬，所以对你发脾气，把情绪发泄在你身上。不管她们有什么问题，如果这也给你造成了问题，就该采取行动了。

1.维护自己的权利

这本来应该相对地简单一点：朋友很粗鲁、难以相处、惹人烦，你就直接说出来，她们向你道歉，然后重归于好。不幸的是，各种人际关系和友谊要比这微妙复杂得多，这就是为什么我们大多数人都等到为时已晚才去面对这些问题。如果想挽救一份友谊，那么在面对一个暂时难以相处的朋友的时候，维护自己的权利是大有益处的。那就做一次深呼吸，直接告诉她们，要她们停止对你的不良行为。

2.不要理解过头

你不是她们的心理医生，所以你不需要百分百地理解她们的情绪。好了，你交了新男朋友，你最好的单身朋友也想交男朋友，但是没有交成，所以她就行为失常了。你理解她的行为和感受，但是小心翼翼、战战兢兢地和她相处不是问题的答案。要处理好与她的关系，关键是同情她的处境（那就是尽量去理解她失常行为背后的原因），但又不能让她把你当沙袋对待。

3.问问她怎么了

正确地理解朋友，这是化解朋友难以相处行为的最快办法。不要问"你到底怎么了？"因为这一般会得到一个否定的回答，而要这样问："这太不像你了，出了什么事？"这样你会得到一个更积极的回答，甚至可以给予帮助。如果她闭口不答或者拒绝让你知道，最起码你已经让她知道：（1）你已经注意到了她的失常行为；（2）你已经做出努力要帮助她了。

4.告诉她，她让你有什么感觉

如果上面这些办法都不起作用，那就直接告诉她，她的行为让你有什么样的感受。这会让你的朋友知道，她正在将你们之间的友谊推向危险的境地，而且她伤害了你。当然，一个非常难以相处的朋友根本就不在乎这些，而且还会把问题推到你身上。如果事情真的如此，你有选择：拉开你们之间的距离。

5.想出一些可行的解决办法

面对一个难以相处的人时，最理想的办法就是在抱怨的同时，手头上已经准备好了一些解决办法。不确定什么会有帮助？那就想一想与她建立什么样的友谊适合你。少谈论她，多谈论你？少一些马拉松式的闲聊，多出去活动活动？少一些欺骗，多一些友谊？这只有你知道！

◇ 正确对待难相处的朋友 ◇

每个人都有每个人的性格特点，每对朋友之间也有其特定的相处模式，如果你觉得你的朋友很难相处，可以参考下面的做法：

1.确保不是你的错

有时候朋友会因为你对他（她）做的某件事而变得很难与你相处。诚实地审视一下自己的行为，看看是不是自己的某些行为引发了这些问题。

2.包容一点

他很惹人烦，但是你也并不完美，所以对待朋友要宽容一些。他们没有必要和你的想法一样。

既然已经是朋友了，我们就应该保持良好的友谊，面对难相处的朋友，只要不是原则性的问题，我们可以多配合一下他们的性情。

资本篇

　　人生最大的悲剧莫过于没有发现自己巨大的潜能而潦草度过一生，而女人一生中最大的遗憾则莫过于没有去发现、发挥和利用自己的资本，最终与精彩的人生擦肩而过。

　　在今天，女人的成功机会比任何时候都多。如果女人善于发现、培植和发掘自己的资本，并找到适合自己优势成长的土壤，那么她们会比男人更加成功。

　　女人生来就有独特的资本，这些并不仅仅是人们传统眼光中的漂亮、姿色、风情等，而来自女性强大的内在潜能和人格魅力，比如女人的心理资本、才智资本、财商资本、社交资本、职场资本等。

　　靠女人资本，做幸福女人；善于运用女人的资本，才能做生活和事业上幸福的成功者。

第一章

女人的心理资本——获得成功的基础

第一节　心态决定人生

心态决定命运

为什么有些人就是比其他人更成功、能赚更多的钱，拥有更好的工作、更好的人际关系、更健康的身体，而许多人忙忙碌碌最终却一事无成？其实，人与人之间并没有多大的区别。但为什么有些人能够成功，能够克服万难去建功立业，有些人却不行呢？

这就是人的心态在起作用。一位哲人说："你的心态就是你真正的主人。"一位伟人说："要么你去驾驭生命，要么是生命驾驭你。你的心态决定谁是坐骑，谁是骑师。"

可见，心态对人的重要性。

心态有两种：积极的心态和消极的心态。任何事情都可以从不同的角度去看它，关键看你是积极的还是消极的。比如说有两个业务员，天下大雨，可能有一个业务员会想，现在下这么大的雨，刮这么大的风，即使我去了，客户那里可能也没有人在。但另一个业务员可能想，今天下大雨，刮大风，可能别人都不会去，这样，那个客户肯定有空，如果我过去，他很可能有足够的时间接待我，听我的产品介绍。试想一下：哪个业务员成功的机会会更多一点？显然是后者。

日本有个"水泥大王"叫浅野一郎。年轻的时候，和朋友一起到东京谋生。他们都身无分文，但看到东京的街头有人在卖水时，浅野非常高兴地说："东京真是个好地方，连水都能卖钱，看来我们要活下去不成问题。"可是，他的朋友却说："东京真是个鬼地方，连水都要钱，我看我们要活下去很困难。"

"连水都能卖钱"和"连水都要钱"是两种完全不同的心态。态度不同，结果就会两样。最后谁能成功，也就一目了然了。

著名女作家塞尔玛在成名前曾陪伴丈夫驻扎在一个沙漠的陆军基地里，丈夫奉命到沙漠里去演习，她一个人留在基地的小铁皮房子里，沙漠里天气热得受不了，就是在仙人掌的阴影下也有华氏125度。而且她远离亲人，没有人和她说话、聊天。她非常难过，于是就写信给父母，说受不了这里的生活，要不顾一切回家去。她父亲的回信只有两行字，但它们却永远留在了她心中，也完全改变了她的生活：

两个人从牢中的铁窗望出去，

一个看到了泥土，一个却看到了星星！

塞尔玛反复读这封信，觉得非常惭愧。于是她决定要在沙漠中找到星星。她开始和当地人交朋友，而他们的反应也使她非常惊讶，她对他们的纺织、陶器表示感兴趣，他们就把自己最喜欢但舍不得卖给观光客人的纺织品和陶器送给了她。塞尔玛研究那些引人入迷的仙人掌和各种沙漠植物，又学习了大量有关土拨鼠的知识。她观看沙漠日落，还寻找海螺壳，这些海螺壳是几万年前沙漠还是海洋时留下来的……原来沙漠里难以忍受的环境变成了令人兴奋、流连忘返的奇景。

那么，是什么使塞尔玛的内心发生了这么大的转变呢？沙漠没有改变，是她的心态改变了。一念之差，使她原先认为恶劣的生活环境变为一生中最有意义的冒险。她为发现新世界而兴奋不已，并为此写下了《快乐的城堡》一书。她从自己造的牢房里看出去，终于看到了星星。

一个人能否成功，关键在于他的心态。成功人士与失败人士的差别在于：成功人士有积极的心态，用积极心态来支配自己的人生；而失败人士则习惯于用消极的心态去面对人生。过去的种种失败与疑虑所引导和支配的，他们空虚、猥琐、悲观失望、消极颓废，最终走向了失败。

运用积极心态来支配自己人生的人，拥有积极、奋发、进取、乐观的心态，他们能正确处理人生遇到的各种困难、矛盾和问题。而那些运用消极心态来支配自己人生的人，心态悲观、消极、颓废，不敢也不去积极解决人生所面对的各种问题、矛盾和困难，只是一味地退缩，失败也就成为必然。

所以说，良好的心态是女人改变命运、取得成功的最好法宝，一个人能飞多高，是受她自己的心态所制约的。因此，女性一定要清醒地认识到心态在决定自己人生成功上的作用：

（1）你怎样对待生活，生活就怎样对待你。

（2）你怎样对待别人，别人就怎样对待你。

（3）你在一项任务刚开始时的心态就决定了最后将有多大的成功，这比任何其他因素都重要。

（4）人们在任何重要组织中的地位越高，就越能找到最佳的心态。你心理的、感情的、精神的环境完全由你自己的心态来创造。

那到底怎样才能选择好积极的心态呢？

◇ 培养积极心态的方法 ◇

下面是一些成功人士培养积极心态的方法，我们不妨借鉴。

我一定可以做到心平气和的！

1. 每天说一些让人舒服的话或者是鼓励自己能够做到的话，要相信自我激励的作用。

2. 每周读一些励志的好书，直到自己完全领会到其中的道理。

某某小区义诊活动

3. 培养自己的服务意识，并试着提高自己的服务质量。一个人越是能被别人需要，越容易培养自己的积极心态。

第一，选择好你的目标，即弄清楚自己到底需要达成什么样的结果。

第二，选择好能帮助目标达成的信念。这是因为，信念与态度之间是因与果的关系，信念是因，态度是果，即有什么样的信念，就有什么样的态度。

第三，选择好你的目标，即注意的焦点。也就是说凡事要积极思考，将注意的焦点完全集中在你最终想达到的那个目标上，千万不要放在你不想要或得不到的地方。

有一场非常有名的篮球赛，最后2秒投篮决胜负，但是，球员却没投中，他们队也就输给了对方。比赛结束后，有记者采访他，问他投篮的时候在想些什么，他说：我当时一直在想：一定要投中，一定要投中。结果，不知怎么搞的，偏偏把球打在了篮筐上。原因在哪里？显然不是他的技术有问题，而是他的心理有问题。因为投篮那一刻他的注意目标不是"投篮"，而是"投中"。

第四，模仿成功者的态度。与成功者交朋友，模仿成功者的态度、信念、习惯、策略，就是快速成功的最佳策略。今天，你看什么书，跟什么人在一起，可能决定5年后你会成为什么样的人。

女人心累人才累

在现代社会里，仅就每天的压力程度而言，女性比男性更辛劳。尤其是在家庭、职业、金钱等方面，女性感到的压力远远超过男性。

压力大的原因，除了社会外界因素，女性自身的心理因素也占了很大比重。女性事事追求完美的心态是造成压力感的主要原因。她们对家庭、事业抱有太多的理想，然而现实情况下，紧张的经济状况、繁忙的工作以及不稳定的情感生活，打破了女性太多的幻想，让她们感到恐惧、无所适从。

所以，女人累，主要是心累。心累才是致命的，于是，有人累倒下了，更多的人是面对累疲倦了。工作疲倦，便不思进取，得过且过，庸庸碌碌一生；爱情疲倦，那就连带着一切都疲倦了，热情没有了，整个人就倒下了。累，其实就像抗病一样，需要支撑，需要释解。所以，现在流行一个词：减压。为帮助女性减压，有人提出了"不完美"的观点。

1.不要对丈夫要求太高

聪明女人不会对男人要求十全十美，而且知道在婚姻中最重要的东西是什么。因此，聪明女人从不苛求男人。

（1）不要盯住他的钱袋不放。虽然财政大权由你掌管，但是男人也不喜欢只看重他们口袋里的钱的女人。所以尽管人人都知道钱是好东西，也应该稍加掩饰，不然的话，即便你每日为了柴米油盐辛苦忙碌，也将得不到他的好脸色，自己的心情也不会好。

（2）不要盯住他的事业不放。男人的工作再不好也是他的事业，一份工作的好坏只有他自己才能评说，即使薪酬达不到你的要求，也不要整天在他耳边唠叨，那样只会令他心烦，影响双方感情。

（3）不要盯住他的缺点不放。谁都希望自己完美无瑕，但这世界上根本就没有完美的人，所以也不要苛求他完美无缺，要包容一些他的缺点，多表扬一下他的优点，也许这样他才会甘心情愿地为你洗衣服、拖地、收拾屋子。

2.找好事业与家庭的支点

女人在婚后才真正进入角色，不再是可以任性的女孩了，也会更积极地谋求事业的成就，但是家庭本身却让女人多了很多牵挂，难免会分心。

另外，公司要求员工必须敬业，工作繁忙，家庭、工作都需要女人花费更多的精力。不同角色的冲突所产生的矛盾，必然会在女人心中形成巨大的阴影。

可以说事业与家庭的矛盾自从女人走入婚姻就已经开始。处理这个矛盾一定要有足够的智慧，既要照顾家庭的需求，安定自己的大后方，也要为事业留下足够的时间和精力。毕竟，只有独立的事业才有独立的经济基础，才会有独立的人格。

3.不要对自己要求太高

每个人都有自己的抱负，有些人把自己的抱负定得太高，根本非能力所及，于是终日郁郁寡欢；有些人做事要求十全十美，对自己近乎吹毛求疵，往往因为小小的瑕疵而自责，结果受害者还是他们自己。正确的是把目标要求定在自己能力范围之内，差不多就行了，要懂得欣赏自己已取得的成就，不要太在意上司对自己的评价，自然会心情舒畅。

4.不要过分坚持

做大事的人处世总是从大处着眼，眼光长远，只有一些无见识的人才会揪住小事不放。因此，只要大前提不受影响，在小处有时不必过分坚持，以减少自己的烦恼。

5.放飞自己

在生活或工作中受到挫折时，应该将烦心事暂时放下，去做一些你喜欢的事，如运动、健身、爬山、睡觉和看电影等，等到心情平静时，再重新面对自己的难题，也许你的思路就会清晰起来，问题也就迎刃而解了。

6.为别人做点事

帮助别人不但可以使自己忘却烦恼，而且还可以确定自己的存在价值，更可以获得珍贵的友谊，一举两得，又何乐而不为呢？

7.专注一件事

研究发现，构成忧思、精神崩溃等疾病的主要原因是人在同时面对很多急需处理的事情时，精神失望大而容易引起精神上的疾病，所以女性要注意减少自己的精神负担，不应同时进行一件以上的事情，以免弄得身心俱疲。

8.不要处处与人竞争

有些女人心理不平衡，完全是因为她们在各个方面都要与别人竞争，使自己经常处于紧张状态。其实人与人之间的相处，应该以和为贵，只要你不把人家看成对手，人家自然也不会与你为敌。

9.娱乐

这是消除心理压力的最好办法。娱乐的方式多种多样，最重要的是要令人心情舒畅。

◇ 女人缓解压力的有效途径 ◇

女人不是蜗牛，不需要一生都背着重负前行。累与不累，就在于能不能给自己的心理减压。下面就介绍两种有效缓解压力的方法：

1. 找人倾诉

如果把所有的烦恼埋藏在心底，只会令自己都郁寡欢。如果把内心的烦恼告诉你的知己、好友，烦恼便会减少许多，心情也会顿感舒畅。

2. 发泄愤怒情绪

人在生气时，会失去常态，而且变得陌生和可怕。与其事后后悔，不如事前加以控制，把愤怒发泄到其他事情，如打球、运动或者唱歌上。

其实这两种方法说到底都是将心中的压力宣泄出来，无论是说出来还是通过其他方式发泄出来，只要释放了，压力自然就小了。

过重的心理压力会导致身心疾病的产生，损害自身的健康，所以，女人在婚后要注意调整自己的心态，增强适应能力，学会对各种现象做出客观的分析、正确的判断；在生活中遇到矛盾时不退缩、不逃避、不忧愁、不沮丧，树立起战胜困难的信心和勇气，注意调整自我，以达到心理上新的平衡，使自己始终保持良好的心理状态。

积极的心态塑造女人迷人的个性

俗话说："人如其面，各有不同。"生活中，每个女人都有其独特的个性特点，有的性情温柔，有的脾气火暴，有的侃侃而谈，有的沉默寡言。正是因为有了各异的性情，女人才拥有了万种风情，但绝大多数女性都有一个共同的期盼：拥有迷人的个性。所谓迷人的个性，说白了，就是能吸引人的个性。那么，怎么才算有迷人的个性呢？

如果你温柔可人、乐观自信，而又通情达理、自尊自爱，具有极强的自制力，你就是一位拥有迷人个性的现代女性。这些迷人的个性要如何塑造呢？最重要的一点就是要拥有积极的心态。

积极心态，是无论在任何情况下都应具备的正确心态。

积极心态是具有吸引力的个性。它会影响你说话时的语气、姿势和面部表情，它会修饰你说的每一句话，并且决定你的情绪感受，它还会对你的思想产生影响。

拥有积极心态的女人敢于面对生活和工作中的任何挑战，面对的困难越大，她们的斗志越高。

拥有积极心态的女人从不唉声叹气，从不愁眉苦脸。她们始终坚信，明天的一切会更好。

拥有积极心态的女人不目空一切、高傲自大，她们善解人意，有极强的团队精神。

为了拥有积极心态，你可以在生活中常常暗示自己：我一定可以获得幸福，我的能力很强，我能做好这件事。你也可以用这些提示语暗示自己：

＊我相信自己能够做到，我就可以做到。

＊我生活的每个方面，都会一天天变得更好。

＊现在就做，便能使异想天开的梦变成事实。

＊我觉得健康，我觉得快乐，我觉得很好。

＊如果你能一直这样暗示自己，就能日渐乐观，日渐自信并日渐快乐。

那么，什么样的心态才是积极的心态呢？

1.决心

决心是最重要的积极心态，是决心在决定人的命运。

决心，表示没有任何借口。改变的力量源自于决定，人生就注定于你做决定的那一刻。

2.企图心

企图心，即对达成自己预期目标的成功意愿。

人人都想成功，但要想成功，仅仅希望是不够的。大部分人都希望自己成功，而不是一定要成功。他们对成功的企图心不是那么强烈。一旦遇到瓶颈，要做出牺牲时，他们就会退而求其次，或者干脆放弃。

所以，要成功，你必须先有强烈的成功欲望，就像你有强烈的求生欲望一样。

3.主动

被动就是将命运交给别人，消极等待机遇降临，一旦机遇不来，他就没办法。凡事都应主动，被动不会有任何收获。被动的人有一点是可取的，那就是他主动将机遇交给别人。

4.热情

没有人愿意跟一个整天无精打采的人打交道，没有哪个上司愿意去提升一个毫无工作激情的下属。一事无成的人，往往表现的是前三分钟很有热情，而成功是属于最后三分钟还有热情的人。成功是因为你对你所做的事情充满持续的热情。

5.爱心

内心深处的爱是你一切行动力的源泉。

缺乏爱心的人，就不可能得到别人的支持，失去别人的支持，离失败就不会太远。

没有爱心的人，不会有太大的成就。你有多大的爱心，就决定你将有多大的成功。

6.学习

信息社会时代的核心竞争力，已经发展为学习力的竞争。信息更新周期已经缩短到不足5年，危机每天都会伴随我们左右。所谓逆水行舟，不进则退，是因为对手也在学习，也在进步。唯有知道得比对方更多，学习的速度比对手更快，才可能立于不败之地。

7.自信

什么叫自信？自信不是你已经得到了才相信自己能得到，而是还没有得到的时候就相信自己一定能得到的一种态度。

8.自律

自律就是要克制人的劣根性。不能自律的人，迟早要失败。很多人成功过，但

◇ 如何提高自信心 ◇

拥有充分自信心的人往往不屈不挠、奋发向上，因而比一般人更易获得各方面的成功。那么，该如何科学、有效地培养自己的自信心呢？

这个人好有自信啊，我得跟他认识认识。

1. 多与自信的人接触和来往

"近朱者赤，近墨者黑。"经常与胸怀宽广、自信心强的人接触，你一定也会成为这样的人。

2. 自我心理暗示

不断对自己进行正面心理强化，避免对自己进行负面强化。

我一定可以做到的!

这样一打扮，心里有底气多了!

3. 树立自信的外部形象

一个人，保持整洁、得体的仪表，有利于增强自己的自信心。

是昙花一现，根本原因就在于他缺乏自律。

自律，是人生的另一种快乐。

9.顽强

成功有三部曲：第一，敏锐的目光；第二，果敢的行动；第三，持续的毅力。用你敏锐的目光去发现机遇，用你果敢的行动去抓住机遇，用你持续的毅力把机遇变成真正的成功。

10.坚持

假使成功只有一个秘诀的话，那就是坚持。有一句名言：凡事只要你成为专家，一切都会随之而来。只要你坚持做成一件事，今天你所放弃的，明天都会以另一种形式得到。

职业女性如何保持心理健康

社会的进步，科技的发展，使人们追求高质量生活和个人发展的愿望越来越强烈。因此，生活和工作的节奏不断加快，竞争日益激烈，心理压力增大，尤其是职业女性面对家庭和事业的双重压力，心理问题也就越来越多。健康的心理对人们尤其是女人的工作、生活和幸福是非常重要的，当女性认识到这一点时，就会主动关注自己的心理健康。

什么样的心理才是健康的呢？

1.情绪稳定乐观

情绪稳定乐观是女性心理健康的主要标志，是指人能适度地表达和控制自己的情绪，具有乐观向上的生活态度。人都有喜怒哀乐，不愉快的情绪就必须释放出来，以求得心理上的平衡，但不能发泄过分；否则，既影响自己的生活，又加剧了人际矛盾，于身心健康是无益的。这并不是说心理健康的人没有情绪低落的时候，而是说他们的积极情绪多于消极情绪，而且他们的喜怒哀乐等情绪处于相对平衡的状态。

2.人际关系和谐

心理健康的人，能信任和尊重别人，设身处地地为他人着想，也能以恰当的方式让别人理解自己。因而，无论她在什么性质的公司工作，和本公司或本部门的同事关系都很融洽，对双方父母和家庭其他成员也很亲近。

当然，并不是说她与别人没有任何矛盾，而是在发生矛盾时能积极主动地、有效地去解决矛盾，重新让别人理解自己，建立良好的关系。

人际关系中，有正面积极的关系，也有负面消极的关系，而人际关系的协调与否，对人的心理健康有很大的影响。

3.正确地认识自我

要知道自己的优点和缺点，对优点能积极地去发扬，对不足能自觉地去完善；不因为有优点而骄傲自大，也不因为有不足而自卑；为弥补自己的不足而努力不懈，为自己取得的成功而愉快乐观。

能够充分了解自己，对自己的能力做出恰如其分的判断。

4.热爱学习、生活和工作

心理健康的人在任何时候都热爱生活，感到生活非常有意思；爱学习，把学习看作是生活中必不可少的一部分；爱工作，按时上下班，富有创造性地去工作，努力完成工作任务，把工作看作是一种乐事。

5.生活目标切合实际

能够为自己制定符合实际情况的生活目标，如果生活目标定得太高，必然会产生挫折感，不利于身心健康。

6.与外界环境保持接触

人的需要是多层的，保持与外界的接触，一方面可以丰富精神生活；另一方面可以及时调整自己的行为，以便更好地适应环境。

7.保持完美个性

女人个性中的能力、兴趣、性格与气质等各种心理特征必须完整、和谐，能力方能得到最大的施展。

8.具有一定的学习能力

现代社会知识更新很快，为了适应社会的需要，就必须不断学习新的知识，使生活和工作都能得心应手，少走弯路，以取得更多的成功。

9.行动自觉果断

心理健康的人做事都有明确的目的性，能果断地做出决定，并且始终如一地贯彻自己的决定，从不轻易地改变。

10.有限度地发挥自己的才能与兴趣爱好

人的才能和兴趣爱好应该充分发挥出来，但才能与兴趣爱好的发挥要有一定的限度，不能妨碍他人利益，不能损害团体利益，否则，会引起人际纠纷，徒增烦恼，无益于身心健康。

那么，在充满竞争的现代社会里，如何才能扬长避短，保持心理健康呢？

第一，应该对竞争有一个正确的认识。有竞争，就会有成功和失败。但关键是正确对待失败，要有不甘落后的进取精神。

第二，对自己要有一个客观的恰如其分的评估，努力缩小"理想我"和"现实我"的差距。

知人虽难，知己更难。自我认识的肤浅，是心理异常形成的主要原因之一。

有些女性对环境过分依赖，对自己的能力没有做出正确判断，经过竞争中的多次失败，由此认为："你行，我不行。"于是束缚自我、贬抑自我，结果焦虑剧增，以致最后毁了自己。

还有些女性能够对自己的动机、目的有明确的了解，对自己的能力有适当的估计，从不随意说"我不行"，也不无根据地说"不在话下"。她们对自己充满自信，对他人也深怀尊重，她们认为在认识自己的前提下，是没有什么不可战胜的，最后她们取得了成功。

接受现实的自我，选择适当的目标，寻求良好的方法，不随意退却，不做自不量力之事，才可创造理想的自我，避免心理冲突和情绪焦虑，使人心安理得，获得心理健康。

第三，面对现实，适应环境。

心理健康的职业女性总是能与现实保持良好的接触。她们能发挥自己最大的能力去改造环境，以求外界现实符合自己的主观愿望；在力不能及的情况下，她们又能另择目标或重选方法以适应现实环境。

在现实生活中，职业女性应有"走自己的路，让别人去说吧"的精神，若总是人云亦云，便会失去自主性，焦虑也就由此产生。所以无论做人还是做事都必须有自己的原则。

另外，职业女性也应该注重朋友的忠告。自以为是、我行我素，只会落得形影相吊、无人理睬。如果一个人的想法、言谈、举止、嗜好、服饰等，总是与别人差别太大，或与现实格格不入，又如何能获得心理健康呢？

第四，结交知己，与人为善。

乐于与人交往，和他人建立良好的关系，是职业女性心理健康的必备条件。拥有良好的人际关系，不仅可以得到帮助和获得信息，还可使自己的苦、乐和能力得到宣泄、分享和体现，从而促使自己不断进步，保持心理平衡、健康。

第五，努力工作，学会放松。

工作的最大意义不限于由此获得物质生活的报酬，而是它能表现出个人的价值，获得心理上的满足，能使人在团体中表现自己，提高个人的社会地位。

合理地安排休闲放松的时间，经常改换方式，郊游、聚会、参观展览等，也可参加一些社会性的活动，使节假日更为丰富多彩，真正成为恢复体力、调整脑力、增长知识、获得健康的时机。

◇ 造成女性心理异常的两大原因 ◇

在现代社会，心理健康的问题日渐凸显，很多人都开始出现一些心理异常现象。那么，作为女性朋友，是什么造成了她们的心理异常呢？

1. 感情与家庭的变故

有些人因为感情受挫和婚姻变故产生心理障碍甚至是不理性的过激行为，给双方造成难以弥补的伤害。

2. 快节奏的生活和工作

还有这么多工作，又要加班了！

生活节奏加快、工作忙碌而机械，不少职业女性情绪长期紧张而又不善于放松调整，也成了心理异常的一个原因。

健康的心理对人们的生活和工作十分重要，对于女性而言更是如此，因此，女性朋友们必须要重视自己的心理健康问题。

给自己营造宽松的心理环境

每个人都是既生活在纷繁的社会中，同时也生活在自己的心理环境里。

单个的个体是无法改变外部世界的，而置身于群体中的每个人则完全可以营造属于自己的心理乐园。

在许多情形下，一个人的心境、心态决定着他的愉快或忧愁，决定了他对外界的适应程度和抗衡力量乃至承受能力。显然，在职场竞争日益激烈、生活节奏不断加快的今天，给自己营造一个宽松的心理环境对女性来说是很有意义的。那么如何创造这个属于自己的"心理乐园"呢？

1.认识事物的两面性

任何事物都具有两面性，有利有弊，不可能有利无弊，也不可能有弊无利。聪明的女人，知道分清哪个利大，哪个弊小，从而"择其大舍其小"。当每个人做出选择时，都是要争取趋利避弊。只有利大于弊，只要从长远看是如此，就应当舍去暂时"优越"的"小利"，而去追求潜在的有发展前途的"大利"。

如果在选择之前心里早已有个"准绳"：有利有弊才是真正的现实，利弊相当是幸事，那么就不会因为失去而失落，不会因为得到而狂妄。这样面对生活，心里肯定是坦荡的。

2.不要回首往事

人，一碰到坎坷，免不了抚今追昔。但是，在这种情景下就容易产生消极情绪。

例如，美国前总统尼克松从政多年，他是20世纪美国历史上因"水门事件"而第一位被迫辞职的总统。年过八旬时，他遇到了一件令他悲痛欲绝的事，他的贤内助永远离开了他。面对事业和个人生活中的不幸，尼克松感慨地说："长寿的秘诀是，不可回首往事，只能向前看。你要找些让你为它生存下去的事，否则便是生命的终结。"正因为如此，他在卸任后埋头笔耕，至今已写了9部书，其中7部在世界畅销。在他看来，过多地回忆，只会给自己的心理带来悲伤，使情绪大为紧张。

从心理学角度来说，回忆是心理压力的一种来源。当然，回忆的滋味，因人而异、因景而异，不过当回忆袭上心头时，总是别有一番滋味，不论是辉煌的过去，还是灰暗的昔日，回忆都不会是一种美好的享受，是甜的已随岁月的流逝而变淡，是苦的更会由于翻老账而变涩。所以，不要回忆往事，你的心理就会轻松许多。

3.远离忧愁

在心理重创中，忧愁无疑是一个罪魁祸首。要想驱赶这个"杀手"，可以采取"以毒攻毒"的方法。

有一个英国商人，因生意失败而负债累累，从此萎靡不振，形同槁木。一天，当一位失去双脚，靠一块装着轮子的木板来行动的残疾人，神采奕奕地向他致"早安"时，他羞愧难抑，回到家里，在每天都看得见的镜子上写下这样几句话："我一直闷闷不乐，只因为没有鞋子穿；直到我在街上看到了一个缺了脚的人！"从那以后，他又找回自信，努力工作，终于还清了所有债务，并且生意越做越大。

这个故事说明：当忧愁袭来时，你可以设想比你更糟糕的境遇，也许你的忧愁就驱散了。这种心理的自卫举措，实际上采用了"以毒攻毒"的方法，当你意识到世上有比你更艰难的情况时，你的心情就会豁然开朗。

4.理智消费

在生活上与别人攀比，是很容易陷进"不平衡"的心理陷阱的。

国外有一位富商，积攒了上亿财富，但他有一个生活信条：过比收入低的日子。为什么拥有大量财产，却要"清贫"呢？他认为：钱多也是一种压力，过比收入低的日子，不仅仅是"节俭"，更是求得心理平衡。豪华是没有限度的，而保持"低一个档次"的生活要求，舍去攀比的心理冲突，这样反倒惬意。

现在很多女人都有很强的攀比心理，职位一定要比别人高，薪水一定要比别人多，生活档次一定要比别人高，等等，结果弄得心理始终处于紧张状态，其实，舍去一些不切实际的追求目标，可以免去许多的心理压力，心有余而力不足却要拼命追求，只会让自己疲惫不堪。

5.学会宽恕

宽恕的道德意义无须赘言，它的心理价值也是不可估量的。有一位政治家，早年曾在一个有钱人家干活，主人对他百般刁难。后来那个人家破了产，而这位政治家在政界崛起，成为风云人物。有一天，那个破落家族的小儿子可怜兮兮地找上门来，希望谋取一份工作，这位政治家非常热情地接待了他，而且还为他在一家船务公司找到了一份工作。

宽恕别人，你才会拥有快乐。

第二节　幸福由心生

保持开朗乐观的心境

你是一个乐观、容易满足的女孩吗？在任何逆境面前都能保持愉快乐观的心境吗？即使命运甩了你一个耳光，你也能保持沉静优雅吗？即使别人让你心烦意乱，你也还能够积极乐观、心情开朗吗？好了，如果你就是这样的人，那非常好，因为研究显示，开朗乐观的性情能够帮你渡过任何艰难困苦。美国哈佛大学的一份研究说，快乐的关键是：幽默、关心他人、自我控制、引导释放激情、事先规划。下面教你怎样快乐。

1.改变态度

快乐是一种认识。毕竟，两个不同的人会对完全相同的情形产生迥然不同的情感反应。尽管这大部分都是从父母那儿学来的（快乐是别人教的，而不是天生的），

◇ 让自己乐观一点 ◇

乐观的人更能体会人生的美好，而不会被负面的情绪所侵蚀，那么，怎样才能让自己保持乐观呢？

不要总是看别人，我们这样也很好啊！

你看她全身都是名牌！

1. 不要把自己的生活与他人的生活相比

快乐不是要所有的人齐头并进，而是选择一种生活，这种生活充满了让你感到快乐与满足的事。

2. 多接触大自然

累了、心烦了就多出去走走，接触大自然，感受自然的宁静、安逸，自己的心态就会慢慢发生改变。

快乐其实很简单，只要自己用心体会，用心发现，就会感觉到生活的美好，进而拥有乐观的心态。

但是什么时候改变态度都不会太晚。改变态度需要的只是一点有意识的努力，注意事物光明的、好的一面，而不是糟糕的一面就行了。

2.忘记中彩票

很多人都坚定地认为，只要她们中了彩票，找到了自己的白马王子，某一天早上醒来突然就变瘦了、苗条了，某一天出名了，或者所有这些好事一下子全部发生在自己身上，她们就会快乐起来。如果你也是这样想的，那就得注意了，百万富翁并不比拿最低工资的人笑得多。快乐是一种内在的思维倾向，尽管外部因素会影响我们的思想状况，但持久的快乐却来自你对待生活的方式。

3.增加快乐的理由

我们都有自己快乐的理由。有些人看到蓝蓝的天、阳光明媚就会感到很高兴；有些人一放假就会很开心；还有些人呢，听到别人称赞自己就乐开了花。如果你很少感到快乐，那就需要增加快乐的理由了。你在等待重大的事件发生，以改变你的生活吗？果真如此，那就开始学习感受小事的快乐吧。

4.不要只看到事物阴暗的一面

与快乐、乐观相比，愤世嫉俗、只看到事物阴暗的一面不会使你变成一个更有深度、更有学问的人。更重要的是，痛苦难受不会使任何糟糕的事情有所好转。

学会对所拥有的事物心存感激是快乐生活的关键。想要得到更多的东西，努力地争取更好的事物，希望事情有所改善，这些都无可厚非。但是与此同时，不要低估了你所拥有的东西的价值。"要心存感激"，这听起来有些像父母的警告，但这是要你明白，尽管你的生活也许并不完美，但那是你的生活，你有责任使你的生活是快乐的。

改变自己

大部分人都会说："江山易改，本性难移。"他们对一个人改变自己的能力完全持怀疑的态度。然而，事实上，大多数人都想将过去踢到一边，做一个崭新的自己，为什么不呢？好了，尽管有句格言叫本性难改，但是人们总是处于变化之中的。不但身体上在发生改变，精神上也在变化，而且是以他们选择的方式在改变。你也许会想：为什么要费这份心呢？一个充分的原因就是，变化可以给你整个人生带来惊人的作用。如果你不开心、厌倦了生活、感到很痛苦或者厌倦了自己，改变一下自己会使你受益匪浅。这让你不再总是不停地冥思苦想，不再总是对着朋友唉声叹气。下面教你怎样做。

1.弄清楚要改变什么

在我们不开心的时候，经常就认为我们的整个生命就是对时间和精力的浪费。

我们想，要是我们在一个远离尘嚣、荒无人烟的沙漠上就好了，因为那样就可以做真正的自己了。现实是，如果不尝试改变，即使远离人群，你也很难找到自己。当你谈论改变的时候，其实是在谈论做一些不同的选择，让生活更开心一些，更充实一点。这是关于生活方式的选择、关于与谁在一起的选择，关于健康、工作，甚至是思想倾向的选择。

2.不要让创伤支配你

研究显示，我们总是在受到创伤的过程中或者受到创伤之后发生变化，如：一颗为了爱情而破碎的心、一段沮丧的日子、丧失了一位亲人，甚至是一场大病。尽管这些是好现象，但是不要让这些成为促使你改变的唯一动因。许多时候，人们陷入困境，后悔莫及，都是因为太仓促草率了。在对他人做任何看起来有些鲁莽的事情之前，先停下来想一想，咨询一位你信任的朋友，问问他（她）的建议。

记住：好事情也会使你改变。成功和爱也会改变你的生活，就像合适的工作、理想的城市，甚至是一本不起眼的书都会改变你一样。所以要问问自己：如果可以拥有一切，什么是立刻就会改变你的事？那就立刻做这件事。

3.你可以现在就改变

改变不一定是一个要花很多时间的过程，有时候改变瞬间就可完成。然而，改变却是一个不断进行着的过程。在这个过程中，目标应该经常往前移动。开始，可以按喜好的顺序将你想改变的事情列出来。将第一件要改变的事放在首位，把今天要做的3件事写到最上面，让这个改变启动起来。下一步要做的就是，为这个变化增加后援，确保每天都为这个目标做一些事。例如，如果你想减肥，保持身体健康，那就每天都做一些运动，以增强这样的思想：你正在改变，今天的你和昨天的你已经不一样了。

维护自尊

感觉自己什么事都做不好，没有吸引力，太胖了或者太瘦了（即使每个人都不这么认为），难道你认识的人都比你聪明、机智，都比你有魅力？果真如此，那你就是自尊心太弱了。这听起来像是医生说的行话，但现实是对自己评价过低会让你的生命失去许多精彩，会让你沮丧，让你希望自己成为另外一个人。自尊心本质上是你在内心深处怎样看待自己、对自己说什么、怎样尊重自己、你会做什么来满足自己的需要。问题是对于大多数自尊心弱的人来说，总是有人告诉他们不要关心自己。幸运的是，你什么都没有丢失，因为寻找自尊心从来都不会太晚。下面教你怎样做。

1.教会自己拥有良好的自我感觉

要做到这一点，最好的办法就是首先和具有良好自尊心的人多多接触。这是一些对自己、对自己的生活都感觉良好的人。他们不会小看自己；但同时，他们也不会到处宣扬自己才华横溢、很了不起。要找到自尊心强的人，可以观察那些既会支持别人，但同时又有信心寻求帮助、咨询别人建议的人。

2.使头脑中批判的声音平静下去

建立自尊心的窍门就是停止倾听内心深处对自己的批判之声。相反，要用一种更加支持自己的声音来取代这种批判之声。具体的做法就是去质问正在对自己所说的话。你怎么知道自己就做不了？你为什么要保护自己？最糟糕的情况能有多糟呢？对于这个问题你真正担心的是什么呢？

◇ 提高自我评价，维护自尊心 ◇

自尊，顾名思义是要求女性要自己尊重自己，而想要尊重自己首先要自己对自己感到满意，提高自我评价。

今天的装扮比昨天漂亮多了！

对自己的称赞可以是任何事情，如"今天我找到了3件可以称赞自己的事，而不是两件"，今天在工作中解决了一个难题。

1.每天称赞自己5次

别人夸奖你的时候，你不知道该怎么回答吗？其实，你只要说声"谢谢"就够了。

2.学会接受夸奖

谢谢！

你今天很漂亮！

提高自我评价可以让女性更加有自信心，从而更加尊重自己，提升自己的自尊心。

3.创造有意义的生活

如果能找到自己在生活中的定位，能积极地欣赏自己，自然就会感觉良好。觉得自己能够胜任一些事情，这种胜任感就能够增强自尊心。所以要学会信任自己的决定，不要为本该怎样做但是又没有那样做的一些事而烦恼。

4.与"己"为善

是的，没有比这更简单的事了。学会与人为善，在自己内心深处与"己"为善，这会慢慢地变成你的第二天性。此外，与人为善比总是恶言相向要容易得多。更好的是，与人为善还有一种后续效应，那就是它不但能增强自尊心，而且还能激活脑细胞，使你更加快乐。毕竟，积极思考的时候是很难感到痛苦的。

无拘无束，随心所欲

无拘无束的女孩知道怎样寻找乐趣，怎样不拘礼节，怎样在屋子里跑来跑去、高兴地叫着，怎样只是为了好玩而让自己尴尬，怎样享受生命中属于自己的时间。事实上，她们并不比我们勇敢、有趣、天真，她们只是不那么在乎别人对自己的看法，所以比我们更敢作敢为。如果因为害怕明天可能发生的事，而不能好好地把握今天，这就说明你为了别人对你有个好印象太矜持了。如果你有一天早上醒来感到后悔，或者回顾过去的时候，很希望自己当时更天真、更放肆、更少一些矜持，那么看下面内容，它们会教你怎样做个无拘无束的人。

1.忘记明天

放松一下，你的世界不会因为你一天没有遵守自己的规则就土崩瓦解了。尽管有自己的规则是一件值得称道的事。事实上，制定规则是为了生活更有组织、有条理，而不是为了把你圈在规则的牢笼之中。你的规则太苛刻、太不容改变了吗？帮你自己一个忙，给自己放一周的假。在这7天里，不要遵守你的规则。

2.释放自我

你最后一次不拘礼节，做了一点疯狂的事是什么时候？如果记不起来，那就是跳出你一直赖着不愿离开的情感安全圈的时候了。可以参加一个班，学跳踢踏舞、学学萨尔萨舞曲，练练拳击，甚至可以玩蹦极。做一些刺激、奇怪、完全有悖平时行为准则的事。经常促使自己离开舒适区域是过得无拘无束的关键。这不但能让人建立自信，而且还会增强人的自尊心，让你相信你比想象中得要能干得多。

3.考虑最糟糕的情形

如果你仍然结结巴巴地说"我做不到，因为……"那就这样想一想，如果你真的做了以前不敢做的事，最坏的结局会是什么呢？把所有不利的一面全都列出来，尽量想得极端一点。现在把这个单子从头到尾读一遍，想一想这些"最坏"的结局

◇ 让生活充满激情 ◇

有人认为女人就应该拘谨矜持，但是现代的女性已经是撑起半边天的人，应该随着自己的心轻松生活，应该充满激情：

1. 具有强烈的激情

寻找一个让你具有强烈激情的事，可以考虑体育运动、音乐、书籍，甚至是烹饪，任何事都可能让你充满激情。

2. 敢冒风险

这是我第一次跳舞，你可要多担待哦。

在拒绝之前，先试试看。你从来没有戴呼吸管潜泳过，从来没有跳过舞，但这并不意味着你做不了这些事，或者你会憎恨这些事。

很多激情都是偶然发现的。不要压抑自己的天性，偶尔疯狂一次，也不会让你失去什么，反而会让心灵得到放松！

有多大可能真的会发生。如果有一晚喝得酩酊大醉，第二天早上没有化妆就去上班，结局真的会很可怕吗？在大庭广众之下摔倒了，跳舞跳得像个大笨熊，会让人感到很糟糕吗？记住：我们的大脑会保护我们，让我们免受伤害。这就是说，每次有人提出一个让我们觉得有威胁性的想法时，我们的大脑就会自动地寻找回避的办法。

4.做一个说"是"的女性

就像下面这句话所说的：开始对你以前总是说"不"的事说"是"。

5.学会自嘲

要学会自嘲。人们害怕在大庭广众摔倒，通常他们害怕的不是疼痛，而是潜在的尴尬。事实上，没有人曾经死于尴尬，即使你觉得很丢脸，那也只是瞬间的事。

做个理性的女人

在现在这个世界里要保持平静可不是一件容易的事。如果没有为交通堵塞、电话骚扰、与男朋友吵架，或者各类烦心的事愤怒，那日常生活的压力和忧虑也会让你怒火中烧。然而，保持冷静更重要的是知道怎样明智地选择斗争，而不是沉思冥想、烧香拜佛、不为生活费心。与每件让人恼火的事做斗争，你就会多一些麻烦，少一丝平静。下面教你怎样保持内心平静。

1.三思而后行

这感觉好像不太对劲，但是我们都有能力控制自己的反应，即使这些反应让人感觉是自动的。这就意味着，如果有意识地打断自己的思维模式，就可以让自己停止烦躁、气愤、愤怒，然后让大脑慢慢平静下来。具体的做法是：停止说话，深呼吸，在做出任何行动之前先纵览全局、理清思路。这是世界末日吗？你受到伤害了吗？烦躁、气愤、发疯，这有用吗？然后理智地思考一下，什么样的情绪能让你处理这种情形，给你想要的结果。

2.深呼吸

在压力和恐慌的状态下，我们就会呼吸短促，这妨碍了气流的顺利流通，阻止我们进行清晰的思考。这就是为什么从 1 数到 10 的老办法能够帮助我们。慢慢地数数让我们有时间呼吸，有时间使自己平静下来，有时间思考。试着用腹部呼吸，最大限度地使腹部收缩和隆起。吸气时设想腹部像气球一样膨胀起来，呼气时设想气球瘪了下去，重复 5 次。

3.不要做个控制狂

即使是最精心计划的方案有时候也会出错，因此，如果生活没有按照你想要的方式运行，陷入恐慌、抱怨生活的不公是毫无意义的。对于那些无法控制的事，如别人的行为、天气，等等，要学会顺其自然，着重想一想你能改变什么、处理什么，如你的反应。记住：如果你正努力保持平静和镇定，那么还想努力去控制管理别人是万万不可行的。

4.合理膳食

在这里加上这一条似乎有点奇怪，但是身体是靠我们给它的燃料进行工作的。食物级别越高，大脑和身体就会运转得更灵敏。要想保持平静，喝酒、喝茶、喝咖啡、吃垃圾食品和抽烟不会有任何帮助。这些刺激性的东西只会降低体内血糖的含量，使情绪易波动，身体疲劳，而且还会增加焦虑和紧张程度。为了内心的平静，要远离可卡因、糖、酒精和尼古丁。

面对不幸和灾难，要坚强不屈

这儿，我们是在谈论一种坚忍不拔的性情，一种从生命中任何苦难和不幸中迅速恢复过来、坚强活下去的能力。尽管我们不能阻止灾难的发生，但是研究显示，我们处理挫折、从不幸中恢复过来的方式决定了我们的成功水平。爱情让你心碎，事业上停滞不前，被老板解雇，过去的经历不堪回首，如果不能克服这些，你就不够坚忍不拔。用下面这些技巧，直接勇敢地去面对，你不但能够让这些不幸遭遇成为过去，而且还会使自己的心灵转向阳光明媚的未来。下面教你怎样做。

1.未雨绸缪

灾难发生了：感情决裂了，工作丢了，催账单一个接着一个。要处理这些问题，很大部分在于你是否知道灾难就要来临。如果你已经注意到了一些信号，而且做好了准备，那你就会很快恢复过来。留心观察生活，你不会后悔的。

2.从经历中学习进步

从挫折中恢复过来最好的方法就是寻找错在哪里。把问题拆开，看看到底发生了什么，你能从中学到什么。这份工作一开始就不适合你吗？那个男人就是和你没有缘分吗？形势一开始就不对，所以才酿成灾难了吗？如果需要重新来一次，你会怎么做？

3.开始时速度要慢

这不但是为了你以后可能会少犯错误，更是因为灾难发生之后，你会很急切地想改变形势。和前男友最好的朋友约会可不是个好主意；仅仅是因为被炒鱿鱼了，就想换一个行业，也不是什么好想法。同样道理，申请参加海外志愿军；把所有的衣服都捐给慈善事业；只要有人要你，立刻就不加考虑地接受，这些都不可取。

4.记录下你的进步

从灾难中恢复过来，重新开始生活有一个好处，那就是在很短的时间内，你可能看到很大的进步。一定要记录下这些进步，因为有时候很难看到自己已经走了多远了。如果才和某个人分手，记录下你现在的感受和一周之前有什么不同。如果上个星期还负债累累，那么上个月为了改善这种形势，你都做了哪些努力？如果失业了，你已经应聘了多少份工作，或者找了多少份工作？

5.充分利用自己的长处

列出你所有的长处，那就是你不是固执，而是不屈不挠；你不是个空想家，而是个乐观主义者。然后看看这些长处能够怎样帮你改善形势。记住：要从灾难中恢复过来，最重要的是你的态度，而不是纯粹的运气。即使是想放弃的时候也要坚持下来，这样才会取得胜利。

◇ 不惧怕失败 ◇

人的一生肯定会经受煎熬，但这才是真实的人生。可并不是每个人都能认识到这一点。

1.很多人对自己经历的失败恐惧至极，在经历一次失败之后，就再也没有站起来的勇气了，他们自己把自己打倒了。

2.那些成功的人之所以成功，很重要的一个原因就是他们不恐惧失败，而是越挫越勇，因为他们明白，失败的是某件事情，而不是他这个人。

恐惧只是我们的一种情绪，很多时候，我们之所以失败，不是事情有多难，而是我们首先在心理上被自己心中的恐惧打倒了而已。

第二章

女人的才智资本——决定你的发展

第一节　智慧是永远的资本

智慧是一件穿不破的衣裳

女人可以不美丽，但不能不智慧，智慧能重塑美丽，唯有智慧能使美丽长驻，能使美丽有质的内涵。人的追求不完全来自外貌，它主要来自人的内在力量。漂亮自然值得庆幸，但并不代表有魅力、有气质。外貌漂亮的确是一种优势，但这个世界上那种天生尤物毕竟为数不多，芸芸众生都是相貌平平，这些相貌平平甚至有些丑陋的女人所表现的美，就是其内在的品德修养所散发的气质与智慧。

英国作家毛姆曾经说过："世界上没有丑女人，只有一些不懂得如何使自己看起来美丽的女人。"现代女性早已经学会在繁忙和悠闲中积极地生活，懂得如何读书学习，也懂得开发自身的潜能，从而使自己的女性魅力光芒四射。

女性的智慧之美甚过容颜，因为心智不衰，所以超越青春，智慧永驻。"石韫玉而山晖，水怀珠而川媚。"西晋人陆机这样评说智慧之美。

谚语云："智慧是穿不破的衣裳。"衣裳，自然是与风度美息息相关的。

所以，现代女性中注重培养自身风度者，在不断改善自身的意识结构和情感结构的同时，无不特别注重改善自身的智力结构；积极接受艺术熏陶，使自己的风度攫获浓重的智慧之光。

"智慧之美"的魅力，是拥有独立自主的意识状态和自尊自重的情感状态。智慧女性勇于接受来自各方面的挑战，善于从大自然与人类社会这两部书中采撷智慧，从而不再留有"男性附庸"的余味。

富于智慧的魅力，善于对日常应用的思维方式和行为方式进行艺术的提炼。例如，遇人遇事如何运用有效的思维方式，迅速采用最恰当的接待方式，以便使行为方式表现出稳重有序、落落大方的风度。

所以，这样的女人最具魅力：她们聪明慧黠、人情练达，超越了女孩子的天真

◇ 女人智慧美的魅力体现 ◇

具体来说，女人智慧美的魅力主要体现在以下几个方面：

我喜欢你的独特，与众不同……

1. 突出的个性

　　女性的美貌往往具有最直接的吸引力，而后，随着交往的加深、广泛的了解，真正能长久地吸引人的却是她的个性。

　　有理想、有知识，是内心丰富的两个重要方面，这是现代女性所必不可少的。知识将使女性魅力大放光彩。除此以外，还需要宽广的胸怀。

2. 丰富的内心

这个软件的设置有问题，如果……

您懂得可真多啊。

这个女人真是谈吐优雅啊。

哪里哪里，您真是过奖了……

3. 优雅的言谈

　　言为心声，言谈是窥测人们内心世界的主要渠道之一。在言谈中，对长者尊敬，对同辈谦和，对幼者爱护，这是一个知性女人应有的美德。

稚嫩，也不同于女强人的咄咄逼人。她们在不经意间流露着柔美和知性魅力的同时，也对人群保持着一份若即若离的距离和冷漠。

很多男人在言语行文中流露出一种对知性女人心驰神往却又可望而不可即的无奈与惆怅，在他们眼中，这种女人人间难求，绝对不是俗物。事实上，"知性女人"同样是食人间烟火的俗人，她们同样离不了油盐酱醋茶，同样要相夫教子。因为只有大俗方能大雅，只有这样才是完美女人。

知性女人的优雅举止令人赏心悦目，她们待人接物落落大方；她们时尚、得体、懂得尊重别人，同时也爱惜自己。知性女人的女性魅力和她的处事能力一样令人刮目相看。

灵性是女性的智慧，是包含着理性的感性。它是和肉体相融合的精神，是荡漾在意识与无意识间的直觉。灵性的女人有那种单纯的深刻，令人感受到无穷无尽的韵味与极致魅力。

弹性是性格的张力，有弹性的女人收放自如、性格柔韧。她非常聪明，既善解人意又善于妥协，同时善于在妥协中巧妙地坚持到底。她不固执己见，但自有一种非同一般的主见。

男性的特点在于力，女性的特点在于收放自如的美。其实，力也是知性女人的特点。唯一的区别就是，男性的力往往表现为刚强，女性的力往往表现为柔韧。弹性就是女性的力，是化作温柔的力量。有弹性的女人使人感到轻松和愉悦，既温柔又洒脱。

真正的智慧女性具有一种大气而非平庸的小聪明，是灵性与弹性的结合。一个纯粹意义上的"知性"女人，既有人格的魅力，又有女性的吸引力，更有感知的影响力。她不仅能征服男人，也能征服女人。

智慧女性不必有闭月羞花、沉鱼落雁的容貌，但她必须有优雅的举止和精致的生活。

智慧女性不必有魔鬼身材、轻盈体态，但她一定要重视健康、珍爱生活。

智慧女性在瞬息万变的现代社会中，总是处于时尚的前沿，兴趣广泛、精力充沛，保留着好奇纯真的童心。智慧女性不乏理性，也有更多的浪漫气质，春天里的一缕清风，书本上的精词妙句，都会给她带来满怀的温柔、无限的生命体悟。

智慧女性因为经历过人生的风风雨雨，因而更加懂得包容与期待。

智慧女性内在的气质是灵性与弹性的完美统一。

读书的女人永远美丽

有人说："书，是女人最好的饰品。"因此，无论有多少个理由，作为一个现代女性，一个期待精彩人生的女性，书是一定要看的，而且是看得越多越好。因为书会使你从骨子里提升品位，教你如何做一个知识女人。

1. 红颜易逝，智慧长存

美貌是会随岁月的流逝而消逝的，而智慧则是永存的。聪明机智的头脑和学而不倦的热情，才是真正的无价之宝。

女人的美有两种最基本的划分：一种是外在的形貌美；一种是内在的心灵美。

外在美是自身美的凝聚和显现，它既能给自身以极大的心理满足和心理享受，又能给他人以视觉上的美感，使人赏心悦目。追求外在的形貌美，是女人的本能天性，不应加以禁锢和压抑，而应该从美学上加以积极引导。

内在的心灵美可以给人留下难以磨灭的印象，能引起人内心深处的激动，打下深刻的烙印。内在美操纵、驾驭着外在美，是女人美丽的源泉。正因为有了内在美，女人才能真正成为完美的女人，才能让人产生由衷的美感。所以说，内在美比外在美更具有无可比拟的深度与广度。

林清玄在《生命的化妆》一书中说：女人化妆有三层，其中第二层的化妆是改变本质，让一个女人改变生活方式、睡眠充足、注意运动和营养，多读书、多欣赏艺术作品、多思考，可以让女人对生活保持乐观的心态。因为独特的气质与修养才是女人永远美丽的根本所在。

"寂寞精灵"张爱玲尽管貌不惊人，但她那弥漫着旧上海阴郁风情的文章以及她本人非同寻常的爱情故事，使当代人对她的回忆像一坛搁了多年的老酒，越品越香醇。李碧华曾评价她说："文坛寂寞的恐怖，只出一位这样的女子。"

而现在，由于媒体和广告铺天盖地的宣传，很多年轻的女孩子远离了书房，且过分注重外表的修饰和打扮，浮躁肤浅的心态扭曲了她们对美的诠释。即便是一夜成名，也会像昙花一现，留给人们的只是一个模糊的影子，用不了多久就彻底消逝在别人的回忆里。

因此，注重内在知识的丰富、智慧的修养对现代女性来说是至关重要的。30岁前的相貌是天生的，30岁后的相貌是后天培养的。你所经历的一切，将毫无保留地写在脸上，每天智慧一点点，你为自己做的便是不断地滋润。红颜易逝，但智慧可以永存。

2. 读书的女人永远美丽

不用教，女人天生懂得爱美，热衷打扮，尤其在现在，铺天盖地的女人用品，各种各样的美容整形手术，令女人可以从头到脚对自己逐一武装。

其实女人不知道，有一秘方可使女人获得永远的美丽，这味药不是水剂不是糖丸，而是我们随处可见的书籍。

没错，书籍是人类的精神财富，书籍更是女人的最佳美容品。读书带给女人思考；读书带给女人智慧；读书会使女人空荡荡的漂亮大眼睛里变得层次丰富、色彩缤纷；

读书教会女人在笑的时候笑，在忧伤的时候忧伤；读书还使女人明白自身的价值、家庭的含义，明白女人真正的美丽在哪里。

"读史使人明智，读诗使人灵秀，数学使人周密，自然哲学使人精邃，伦理学使人庄重，逻辑修辞学使人善辩。"培根在《随笔录·论读书》中写出了读书的益处。

◇ 女性应该多读书 ◇

在社会生活中，女性的生存空间比男性的狭小，所以女性更需要博览群书，以放大眼界。

书上说的这些是真的吗？

1.在广泛阅读的同时，还要善于思考，不盲从也不偏执，这样才能培养丰富和广博的心灵。

2.读书时不要把范围局限在某一类。男人能看的书，女人也都应该看，文学、军事、政治、传记、历史，等等。

军事攻略

书是改变一个人最有效的力量之一。书是使人类从蛮荒到启蒙的捷径，书还是女人修炼魅力之路上最值得信赖的伙伴。做一个爱读书的女人吧，读书的女人才能永远美丽。

著名学者王国维曾借用三句宋词概括了治学的三种境界：第一境界，"昨夜西风凋碧树，独上高楼，望尽天涯路"；第二境界，"衣带渐宽终不悔，为伊消得人憔悴"；第三境界，"众里寻他千百度，蓦然回首，那人却在灯火阑珊处"。由此可见，读书学习只有甘于寂寞、不怕孤独、日积月累、持之以恒，才能到达"灯火阑珊"的境界。

喜欢读书的女人内心是一幅内涵丰富的画，文字可以书写性情、陶冶情操。喜欢读书的女人常常是有修养、有素质的女人。一个女人最吸引人的地方就在于因她丰富的内心世界从而表露出来的优雅气质。"书中自有黄金屋，书中自有颜如玉。"岁月的流逝可以带走姣好的容颜，却无法带走女人越来越美丽和优雅的心灵。书籍，是女人永不过时的生命保鲜剂。

世界有十分美丽，但如果没有女人，将失掉七分色彩；女人有十分美丽，但如果远离书籍，将失掉七分内蕴。读书的女人是美丽的，"腹有诗书气自华"。书一本一本被女人读下肚的时候，书中的内容便化成了营养从身体里面滋润着女人，由此女人的面貌开始焕发出迷人的光彩，那光彩优雅而绝不显山露水，那光彩经得起时间的冲刷，经得起岁月的腐蚀，更加经得起人们一次次地细读。正因为如此，你将不再畏惧年龄，不会因为几丝小小的皱纹而苦恼。因为你已经拥有了一颗属于自己的智慧心灵，有自己丰富的情感体验，你生活中的点点滴滴将会书香四溢。

现代知识女性的 4 大误区

身处职场的现代女性，凭借在校学习的专业知识，以及工作后的不断"充电"，拥有了多个领域的知识和经验，对她们的职场竞争确实起到了很大作用，以至很多知识女性认为：只要有足够丰富的知识，就可以在职场游刃有余，取得事业的成功，也由此导致了女性在生活中以及职场竞争中的认识误区，需要现代知识女性加以注意：

1.过于重视学历

不少知识女性由于本身的学历比较高，很容易对比自己学历低的男性抱有一种居高临下的态度。不仅在择偶时要求对方的学历比自己高，甚至交友的时候都会不自觉地选择那些学历和自己相同或者比自己高的人。

实际上，学历只是一种专业需求，而专业也不过是一种职业选择而已，与一个人的性格、品德乃至成就都没有必要的联系。过于注重学历而不知道修养的重要性，实际上是一种故步自封的态度。这样不但缩小了自己的交友圈子，而且还给自己设置了障碍。同时在人际交往中，这种态度还会让你被孤立起来。

2.忽略美貌的价值

知识女性往往认为：女人活在世上只靠相貌是不行的，那些以相貌论成败的观点都是不公正的偏见。女人要想在社会和家庭，尤其在男人心目中立足，立得牢靠和长久，首先要考虑的是自身的人格、文化、学识、才华和个性修养；其次才能轮到相貌。这才是女人处世的立身之本。

不可否认，这样的观点是正确的，但是，女人若有了一张讨人喜欢的脸蛋和令人羡慕的身材，那就拥有了更多成功的本钱。而且对于年轻的知识女性来说，只要稍微注意打扮，就可以更加容光焕发、光彩照人。所以，现代知识女性虽然本身有相当的才华，但也不可忽视美貌的价值。

3.重能力不重关系

现代社会是一个充满关系的社会，很多时候，关系的重要性不亚于能力。高学历的女人因为自身的能力比较出众，自然会重视能力这种个人实力，而对那些关系网络密集、能力巨大的人看不顺眼。在生活中，这种关系尤其不能等闲视之。

4.重事业不重家庭

生活要幸福美满，固然需要事业的支持，没有事业就没有家庭，但是为了事业而忽略家庭的事例屡见不鲜。尤其是一些"精品"女人，因为自身是单位、公司的重量级人物，责任重大，往往会在事业中消耗过多时间和精力，这就成了家庭幸福的潜在威胁。

所以，知识女性要学会在事业与家庭之间选好支点，让两者平衡，才能获得真正的幸福。

用你的智慧策划你的幸福

都说女人的一生就是为自己的幸福而不断地追求、奋斗，也因渴求幸福而更加亮丽动人。是的，女人渴求的是幸福，简单而又实在。但是不同的女人对幸福的理解和追求手段不尽相同，而且，随着年龄和环境的变化，女人对幸福的渴求也会跟着变化。那么，女人怎样才能获得自己渴求的，并准备用一生去追求、奋斗的幸福呢？哲人常说："命运由自己掌握，幸福由自己策划。"也就是说，女人所渴求的幸福，需要女人用自己的智慧来精心策划。

女人的价值体现在工作上，幸福则体现在爱情上。

女人是要自己找幸福的，也就是要成为自己的爱情编导，而不仅仅是被设计成爱情中的一件道具或主演。

女人一定要聪明一点、从容一点、智慧一点，主动出击，找到爱你你又爱的男人。

策划中，你要注意从6个方面下功夫：

（1）人海茫茫，我是谁的，谁是我的？

（2）漂亮、聪明、温柔、冷艳，什么才是他心中所喜好的？

（3）八仙过海，各显神通，如何让那个男人牵住我的手？

（4）男女都想在爱情中追求理想的投入产出比，我该付出多少？我又该得到多少？

（5）爱情的品牌忠诚度在降低，我怎么保证自己这个品牌地位？

（6）极少数人在低价倾销爱情，扰乱了爱情市场的秩序，我怎么让自己的"爱情之舟"不翻船？

策划如果还顺利的话，你还要把握好以下3方面：

（1）给自己定位准备——我就这么"高"，要找的人只能适合我。

（2）对爱情目标心理分析准确——知道你需要什么，他爱你什么。

（3）策略得力，实施得体——从相识到相知，看似自然，其实却是周密的计划，一步步扎实地实施。

当你按照自己策划的步骤，一步步地寻找到自己的爱情后，接下来还要继续运用你的智慧，让你们的婚姻生活幸福永久。

1.创造一个他向往的家

作为男人，不管他的工作性质如何，也不管这项工作对他来讲有多大的诱惑力，或者使他多么着迷，总会给他带来某种程度上的紧张感。在他回家以后，如果有个轻松、舒适、整洁、有序的环境和愉快、安详的家庭气氛，使这些紧张与疲惫得以消除，那么他的心理、身体和情感就能得到平衡，他就有更加充沛的精力去迎接更加繁忙的第二天。

要使家庭幽雅、舒适，主要责任在于妻子，作为妻子必须清楚的是，你对家庭的装饰与布置，不要完全从个人的嗜好出发，否则你的一番辛苦会白费。

为男人创造一个他向往的家，让他在家里感到放松、舒适，这才是留住男人心的最好方法。

2.努力增加生活色彩

久居在家，生活难免单调，如果想搞一些户外活动，可以增加不少生活情趣。比如打打网球，去游泳，去郊外踏青、野炊等。在从事这些活动中，夫妻双方都会有新的表现，比如体力上和生活经验上的表现、新的情感流露等，都可以给对方心理上造成新鲜感。另外，夫妻一起参加某些社会活动，在为人处世、待人接物方面，各自也有不同的经验，双方良好的表现和配合，都可以加强夫妻感情的联系。

3."妻管严"要松紧适度

奉行"妻管严"，认为对丈夫应严加监管、以防变故。无疑，很多家庭破裂、爱情变化是源于女性的疏忽，高估了男人的责任心和节制能力，在毫无约束之下，男人一遇到诱惑，便跌进婚外情中，所以不少妻子觉得应对丈夫严加监管，做个"妻管严"，让丈夫没有起码的自由度及坐出租车的余钱。但监管过分，会使男人喘不过气来，觉得家庭如同公司般充满压力。情绪好时或许觉得严妻关怀无微不至；情绪坏时就会觉得受束缚无处发泄，顿生反感，甚至向外以求慰藉。故妻子做"妻管严"，应适可而止，看风使舵，必要时放他一马，让他自由自在一番，之后再采取紧缩政策，如此一张一弛，刚柔相济，他就会永远在你的掌握之中。

4.培养丈夫的嗜好

在婚姻关系中，让丈夫有一些完全属于自己的特殊嗜好和兴趣，也是很重要的，如集邮，或是其他任何喜爱的事情，养成一些工作以外的嗜好，不仅能使男人得到好处，通常妻子也可以因此获益。如果作为妻子的你能够帮助、鼓励丈夫培养一种有趣的嗜好，就不必担心他对生活感到厌倦了。

5.分享丈夫的嗜好

适应与分享自己丈夫的特别嗜好和偏爱，这是夫妻获得美满幸福婚姻的重要因素。

如果整天工作缠身而没娱乐，会使婚姻变得索然无味。如果妻子不顾丈夫的嗜好，或者在家里欣赏言情小说，或者在女人堆里消磨时光，时间一久，你肯定会感到寂寞与孤独，丈夫也因此会对你感情淡化，甚至发生感情转移。因此，妻子应当学会分享一些丈夫喜爱的消遣，以增加夫唱妇随的家庭意识。

一些妻子时常抱怨自己的丈夫将大部分周末的时光花在球场及其他娱乐项目上，而没有在家陪着妻子。其实，你与其抱怨，使自己心情不畅，不如与他一道享受共同的嗜好，妻子一旦学会了在丈夫的休闲娱乐中得到乐趣，就不会被丈夫撇下不管了。

6.拥有自己个别的兴趣

男女之间拥有共同的兴趣，固然有它的好处，但是过多的共同点会使家庭生活显得呆板。个别的兴趣能够带来不同的经验，这种经验正是产生新鲜与刺激的源头。谁都希望对方能欣赏、喜欢自己的特点，如果能有些新的体验，那将是极令人兴奋的。培养自己的嗜好，拥有自己个别的兴趣，可以让丈夫更多地了解你，而不是老从你口中了解别人的妻子。

7.必须与丈夫同进步

现实生活中，经常会出现这类事例，妻子鼓励丈夫学业进步，为此一人挑起生活重担，付出巨大代价，但当丈夫学业有成时，常常是悲多于喜，含辛茹苦的妻子最后成了牺牲品，究其原因，未必全是男人的错。男人也知道要感激妻子，但丈夫各方面都有了很大进步，而妻子却原地踏步，没有同步前进，隔膜、距离也就产生了。因此，做妻子的在督促丈夫学业进步时，自己也必须同步前进，否则后果堪忧。

用你的智慧精心策划你的爱情、你的婚姻并能一步步地扎实有效地实施，你就会成为一个令男人爱恋、令女人羡慕的幸福女人。

◇ 融入男人生活的小心计 ◇

> 阿姨，大鹏过节回不来，我代他来看看您老人家。

1.讨未来婆婆的欢心

再成熟的男人在妈妈的面前也会做一个乖小孩。如果你能讨得未来婆婆的欢心，你的爱情之路自然一路绿灯通行。

2.做他的生活管家

男人在外面忙于工作，家里难免有些乱。你可以帮助他整理好自己的衣物用品，避免他在出门的时候因找不到东西而手忙脚乱，让他在看到井井有条的家时总是能够想到你。

> 换条颜色亮点的领带。

> 今天这套去参加晚会怎么样？

3.成为他的衣着顾问

打造一个男人，当然首先从面子开始。而男人信赖一个女人，也从信赖她的品位开始。

第二节　才智决定你的高度

智慧女性是牵手成功的强者

21世纪的女性，比以往任何时代的女性都充满了自信、勇气和挑战，她们敢于选择自己的生活，有新型的价值观念、家庭道德观念及行为方式；她们渴望成功，挑战成功，直至牵手成功，因为她们是充满智慧的新女性。

一、智慧——现代女性的财富

智慧，通常被看作是男人的形象和气质，因为男人为社会而生存，他们天生就是理性的；而女人为家庭而生存，她们更多是感性的。然而今天，智慧越来越成为知识女性、职业女性的闪光点。在知识经济的时代到来之际，女性因为具有智慧而产生了惊人的生命力和创造力。

智慧是现代女性最优秀的素质，是女人用之不竭的文化资本。智慧的女人会打扮、会生活，她们总是能在生活、事业、心理的挑战中富有创造力和适应力，她们总能在生命的每一阶段保持自己的学习能力。她们不是仅靠容貌和丈夫的财富生活的女人。

时代的发展，使女人越来越会打扮，越来越漂亮，女人用的化妆品也越来越贵，而化妆品的说明书却越来越让人看不懂。商家的经营之道对女性心理世界的迎合不断开发着庞大的女性消费的潜在市场。女人的性格也在商业浪潮的熏陶下发生了很大变化，她们越来越重视生活的细节，重视自己的身体语言，重视容貌的社会价值。服装、化妆品、手提包、钱夹、围巾、皮鞋的品位和档次都成了体现女人细节中的品位和档次。商业时代的浪潮搅乱了女性安静的内心，也赋予了她们新的激情。

社会的发展，使得女性所遭遇的生活与心理上的挑战越来越多，因此女性需要更多的知识与智慧来不断找到在现代生活中的感觉，这些知识和智慧不是从天而降的，只有良好的教育才能予以现代女性最有价值的财富——智慧。

二、智慧女性开启心智的方法

成功的女性不仅需要有良好的教育，以保证自己的知识量；同时，她还应采取一些特殊的方法，来激发自己的创造力，并由此获得成功。

1.捕捉灵感

灵感稍纵即逝，如果你不能很快抓住，可能会一去不复返。那些善于发掘创造力的女性，都已学会如何捕捉和保留那可遇而不可求的灵光一现。

闭上眼睛，让你的思维自由几分钟；身体放松，让思想自由驰骋。只要别想你周围的人或事，你的思绪常常就会豁然开朗，思维仿佛到了一个你从未到过的世界，一些奇妙的想象也往往随之而来。

2.置身挑战

使灵感快速出现的有效办法之一，就是把自己放在可能失败的困难环境中。只要你处理得当，失败就是成功的开始。

其实，创造力并不神秘，它就衍生于已知的事物。

3.拓展知识

知识越广博，你潜在的创造力就越丰富。成功就是源于创造者在不同的领域都拥有丰富的知识和经验。所以，你应该满足你一无所知的领域，进而丰富和强化你的创造力。

拓展知识的意义还在于，越来越多的新兴科学产生于两种学科的交叉处，多领域的视野使你更容易触类旁通。

4.制造刺激

在你周围放些可以激发大脑的东西，并经常更换这些刺激源，以此激发创造力。例如，在你的办公桌上放上一顶米老鼠帽，或是重新布置一下你的房间。周围环境不断变化，有利于你思维的发展。

另外，与周围的人相互影响也是制造刺激的一种方法。"说者无意，听者有心"，也许，正是某人无意中随口说出的一句话，刺激了你大脑中的那根弦，灵感也就在瞬间闪现。

知识女性与职业选择

工作曾是女人们的梦想，而如今工作已成为现代女性生活中的一件大事，也是构成她们生活的要素。因此，21世纪的现代女性应是一位职业女性。她们几乎可以涉足任何一项工作，和男人一样，她们的工作也同样干得漂亮，并能取得与男人一样的成就。

一、根据自己的性格特点选择职业

选择什么样的职业，就代表选择了什么样的生活。因此，女性根据自己的性格特点和能力专长选择一份适合自己的工作尤为重要。

1.服从型

服从型的女性喜欢按照别人的指示办事，喜欢让他人对自己的工作负起责任，而不愿自己独立做出决策，适合这种性格女性的职业有秘书、办公室职员、翻译等。

2.自主型

自主型的女性喜欢计划、安排自己的活动或指导别人的活动。她们在独立的或负有职责的工作环境中会感到愉快，喜欢对未来发生的事做出决定。适合这种性格女性的职业有管理人员、律师、医生等。

3.劝导型

劝导型的女性喜欢设法使别人同意她们的观点，而且一般是使用别人能够接受的相对委婉的方式。她们善于交际，说服和劝导他人对于她们来说不是一件难事。适合这种性格女性的职业有行政人员、人力资源管理者、教师等。

4.协作型

协作型的女性在与别人协同工作时会感到愉快，并善于使别人按照她们的意愿来办事。她们的同事都很喜欢与其共事。适合这种性格女性的职业有咨询人员、高级副手、福利工作者等。

二、适合知识女性的传统职业

1.教师

女人天生就具有母性，这种母性使女人在从事教师职业时有着比男人更大的心理优势。如女人的温柔、细心、耐心等特征都是女性从事教育事业的优势。

从事教育事业除在学校任教外，也可以开展多类文化技术培训，如电脑培训班、英语培训班、特种技能培训班等。

2.会计、会计师

在西方国家，有两大就业潮流：一是很多男孩学电脑，成为电脑工程师；二是很多女孩学财会，成为财务管理人。在中国，也有很多女性成为非常抢手的会计师。女人天生善于和数字统计打交道，会计因此成为她们特别擅长的行业。

从事会计可以开会计事务所、专业财务审计所等。

3.记者、编辑

在报纸、杂志和图书等出版行业里，女性占有很大的优势。女性记者的身份使她们在采访时比男性记者更有优势，细心还可以使她们成为优秀编辑。同时，敏锐的直觉判断可以使她们策划出读者喜爱的选题。因此，女性在这个领域具有极大的发展潜力。

女性从事报纸、杂志及图书出版工作，新思想和新观念可以在这里充分施展，把它们变为文字和图画，传播到世界上的每个角落；可以携带着摄影机游遍名山大川、踏遍五湖四海。如果感兴趣的话，还可以当一名令人羡慕的女记者，与一些政界要人、企业精英、著名学者常来常往，从中获得丰富的知识。

从事出版业可以做图书出版商、开办图书发行公司等。

4.服务人员

服务业是十分适合知识女性的一个传统行业，它的范围很广，像饭店、餐馆、旅馆、旅行社等都属于服务业范畴。很多成功女商人都是从服务业起步的。

因为女人的直觉判断力很强，她们可以凭直觉了解每个层次顾客的需求。因此，服务业是发挥女人优势的很好选择。

◇ 适合知识女性的新兴行业 ◇

1. 医生

妇产科的病人越来越认同女医生，专门替宠物打预防针、治病的女性也越来越受到欢迎。另外，心理治疗师、药剂师也特别适合女性。

网络时代的到来，使得网络上的咨询越来越多，因此，网站需要能操作线上新闻的采访编辑、美术设计人员。

2. 网络编辑

3. 卡通漫画人员

漫画家因卡通片而受欢迎，预期这方面的就业机会10年内将增加20%以上。

5.广告人员

如果你设计出的广告作品能得到客户的赞赏，并从客户手中得到更多订单，你就会受到宴请和热情招待。如果你有这方面的才能，是可以从事这一职业的。

但是有两点必须特别注意：一是你能设计；二是你能制作。这好比一个律师，你既要能出庭为人辩护，同时还要有自己的事务所。也就是说，在广告行业里，你既要做代理人，同时还要有自己的广告公司。广告界是个广阔而又奇妙的天地，也是一个对女性开放的天地。

6.中介服务人员

新兴的信息服务业是建立在电子信息技术的推广应用基础上的，以信息采集、信息加工处理、信息咨询为主，采取数据处理、预测分析、数据库查询、信息传递、软件、信息技术服务等。

女性大多心思细密，在这一领域也具有很大的优势。

对于一般从事中介服务工作的女性可以开办人才公司、中介公司、房地产信息公司、技术信息公司、职业介绍所、婚姻介绍所、家政服务公司等。

职场丽人晋升智慧法

女性进入职场后，很快就会发现，女性在职场里晋升是如此艰难。在小公司还好些，但一旦进入一些中型企业或者大型企业，工作一段时间后，原来渴望晋升的念头，像被迎头泼了一盆冷水，那些公司里的前辈们，正努力排好队，等着晋升。也就是说，如果你自己也加入到他们排队的行列中去，那样即使你排个十年八载，也不一定有晋升的指望。

那么，职场中的女性要怎样做才能迅速得到晋升的机会呢？

1.要具备升职的能力

如果你想升迁的话，现有的能力永远是不够的，假设你是一个普通职员，想升迁到主管位置上，那么，你现在的专业技能显然不够用，你需要具备相应的管理能力，以便管理下属；还需要熟悉相关部门的知识，以便跟他们合作，等等。如果这些能力还不具备，就应该尽快学习，"等爬上去再学习"的想法是不现实的，哪个上司愿意将某个职位交给一个暂时还不能胜任的人呢？除非那些任人唯亲的人才会如此。

能力是一把梯子，决定你能爬多高。当然，能力并不是个简单的观念，主要由以下4个部分组成：

（1）知识：具备相关的、已经组织好的信息，而且能够运用自如。

（2）技巧：能将困难或复杂的技术简单化。

（3）信念：对自己完美的表现有信心。

（4）态度：表现出高水准的积极情绪倾向和意愿。

但是，并非所有的能力都有助于你事业的发展，也没有一种能力可以适用于各种职业。所以，寻求新的发展，就意味着所获取的新能力要服从事业发展的需要。

2.要掌握职场晋升之道

（1）找准职场晋升点。在职场竞争中，女性很容易迷失自己，当她们发现晋升

◇ 信任上司 ◇

一个连对上司都不信任的人，是不太可能获得提拔和培养的。

经理的计划真是完美，看来他也不是一无是处嘛！

1.尽管有时候你认为你的上司不值得信任，但公司高层不可能不知道，唯一的原因就是，你没有找到上司的优点。

每次命令别人都这么傲慢，但他确实能力强，我应该信任他！

2.人无完人，只有对上司表现出足够的信任，你才能够宽容地对待上司表现出来的缺点。

若你能够充分把自己的优点与上司的优点很好地结合起来，那么公司的初衷就能够实现，只有在公司发展的情况下，你的晋升空间才会加大。

之路越来越渺茫时，往往就对自己失去了信心。但是，女性要在职场晋升，首先就要对自己有自信。当然，职场里，获得领导的赏识和信任不是件容易的事情。但是，不管你的经验如何，都不要感觉沮丧，只要你下决心认真地做好工作，任何事情都是有转机的。

从某种程度上来说，年轻人的晋升是依靠公司前辈的让步和信任获得的，而不是年轻人努力的结果。这就是为什么很多人很努力，却始终没有晋升机会，为何会出现这种情况，简单点说，就是努力方向出了错。

职业女性如果能获得公司前辈的让步和信任，她的努力就会有结果，不管是素养、能力，还是升职、加薪等，都会得到快速地成长，到那时就能真正要风得风，要雨得雨，跟现在的你完全是天壤之别。

（2）学会和上司唱双簧。当你找到一份工作，自然就会有一个直接上司，这个直接上司，在很大程度上决定着你在公司里的职业发展。所以，不管在什么时候，都要对你的直接上司负责。

①对上司让步。有求于人先予人。每个人都有自身的弱点，不管上司多么优秀，多么知识渊博，也会或多或少地存在一些缺陷。当上司在做自己的工作时，这些缺陷还能够因为刻意遮盖而隐藏掉；但当上司实行管理时，缺点往往就会暴露出来，在这样的情况下，当部分员工对上司出现怀疑情绪时，你应该坚决站在上司这一方。但并不需要特意表现出来，你只要设法在工作中，努力把上司的管理漏洞弥补掉，那么你就做到位了，或者说，你明里暗里在跟上司唱双簧，时间长了，上司自然会明白。

②向上司借力。你在跟上司唱双簧共同建设部门时，公司的高层是肯定知道的。从公司角度出发，一个知道团队配合、宽容和信任的员工，才是公司的好员工，在你努力做这些事情的时候，公司方面也在关注你。

当公司出现职位空缺时，你会有更多的机会获得这样的岗位，而这个机会实际上就是来自于你上司的推荐。

不要认为你努力工作就能得到晋升，这种想法是很不切实际的。不管你的工作有多努力，如果没有人向上面推荐，那么，你所有的努力只有你的上司和你自己明白而已，在其他部门出现职位空缺时，没有人会想到你。向上司借力，主要是希望获得上司的推荐，不管是部门内部还是部门外部，上司对你有最直接的发言权。从人的本性方面来说，谁都愿意把机会让给一些值得信赖的朋友，而不是一些能力高的员工。

渴望晋升，无可厚非，没有人不希望获得满意的职场生涯。获得公司前辈的信任，学会跟上司唱双簧，以获得上司的支持与提名，是最快也最行之有效的职场晋升之道，如何去把握，那就是你自己的事情了。

◇ 影响职场晋升的 3 个认识误区 ◇

> 我想竞争助理的职位，你呢？

> 这个……我也打算试一下的……

1. 同事是我最好的朋友，不会和我竞争

同事之间很少存在真正的友谊，如果新职位的报酬比目前高，人们通常就会去竞争它。

> 经理，这是我这周加班做出来的企划书，先给您过目一下。

> 你加班做的？做得确实不错……

2. 人们应当知道我是名勤奋工作的员工

做一名勤奋工作的员工，并不意味着你就一定可以获得应有的回报，你还得时不时为自己吹吹喇叭。

> 我很想争取这次晋升的机会，您可以帮我吗？

3. 上司应该知道我想升迁

上司不会了解你内心的想法，还是需要你花一些时间找机会跟上司会面，陈述你的目标。

3.了解外企女性快速晋升的6大要素

（1）有中外教育背景。外企不断对中国本土人才委以重任，与他们对本土人才发展的肯定和认同有关。据调查，外企的本土高层管理人才中，大部分有着高学历，有留学和出国培训经历的占了90%，外籍华人也有不少。

（2）有出色的特长。做外企员工，你要有价值，人力资源部门选择你，就是因为你有价值、有专长，他们会依你所长，把你安排在合适的职位，在这个职位上，你应该能完全胜任工作，如果连本职工作都胜任不了的人，那他肯定是没有什么前途的，等待他的只有被公司淘汰。

（3）有较强的应变能力。优秀的员工通常不满足于现有的成绩和现有的工作方式，而愿意尝试新的方法。未雨绸缪，化被动为主动，才有能力迎接新的挑战。外企是外国公司在中国的分支机构或办事机构，公司管理层的调整和变化、人事变动等都是正常的，是公司为了适应市场竞争的需要，这些变化或多或少会影响你的工作和你的位置，如何保持正常的心态迎接变化、适应变化，是想进外企工作的人要有的最起码的准备，随着你的工作责任增大，适应变化就变得更重要。

（4）有强烈的责任心。完成本职工作是员工的责任，当工作在8小时内未完成时，加班更是分内的事。你要热爱自己的工作、自己的职业，也只有这样，公司才会给予你相应的报答。在外企，主动要求给予提升是受鼓励的，因为外企认为，你要求担当一定职务，就意味着你愿意承担更大的责任，体现了你有信心和有向上追求的勇气。

（5）有学习能力。外企认为，一个优秀的员工会利用一切机会学习、吸收新的思想和方法，善于从错误中吸取教训、从错误中学习，不再犯相同的错误。一个不爱学习的人在当今社会是没有前途的，因为，大学所学的知识在工作中只能占20%，80%以上的知识需要在工作中学习，一个人不善于学习，接受不了新的知识、新的技能，也就没有什么潜力可挖，更无发展可言。

（6）有团队协作精神。外企深知个人的力量是有限的，只有发挥整个团队的作用，才能克服更大困难，获得更大的成功。管理的精要在于沟通，管理出现问题，一般是沟通出现故障，上级要与下级沟通，下级也应主动与上级沟通，部门之间也要沟通，不沟通就会产生隔阂，再一走了之就更不是好办法，善于沟通的员工易于被大家了解和接受，也会被公司认可。

做一个快乐的知识女性

知识女性处于女性生活的最上层，她们所享受的生活机遇比一般女性更容易、更充分，如受教育的机遇、婚姻机遇、就业机遇、晋升机遇、获取高薪的机遇等，因此，很多人都认为知识女性应该是最快乐的女性。事实上，知识女性的生活现实并非全都如此。究其原因，主要有两点：

（1）知识女性大多是职业女性或事业女性，即使是最好的职位与最成功的事业也免不了给人带来烦恼和困惑，因为处于这个位置的女性，责任更重，挑战性更强。现代社会，科学技术日新月异、思想观念不断解放和发展，这些无疑为知识女性提供了体现自身价值的更为广阔的天地，但在知识女性的职业生涯中，有许多无形的障碍：因为你是女性，应聘时可能败于一个素质、能力比你差的男性；因为你是女性，你的工作能力和业绩可能屡受怀疑。女性常常顶着压力加倍努力，付出比别人更多的时间和精力。对于知识女性，职业与事业的压力是挑战也是一种社会病，社会病正是快乐的敌人。

（2）知识女性由于具备较高的知识水平，而被人们以为应该追求高尚的事业并取得成功，但是，也不能因此而剥夺她们作为一个普通女性应该享受到的快乐。日常生活中，人人都有心理上、情绪上的低潮和波动，这不仅与个人性格、生理周期、内分泌状态等自身因素有关，而且还非常容易受工作压力、事业坎坷、爱情挫折和家庭不和等外界因素的影响，因此，在现代社会里，知识女性有压力的社会病更是屡见不鲜。有人说，做女人难。其实，做一个快乐的知识女性更难。

那么，怎样才能成为一个快乐的知识女性呢？

首先，要转换角色观念和行为模式，营造良好的心境是知识女性的必修课。心理学家有一个形象的说法："心境是被拉长了的情绪。"它使人的其他一切体验和活动都留下明显的烙印。"人逢喜事精神爽"，良好的心境使人有一种"万事如意"的感觉，遇事也能冷静对待，使问题迎刃而解；消极的心境则使人消沉、厌烦，甚至思维迟钝。知识女性因为有知识，最能成为快乐心境的主人。

其次，只有健康女性才会拥有持久的快乐人生。关于健康女性，目前还没有一个统一和明确的标准。如按心理学分析，可从心理统计、心理症状和内心体验三方面去认识；按社会学解释，则可以把解决生活中所面临的实际问题的能力作为标准。但是，凡是能正确理解自己的社会角色、正确理解自己所处的社会环境、有能力解决自己所面临的问题、有一定目标并为之努力的知识女性，就一定是健康女性。

21世纪的知识女性遇上了前所未有的发展机遇。面临新的发展机遇，知识女性的责任更重，压力更大，健康内涵也更丰富。

泰戈尔曾说，当上帝创造男人的时候，他只是一位教师，在他的提包里只有理论课本和讲义；在创造女人的时候，他却变成了一位艺术家，在他的皮包里装着画笔和调色盒。上帝是不存在的，健康男性需要自己创造，健康女性更需要自己创造。有知识的女性不一定是健康的女性，也不一定有快乐的人生。健康女性应该成为知识女性的质量标准，快乐人生应该成为知识女性追求的人生目标。有了标准，有了目标，只要努力，一定成功。

◇ 如何保持快乐的心境 ◇

要培养和掌握自己的心境，保持快乐，必须谨记十六字箴言："振奋精神，自得其乐，广泛爱好，乐于交往。"

想不到我竟然得奖了，真是太高兴了！

1.常为自己所有而高兴，不为自己所无而忧虑，就是自得其乐的最好方法。

2.培养多种业务爱好，以陶冶情操、增加乐趣。

3.广泛交友更是保持快乐心境必不可少的秘诀。

第三章

女人的处世资本——好人缘为你搭桥铺路

第一节　会交际才能生存

女性要拓展自己的生存空间

对于一个女人而言，如果你要想在事业上有进一步的发展，就必须懂得主动和人交往，广结人脉。而很多女性认为：主动和人接触常常是一件很困难的事情。她们羞于运用自己的交际能力，或是根本不愿展示自己的魅力。然而，不合时宜的谦虚以及过分良好的家教，都会成为女性成功道路上的阻碍。其实，广结人脉的基本原则就是：谁在关系网中处理得当，谁就会认识更多的人且被更多的人认识。

那么作为一个现代女性，怎样才能广结人脉，拓展自己的生活空间呢？

第一，要确立目标。

一定要为你的人脉系统确定一个关键目标，不能漫无目的地到处寻找。你的目标定得越具体，你的关系网就越容易被联结起来。所以，一定要将你的愿望确立为一个可以用语言形容出来并可以达到的目标，当你向这个目标前进时，所走的路与旁人的路产生交错，才会产生交际，也才会有机会交到对自己有实际帮助的朋友，成功的机会才会向你显现。

第二，要积极参加各种活动。

每个活动都会为你提供扩大社交圈的机会。你可事先思考一下，你希望认识哪些人，然后收集一些可以参与到与这些人交谈中去的信息。尽量适应环境，因为如果你要求自己至少要和三个以上的人攀谈的话，就算是无聊地站在那里应酬也会令你感到紧张。只有多参与各种活动，被别人信赖的机会才会越高，才有可能随时把自己推销出去；同时还能获得同行的知识与经验，使自己成功的脚步更稳健、更扎实。

第三，把你的愿望告诉别人。

不管你是在找一份新工作还是一台便宜的电脑，只要你并不知道谁能够帮助你，自我广告就可能会派上用场。将你的愿望告诉你所有碰巧遇到的人，通过自己的口头广告肯定会让你受益匪浅。

第四，积极利用各种集会时间。

活动前、讲座休息时或者是在午餐时，你都不要置身事外。你可以充分利用这些时间，结交一些你的同事、领导以及你身边不熟悉的人。因为事业的成功也可以是在下班时间取得的。

第五，注意收集信息。

在与人交谈时，仔细而且积极地倾听，并且通过提问，还可以让谈话朝着你希望的方向发展。为了你事业的发展，应该收集一些联系方式和值得了解的信息。

学会与陌生人打交道

女性要扩大自己的生存空间，拓展人脉，同陌生人谈话是不可避免的。因此，这也成为女性在社交中需要克服的一大难关，处理得好，可以一见如故、相见恨晚；处理得不好，又能导致局促无言、场面尴尬。

要想在同陌生人打交道的过程中如鱼得水，就必须找到自己同陌生人的共同点，借此展开话题，畅谈无阻。那怎样才能找到双方的共同点呢？

1.学会察言观色

一个人的心理状态、职业、生活爱好等，都或多或少地要在他们的表情、服饰、谈吐、举止等方面有所表现，只要你用心观察，就会发现他们的共同点。当然，所谓的"共同点"，就是要同自己的情趣爱好相结合，自己对此也有兴趣，才会有愉快的谈话气氛。否则，即使发现了共同点，也还会无话可讲，或讲一两句就"卡壳"。

2.以话试探

与陌生人在一起，要打破沉默的局面，开口讲话是首要的，方式也是多种多样的，如有人以打招呼的方式开场，询问对方的籍贯、职业等，从中获取信息；有人通过听对方说话口音、言辞，侦察对方情况；有人以行动开场，边帮对方做某些急需帮助的事，边以话试探；还有人借火吸烟，从而发现对方特点，打开交际的局面。

3.听人介绍

经常会遇到这种情况，你去朋友家串门，遇到有陌生人在座，作为对于二者都很熟悉的主人，必然会马上为双方介绍，说明双方与主人的关系、各自的身份、工作单位，甚至个性特点、爱好等，细心人从主人的介绍中马上就可发现对方与自己有什么共同之处，进而在交谈中延伸，不断发现新的共同关心的话题，从而使谈话愉快、顺畅地进行下去。

◇ 避免冷场的小技巧 ◇

　　找到了与陌生人的共同点，并不能保证谈话就能够顺畅无阻，也很可能会出现冷场，在这种情况下，就要掌握一些避免冷场的小技巧：

你看今天的天气真不错，哪里是要下雨，完全是个大晴天啊……

1. 天气

　　天气或季节是大家普遍关心的问题，以此作为谈论的话题，是不怕没人响应的，比如，可以说"今天天气真热""真冷啊"等。

上次我们去海南旅游的时候……

　　关于旅游的话题，有时不太喜欢旅游的人对此也会感到十分新奇。

 2. 旅游

你今天这身装扮可真时尚，你可真会搭配颜色啊……

3. 衣着

　　谈论对方衣着的颜色或关于流行的话题，同样会引起对方的兴趣。

4.揣摩谈话

为了发现自己想要交际的人同自己的共同点，可以在他同别人谈话时留心倾听、分析和揣摩，也可以在对方和自己交谈时揣摩对方的话语，从中发现共同点。

5.循序渐进

发现共同点是不太难的，但这只是谈话初级阶段所需要的。随着交谈内容的深入，共同点也会越来越多。为了使交谈更顺畅，必须循序渐进地挖掘深一层的共同点，才能如愿以偿。

当然，寻找共同点的方法还有很多，比如面临共同的生活环境、共同的生活习惯等，只要你留心观察，与陌生人无话可讲的局面是不难打破的。

精心营造自己的社交圈

女人要想在社交上独立，重要的一点就是要有自己的交际圈，而不是作为丈夫的妻子加入丈夫的交际圈。另外，拥有自己独立的交际圈，也说明女人的交际范围广泛。

聪明的女人善于打造自己的交际圈，她们在多个交际圈中应付自如，这不但是女人的自信，也是女人魅力的表现。

那么，女性要怎样成功打造自己的交际圈呢？下面就向女性朋友们介绍一些成功与人交往的技巧和策略，谨供参考：

1.别总做接受者

在社会交往中不能总做接受者。如果你仅仅是个接受者，而不会主动联络，帮助别人，那么无论什么网络都会疏远你。搭建关系网络时，要做得好像你的职业生涯和个人生活都离不开它似的，因为事实上的确如此。

2.与圈子中每个人保持积极联系

要与关系网络中的每个人保持积极联系，唯一的方式就是善于运用自己的日程表。比如，记下那些对自己特别重要的人的特殊日子，像生日或周年庆祝等，并在那个日子到来时打电话给她们，至少给她们寄张贺卡让她们知道你时时在想着她们。

3.推销自己

在人际交往中要尽可能地推销自己。当别人想要与你建立关系时，她们常常会问你是做什么的。如果你的回答没有表示出你的热情，你就失去了一个与对方交流的机会。使你的回答充满色彩，同时也能为对方提供新的话题，说不定其中就有对方感兴趣的。

4.要常出席重要场合

多出席一些重要的场合，对你扩大自己的社交圈会有很大帮助。因为重要的场合可能会同时会聚了自己的不少老朋友，利用这个机会你可以进一步加深一些印象，同时还可能认识不少新朋友。所以对自己关系很重要的活动，不论是升职派对还是同事的婚礼，都要积极参加。

5.适时中断无益的老关系

不要花太多时间维持那些对自己无益处的老关系。当你对职业关系有所意识，并开始选择可以助你事业成功的人时，你可能不得不卸掉一些关系网中的额外包袱。其中或许包括那些相识已久但对你的职业生涯没什么帮助的人。如果你一再维持对你无益处的老关系，只是意味着时间的浪费。

6.利用自己的旅行

如果你旅行的地点正好邻近你的某位关系成员，不要忘记提议和他共进午餐或晚餐，借此增加彼此的了解，获取一些对自己很重要的信息。

7.以最快的速度去祝贺他

遇到朋友或同事升迁或有其他喜事要记得在第一时间赶去祝贺。当你的关系网成员升职或调到新的组织去时，也要尽早赶去祝贺他们。同时，也让他们知道你个人的情况。如果不能亲自前往祝贺，最好也应该通过电话来表达自己的祝贺。

8.帮助他人

朋友遇到困难时应及时安慰或帮助他们。不论你关系网中哪一个人遇到麻烦，你应该立即与他通话，并主动提供帮助。这是表现支持、联络感情的最佳时机。

9.遵守关系网络的规则

时刻提醒自己要遵守人际交往中的规则，不是"别人能为我做什么"，而是"我能为别人做什么"，在回答别人的问题时，不妨再接着问一句："我能为你做些什么？"

10.组建有力的人际关系核心

在自己的关系网络中选几个自认为能靠得住的人组成稳固、有力的人际关系的核心。可以包括自己的朋友、家庭成员和那些在你职业生涯中彼此联系紧密的人。他们构成你的影响力内圈，因为他们能让你发挥所长，而且彼此都真心希望对方成功。在这个圈子里不存在钩心斗角，他们不会在背后说你坏话，并且会从心底为你着想。你与他们的相处会愉快而融洽。

当然，成功地打造了自己的人际关系网络以后，并不代表它就一成不变了，事实上，世界上的一切事物都处于不断的运动、变化和发展之中。精心营造的人际体系，如果不随着客观事物的发展而发展，就会逐步处于落后、陈旧甚至僵死的状态。因此，一个合理的人际结构，必须是能够进行自我调节的动态结构。动态原则反映了人际结构在发展变化过程中前后联系上的客观要求。

所以，要不断检查、修补自己的关系网络，随着部门调整、人事变动及时调整

◇ 新时代女性的两个圈子 ◇

人际交往中能够精心营造出属于自己的社交圈，是新时代女性在性别主体上和独立性上的最好体现，她们的社交圈通常都包含"第一圈子"和"第二圈子"两个层次：

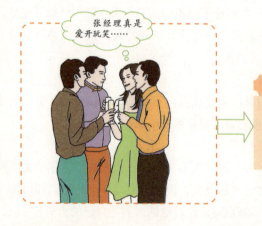

张经理真是爱开玩笑……

1. 第一圈子：是为了利益

通常"第一圈子"中利益的成分占很大比重，因为将彼此联系在一起的是工作。

在这个圈子里，有你所不喜欢但必须直面的人，所以这个圈子未必是轻松的。

2. 第二圈子：是你喘息的地方

你可以和好友约好每周末做美容，善待自己外加放松心情；也可以和玩得来的朋友下酒吧、等。

这样的圈子很松散、默契，因为大家的目的取向很明确，就是追求快乐和放松。

自己手中的牌，修补漏洞，及时进行分类排队，不断从关系之中找关系，使自己的关系网络一直有效。

白领丽人柔性交际术

作为一个职业女性，要想在人际交往中游刃有余，必须懂得一些人际交往的手段。

充分利用你的外在形象

不管是在公共场合还是私人聚会，只要你与外人接触，你的衣着打扮、言谈举止等外在形象就会出现在他人的眼里，别人也会以此对你做出初步的评价。可以说，女人外在形象的好坏，直接关系到她社交活动的成败。

（1）发挥"二号微笑"的魅力。所谓"二号微笑"，就是"笑不露齿"，不出声，让人感到脸上挂着笑意即可。保持"二号微笑"，会让人感觉心情轻松愉快。

（2）充分展示你的性别美。女性美应是娴静的、温柔的、甜美的。交际时，女性如能巧妙地利用自己的性别优势，表现得谦恭仁爱、热情温柔，定能激起男性的爱怜感和保护欲。

（3）解决好形象的首要问题。仪容、仪表是首先进入人们眼帘的，特别是与人初次见面时，由于双方不了解，仪容、仪表在人们心目中占有很大分量。

穿着打扮，也能让人判断出你的审美观和性格特征。服饰款式过时，人家会认为你刻板守旧，太前卫又会让人觉得轻率固执、我行我素，这两种情况都会让人觉得你不好接近，自然会影响你在社交中的形象。

（4）良好的言谈举止可"放大"你的外在形象。言谈举止是一个人精神面貌和修养的体现，开朗、热情，就会让人感觉随和亲切、平易近人，显得容易接触。

很多女性在社交中总担心没有出众的言谈来吸引别人的注意，以至造成精神上的紧张，使表情、动作都变得十分不自然，这是自尊心太强造成的。因此，应放松心情，保持自己原有的个性和特点，而不要故意矫揉造作。

另外，要注意培养自己的幽默感。在交际场合，幽默的语言能够帮助你打开交际局面，使气氛轻松、活跃、融洽。平时应多积攒一些妙趣横生的幽默故事，以备不时之需。

二、学会漂亮的现身术

"现身"这个词会让人联想到舞会中或重要社交场合中高贵优雅的女性翩翩降临的画面，然而在日常工作中，职业女性也经常会有现身在他人的办公室、会客室或会议厅的机会。每当她们现身时，总会有人在一旁打量、评价她们的外表、自信甚至智慧，而这些都只是发生在短短的几秒钟之内。

如果你的现身带着羞愧、不安，那么你极有可能在未开口前就已失掉顾客、生意和业绩。

成功现身的关键在于：你必须相信并且付诸行动，你确实有理由现身，而且有重要的东西必须给人看。

1.正确的现身方式

（1）充满活力。自身充满活力的人总是步履坚定、笑容亲切、姿态端正且流露出一股真正的生命活力。

（2）姿态端正。面带微笑，抬头挺胸，别让身体前倾或弯腰驼背，左手提公文包，右手留着握手用，绝不可让公文包遮住你的前面，这会让你显得怯弱可欺。

（3）失态时刻的补救方案。现身时发生尴尬的事情也有可能，如走进会议室时突然摔倒或跌跌撞撞地走不成步，此时最佳的补救方法是尽可能迅速起身，并且恢复常态，神态自若地自我幽默一番，这样能让你自己和现场的人重获从容和轻松。甚至，如果你处理得当且予人以幽默印象的话，或许还可获桑榆之利呢。

2.错误的现身方式

（1）焦躁惊慌。适度的紧张是正常的，不过，千万别让这种紧张情绪表现在你的肢体语言中。

（2）边整理衣服边进入。如果你边进门边整理衣服，不只你自己，连会议室内的人都会随着分神，也会让你显得不够端庄稳重。

（3）怒气冲冲地进入。这种现身方式只能破坏别人对你的印象，没有人喜欢火暴性子的人，不管你的职位有多高。

（4）机械呆板的步姿。这种举止动作应当收敛，机械呆板的步伐加上面无表情，就像上了发条的玩具兵，会给人冷峻无情的感觉，甚至更糟的是让人看起来滑稽可笑。

（5）举止粗鲁。举止粗鲁冒失，在职场和商场上必定要吃亏，如果你天生如此，那么就需要练习你的自制力，局促呆滞的神情、粗鲁冒失的言行会让人们觉得浑身不自在。

三、白领丽人柔性交际术

日常生活中，常会有这样一种现象：一女孩漂亮活泼、热情大方，常与男士们说说笑笑、聊天，有时还下舞厅、外出游玩，女孩总是能宽以待人，又乐于助人，受到大家的称赞。可是没过多久，突然几位男士向她求爱，邻里、单位又流言四起、议论纷纷。面对这些，女孩百思不得其解，自己根本没有找男朋友的打算，也没向他们表示爱意呀！那事情为什么会成这样呢？应该怎么办呢？这就是交际艺术

◇ 交际中可以发挥女性特有的魅力 ◇

在人际交往中，掌握一些技巧可以让交际更加顺畅。作为女性，除了一些交际技巧之外，还可以发挥女性特有的魅力，这样交际起来更加容易：

1.发挥女性的微笑魅力

在社交场合，微笑可以吸引别人的注意，也可使自己及他人心情放松，"笑眯眯"的人总是有魅力的。

2.展示女性的温柔魅力

女性自然的温柔所产生的社交力量，有时比"刚强"的力量要大得多。

3.体现女性的形象魅力

首先穿衣要得体，这是最基本的要求。只要是适合场合，适合自己体形、漂亮又新颖的衣服，就可以大胆地穿。

问题，女孩不妨动用自己的柔性交际术来解决这个难题。

第一，柔中带刚。对那几位男士，敢于面对，不要躲避。从心理角度说，多数人有很强的逆反心理——越是得不到的东西，越觉得有趣，越想得到——特别是男人，好胜心更强，追求一个女孩时，大有水滴石穿的劲头。对此，女孩可以找个机会，开诚布公地向他们表明自己拒绝的理由或苦衷，希望他们谅解，并渴望能友好相处。在这样的明确态度下，疯狂的追求者们会产生悔过感，一般会面对现实的。

但表明态度时，要注意以下几点：

（1）态度坚定，不可说一些模棱两可的话，如"让我再考虑考虑，我暂时不想谈……"这样会给男人留下一线希望，他们还会不死心的，继续穷追不舍。

（2）对这几个男人要一视同仁，不可厚此薄彼，否则会引起纠纷。

（3）语言要真诚温和，尽可能面带微笑。这样用你"柔"的言行，表达你"刚"的决心，会达到最佳效果。

第二，适可而止。与朋友交往时言谈举止要有分寸。在人际交往中，关心别人、互相帮助、温柔大方是女人善良温柔的体现，但切忌有过分亲昵的举动（不论有意还是无意），如甜蜜的话语、多情的眼神、过分的热情等。另一方面，对男士们的亲昵举止要明确表态，及时制止，不要拖泥带水。这样有柔有刚、刚柔相济，防患于未然。

第三，让同伴"插足"。在工作中，最好与一两个女孩结为同伴，相互谈心，相互照应。这样不给"疯狂"的男士们可乘的机会，有别人在场，会让他们望而却步。

办公室生存的人际规则

办公室就是个小社会，不像在学校或家里那么单纯，每天待在办公室的人很少能感觉到做人的轻松与悠闲，职场中充满着世俗的体面和晋升的诱惑，也充满了人际的诡谲和竞争的陷阱。很多白领在表面上相安无事，骨子里却满是尔虞我诈、钩心斗角。身处职场的白领女性想要在办公室里深得上司和同事敬佩，就必须懂得办公室内的人际规则。综观职场上那些体面、升职快的人，哪一个不是通世故、讲分寸、深谙办公室生存之道的人？掌握了办公室的人际规则，也就能在职场游刃有余了。

一、办公室生存的"白金法则"

1.排在倒数第二

要保证在自己之后，还有一个排在最末位置上的同事，承担所有在他面前出现的错误、疏忽。现在时兴末位淘汰，只要保住你倒数第二的位置就够了。假如你成为倒数第一，就应赶紧采取实施从最末的位置上逃离。如果你已经不在最末一位，就要注意千万不要再踏进去。

2.注意倾听

每个人都有这样的冲动，就是要向别人展示你是如何与他们的思路契合。但是，假如你真的与他们的想法一致，那么你就该知道，人们大多都喜欢听自己说话。哪怕把同样一件事情用不同的方式讲5遍，人们似乎都不会感到厌倦。所以，假如你够聪明，你就该学会耐心倾听，让他们一偿"夙愿"。只要不时简单地发出"嗯"或"对"就可以了。你将会被大家称赞是个不只会听人说话，而且还了解别人的人。

3.适时沉默

有时候，你会发现自己身处颇为微妙的境况。当两个或更多的人因为矛盾几乎就要起言语冲突时，你刚好就在现场。表面上看，他们似乎是在争论有关工作上的小事。但是，实际上是这两个人根本就彼此讨厌。所以，此时你一定要克服你想插嘴劝架的渴望，紧紧地闭上你的嘴巴。基本上，在当时无论你说什么都是错的，不是因为你身份不够或是缺乏解决方案和社交技巧，而是因为没有人会在这时候喜欢有人插手。在这个多变的人际关系的化学反应中，最好等到酸碱完全中和酸碱值回到正常时再有所"动作"。

4.忌兴风作浪

在办公室里一定要耐住性子，别去掺和与自己无关的事，更不能兴风作浪、推波助澜，否则最终倒霉的会是你。虽然有时会有意外，但是不能冒着被"呛水"的危险去"游泳"。

二、同事之间相处的艺术

在办公室里，能否处理好与同事的关系，会直接影响你的工作。建立良好的人际关系，得到大家的喜爱和尊重，无疑会对自己的生存和发展有很大的帮助，而且愉快的工作氛围，可以让人忘记工作的单调和疲倦，对生活能有一个美好的心态。这就需要你掌握好与同事相处的艺术，精通与人沟通的技巧。

1.不私下向上司争宠

要是办公室当中有人喜好巴结上司、向上司争宠的话，肯定会引起其他同事的反感而影响同事之间的感情。要是真需要巴结讨好上司的话，应尽量邀同事一起去巴结上司，而不要自己在私下做一些见不得人的小动作，让同事怀疑你对友情的忠诚度，甚至还会怀疑你品德有问题，以后同事再和你相处时，就会下意识地提防你，就连其他想和你交朋友的人都不敢靠近你了。因此，不私下向上司争宠，也是处理好同事之间关系的方式之一。

2.直接向上司陈述你的意见

在工作中，每个人考虑问题的角度和处理的方式难免有差异，对上司所做出的一些决定有看法或意见也属正常，但切记不可到处宣泄，否则经过几个人的传话以后，即使你说的话有道理也会变调变味，传到上司的耳朵里时，便成了让他生气和难堪的话了，上司难免会对你产生不好的看法。所以最好的方法就是在恰当的时候直接找上司，向其陈述你自己的意见，当然最好要根据上司的脾气性格用其能接受的语言表述。作为上司，他感受到你对他的尊重和信任，对你也会另眼相看，这比

◇ 与同事多沟通 ◇

生活中不难发现，有的企业因为内部人事斗争，不仅伤了企业本身的"元气"，对整个社会舆论也会产生不良影响。所以作为一名企业员工，尤其要注意加强个体和整体的协调统一。

1. 无论自己处于什么职位，首先要与同事多沟通，因为个人的能力和经验毕竟有限，要避免"独断独行"。

2. 当然，同事之间有摩擦是难免的，即使是一件事情有不同的想法，也应本着"对事不对人"的原则，及时有效地调解这种关系。

昨天是我太冲动了，真是抱歉。

都是同事，不要这么见外。

从另一角度来看，同事之间发生摩擦时，也是你展现自我的好机会。用成绩说话，真正令同事刮目相看。

你到处发牢骚好多了。

3.乐于从老同事那里吸取经验

在办公室里，那些比你先来的同事，比你积累了更多的经验，有机会不妨向他们请教，从他们的经验里寻找可以借鉴的地方，这样不仅可以帮助自己少走弯路，更会让公司的前辈们感到你对他们的尊重。尤其是那些资历比你长，但其他方面比你弱一些的同事，会有更多的感动；而那些能力强的同事，则会认为你善于进取，便会乐于关照并提携你。

4.让乐观和幽默使自己变得可爱

即使你从事的工作单调乏味或是较为艰苦，也千万不要让自己变得灰心丧气，更不要与其他同事在一起抱怨，而要保持乐观的心境，让自己变得幽默起来。因为乐观和幽默可以消除同事之间的敌意，更能营造一种和谐亲近的人际氛围，有助于你自己和他人变得轻松，从而消除工作中的乏味和劳累，最为重要的是，在大家眼里你的形象会变得可爱，容易让人亲近。当然，幽默要注意把握分寸，分清场合，否则会招人厌烦。

5.帮助新同事

新同事对手上的工作和公司环境还不熟悉，很想得到大家的指点，但是有时由于和同事不熟，不好意思向人请教。这时，如果你主动去关心帮助他们，在他们最需要得到关心和帮助之时伸出援助之手，往往会让他们铭记于心，打心眼里深深地感激你，并且会在今后的工作中更主动地配合和帮助你。

6.适度赞美，不搬弄是非

若想获得同事的好感，适度的赞美是必要的，如"你今天的唇膏颜色真漂亮"，在无形中让同事增加了对你的好感。但切记不要盲目赞美或过分赞美，这样容易有谄媚之嫌。同时，切忌搬弄是非、评论同事，要尊重个人的权利和隐私。如果你超越了自己身份的话，很容易引起同事的反感。

三、办公室女性的"三忌"

1.忌在办公室言行不端正

因为人只有先自尊，别人才会尊重你。对于办公室女性来讲，自尊是非常重要的。

女性一旦失去了自尊自爱，那她就只能匍匐在权力的脚下，乞求别人的怜悯与恩赐。许多女性就是因为失去了自尊而成为权力的牺牲品。

女性在与上级相处的过程中，"自尊"的含义包括以下几点：

（1）独立自主。靠自己的本事吃饭是最长久、最保险的。正确处理上下级关系，只是为了使自己拥有一个较好的工作环境，从而使自己的才能得到充分发挥，成绩受到肯定，而并非是献媚于领导，不劳而获或额外得到更多的好处。

女性较之男性要有更多的依赖性，这是由女人的天性决定的。但依赖是有限度的，不能完全地依赖别人。另外，依赖还应该是有原则的，不能盲目地依赖、丧失尊严地依赖。否则，她就永远别想站起来，别想挺直腰杆做人。对于这种不想付出劳动只想收获的人，领导是不会喜欢的。

（2）不贪婪、不虚荣。虽然上下级之间只是一种工作关系，但有时候这种关系又能带来利益。因为领导有权决定谁获得的多一点，谁获得的少一点。

女性如果能够恪守原则、洁身自好，不贪图安逸和虚荣，那么她就能抵制权力的诱惑，看清楚短期利益后面的巨大危险。

自尊会使你头脑冷静、心情平静，不为眼前繁华一时的物欲所迷惑，帮助你站稳脚跟，使你在上司面前没有可供利用的弱点。

（3）珍惜和爱护自己的名誉。人的名誉是无价的。有钱买不来，失去了便再也难找回来。对于女性来说，名誉尤其重要，社会对女性的名誉有着较高的要求。

如果办公室女性在与上司相处中能够珍惜和爱护自己的名誉，就会保持头脑冷静，抵制诱惑，不会逾越正常的上下级关系，不会违背自己做人的准则。

同时，女性还应注意检点自己的言行，不说过头的话，不做不合时宜的事，时刻注意保持言行的稳重、仪态的端庄，避免给人留下轻浮的印象。

2.忌在领导面前献殷勤

尊重领导，认真执行领导的指令，这都是对的。但不要在领导面前献殷勤，溜须拍马。虽然你讨好领导与同事没有直接的利害关系，但一般情况下同事都是很反感的。人往高处走，这是一种普遍心态，可怕的是"马屁精"中有一种人，他通过踩扁身边的同事来达到自己高升的目的，如向领导打小报告，故意贬低你，或者直接在上司面前让你难堪，领导训斥你的时候，他在一边"敲锣边"，让你猝不及防。对付这种人最好的办法就是"先下手为强"，越过他向更高层的领导披露他的劣迹。

他打小报告，造成领导对你的成见，你就去找领导当面把事情讲清楚，增加彼此间的交流。如果他当着领导的面让你下不来台，不要觉得压力大，要立即正面回答问题，绕开他们的陷阱，但也不要顾左右而言他，因为他们一定会穷追不舍，面对这种情况，幽默是最好的防御。

3.忌在办公室散布流言

办公室中经常有这样一些人：他们到处散布流言蜚语，搬弄是非。对她们来说也许只是没事磨磨牙，或者增加一点茶余饭后的谈资，但她们的言辞却对别人产生

◇ 如何与爱散布流言的同事交往 ◇

在与爱散布流言的同事交往过程中，可以采用以下的方法：

有什么意见就摆在明面上说，我不喜欢搬弄是非，也不会替你们保密！

1.给予拒绝

拒绝答应对同事间的闲言碎语或是流言蜚语保密，有问题就摆在桌面上，以便大家共同解决。

2.拒绝来往

如对方是在不厌其烦地把不利于你的是非到处散播，以致对你的情绪造成极大的负面影响，你应拒绝与这种人来往。

有些人搬弄是非的恶习已成为其性格特点，那么你就干脆不理睬他，对他们置之不理是最好的应对方法。

了很大的影响。流言蜚语是软刀子杀人，会使人陷入深深的痛苦之中而不能自拔。

第二节　女人处世的5大技巧

真诚地赞赏、喜欢他人

每个人，当然包括男人和女人，都希望自己受到别人的重视。尤其是男人，他们更希望能够引起女性的重视，更希望从女性那里获得满足这种"希望具有重要性"的感受。作为一名女性，如果你想与别人相处得十分融洽，如果你想成为一个受欢迎的人，那么你首先要做的就是满足他们这种"希望具有重要性"的心理，而你最好的选择就是真诚地赞赏他们。

你能否真诚地去赞赏那些男士们直接关系到你是否能找到一个称心如意的伴侣或是拥有一个美满幸福的家庭。所以当你和你的男友或是丈夫相处时，如果你想让你们彼此都拥有幸福的美好感觉，那么你最应该做的就是去真诚地赞赏他们。不过，你能够真诚地去赞美他们的前提则是必须真心地喜欢他们。

在历史上像这样的例子数不胜数。乔治·华盛顿，美国第一任总统，他最高兴的就是有人当面称呼他为"美国总统阁下"；哥伦布，这个发现美洲的航海家，他曾经要求女王赐予他"舰队总司令"的头衔；雨果，伟大的作家，他最热衷的莫过于希望有朝一日巴黎市能改名为雨果市；就连最著名的莎士比亚也总是想尽办法给自己的家族谋得一枚能够象征荣誉的徽章。

之所以列举了这些成功男士的例子，无非是想告诉各位女士们，一个成功的男人虽然已经获得了很多很多的东西，但他们永远不会对那美妙的赞美声产生厌倦。因此，如果你想成为男人眼中最善解人意、最迷人、最美丽的女性，那么你最好的选择就是去真诚地赞赏他。

当然，女性在生活中接触更多的可能还是同性朋友。而女人对这种赞美声的渴望绝不亚于男人。

一个朋友的妻子参加了一种自我训练与提高的课程。回到家后，她急切地对丈夫说："亲爱的，我想让你给我提出6项事项，而这6项事项能够让我变得更加理想。"

"天啊！这个要求简直让我太吃惊了。"他的先生这样说，"坦白说，如果想让我列举出所谓的能让她变理想的事情，这简直再简单不过了，可是天知道，我的太太很有可能会紧接着给我列出成百上千个希望我变得更好的事项。我没有按照她说的那样做，当时我只是对她说：'还是让我想想吧，明天早上我会给你答案的。'

"第二天我起了个大早，给花店打电话，要他们给我送来6朵火红的玫瑰花。我在每一朵玫瑰花上都附上了一张纸条，上面写着：'我真的想不出有哪6件事应该提出来，我最喜欢的就是你现在的样子。'你肯定会猜到了事情的结果，就在我傍晚回家的时候，我太太几乎是含着热泪在家门口等我回家。我觉得不需要再解释了，我真庆幸自己当初没有照她的要求趁机批评她一顿。事后，她把这件事告诉给了所有听课的女士们，很多女士都走过来对我说：'不能否认，这是我所听到过的最善解人意的话了。'从那一刻起，我认识到了喜欢和赞赏他人的力量。"

如果当初这位先生选择了给妻子提出那6件事，而并不是由衷地赞赏她的话，等待他的恐怕就是妻子那成百上千件的不满之事以及那无休止的争吵。

女人就是这样，她们总是希望能够得到他人的赞赏，得到别人的重视，尽管她们做得并不够好。相信各位女士经常会在心里佩服其他的女性，却很少把这种心情表达出来。"挑剔"似乎是上帝赐予女人的特权，因此女人对她身边的人总是很不满意。她们认为，身边的人做得还远远不够，至少还没有做到能够让她赞赏的那个地步。

成功人士大都会对他人表示赞赏，查理·夏布和安德鲁·卡内基就是这样做的。

1921年，安德鲁·卡内基提名年仅38岁的查理·夏布为新成立的"美国钢铁公司"第一任总裁，使得夏布成为了全美少数年收入超过百万美元的商人。

有人会问，为什么卡内基愿意每年花100万美元聘请夏布先生？难道他真的是钢铁界的奇才？夏布先生说，其实在他手下工作的很多人对于钢铁制造要比他懂得多得多。接着，夏布先生又很得意地说，他之所以能够取得这样的成绩，主要是因为他非常善于处理和管理人事。他的经验是：

赞赏和鼓励是促使人将自身能力发挥到极限的最好办法。

如果说我喜欢什么，那就是真诚、慷慨地赞美他人。

这两句话是夏布成功的秘诀，而事实上，他的老板安德鲁·卡内基也是凭借这一秘诀获得成功的。夏布说，卡内基先生十分懂得在什么时候称赞别人。他经常在公共场合对别人大加赞扬，当然在私底下也是如此。

应该说，真诚地赞赏和喜欢他人，是女士处理人际关系最好的润滑剂。

在人际交往的过程中，我们接触的是人，每个人都渴望被赞赏。应该说，赐给他人欢乐，是人类最合情也是最合理的美德。因为伤害别人既不能改变他们，也不能使他们得到鼓舞。

在美国，因精神疾病导致的伤害要比其他疾病的总和还要多。按照我们的推测，精神异常往往是由各种疾病或外在创伤引起的。但是，有一个令人震惊的事实是，实际上有一半精神异常的人其脑部器官是完全正常的。

◇ 赞美他人 ◇

　　每个人都喜欢听一些好听的话、顺耳的话，但这样的话可能不是赞美，有可能是奉承，赞美会给人鼓励，真正激励他人，拉近两人之间的关系，增进彼此之间的感情，那么如何有效赞美别人呢？

恭喜你获得成功，我原先就认为只有你得这个奖才是实至名归！

1. 赞美要及时

　　对他人进行赞美要及时，别人正在需要的时候，比如获奖了，取得了某些成功，在祝贺的时候进行赞美，这样更能起到鼓励的作用。

您的意见很有针对性，对我很有帮助，以后我还要多向您请教啊！

2. 赞美要中肯

　　赞美不是阿谀奉承，不是拍马屁，赞美的话要符合被赞美的事情，语言比较中肯，很有鼓励性和启迪性，会让被赞美的人很容易接受。

3. 赞美要真诚

　　赞美的时候，自己一定要面带微笑，注视着对方，说话温和，语调不高不低，表情自然不做作，让人感觉你是真诚的，这样才是真正的赞美。

一家著名精神病院的主治医师指出，很多时候人之所以会精神失常，是因为他们在现实生活中得不到"被肯定"，因此他们要去另外一个世界寻找这种感觉。

他讲了一个例子：

他有一个女病人，是那种生活比较悲惨的人，她的婚姻非常不幸。她一直渴望着被爱，渴望拥有一个孩子，渴望能够获得较高的社会地位。然而，现实摧毁了她所有的希望。她的丈夫不爱她，从来没有对她说过一句赞美的话，甚至都不愿意和她一起用餐。这个可怜的女人没有爱、没有孩子、更没有社会地位，最后她疯了。

不过，在另一个世界里，她和贵族结婚了，而且每天都会生下一个小宝宝。说到这儿的时候，那位医师说："坦白地说，即使我能够治好她的病，我也并不会去做，因为现在的她，比以前快乐多了。"

如果当初她的丈夫能够喜欢和赞赏她的话，如果当初她身边的人能够真诚地赞赏她的话，那么她根本不会疯。因为能够在现实生活中得到的东西，就没有必要去另一个世界去寻找。

人的生命只有一次，任何能够贡献出来的好的东西和善的行为，我们都应现在就去做，因为生命只有一次。

你和我没有什么不一样，男人和女人也没有什么不一样。因此，女士们，请你们一定要记住，待人处世最重要的一点就是发自内心地、由衷地、真诚地赞赏和喜欢他人。

不要争论不休

不知道各位女士是怎么看待争论不休的，但争论的后果最终只有三个：

（1）不会有任何结果；

（2）只能使对方更加坚定自己的看法；

（3）你永远是失败者，因为你什么也得不到。

在卡耐基从事了数千次的辩论以后，他得到了一个结论：避免辩论是获得最大辩论利益的唯一方法。

多年前，卡耐基的训练班中来了一个名叫苏菲的人。她是一名载重汽车的推销员，可是她从来没有一次成功地将自己的产品推销出去。他试着和她进行了一次谈话，发现她虽然受教育很少，但却非常喜欢争执。不管在什么情况下，只要她的买主说出一丝贬损她的产品的话，她都会愤怒地与人家进行一场争论。她还告诉他，她认为她教会了那些家伙一些东西，只不过她的产品没有卖出去而已。

面对她这种情况，卡耐基先生没有直接去训练她如何说话，而是反过来让她保持沉默，不再与人发生口头冲突。事实证明：他的方法是有效的，因为苏菲如今已经是纽约汽车公司的一名推销明星了。

事实上，每一位女性都是一名推销员，不同的是，苏菲推销的是载重汽车，而女士们推销的则是她们自己。如果女士们想要成功地把自己推销出去，成为受欢迎的人，那么她们必须要做的就是不去与人争论。然而，很多女士都不能自觉地做到这一点。她们更加热衷于陶醉在那种与人争论的美妙感觉中，因为在争论之中，她们永远都不会失败，不管对方如何的"苦口婆心"，女士们始终会坚持自己的观点。

老富兰克林曾经说："如果你辩论、争强、反对，你或许有时获得胜利。不过，这种胜利是十分空洞的，因为你永远得不到对方的好感。"

你在与人交际的过程中，你在为人处世的过程中，妄图通过争论来改变对方的想法，这种做法是相当愚蠢的。虽然你也许是对的，或是你根本就是绝对正确的，但是你在改变对方的思想这方面，可以说是毫无建树。这一点，和你本身就是错的没什么两样。

有两个结果摆在你面前，一个是暂时的、口头的胜利；另一个是别人对你永远的好感。不知道女士们会选择哪一个？反正换了是我，我绝对会选择后者，因为这两者你很少能够兼得。

实际上，那些真正成功的人是从来不喜欢争论的。林肯为人处世上非常成功，而且他的这一套技巧完全没有性别限制，也就是说对女性同样适用。林肯曾经重重地责罚过一个年轻的军官，仅仅是因为他与别人产生了争执。林肯狠狠地教训了军官一顿，其中有一句话颇具深意："与其因为争夺路权被一只狗咬，还不如事前给狗让路。不然的话，即使你把狗杀死，也不可能治好伤口。"

巴森士是一位所得税顾问，有一次他与一位政府税收的稽查员争论起来，起因是关于一项9000元的账单。巴森士坚定地认为，这9000元的账单的的确确是一笔死账，是不应该纳税的。而那名稽查员则认为，无论如何，这笔账都必须纳税。他们两个不停地争论，一个小时过去了，双方谁也没有说服谁。

最后，巴森士决定让步。他决定改变题目，不再与稽查员进行争论。巴森士说道："我认为，与你必须做出的决定相比，这件事简直微不足道。尽管我曾经研究过税收问题，但我毕竟是从书本上学到的，而你却是从实践中学来的。"

巴森士得意地说："那位稽查员马上站起身来，和我讲了很多关于工作上的事，最后居然还和我讲有关他孩子的事。3天以后，他告诉我，他可以完全按照我的意思去做。这太神奇了！"

其实，巴森士并没有运用什么高超的技巧，他只是避免了与稽查员正面的冲突，这就足够了。因为那位稽查员有自重感，事实上每个人都有，而巴森士越是与他辩论，他就越想满足他的这种自重感。事实上，一旦巴森士承认了他的重要性，

◇ 避免争论的方法 ◇

怎样才能有效避免争论呢？大致可以从以下几方面做起：

1. 真诚对待他人

如果对方的观点是正确的，就应该积极地采纳，并主动指出自己观点的不足和错误的地方。

2. 欢迎不同的意见

当你与别人的意见始终不能统一的时候，这时你应该冷静地思考，或两者互补，或择其善者。

3. 耐心把话听完

每次对方提出一个不同的观点，不能只听一点就开始发作了，要让别人有说话的机会。

他也会立即停止辩论。

建议永远比命令更有"威力"

有一次，卡耐基先生的培训课上来了一位名叫丽莎的女士。她告诉他，她是一家广告公司设计部的主任，可是她现在的工作很不顺利，也很不快乐。当他问起是什么原因时，丽莎女士苦恼地说："上帝，我真的不知道是怎么回事。我不明白，为什么办公室里的每个人都好像在针对我。你知道，我是一名主任，可是我的话对于那些职员来说根本起不到任何作用，事实上他们根本就不听我的。"

听到这儿的时候，卡耐基已经知道这是一位将人际关系处理得很糟的设计部主任了。他想要找到她失败的原因，于是，他问她："丽莎女士，你平时是怎么和你的下属在一起工作的？"当时丽莎女士的表情很不以为然，她说："还不是和其他的人一样，我是主任，必须要对整个部门负责，也必须要对我的上司负责。我必须要他们做这个做那个，因为这是我的职责。可是似乎没有人能听我的。"他追问道："你是说，你在工作的时候是用'要'这个词，是吗？"丽莎女士很诧异地回答说："当然，卡耐基先生，要不你认为我应该用什么词？"卡耐基对她说："丽莎女士，以后你再要别人做什么工作的时候，我建议你用另一种方式。你完全可以用一种提问或是征求的口气，而并不一定要用命令的口气，就像我现在建议你一样。你觉得呢？"

两个月后，当卡耐基再一次见到丽莎女士的时候，她已经完全变了一个人，变成了一个非常快乐的人。"卡耐基先生，我真的不知道该怎样感谢您！"丽莎女士兴奋地说："您知道吗？您的那个办法简直太神奇了，现在部门的同事都和我成了要好的朋友，工作也开展得十分顺利。"

女士们似乎更热衷于教别人做什么，而不是让别人做什么。也就是说，比起建议来，女士们更喜欢用命令的语气。

实际上，大多数女士都喜欢采用这种做法，因为这可以让她们的自尊心和虚荣心得到满足。然而，女士们的自尊心和虚荣心是得到满足了，可那些被命令的人却受到了伤害，失去了自重感。这种做法真的会使你的人际关系变得一团糟。

有这样一个故事：

一天，一个学生把自己的车子停错了位置，因此挡住了其他人的通道，至少是挡住了一位教师的通道。那名学生刚进教室不久，女教师就怒气冲冲地冲了进来，非常不客气地说："是哪个家伙把车子停错了位置，难道他不知道这样做会挡住别人的通道吗？"

那名学生其实当时已经意识到了自己的错误，于是他勇敢地承认了那辆车是他停的。"凶手"既然出现了，女教师自然不会放过他，大声地说道："我现在要你马上把你那辆车子开走，否则的话，我一定让人找一根铁链把它拖走。"

的确，那个犯错的学生完全按照教师的意思做了。但是从那儿以后，不只是这名学生，就连全班的学生都似乎开始和这个老师作对。他们故意迟到，还经常捣蛋。老实说，那段日子，那位脾气很大的女教师确实真够受的。

那名教师为什么要用如此生硬的话语呢？难道她就不能友好地问："是谁的车子停错了位置？"然后再用建议的语气让那名学生把车子开走吗？如果这位女士真

◇ 给别人建议时要注意的几点 ◇

给别人建议往往比直接命令对方更加有效，但是在运用这项技巧的时候，有一些事情是要注意的：

我真心觉得你现在这样就挺好的，再说了整容后会很僵硬，你觉得呢？

1. 一定要发自真心地、真诚地去尊重别人，态度必须要诚恳，尽量采用商量的语气。

2. 用提问的方式让别人去做你想要他们做的事，慢慢引导他们。

你不是说只买生活用品吗？今天是不是买的有点多呢？

如果女士们从现在起真的做到这一点的话，那么你们一定可以成为最受欢迎的人。

的这么做了，相信那名犯了错的学生会心甘情愿地把车子开走，而她也不会成为学生们心目中的公敌。

实际上，你不去命令他人做什么，而是去建议他人做什么，这种做法是非常容易使一个人改正错误的。你这样做，无疑保证了那个人的尊严，也使他有一种自重感。他将会与你保持长期合作，而并不是敌对。

不管你是一名普通的女性，还是某个部门的主管，掌握这一技巧，都无疑会让你受用无穷。

伊丽莎白女士是英国一家纺织厂的总经理，应该说她是一个精明能干的女性。有一次，有人提出要从她们的工厂订购一批数目很大的货物，但要求伊丽莎白女士必须能够保证按期交货。坦白说，这个人的要求有些过分，因为那批货确实数目不小，况且工厂的进度早就已经安排好了。如果按照他指定的时间交货，不是不可能，但那需要工人加班加点地干。

伊丽莎白女士非常愿意接受这项业务，但她也考虑到这可能会使工人有怨言，甚至给自己招来一些不必要的麻烦。她知道，如果自己生硬地催促工人们干活，那么肯定会使自己陷入尴尬的境地。

这时，伊丽莎白女士想到了一条妙计。她把所有的工人都召集到了一起，然后把这件事的前前后后都说得非常清楚。伊丽莎白说："这项业务我非常愿意承担，因为这对我们工厂的发展是有好处的，而你们所有人也都能获得利益。不过，我现在很犯难的是，我们有什么办法可以达到这个客户的要求，做到按期交货呢？"接着，伊丽莎白女士又说："我真的不知道该怎么办，你们有谁能想出一些办法，让我们能够按照他的要求赶出这批货来。我想你们比我更有发言权，你们也许能够想出什么办法来调整一下我们的工作时间或是个人的工作任务。这样，我们就可以加快工厂的生产进度了。"

员工们在听完伊丽莎白的建议后，并没有像她事前想象的那样发牢骚或是抗议，相反却纷纷提出意见，并且表示一定要接下这份订单。工人的热情很高，都表示他们一定可以完成任务。更加让伊丽莎白吃惊的是，有人居然还提出愿意加班加点地干，目的就是要完成这项订单。

事后，伊丽莎白和她的朋友说："那一次，工人们的举动真的令我太感动了，我真的不知道该怎么感谢他们。"她的朋友回答说："伊丽莎白，这是你应得的，因为你先尊重了他们，使他们有了自尊，所以他们的积极性才会发挥出来。"

建议其实是一种维护他人自尊的好办法，更加容易使人改正自己的错误。它给你带来的会是对方诚恳的合作，而不是坚决的反对。

别忘了，保全别人的面子很重要

与人相处时首先要做到的就是尊重对方，使对方有一种自尊感和自重感。是的，这一点对于我们是否能和别人愉快地、融洽地相处有着至关重要的作用。实际上，别人这种自尊感和自重感就是我们平时所说的"面子"。因此，保全别人的面子是很重要的。

可是，这似乎并没有引起大多数女士的注意。女士们更乐于直接指出别人的错误，采用一种践踏他人情感、刺伤别人自尊的方法来满足自己的虚荣和自尊。很多女士都很少考虑别人的面子，她们更喜欢挑剔、摆架子或是在别人面前指责自己的孩子或是雇员，而并不是认真考虑几分钟，说出几句关心他们的话。事实上，如果我们能够设身处地地为别人想想，然后发自内心地对别人表示关心，那么情景就不会那么尴尬了。

几年前，著名的通用电气公司曾经碰到过一个非常棘手的问题，因为他们不知道该如何安置那位脾气古怪、暴躁的计划部主管乔治·施莱姆。通用公司的董事们承认，乔治·施莱姆在电气部门称得上是一个超级天才。对于他来说，没有什么是不可能的。董事们非常后悔，后悔当初把乔治调到计划部来，因为在这里他完全不能胜任自己的工作。虽然有人提出直接告诉乔治这个调换职位的决定，但公司的董事们并不愿意因此而伤害到他的自尊，因为他毕竟是一个难得的人才，更何况这个天才还是一个自尊心非常强的人。最后，董事们采用了一种很婉转的方法。他们授予乔治一个公司前所未有的新头衔——咨询工程师。实际上，所谓的咨询工程师的工作性质和乔治以前在电气部门的工作性质完全一样。但是，乔治对公司的这一安排表示非常满意，没有向上级部门发一点牢骚。这一点，公司的高层领导非常高兴，因为他们庆幸自己当初选择了保留住乔治面子的做法，否则这位敏感的"大牌明星"准会把公司闹个底朝天。

有些时候批评他人或是惩罚他人并不一定非要直白地进行，我们完全可以委婉地、间接地达到自己的目的。如果能够在保住别人自尊的情况下指出别人的错误，也许他们更能够接受你的意见。

卡耐基先生在和一位宾夕法尼亚州的朋友聊天时，他的朋友给他讲了一件发生在他们公司的事情，使他更加坚信保留别人的面子是很重要的事情。

"事情是这样的。"他的那位朋友说，"有一次，我们公司召开生产会议。会议刚开始，公司的副总就提出了一个非常尖锐而且让人下不来台的问题，那是一个关于生产过程中的管理问题。副总指出的问题并没有错，但是他不应该气势汹汹地把所有的矛头都指向当时的生产部总督。天啊！当时的场面真的很令人尴尬。我们都能感觉到，总督确实生气了，但是他怕在所有的同事面前出丑，所以对副总的指责沉默不语。戴尔，你真的不能想象，总督的沉默反倒更加激怒了副总，最后副总甚至骂总督是个白痴、骗子。""那后来怎么样？"卡耐基插了一句嘴。他的那位朋友摇了摇头，面带遗憾地说："我想，即使以前的关系再好，由于副总使他在众人面前颜面尽失，那位总督也不可能继续留在公司。事实上，在第二天，总督就离

◇ 保留别人面子的好处 ◇

保留他人面子往往会使你得到意外的收获，也会让你的人际关系变得融洽、自然、和谐。保留别人的面子对你是有很大帮助的：

1. 使别人愿意接受你的意见，从而达到你做事的目的。

2. 既能帮助别人改正错误，又不会使你陷入尴尬的境地。

每个人都希望自己有面子，所以，如果你能在做事情的时候保全对方的面子，这会让你成为一个受欢迎的人。

开了公司，成了我们一家对手公司的新主管。我知道，他是一位非常不错的职员。事实上，他在那家公司做得非常好。"

如果你不保留别人面子，将会给你带来下列麻烦：

（1）别人会拒绝你的意见；

（2）你的人际关系将变得一团糟；

（3）使问题更难解决；

（4）毁掉一个人。

玛丽在一家化妆品公司做市场调查员，这是她刚刚找到的一份新工作。玛丽很兴奋，也很高兴，上班的第一天她就接到了一份重要的工作——为一个新的产品做市场调研。可能是由于太激动，也可能是因为对于新的工作还不熟悉，总之玛丽做的市场调查出现了非常严重的错误。

是的，一切的错误似乎都已经无法挽回。据玛丽回忆说，当她在会上给众人做报告的时候，她已经被吓得浑身发抖。她一直都在克制自己的情绪，希望自己不会哭出来，因为那样的话一定会让大伙嘲笑她的。最后，玛丽实在忍不住了，就对他们说："这些错误都是我造成的，但我希望公司能给我一次机会。我一定会重新把它们改正过来，并在下次开会的时候交上。"玛丽说完之后，本以为老板一定会狠狠地训斥她一顿。可没承想，老板不但没有大声指责她，反而先肯定了她的工作，并对她的认错态度表示欣赏。接着，老板又对她说，刚入门的调查员在面对一项新计划的时候，难免会有一些差错，这是不可避免的。他相信，经过这次教训之后，玛丽一定会变得非常严谨、认真，她的新计划也一定会完美无缺。

玛丽那一次真的非常感动，因为老板当着众人给足了她面子。从那一刻起，她就下定了决心，以后绝对不会再让这样的事情发生。

必须牢记这一点，即使别人犯了什么过错，而这时我们是正确的，我们仍然要保留他们的面子，因为如果不那样的话，我们有可能毁掉这个人。

承认错误一点儿都不丢人

所有人都会犯错误，但并不是所有人都对自己犯下的错误有一个正确的态度。事实上，有一次卡耐基就因为没有正确处理好自己的错误而差一点被人告上法庭，尽管那并不是一个很严重的错误。

卡耐基先生讲述了事情的经过：

"离我家不远的地方有一片森林，我只要步行一分钟就可以到达。每当春天来临之时，林子里的野花都会盛开，而且还会看到很多忙碌的松鼠，就连马草都能长到马首那么高。你们想象不到我发现这片美丽的森林时的心情，那种感觉就像是哥伦布发现了美洲大陆。我爱上了这个美丽的地方，经常会带着我那只小巧可爱、性情温顺并且绝不会伤人的波斯狗瑞克斯去那里散步。我说过了，我的瑞克斯是非常听话的，根本不会伤害到任何人，所以我从来不给它带上皮带或是口笼，尽管我知道这是违法的。

"一天，当我带着瑞克斯在林子中悠闲地散步的时候，迎面走来了一位法律的执行者——警察，而且是一位急于显示他权威的警察。

"'嘿！就是你，看你都干了些什么？'警察先生很生气地说，'你怎么可以不给那条狗戴上口笼而且还不用皮带系上呢？你这是在放任这条狗在林子中胡乱地跑，难道你是有和法律对着干的想法吗？难道你不知道这么做是违法的吗？'

其实，我也知道这种做法是违反法律规定的，但我觉得这位警官说得有些严重了。于是，我和警官理论起来，并且尽可能轻柔地说：'先生，我知道这是一件犯法的事，但我的瑞克斯是一只很温顺听话的小狗，我想它并不会在这里制造出什么乱子来！'

"'你认为！你认为！但是我知道法律从不这么认为。'我的话激怒了这位警官，他开始冲我大喊大叫，'你所谓的那只温顺听话的小狗虽然不会伤害到一个成年人，但它完全有可能咬伤松鼠或是儿童。不过，看在你是初犯的份上，我这次就原谅你了。如果你以后再让我看到你不给这只狗戴上口笼或系上皮带的话，那我只好请你去和法官谈一谈了。'

"我知道，那位警察先生不过是在吓唬我，其实他只是想告诉我，这个地区是他说了算。虽然他并不会真的把我送上法庭，但当时的场景确实令人很尴尬。

"在那位警官训斥过我之后，我曾经认真地遵守了几次，但是我的瑞克斯非常不喜欢口笼，当然我也不喜欢，最后我们决定碰碰运气。应该说我们是比较幸运的，因为起初我们并没有遇到什么麻烦。可是一天下午，当我和瑞克斯正在林子中玩耍的时候，那位象征权威的警察出现了。

"我知道，这次不管怎么狡辩都会受到惩罚，因为警官以前就警告过了我了，所以我根本就没有打算为自己辩护。在警察还没有开口说话前，我就很诚恳地说：'对不起，警官先生，这次您又把我抓住了！我知道我犯了法，所以我不想去解释或是找借口。事实上，您在上个星期就已经警告过我了，但是我还是没有给瑞克斯带上口笼或是系上皮带。对此我表示歉意，而且也非常愿意接受处罚。'

"本来，我是等待他给我开出罚单。不想警察先生却温和地说：'其实，每个人也包括我都知道，如果在周围没有人的情况下，带上这样一只小狗四处跑跑是一件非常有趣的事。'

"'我知道那非常有趣，但是我触犯了法律！'我坚定地说。

"'我知道，但我想这样一只小狗不会伤害到人。'警察先生居然为我的瑞克斯辩护起来。

"'可是，它完全有可能会伤害到一只松鼠或是咬伤儿童。'我依然坚持自己的观点。

"警察先生显然已经不想惩罚我，对我说：'其实你对这件事有点太认真了！我倒有个两全其美的办法。你只要告诉你的小狗，让它跑过那个土丘。这样，我就看不见它了，而我们也会很快就将这件事忘记的。'"

如果女士们犯了错误，当然这是不可避免的，那么你首先必须清楚，你确实是做了一件错事，所以你受到责备或是惩罚是理所应当的。那么，我们为什么不能首先承认错误，进行自我批评呢？这样做难道不是比别人批评指责我们更加好受一些？如果在别人说出责备你的话之前，你先一步开始了自责，那么他们的选择只能是用宽容的态度来原谅你。

爱玛是华盛顿一家公司的中层管理人员。有一次，因为一时疏忽，她错误地给一名正在休假的员工发了全部的薪水。爱玛知道自己一定会受到老板的责备，所以她决定亲自向老板道歉。

爱玛轻轻地敲开了老板办公室的门，首先看到的是老板那张愤怒的脸。在老板还没有开口说话之前，爱玛就主动把自己的错误说了出来。导火索点燃了，老板非常愤怒地斥责了爱玛一顿，并告诉她必须受到应有的惩罚。爱玛没有解释什么，只是一个劲地称这是自己的失职。这时，老板的脾气显然没有刚才那么大了，而是若有所思地说："这件事也许不应该全怪你，毕竟那些粗心的会计也脱不了干系。""不，老板，这一切都是我的错，和别人没有任何关系。"爱玛依然把责任全都往自己身上揽。老板开始为爱玛找各种理由开脱，但爱玛却坚持认为这是自己的错。最后，老板对爱玛说："好吧，我承认这是你的错，不过我相信你一定不会再犯同样的错误了！"从那之后，老板对爱玛越来越器重。后来，爱玛成为这家公司高层领导中的一员。

勇于承认自己的错误是一件很重要的事情。如果你一味地为自己犯下的过错辩解，将会给你带来很大的麻烦。

玛丽在一家食品商店里做推销员，虽然她刚入行不久，但工作起来却很勤奋，所以受到了大家的一致好评。本来，玛丽完全可以凭借自己的努力打出一片天下来，然而一件事却毁灭了她所有的梦想。

这天晚上，当玛丽清算今天自己推销出多少商品的时候突然发现，有一种商品的售价应该是30美元，竟然被自己以20美元的价格卖给了顾客。虽然只不过使商店损失了10美元钱，但这毕竟也是一次工作事故。同事们都劝玛丽，让她主动去找老板承认错误，并且自己拿出10美元来补贴公司的损失，毕竟这不是什么大数目。可

◇ 承认错误的方法 ◇

不要以为承认了错误是件很丢脸的事，事实上这样做会给你赢来更多的尊重。下面介绍几种承认错误的方法：

真的很抱歉，这次都是我的错……

1.当面承认错误

这是最直接的方式，直接面对对方承认自己的错误，当然，这需要很大勇气。

2.给对方写一封诚恳的道歉信

这样的方法既能承认错误，又能冷静分析错误的原因。

你能帮我向小李道歉吗？上次的确是我不对……

3.让别人替你转达歉意

这个方法的前提是你的错误并不十分严重，而且最好是朋友之间的道歉。

女士们，请相信，如果你真的能够做到坦然地承认自己的错误，那么你一定会成为最受欢迎的女士。

是，玛丽坚持认为，自己之所以会犯这样的错误，完全是因为别人没有把标签贴清楚，她没有必要为了别人犯下的错误而受到惩罚。

正当大家劝说玛丽的时候，老板派人把玛丽叫到了自己的办公室。玛丽进门之后，还没等老板开口就说："这件事和我一点关系都没有，我没有犯错，这是别人造成的。"

老板看了看她，有些不高兴地说："这难道是我的错？玛丽，只是10美元而已，我是不会深究你的责任的。"

"哦！天，我难道很在乎这10美元吗？你不知道我为咱们店贡献了多少吗？我不觉得我有什么错，这完全是因为他人的疏忽。现在，我请你不要把所有的责任都推到我的身上好不好！"

老板看了看她，摇了摇头说："玛丽，应该说你的工作做得还是不错的！可是你这种对待错误的态度实在是让我很失望，我只能和你说对不起。"就在那天晚上，玛丽又一次回到失业人员的队伍中。

当你犯下错误的时候，选择消极的躲避态度无疑是一种错上加错的做法。你们只有正确地对待错误，才不会使错误成为你前进的障碍。应该说，如果你正确地对待了错误，那么错误就有可能变成你前进的推动器。

真正让女人们不愿意去承认错误的原因是自己的那份虚荣心和自尊心。其实还要明白，犯了错误就要受到责备，这是很公平的事。

第四章

女人的财商资本——让你更自信

第一节　改变金钱观念

流动的金钱才能创造价值

很多女性认为，财富的积累需要储蓄，但如果一直储蓄，不思投资，那么钱就成为死钱。你虽然不会为没钱生活而忧虑，但你也永远不能成为亿万富翁。钱就像水一样，只有流动起来了，才能创造更多的价值。

一位理财学者曾这样说过："认为储蓄是生活上的安定保障，储蓄的钱越多，则在心理上的安全保障的程度就越高，如此累积下去，就永远不会得到满足，这样，岂不是把有用的钱全部束之高阁，使自己赚大钱的才能得不到发挥了吗？再说，哪有省吃俭用一辈子，在银行存了一生的钱，光靠利滚利而成为世界上有名的富翁的？"

"不过我并不是彻头彻尾地反对储蓄。我反对的是把储蓄变成嗜好，而忘记了等钱存到一定的数目时拿出来活用这些钱，使它能赚到远比银行利息多得多的钱。还反对银行里的存款越来越多的时候，心里相应地有了一种安全感，觉得有了保障，靠利息来补贴生活费，这就养成了依赖性而失去了冒险奋斗的精神。"

不少人认为钱存在银行能赚取利息，能享受到复利，这样就算是对金钱有了妥善的安排，已经尽到了理财的责任。事实上，利息在通货膨胀的侵蚀下，实质报酬率已接近于零，等于没有理财，因此，钱存在银行等于是没有理财。

每一个人最后能拥有多少财富，是难以预料的事情，唯一可以确定的是，将钱存在银行只能保证生活安定，而想致富，比登天还难。将自己所有的钱都存在银行的人，到了年老时不但不能致富，常常连财务自主的水平都无法达到，这种事例在现实生活中并不少见。选择以银行存款作为理财方式的人，无非是让自己有一个很好的保障，但事实上，把钱长期存在银行里是最危险的理财方式。

通常贫穷人家对于富人之所以能够致富，较正面的看法是将其归之于富人比自己努力或者他们克勤克俭，较负面的想法是将其归之于运气好或者从事不正当或违法的行业。但这些人万万没想到，真正造成他们的财富被远抛之于后的，是他们的理财习惯。因为穷人与富人的理财方式不同，穷人的财产多是存放在银行，富人的财产多以房地产、股票的方式存放。

一位成功的企业家曾对资金做过生动的比喻："资金对于企业如同血液对于人体，血液循环欠佳导致人体机理失调，资金运转不灵造成经营不善。如何保持充分的资金并灵活运用，是经营者不能不注意的事。"这话既显示出了这位企业家的高财商，又说明了资金运动加速创富的深刻道理。

娜妮早年并不富有，甚至连生活都是有些艰难的，但即使经济不宽裕，她的母亲总是尽一切力量在可能的时候，给她最特别的款待。无论何时母亲有了额外的钱，她一定会为孩子们买点什么。也许为娜妮买一件漂亮的新衣服，或者带她们去看露天电影。由于孩子们通常消耗的只是生活所需，所以娜妮想这也是母亲给自己一些快乐的方式。娜妮认为，她们总是一有了额外的钱就把它花掉，因此她们从来没有多余的钱可以存下来。

当娜妮开始赚到可观的钱的时候，她注意到一些奇怪的现象。即使她的钱够开销，但是似乎每到月底仍然是一毛钱不剩。

多年以前，娜妮想第一次投资置产。她知道她至少需要 3 万美金的现款，但娜妮一辈子也没有存过那么多钱。所以她定出一个时间表，想在 6 个月以内存够钱。1个月要 5000 美元才行。这个数目似乎很遥远，但是娜妮凭着信心就这么开始了。

你家里有没有一个专门放账单的篮子或是抽屉？一个你可能 1 个月会去看一次准备付钱的地方？娜妮有。而她做的是把你称作"增添期款"的新账单放进档案里。每个月 5000 美元的账单看起来似乎很难达成，事实上，在最初一两个月娜妮试着想不理它。不过她还是照计划执行，并且试试看有什么其他方式，可以确保这笔额外的账单可以和其他账单一块儿付清。

一件有趣的事开始发生了。因为娜妮专心生财并且保住他赚到的 5000 美元，她愈来愈注意到她常把自己的钱轻率地随处散掉。她也开始留意到一些机会，是她以前没有注意到的。她也想到，她以前在工作上只会投注精力到某个程度，现在由于她必须有额外收入，她就在从事的事上投入多一点精力，多一点创造力。她开始冒比较大的风险，她要客户为她的服务支付更多的代价。她为她的产品开拓新市场，她找到利用时间、金钱和人力的方法，以便在较少时间内做完更多的事情。借着给她自己称作"头期款"的账单，她加强、放大了她一向就拥有的能力。

人的生命在于运动，财富的生命也在于运动。作为金钱可以是静止的，而资金必须是运动的，这是市场经济的一般规律。资金在市场经济的舞台上害怕孤独，不甘寂寞，需要明快的节奏和丰富多彩的生活。把赚到的钱存在手中，把它静置起来，

◇ 流动的钱才更值钱 ◇

攒钱是成不了富翁的，只有赚钱才能赚成富翁，这是一个普通的道理。

这次投资绝对稳赚，你一定要参与啊……

我的钱可是好不容易才攒下来的，万一赔了就惨了，我还是存银行保险！

1. 并不是说攒钱是错误的，关键的问题是一味地攒钱，花钱的时候，就会极其地吝啬，这会让你永远也没有发财的机会。

2. 像中国过去那些土财主一样，把银子装在坛子里埋在房基下面，过一万年还是只有这么多银子。

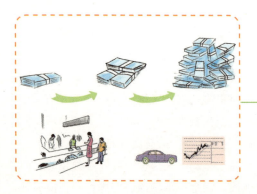

3. 只有让金钱不停地周转流通，在这些过程中，财富才会产生。

总不如合理的投资利用更有价值，也更有意义。

很多懂得生财之道的人的金钱法则就是：钱是在流动中赚出来的，而不是靠克扣自己攒下来的。他们崇尚的是"钱生钱"，而不是"人省钱"。一个成功商人说："很多人如果把钱流通起来，就会觉得生活上失去了保障。因此，男人每天为了衣、食、住在外面辛苦工作，女人则每天计算如何尽量克扣生活费存入银行，人的一生就这样过去，还有什么意思呢？而且，当存折上的钱越来越多的时候，在心理上觉得相当有保障，这就养成了依赖性而失去了冒险奋斗的精神。这样，岂不是把有用的钱全部束之高阁，使自己赚钱的机会溜走了吗？世界上哪有靠省吃俭用一辈子，在银行存了毕生的钱，靠利息滚利息而成为世界上知名的富翁的呢？"

其实，经营者最初不管赚到多少钱，都应该明白俗话中所讲的"家有资财万贯，不如经商开店""死水怕用勺子舀"这个道理。生活中人们都有这样的感觉，钱再多也不够花。为什么？因为"坐吃山空"。试想，一个雪球，放在雪地上不动，它永远也不可能变大；相反，如果把它滚起来，就会越来越大。钱财亦是如此，只有流通起来才能赚取更多的利润。

从经济学的角度看，资金的生命就在于运动。资金只有在进行商品交换时才产生价值，只有在周转中才产生价值。失去了周转，不仅不可能增值，而且还失去了存在的价值。如果把资金作为资本，合理地加以利用，那就会赚取更多的钱。

因此，奉劝那些储存过多金钱的女性：尽管你家有万金，你还是应该继续努力，而不能"坐吃山空"。从这一古训出发，你可以得到如下启示：既然剩余价值是从货币——商品——货币中流通产生的，那么，为什么不用已有的钱财去投资经商，而把它死存呢？

当然从事经营，风险是时刻存在的。古人讲："福兮祸之所伏，祸兮福之所倚。"盈利是与风险并存的。

在金钱的滚动中，在资本的运动中，发挥你的才智，开启你的财商，你就可能成为新的富豪。

财商决定贫富

对于女性来说，当今的时代给了她们更大的施展空间，她们有更大的自由和更多的优势去获取财富。现在，财商已经成为一个人成功必备的能力，财商的高低在一定程度上决定了一个人是贫穷还是富有。一个拥有高财商的人，即使他现在是贫穷的，那也只是暂时的，他必将成为富人；相反，一个低财商的人，即使他现在很有钱，他的钱终究会花完，他终将成为穷人。

那么财商到底是什么呢？如果说智商是衡量一个人思考问题的能力，情商是衡量一个人控制情感的能力，那么财商就是衡量一个人控制金钱的能力。财商并不在于你能赚多少钱，而在于你有多少钱，你有多少利用这些钱，并使它们为你带来更多的钱的能力，以及你能使这些钱维持多久。这就是财商的定义。财商高的女人，她们自己并不需要付出多大的努力，钱会为她们努力工作，所以她们可以花很多的时间去干自己喜欢干的事情。

简单地说：财商就是人作为经济人，在现在这个经济社会里的生存能力，是一个人判断怎样能挣钱的敏锐性，是会计、投资、市场营销和法律等各方面能力的综合。美国理财专家罗伯特·T.清崎认为："财商不是你赚了多少钱，而是你有多少钱，钱为你工作的努力程度，以及你的钱能维持几代。"他认为，要想在财务上变得更安全，人们除了具备当雇员和自由职业者的能力之外，还应该同时学会做企业主和投资者。如果一个人能够充当几种不同的角色，他就会感到很安全，即使他们的钱很少。他们所要做的就是等待机会来运用他们的知识，然后赚到钱。

财商与你挣多少钱没有关系，财商是测算你能留住多少钱，以及让这些钱为你工作多久的指标。随着年龄的增大，如果你的钱能够不断地给你买回更多的自由、幸福、健康和人生选择的话，那么就意味着你的财商在增加。财商的高低与智力水平并没有多少必然的联系。

在我们的现实生活中，不乏智力水平超群的人。他们的智力条件比一般人的平均智力好得多，通常在大学里属优等生，能轻松拿到硕士、博士学位，且能够成为某一学科或专业中的专家、学者、高级人才。应当承认，这些学有专长的天才们与富翁站在一起比较智力时，前者远远地超出了后者。

然而，我们又不能不承认，在谋取财富方面，智力超群的"天才"的确不及智力水平一般的"富翁"们。富翁并非智力超群者，他们中的绝大多数人在智力条件上与普通人相比是差不多的。他们所想到的创富点子，说穿了一点都不稀奇，毫无半点高深莫测的意味，似乎任何人都能够想到。可是，一般人往往对近在眼前的财富视而不见，而富翁们的财富头脑却偏偏能在稍纵即逝的瞬间灵光闪现，并把那些机遇牢牢抓住。

富翁们是靠什么创富的呢？靠的是"财商"。

越南战争期间，好莱坞举行过一次募捐晚会，由于当时反战情绪强烈，募捐晚会以1美元的收获收场，创下一个吉尼斯纪录。不过，晚会上，一个叫卡塞尔的小伙子却一举成名，他是苏富比拍卖行的拍卖师，那1美元就是他用智慧募集到的。

当时，卡塞尔让大家在晚会上选一位最漂亮的姑娘，然后由他来拍卖这位姑娘的一个亲吻，由此，他募到了难得的1美元。当好莱坞把这1美元寄往越南前线时，美国各大报纸都进行了报道。

由此，德国的某一猎头公司发现了这位天才。他们认为，卡塞尔是棵摇钱树，谁能运用他的头脑，必将财源滚滚。于是，猎头公司建议日渐衰微的奥格斯堡啤酒厂重金聘卡塞尔为顾问。1972年，卡塞尔移居德国，受聘于奥格斯堡啤酒厂。他果然不负众望，异想天开地开发了美容啤酒和浴用啤酒，从而使奥格斯堡啤酒厂一夜之间成为全世界销量最大的啤酒厂。1990年，卡塞尔以德国政府顾问的身份主持拆除柏林墙，这一次，他使柏林墙的每一块砖都以收藏品的形式进入了世界上200多万个家庭和公司，创造了城墙砖售价的世界之最。

1998年，卡塞尔返回美国。下飞机时，拉斯维加斯正在上演一出拳击喜剧，泰森咬掉了霍利菲尔德的半块耳朵。出人预料的是，第二天，欧洲和美国的许多超市出现了"霍氏耳朵"巧克力，其生产厂家正是卡塞尔所属的特尔尼公司。卡塞尔虽因霍利菲尔德的起诉损失了盈利额的80%，然而，他天才的商业洞察力却给他赢来了年薪1000万美元的身价。

21世纪到来的那一天，卡塞尔应休斯敦大学校长曼海姆的邀请，回母校作创业演讲。演讲会上，一位学生向他提问："卡塞尔先生，您能在我单腿站立的时间里，把您创业的精髓告诉我吗？"那位学生正准备抬起一只脚，卡塞尔就答复完毕："生意场上，无论买卖大小，出卖的都是智慧。"

其实，卡塞尔所说的智慧就是财商。

许多亿万富翁在年龄很小的时候就拥有了很高的财商，比如石油大王洛克菲勒。

约翰·戴维森·洛克菲勒的童年时光就是在一个叫摩拉维亚的小镇上度过的。每当黑夜降临，约翰常常和父亲点起蜡烛，相对而坐，一边煮着咖啡，一边天南地北地聊着，话题总是少不了怎样做生意赚钱。约翰·洛克菲勒从小脑子里就装满了父亲传授给他的生意经。

7岁那年，一个偶然的机会，约翰在树林中玩耍时，发现了一个火鸡窝。于是他眼珠一转，计上心来。他想：火鸡是大家都喜欢吃的肉食品，如果把小火鸡养大后卖出去，一定能赚到不少钱。于是，洛克菲勒此后每天都早早来到树林中，耐心地等到火鸡孵出小火鸡后暂时离开窝巢的间隙，飞快地抱走小火鸡，把它们养在自己的房间里，细心照顾。到了感恩节，小火鸡已经长大了，他便把它们卖给附近的农庄。于是，洛克菲勒的存钱罐里，镍币和银币逐渐减少，变成了一张张绿色钞票。不仅如此，洛克菲勒还想出一个让钱生更多钱的妙计。他把这些钱借给耕作的佃农们，等他们收获之后就可以连本带利地收回。一个年仅7岁的孩子竟能想出卖火鸡赚大钱的主意，不能不令人惊叹！

在摩拉维亚安家以后，父亲雇佣长工耕作他家的土地，他自己则改行做了木材生意。人们喜欢称他父亲为"大比尔"，大比尔工作勤奋，常常受到赞扬，另外，他还热心社会公益事业，诸如为教会和学校募捐等，甚至参加了禁酒运动，一度戒掉了他特别喜爱的杯中之物。

　　大比尔在做木材生意的同时，不时注意向小约翰传授这方面的经验。洛克菲勒后来回忆道："首先，父亲派我翻山越岭去买成捆的薪材以便家里使用，我知道了什么是上好的硬山毛榉和槭木；我父亲告诉我只选坚硬而笔直的木材，不要任何大树或'朽'木，这对我是个很好的训练。"

◇ 财商的作用 ◇

　　拥有财商，也就是拥有了一种幸福的人生。具体来说，财商具有以下两种作用：

1. 财商可以为自己带来财富

　　锻炼自己的财商思维，掌握致富方法，就是为了使自己在创造财富的过程中少走弯路，少碰钉子，尽快成为富翁。

2. 财商可以助自己实现理想

　　财商理念就犹如开启财富之门的金钥匙，用财商为自己创富，就可以实现自己的理想。

　　财商可以带来财富，可以实现自己的理想，当你成为金钱的主人，可以按照自己的意志去支配金钱，这时，满满的幸福感就会产生，这就是财商的魅力。

年幼的洛克菲勒如同一轮刚刚跃出地平线的旭日，在经商方面初露锋芒。在和父亲的一次谈话中，大比尔问他：

"你的存钱罐大概存了不少钱吧？"

"我贷了 50 美元给附近的农民。"儿子满脸的得意。

"是吗？ 50 美元？"父亲很是惊讶。因为那个时代，50 美元是个不算很小的数目。

"利息是 7.5%，到了明年就能拿到 3.75 美元的利息。另外，我在你的马铃薯地里帮你干活，工资每小时 0.37 美元，明天我把记账本拿给你看。这样出卖劳动力很不划算。"洛克菲勒滔滔不绝，很在行地说着，毫不理会父亲惊讶的表情。

父亲望着刚刚 12 岁就懂得贷款赚钱的儿子，喜爱之情溢于言表，儿子的精明不在自己之下，将来一定会大有出息的。

在我们周围，大多数人陷入赚钱、失败、再寻找出路的怪圈中不能自拔，最主要的是没有真正学到关于金钱方面的知识。一般人每天的工作，大多是拼命地劳动挣钱，日复一日。他们聪明，才华横溢，受过良好的教育并且很有天赋，而对大脑经济潜能的开发几近于零。有些人的挣钱原则其实极为简单：稳定的工作压倒一切，而善于运用智慧、发挥财商的人则有远见得多，他们认为不断地学习才是一切。他们懂得"鸡孵蛋、蛋生鸡"的"钱生钱"理论。

作为女性应该有这样的决心，那就是摒弃对金钱的恐惧和贪婪之心，让金钱为人工作，而不是像有些人那样成天生活在争取加薪、升迁或退休后的政府养老金的劳动保护之中。从这个角度而言，高财商的人不讳言金钱，却让金钱牢固地生根发芽直到逐步壮大，这种对挣钱所特有的激情和对金钱运转的眼光决定了其成功的道路。

期望富裕，才能创富

在生活中，我们常常可以听到这样的一句话："说你行，你就行；说你不行，你就不行。"这样简单的一句话体现了心理学研究的一个现象——皮格马利翁效应。

皮格马利翁效应又称期望效应，关于它，有一段美丽的故事。古时候，有一位很出名的雕塑家皮格马利翁，花了很长时间，费了很多心血，精心雕塑了一尊少女石像。由于他倾注了太多的心血，在不知不觉中，他发现自己爱上了这个石像少女，并且期望她能够复活。为了使少女早一天复活，雕塑家每天都亲吻石像少女，向她倾诉自己的全部爱恋。雕塑家真挚的期望感动了上苍，若干天后，少女真的复活了，并成了他的妻子，两个人过上了幸福的生活。

心理学家罗森塔尔曾做过一个这样的实验：他们提供给实验学校一些学生名单，并告诉校方，他们通过一项测试发现，这几名学生是天才，只不过尚未在学习中表现出来。事实上，这些学生只不过是从学生的名单中随意抽取出来的几个人。

有趣的是，在学年末的测试中，这些学生的学习成绩真的比其他学生高出了很多。研究者认为，这是教师的期望发生作用的结果。由于有了心理学家的"鉴定"，教师就真的认为这几个学生是天才，因而寄予他们更大的期望，在上课时给予他们更多的关注，通过各种方式向他们传达"你很优秀"的信息。学生感受到教师的关注，受到激励，学习时就加倍地努力，因而取得了好成绩。这便是所谓的皮格马利翁效应。

与上面的实验相反，心理学家对少年犯罪也进行了研究。结果发现：许多沦为少年犯的孩子都曾受过不良期望的影响。他们因为小时候偶尔犯过的错误而被贴上了"不良少年"的标签，这使得家长和老师们往往用一种异样的眼光来看孩子，认为孩子是"无可救药"的，于是慢慢地就对他们失去了信心。同时，孩子们也会因为这种消极的期望，越来越相信自己就是"不良少年"，于是破罐子破摔，最终走向犯罪的深渊。

由此可见，期望会对人的行为产生影响。积极的期望对人的行为产生正面的影响，消极的期望能对人的行为产生负面的影响。

期望定律告诉人们，只要对某件事情怀着非常强烈的期望，所期望的事物就会出现。

期望，是人类一种普遍的心理现象。按照普遍意义的心理学规律，在人们走向成功的过程中，"期望效应"常常可以发挥强大而神奇的威力。

美国人约翰·富勒的故事流传深远，富勒家中有7个兄弟姐妹，他从5岁开始工作，9岁时学会赶骡子。他有一位了不起的母亲，她经常和儿子谈到自己的梦想："我们不应该这么穷，不要说贫穷是上帝的旨意，我们很穷，但不能怨天尤人，那是因为你爸爸从未有过改变贫穷的期望，家中每一个人都胸无大志。"这句话深植富勒的心，他一心想跻身富人之列，开始努力追求财富。12年后，富勒接手一家被拍卖的公司，并陆续收购了7家公司。他谈及成功的秘诀，还是用多年前母亲的话回答："我们很穷，但不能怨天尤人，那是因为爸爸从未有过改变贫穷的期望，家中每一个人都胸无大志。"富勒在多次受邀演讲中说道："虽然我不能成为富人的后代，但我可以成为富人的祖先。"

富勒的话使人们产生了强烈的共鸣和震撼，鼓舞了想创富的每一个人。我们每个人都曾有美好的愿望，但为什么很多的愿望像肥皂泡一样一个个地破灭了？举个例子你即会明白，如果你是家具公司的营销员，有一把椅子市场价100元，如果让你600元卖掉它，那么你闪耀脑际的想法是什么？肯定是"不可能"。但如果现在有一伙绑匪，将你生命中最珍爱的人，将你看得比自己生命还重要的人绑架了，让你在两小时之内把椅子以600元卖掉，如果卖不掉，这些绑匪就要撕票，你会怎么想？相信你的心头会滋生出一种强烈的期望，去卖掉椅子。往往在我们的学习、生活和工作中，事情并没有卖椅子那样困难，为什么离成功总是那么的遥远？这取决于你是否有火一样的激情投身于你最热望的事业中去，是否有强烈的期望填充你的心灵深处；你的期望有多么强烈，就能爆发出多大的力量；当你有足够强烈的期望去改变自己命运的时候，所有的困难、挫折、阻挠都会为你让路。你完全可以挖掘生命中巨大的能量，激发成功的期望，因为期望即力量。

所以说，期望对人的行为有巨大的影响，只要对成功满怀期望，带着期望去奋斗，成功就会如期到来。

每个人都期望自己能够成功，苏霍姆林斯基说过："在人的心灵深处，都有一种根深蒂固的需要，这就是期望自己是一个发现者、研究者、探索者、成功者。"这种心理品质虽然很可贵，却埋藏得很深，有些人一遇到挫折就会畏缩，期望成功的心理之门就会被锁上，所以，一定要培养自己"期望成功"的心理品质。

首先，要增强"期望成功"的自我意识。要唤醒自己的求胜心理，当自己取得暂时的成功时，不要满足于现状，而要向新的目标迈进，从而使自己的求胜心理不断增强，取得更大的成功。

其次，要增强自信心。在走向成功的道路上，你肯定会遇到磨难，一定要树立起自信心，"期望成功"的欲望才会持久。

一个人的心中一旦有了期望，就会产生动力。期望越高，动力也越大。

创富不只是男人的事

21世纪是创造财富的时代，也是女性独立自主的时代。也许我们只是大千世界中的一个平凡女子，但我们也应有一个成为富有女人的梦想。不管怎样，只要有梦想，就有实现的可能。

虽然女人在人们的习惯意识中是弱者，但是无数的事实证明，女人和男人一样能够独立地撑起一片属于自己的天空，一样可以白手起家，成就一番事业。放眼当今世界，富豪已经不再是清一色的男性，有很多女性也在这个世界打拼出了一片属于自己的天地。这些在商界中取得成功的女人告诉我们，创造财富不只是男人的事，女人同样可以创造财富。现代有很多财富女人就是依靠自己的聪明与才智创造财富的，她们有勇气、有胆识，敢于做自己想做的事，同时她们都拥有幸福的家庭，在爱情与事业上获得了双丰收。

女人不仅可以通过自己创业来致富，还可以通过在一些适合女性发展的高薪行业任职来创富。那么，适合女性创富的行业有哪些呢？

第一，公关行业。公关一直以来就是女性占优势的行业。在竞争激烈的知识经济时代，在靠吸引顾客眼球赚取金钱的时代，公关比任何时候都更重要。无论是自已成立公关公司独当一面，还是担任公司的中高级公关代表，女性都可以创造属于自己的财富。女人具有天生的公关能力，其表达能力、交际能力、协调能力等强于男人，它们都是女人在竞争中占优势的地方。

第二，媒体行业。女人在媒体行业已经成为不可忽视的力量，并呈现出地位与日俱增的趋势。与此同时，女人在传媒领域创造的财富也已经越来越多，传媒成为造就富有女人的一个重要行业。

第三，保险行业。保险行业是越来越火的行业，已经有大批女性精英、女商业管理硕士放弃自己在外企的高薪职位，加入到这个具有可观财富前景的行业。

第四，人力资源管理行业。人力资源管理也是一个很适合女性的行业，人力资源管理已经成为现代企业不可或缺的职位，这个位置也逐渐成为女性创富的首选。企业发展的关键是有一群有知识、有能力、能与企业文化理念相适应的员工，而这些都需要有一个能创造和谐的公司氛围的人力资源管理者，使人们更愿意在这里工作，与企业共命运。而女性所特有的亲和力及号召力使她们更容易胜任人事经理的工作。

其实，不管在什么行业，女性只要有致富的梦想，有通过自己的双手打拼出一片天地的信念，就能成功，就能实现自己的梦想，成为富有女人。当然，实现梦想也不能光靠空想，企望天上会掉馅饼，让你一夜之间成为富有女人。要想成为富有女人，不仅要有强烈的成为富有女人的愿望，更重要的是，你要通过自己的拼搏与奋斗去努力实现自己的愿望。

相信自己能做到

信心可以使你的思想充满力量，在强有力的信心的驱使下，你可以把自己提升到无限的高度。信心是心智的催化剂，信心与思想相结合时，就会在你的潜意识中产生无穷的智慧。作为一个女人，你一定要相信自己：相信自己能够创造财富，相信自己能够做好成功理财的操盘手，相信自己能够做好自己想做的一切事情。

在1998年悉尼奥运会的平衡木比赛中，中国体操选手刘璇站在垫子的一端，准备做最后的一跳。她必须得到一个完美的10分，否则一切——梦想、金牌、团队的骄傲、国家的荣誉都将前功尽弃。作为最后一个出场的中国选手，夺冠的希望与压力都集中在了她的身上。她闭上眼睛停了几秒钟，然后飞速地奔跑起来，平衡木上优美的表演伴随着那沉稳而无懈可击的落地，预示着她的成功！她为中国队赢得了金牌！她也因为实现了中国在平衡木项目上零的突破而被载入史册。

当记者事后采访她，问她闭上眼睛的那几秒钟在想些什么时，她说她在想象着自己每一个动作都做得非常精确、非常优美，然后平稳地落地。结果，自信真的使她做到了，一切事情都按照她想象的发生了。

由此可见，信心是一种积极的心态，这种心态是可以通过反复的肯定的自我暗示而产生的。

利用你的潜意识，反复而肯定地给自己下达命令，是促使信心大增的有效途径。所有已经情绪化的思想与信心结合之后，便立即会转化为有形的物质对等物。

艾拉·威廉出生于一个大家庭，她的母亲有12个孩子。7个男孩子几乎可以做他们想做的一切事情，而5个女孩子则不行。艾拉想见识一下外面的世界，希望自己获得自由并帮助父亲工作，但父亲给她的答复是："待在家里帮助你的母亲。"跟她的母亲在一起，她学到了很多东西，其中有两种东西使她受益匪浅，这两种东西就是烹饪和自信。她的母亲经常告诉她："只有你想不到的，没有你办不到的。"

年龄稍微大一点之后，她对于作为一个女性可能遇到的困难有了更清醒的认识。但她毫不畏惧地面对这样的挑战，并一直努力，最后成为啦啦队队长。这更加增强了她的信心。后来她结婚了。第一次婚姻不久就破裂了，因为她在这次婚姻里感受不到任何自由。她的第二个丈夫对她进行暴力伤害，虽然两个人后来离婚了，但是，他还是把艾拉当作私人财产而继续虐待她，并企图夺走她的孩子，尽管他根本就不喜欢这些孩子。

那时艾拉已是两个孩子的母亲，却一无所有。她依靠捡空饮料瓶、易拉罐维持生计。即使是这样，她依然向往美好的生活。虽然她总是做着没有人愿意做的工作，但是她还是不断地激励自己，她对自己说："如果我能做这些低贱的工作，那么我也一定能够做老板，因为我已经掌握了最艰难的工作技术。"

一次偶然的机会她从报纸上得知，系统工程师能够从军队获得丰厚的回报。虽然她对这个行业一窍不通，既没有大学文凭，也没有任何工程师的业务知识，但是她决心建立一家专门改造和提升旧系统的公司。因为她牢牢地记住了母亲的话："只有你想不到的，没有你办不到的。"她认为自己和那些系统工程师一样能干，一样聪明，只是自己没有他们那样的专业知识。

她没有钱，很难雇到专业人员，但她最终说服了一个营销员和一个工程师。经过3年的艰难实践，她利用和军官们进行业务联系的机会展示了自己的创意：她为军官们掌勺并经常给他们带来一些她的公司烤制的饼干和点心。后来，她终于获得了向决策人物进行展示的机会，甚至还有几个月的时间为那个决定性的时刻做准备。但是，她的营销员伙伴突然去世了，艾拉仿佛一下子掉入了无底深渊。但她想起母亲说的那句话，又打起了精神。因为她已经完全熟悉了营销伙伴的工作，所以她决定自己来完成营销伙伴需要做的工作。她在专家面前对系统的特殊细节问题做了报告并回答了问题，进行了产品演示，以她高超的烹饪技术赢得大家的认同，她得到了一笔800万美元的合同。3年后，她的经济开始有了保障，她开始雇用必要的人

◇ 获取信心的 3 个步骤 ◇

1. 写下你的财富目标。确信你有能力实现一生中你所确定的财富目标，并坚持下去，继续努力。

你看一下这是我的投资，现在开始我要努力赚钱了！

2. 将心里的想法变成实际的行动，在你的心中创造一个清晰的已经达到目标的个人形象，并逐渐形成有形物质的事实。

新的一天加油！我一定能够存够 100 万！

3. 每天进行自我暗示，"我一定会实现自己的目标"或"我一定能挣到 500 万"。每天用 10 分钟的时间增强自信心。

按照以上3个步骤去做，你一定会成为一个富有而又自信的女人。

员，租用办公场地。

艾拉在1993年获得了美国"最佳女企业家"的称号，成为那个时代最成功的商界女性之一。作为一个离过两次婚，带着两个孩子独立生活的单身女性，她成功的秘诀是什么呢？那就是自信，她相信没有什么是做不到的，除非是想不到。

艾拉·威廉能够做到的，任何一个女人都能做到，关键就在于你对自己有没有信心。作为一个黑人女性，艾拉·威廉能够作为克林顿夫妇的客人在白宫与他们交谈，这件事情本身就证明女人能够创造一切，信心能够创造一切！

成功获取金钱的女人都是非常自信的，她们都认为自己的目标可以实现。她们不仅在思想上这样认为，而且会把这种信心用在实际行动中，用在日常的创富活动中。人类历史上的无数事例证明，优柔寡断的人根本无法获得真正的成功，因为她没有信心做出决定。一个没有信心的人，还指望有金钱会流向她吗？

不管是空想的发明家，还是拓荒的企业家、浪漫的作家，凡是能够取得非凡的成就、获得巨额财富的人，都是那些确信自己可以得到巨大财富的人。

信心是所有奇迹的基础，是所有不能用科学法则加以分析的神秘事物的基础。信心是通向成功的重要媒介，依据这个媒介你可以利用和控制智慧所产生的巨大力量。作为在商海里拼搏的女人，你一定要对自己有信心，相信自己是最棒的，相信自己能够获取商业上的成功，相信自己能够实现一切财富上的追求！

第二节　合理消费，避免陷入债务危机

向富人学习消费

大多数还没有致富的女人对于百万富翁都有着相同的幻想，在她们的想象中，百万富翁应该拥有雍容华贵的服饰、高档时尚的手表以及其他可以显示富翁地位的物品。一位信托部的副总经理在与10位百万富翁进行小组集中访谈时发现，事实与大多数人的观点相差甚远。这位信托部的副总经理掩饰不住心中的疑惑：这些人看起来不可能是百万富翁。他们的穿着打扮不像百万富翁，他们的饮食习惯也不像百万富翁，他们的举手投足更不像百万富翁。那么真正的百万富翁到底是什么样子的呢？

一位35岁的得克萨斯人拥有一家经营组装大型内燃机的公司，但是他还驾驶着已经使用了10年的福特车。他穿着牛仔裤和鹿皮衬衫，住在中下层居民区一所普通的房子里，与乡下邮递员、消防队员为邻。

但是，他在财富上却取得了巨大成就。这位得克萨斯人是这样告诉采访他的记者的："（我的）公司看起来并不像规模宏大的公司，我也从来不以富豪自居。当我的英国搭档第一次见到我的时候，他们都认为我是公司里的一个卡车司机。当时他们把我所有办公室里的每一个人都找遍了，就唯独没有留意到我。后来，他们中间的一位长者说：'啊，我们忘了我们是在得克萨斯州。'"

很多人都认为从一个人开的车就可以看出这个人的身份地位，那么，上面的故事告诉我们，这样的说法并不可信。有这种想法的人没有留意那些百万富豪们，不管是男性还是女性，他们中绝大多数人没有驾驶时下最流行的新款豪华进口轿车，只有很少数的百万富翁会选择驾驶进口轿车，驾驶豪华进口轿车的百万富翁更是少之又少。难道是他们买不起吗？当然不是，他们中的很多人都买得起。

百万富翁在手表上的花费相当于中等水平，无论是女性还是男性，他们都不倾向于购买劳力士镶钻表之类的昂贵手表。在他们看来，手表就是用来看时间的，而不是用来炫耀财富和身份地位的。

现在你可以看出百万富豪们的生活方式和消费方式了吧，他们都是节俭一族。而那些挣钱比百万富翁少得多的人却会花大钱购买名车、名表，在他们看来，富裕的外表远比富裕本身更加重要。这其中当然也包括很多通过疯狂购物获取心理补偿的女人。她们希望获得重视和被人夸奖，当售货员对她们殷勤备至以及大加赞美的时候，她们就会毫不犹豫地买下那件衣服。最后，花很多钱买来的昂贵衣服都成了毫无生气的物品默默地躺在衣柜里。因为她们只是希望通过高档的物品提升个人档次，认为每增加一件高档物品就意味着个人价值的一次提升。但是，这些昂贵的衣服根本就没有用武之地，因为名贵的衣服与她们周围的环境格格不入。

现在我们来看看富人是如何购物的吧。当一位富人看上一辆价值大约10万美元的汽车，而他的朋友也劝他买下时，富人会这样回答："我不会花费100万美元去购买一辆汽车。""不是100万美元，是10万美元。"朋友回答说。富人的解释非常有意思："但对我而言，那就是100万美元。如果这10万美元不是用来购买汽车，而是用来投资，我会在10年之内赚到100万美元的。"

富人在消费的时候通常把支出扩大计算。他们思考问题的方式是：如果不花掉这些钱而将它们用于投资，会有怎样的收获。

与此相反，那些没有资产的人倾向于通过把支出缩小，把大钱化为小钱。他们眼里看到的不是10万美元的车价，而仅仅是1800美元的月供。这么一大笔开销被轻轻地带过，这就是没有资产的人进行缩小计算的妙处。

很多女人在花钱的时候，都有一个很突出的特点：乐观。这个特点经常导致她们对自己的私人理财工作欠缺考虑。她们总是坚信，自己能够在未来获得更高的收入，因此能够更好地生活。同时，还有一部分人把未来获得更高收入的希望寄托在丈夫的身上。

富人在消费时总是极力避免消费品的"闲置"浪费，而大部分女性常常买下暂时不用的东西。在衣服反季销售的时候，她们往往会花几百元甚至上千元购买一件裘皮大衣，而这往往要过几个月才穿得上。买回来的衣服长期闲置，使一笔可观的资金不能参与投资活动或家中急需的消费活动。还有很多妈妈会以高昂的价格为自己的孩子买一辆高档童车，但是孩子在3岁以后基本上就用不着童车了。所以为童车支付的费用越多，童车闲置后造成的浪费也就越大。

◇ 女人可以省钱的项目 ◇

很多女人在购物的时候总是存在冲动的行为，造成很多不必要的浪费，比如下面的这两项消费女人完全可以更多地节约一下：

1.服装费

聪明的女士都知道，宁可挑一两件质地好又不容易过时的服装，也不要选购"仅在这个季节流行"的服装。

2.美容费

如果想省钱，可以自己动手做保养，对比专业美容店，每月可省下几十元至几百元不等的费用。

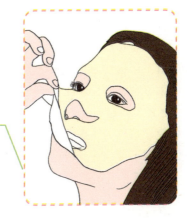

节约并不是一朝一夕就能做到的，而是不断改变自己的消费行为，多多地节制自己的浪费行为，这样用不了多久，你也可以做到理性消费了。

人们可以为自己描绘美好的未来，但是物品的消费、账户上数字的减少、消费债务的增加却是不以人的意志为转移的。如果女性都能像百万富豪那样，拥有自觉的消费意识，那么积累一定的财富其实并不是太难的事情。但是真正能够做到这一点的女性却是少之又少，因为女性总爱自觉或不自觉地在经济方面相互攀比。要想成为一个富有女人，你就必须像富人那样节俭，像富人那样消费，不要为了所谓的虚荣而进行个人承受能力之外的消费。

攀比心理要不得

虚荣和攀比之心凡人皆有，而女人更甚，尤其是三四个女性结伴购物的时候，这种心理就表现得更加充分。由于虚荣心理作怪，盲目攀比之心便应运而生。女性购物本来就很冲动，不够理智，如果在虚荣和攀比心理的刺激下去购物，就更加不理智了。

赵娜今年28岁，在一家对外经贸公司工作多年。平时，赵娜与公司里几个谈得来的同事形成了一个关注时尚、经常集体去购物的小圈子。同样的时尚圈子在她们公司还有好几个，并因此形成了暗自攀比的局面：如果属于另外的圈子的同事穿了一件新买的名牌服装，赵娜他们必然也要穿上新买名牌服装，几个圈子就这么攀比来攀比去。她们这样做，最开心的当然是那些卖名牌服饰的商家了。

但是，赵娜她们可就惨了：刚发的工资不到半个月就花去一半多，有时候为了攀比，还要动用银行卡里的钱。其实，她们买某些东西也只是为了挽回所谓的"面子"。为了攀比买回来的时尚衣服，有的一年下来也穿不了几次。结果，花费巨资买来的衣服总是挂在柜子里，并且一些昂贵的衣服在平时还需要干洗、保养等，即便是放着不穿也要为它多做花费。这样算下来，赵娜她们的时尚衣服不仅占用了大量的流动资金，而且要花费了不少保养费，真是花钱买"面子"啊。因此，她们银行账户上的资金越来越少。

像赵娜这样为了虚荣而盲目攀比、疯狂购物的女性是单身还好，至少她们是一人吃饱全家不饿，并且自己挣多少花多少，花的是自己的。但如果是已婚女人，自己挣不了那么多，还硬要与人家比，那可就让丈夫头疼不已了。

李先生的太太就是这样的一位女士。李先生的岳父大人70岁大寿时，身为总经理的大女婿送了一块高级劳力士手表，自己开公司的二女婿呈上了1万元的现金，而李先生的贺礼只是价值2000元的保健品。李先生的妻子知道后，脸色立刻晴转多云。李先生知道自己的妻子又犯"病"了，就偷偷地从桌子底下去拉她的手，没想到她铆足了劲踢了李先生一脚。李先生说："我妻子什么都好，就有一个毛病——太爱面子、太虚荣了，总爱与人攀比。比如，她的好友给孩子买了一架钢琴，她不管我们的儿子对钢琴有没有兴趣，就也要买一台更上档次的钢琴摆在家里。市面上流行的首饰、衣服，不管是否适合她，她一定要拥有。现在，她又迷上了换手机。唉，作为一个公务员，有这么一个爱慕虚荣、无端攀比的妻子，我真不知道该怎么办才好！"

已婚女人对重大的社会新闻通常是充耳不闻，但她们却非常关注自己周围的事

◇ 女人攀比购物的危害 ◇

爱慕虚荣、盲目攀比是不少女人，尤其是一些追求时尚、追求美丽的年轻女人消费时存在的通病，但这却会造成十分不利的后果：

1.因为虚荣盲目攀比，没有任何财务预算就疯狂消费，只会造成丈夫精神上的紧张，引起夫妻间的矛盾，影响到正常的家庭生活。

2.就算你是单身，这样无节制的攀比消费也会影响你个人的投资理财目标。有时无节制的购物不仅让你存不住钱，还可能会透支。

> 我来办张信用卡，现在的卡能透支多少啊？

所以，女性在消费的时候，一定要根据自己的实际需要量力而行，不要有攀比心理。这样你口袋里的钱才能够升值，你也就能够早日实现财务自由，成为一个富有女人。

情。像李太太这样的女性很多，看到邻居家买了一台跑步机，她就会想："难道我家没有你家阔气吗？我一定要买一台超豪华型的。"看见中意的时装，第一天的时候还能忍痛割爱。第二天如果在街上看到别的女人已经穿在身上，真是光彩照人，她就感觉很难受。到了第三天，她一定要抽空去把那件时装买回来不可。"别的女人能有，我凭什么不能有？"这几乎是所有女性消费者的共同心态。

女人是城市里一道亮丽的风景线，如果没有女人之间的相互攀比，争奇斗艳，风景又怎会亮丽呢？所以，商家也在大肆宣传：女人就是天生的购物狂，购物就是女人的天职。于是，那些本来有些犹豫的女性在这样的口号的号召下也大开"杀戒"了。而这其实是商家为了促销，为了赚女人的钱而喊的口号。女人，不管怎么样，一定要按照自身的经济条件和财务目标进行消费。

不为省钱而花钱

有两份同样价格的咖啡摆在你的面前，一杯是100毫升的杯子里装了90毫升咖啡，看上去快要溢出来了；另一杯是150毫升的杯子里装了100毫升咖啡，你会选择哪一杯？大多数人都会选择前者，而实际上后者更为上算。很多时候，女性并不像她们想象得那样理性，尤其是在消费的时候。很多女性看到特价商品、折扣商品都会买回去，认为这么便宜的东西自己如果不买，就吃亏了。于是乎，她们为了省钱而花钱。

恋爱时，最让韩文受不了的就是陪女友逛商场、逛超市了。累得要死不说，开销总是很大。在各种各样优惠的诱惑下，女友每次总是选购一堆并不需要或并不实用的商品，让他很头痛。但女友却说，这些东西很便宜，不买就错过了好机会，这样一来就吃亏了。但是，买回去的东西不是不实用就是根本用不到：衣服的款式或花色不喜欢、鞋子有点小了……

在平安夜那天，他们一起去逛商场，女友买下了一件600元的名牌外套，放弃了另外一件款式、质地类似的500元的外衣，原因仅仅是前者打的是对折，后者是8折。在韩文看来，不管打几折，600元就是比500元多出100元来；而在女友的眼里，买下那件打对折的衣服就等于节省了600元钱。

在现实生活中，有韩文女友这种消费习惯的女人很多，她们总是为了所谓的省钱而多花了不少冤枉钱。观察一下超市收银处，总能看见不同年龄段的女人推着满满一车商品等着付款。这其中，不乏各种各样的特价优惠商品。"因为比原价便宜多了，所以多买就是多赚，不买就赚不到了"的想法印证了心理学家们的结论：女人们在做决策时，并不是去计算一件商品的真正价值，而是根据它能比原来省多少来判断。面对特价的诱惑，很多女人认为只有把这些特价品买回去才算是占到便

◇ 真正省钱的三种方式 ◇

1. 只买生活必需品

快节奏的生活让很多人家里的生活用品越来越多，全套算下来也是一笔很大的开支，所以省钱的办法就是买那些必需的生活用品。

2. 避开"包月"陷阱

有时候一些包月的收费项目并不像我们想象的那样会替我们省钱，在消费之前，一定要了解这个项目所涵盖的内容。

什么！怎么会花这么多！这个不在包月的服务之内吗？

很抱歉，我们的包月也是有条件限制的，您可以先看一下包月条款！

这衣服虽然漂亮，可是我应该没有机会穿……

3. 避免购物错觉

有时候你会很高兴地以 7.5 折的价格买下一件高档的礼服，但是在买之前你也要考虑好，你是否有机会穿上它？

宜了，而买回去的东西不是很久才用上就是根本用不着。她们纯粹是为了省钱而消费，而不是为了现实需要而消费。

为什么打折商品、特价商品对女人有着无法抵挡的诱惑呢？因为很多女性爱贪便宜，只要能够占到便宜，她们往往会义无反顾。于是商场或小商贩们纷纷使出了"忍痛大削价""免费赠送""巨奖销售"等各种各样的招数，遍街林立的专营"特价商品""品牌折扣"的商店也应运而生。在女人看来，不管是一只发卡还是一件内衣，只要能够省钱，有甜头可吃，她们就会毫不犹豫地打开钱包。

还有很多女性，看到便宜的东西就有买回家的冲动，尤其是衣服。其实，买便宜的衣物未必省钱，投资回报率高的衣服才是值得买的。一般说来，一件衣服的穿着频率越高、时间越久和其他衣服的搭配度越高，它的"投资回报率"也就越高。例如，一套150元的时髦短裙，如果只穿一个月就因不再流行而不穿的话，就算每周穿一次，一个月共穿了4次，穿一次的成本是37.5元。而一件900元的精致裙装可以穿3年，每年穿一季、每季每周穿一次的话，一共可以穿36次，穿一次的成本是25元。前者的穿着成本还要高一点，穿衣品质却远远不如后者，所以后一件衣服更划算。在你买衣服的时候，不要为了贪图便宜而买下一件衣服，而要挑选适合自己的、投资回报率高的衣服。

女性消费者在选择商品的时候，应该选择相对固定的目标作为比较对象，而不要选择商家提供的可变价格。一定要小心抵制优惠的诱惑，千万不要一看到打折、优惠就冲动购物，买回本来不需要的商品。总之，买东西时一定要"三思而后买"。

不落入折扣、返券的陷阱中

在节假日即将来临之际，几乎各大商场都掀起消费热潮，各商家想尽办法搞促销，以卖出更多的商品。这时候，女性消费者当然不会错过折扣、返券的机会。我们很多人都有买打折商品、利用购物券的经历，喜滋滋地买回了"物美价廉"的商品，心中的那份得意自然不言而喻，甚至逢人便有夸耀的冲动。殊不知，你已经陷入了折扣、返券的陷阱中。

圣诞节、元旦期间，北京的一个商场打出醒目的促销广告：买200元返200元购物券，另加20元功能券，不要购物券可以打7折。"这不是比买一送一还要划算吗？"在某杂志社工作的杨柳看到促销广告之后，迅速地加入了疯狂抢购的人群中。

经过一个小时的血拼之后，杨柳拿着一堆返券回家了。本以为自己占了大便宜，但是冷静下来仔细一想，杨柳发现，由于返券的基数是200元，即使买了398元、399元的商品，也只能返200元购物券。所以，她还需要不停地凑够200的倍数，否则就会吃亏。其中的20元功能券是用来购买化妆品的，但是售货员却告知她，只有买够100元的化妆品才能使用10元的功能券。

杨柳还发现，返券活动期间，一些新上市的商品都已下柜，参与活动的都是一些平日里打折的老商品，并且这些商品也都是按原价销售。"这样一算，还和平时一样甚至还没有平时的折扣多，并且为了利用购物券，还买了很多用不上的东西。"杨柳气愤地说。

每逢"五""十一""元旦"等节假日，很多商场都会推出"买100送100""买200送300"等返券促销活动。商场随处可见排着长队兑换返券的购物一族，其中以女性居多。但是很多女性都像杨柳一样，一走出商场就后悔："商场设置的规则太复杂了，算来算去都算晕了，只好跟着商场的步伐走，结果自己不仅没有占到便宜，还花了不少冤枉钱。"

购物比较冲动的女性朋友在面对形式多样的促销活动时，一定要保持冷静，否则就会被促销迷雾圈住，花掉很多冤枉钱。为了防止商家利用返券、折扣等促销活动欺诈消费者，国家计委颁布的《禁止价格欺诈行为的规定》明确将两种"返券"促销行为定性为欺诈：

（1）规定返券在指定柜台消费，而该柜台商品价格普遍高于市场价格。

（2）规定只能用部分返券加现金购买商品，而原商品价格却低于所用现金价格。

每到换季时，打折信息也会铺天盖地而来，其中也有不少平时"架子"很大的名牌。这天在某电信公司工作的卞林收到某商场的会员短信，称周末搞会员专场，秋冬商品全场打3～6折，顾客必须凭会员卡进场。于是周末的时候，卞林带着会员卡赶往了商场。当日商场的人特别多，她费了九牛二虎之力才挤出人群，直接向出售冬季大衣处奔去。但她左找右找却不见大衣踪影，一问营业小姐才知道："新款都提前收起了，等到活动结束才拿出来卖。"

不够理智的卞林不甘心空手而归，又受到身边顾客"血拼"势头的鼓舞，一口气买下了5件打折冬衣。"但是，后来在其他商场也看到了一模一样的冬衣，价格更便宜，因为都是去年的旧款！"卞林气愤地说。该商场一个著名品牌专柜的营业员直言不讳："参与低折扣的都是过季商品或是去年甚至前年的冬装，新品怎么可能全场打折，这不过是商场的促销手段罢了。"

不过，名牌折扣当然和普通牌子不同，名牌厂家一般都会选择一家高档百货商店甚至是酒店来进行。对很多人来说，这是很有诱惑力的一招，3～6折的价格确实让人心动。这时，你一定不要以为天上掉下了大馅饼让你捡。

还有一些打折商品会在价签上做文章，比如，商场会标示：一件标价298元的毛衣，只卖98元，但其实它原本就只卖98元。如果你被它的折扣所吸引，就会买下这件没有任何折扣的毛衣，并且还为自己占了个便宜而沾沾自喜。

价格过低、折扣过多的商品多半藏有猫腻。而购物返券则掩盖了商品的真实折扣，诱导消费者落入连环消费当中，从而在事实上构成一种欺骗行为。所以，那些爱在返券、折扣等促销活动中疯狂购物的女性消费者一定要注意，在购买一件商品之前不要冲动，要冷静思考一下，看你是否真的需要它。如果只是为了占便宜，打再低的折扣，返再多的券也不要为其所动。

◇ 看清折扣背后所掩盖的内容 ◇

以下两个方面的提示或许可以让你清醒一下，看到折扣背后所掩盖的内容。

这件衣服确实便宜，但是今年已经不流行这样的款式了啊。

1. 打折商品卖的都是旧货

内行人都知道，出现在特卖场上的名牌货一般都是 3 年以上的产品，无论是面料、款式还是色彩都与时尚有了一定的距离。

好像大了一点，但是没有再小一号的了！

揮泪大甩卖

2. 打折商品一般尺码不全

不要为了讨便宜，小点或大点也欣然接受。这样你就可能买回去一件没用的商品。

记住，一件衣服很适合现在的你才是买下它的理由，而不是看似划算的价格和那块小小的商标。

250

免费的午餐不要吃

免费！多么诱人的词汇，它告诉你的是：你可以不用花钱就能够享用、品尝、观看……其实对于很多打出"免费"招牌的商家或小商贩，免费只是他们招揽生意的手段，里面还藏着很多的玄机，他们以此引诱那些喜欢贪小便宜的女性消费者。所以，女性在消费的时候，一定不要相信免费的午餐，不要因为想贪一点小便宜而让自己付出更多。

在一个免费为顾客电脑画像的摊位前，单身贵族王芳在经过询问确实是免费画像以后，就坐下尝试了一下。当电脑上出现王芳清晰的影像时，画像者就问王芳："小姐，你要照片吗？"王芳想反正是免费的，不要白不要，于是随口答道"要"。相片出来后，画像者就让王芳交5元钱。王芳指着免费宣传牌质问画像者不是不收费吗？没想到画像者振振有词："电脑画像确实是免费的，但是你要照片还需要交钱，一张照片也有不少成本呢。不然，我整天只为人们免费画像，我喝西北风去呀！"面对画像者很有"道理"的诉苦，不想多事的王芳就掏出了5元钱。事后，王芳只怪自己爱贪图这么一点小便宜，用5元钱换了一张没有什么用处的电脑打印图片。

尽管人人都明白天上不会掉馅饼，但很多女性面对免费的诱惑总是招架不住。所以，王芳就因为贪图小便宜而上当受骗。与此类似，一些美容院、商家正是利用了女性的这一消费心理，不断推出免费美容、免费测试、免费试用、免费品尝等形形色色的促销活动。待女性消费者经不住营销人员的蛊惑，进行消费之后才知道，所谓的"免费"其实就是"一次把你宰个够"。女性消费者总爱跟着感觉走，在消费的时候有很强的随机性，因此在遇到"免费的午餐"时就迈不开步子，所以，女性消费者就常常成了"免费"的受害者。

张豫路过西单广场的时候，被一位20多岁的营销小姐给拦住了："这位小姐，我是××美容公司的，我们可以给你做一次免费的美容。请您放心，绝对是免费的，您不用掏一分钱，就能做一次美容护理。"这位营销小姐一口气说道。

随后，她又递给张豫一张贵宾卡，卡上面写着"××美容公司"，并且在贵宾卡的反面还写着：美容、瘦身、刮痧、足疗……

"我看你的年龄不大，还是学生吧？在你这个年纪就应该好好保养，以后才不至出现皮肤问题。你可以到我们公司做一次免费的护理，就在这个商场的三楼，很近的。"经不住营销小姐的游说，没有做过美容的张豫也有点心动，决定免费享受一下美容的滋味。于是，她就跟着这位营销小姐来到了美容院所在的三楼。她进去的时候，发现里面已经有几个女孩躺在床上静静地等候着美容师给她们做护理。

张豫也在一张床上躺了下来，美容师来了之后就拿着一块小毛巾给她擦脸，然后一面给她做面膜，一面对她说："小姐，你的皮肤真应该好好保养一下了，它已经出现了不少问题。你看你脸上有一些小痘痘，应该赶快治疗一下，要不然就会越来越严重，甚至还会留下痘印。我们刚好有新研发出的除痘产品，平时做一次这样的除痘护理要80元的，今天可以给你特价25元，你要不要试一下。"张豫也经常为自己脸上的痘痘烦恼，所以就欣然同意了。

在为她做护理的过程中，美容师一直极力说服她办一张美容卡，说现在是特价，花几百元就能享受半年的精心护理等。本来只是想享受一下免费美容的张豫，最后竟然花了360元办了一张半年美容卡，加上25元的除痘护理，擦脸用的小毛巾5

◇ 如何避免落入免费陷阱 ◇

那些看似免费的东西，背后都有着商家不可告人的目的。那么，怎么才能避免落入免费的陷阱呢？

请把发票给我。

1.提高消费维权意识和自我保护意识，要保存消费凭证，付款后要索要发票。

好商品免费送

这些都是些三无产品，还是别要了！

2.尽量选择信誉良好、规模较大、消费者信得过的商家进行消费，不要购买"三无"产品。

当然，最重要的还是需要广大女性消费者能够擦亮眼睛，不要盲目相信一些不法商贩的花言巧语，切勿贪占小便宜，以免上当受骗。

元（美容师说是专人专用的，所以也要付钱），一下子就花掉了390元。

等从美容院的大门出来后，张豫才后悔不迭，发现自己上了美容院的当：以前从来不进美容院的自己竟然花了近400元办了一张卡，并且自己还很年轻，还没有到非进美容院不可的年龄。她十分后悔地说："早知道我就不贪图那点所谓的免费护理，那样也就不会被诱惑办一张没什么用处的美容卡。"

其实很多美容院针对女性消费者的心理特点，经常使用"免费护理""免费抽奖"（抽中之后可以免费美容）等方式招徕顾客。等顾客进来后，不是让消费者办卡，就是向她们推荐美容产品。很多女性消费者在做完"免费美容"之后，常常自觉或不自觉地办卡或购买美容产品，少则几百元，多则上千元。等事后一想，才知道自己上了美容院变相推销的当。

不仅是美容院，还有很多这样的免费陷阱："免费看病"是为了推销保健品、"免费讲座"是为了推销某种产品、"免费导游"其实是导购……

所以，希望获得免费午餐、希望天上掉馅饼的女性消费者一定要记住：世界上没有不劳而获的事，凡事都需要付出相应的代价。

因此，女性消费者在消费时，一定不要只想着占便宜，许多的"免费"只是让你暂时尝一点并无任何实际意义的"甜头"，让你钱包里的钱流入他们的腰包，才是他们的真实目的。

用目标约束无节制的消费

无节制消费的人，大多都没有真正的奋斗目标，没有使之甘愿付出一切的前进动力。由于没有目标，她们就缺乏自我约束，缺乏学习和提升自己的动力。在一定程度上可以说她们是没有未来的一族，这也是她们赚了钱就疯狂消费的原因。如果她们没有关于未来的美好憧憬和奋斗目标，消费的愿望很快就会占据这个位置。

或许道理每个人都懂，但是未必每个人都能做到。避免无节制消费的最有效手段就是树立目标并制订切实可行的计划，因为梦想和目标对约束消费欲望有着非同寻常的意义。但是，你树立的目标一定要非常远大，这个目标足以让你心动，让你心甘情愿地放弃消费的冲动。目标不是微不足道的目的，也不是更高的消费欲望或目光短浅的想法，目标是关于未来的美好憧憬，是有计划的梦想。

树立目标有两种可能性。第一种可能性就是把目光对准自己。举个简单的例子，譬如你需要确定5年后达到哪一步，如何达到这一步，取得什么样的成果。我们大多数人都是以自己今天的状况作为出发点来制定目标的，因此，她们在消费的时候，如果碰到一件自己喜爱的衣服，就会马上买回来。她们总是这样认为：实现5年之后的目标也不在这一刻，也不是依靠节省一件衣服的钱就能实现的。但是这样做的后果只能是你永远生活在和今天一样的状况下，永远不能提高自己，让自己过得更好。所以，不要把自己今天的状况作为衡量未来的尺度，而应该想着自己的未来是什么样的状况，然后为之努力。谁把自己今天的状况作为衡量未来的尺度，谁就是在纵容自己消费，谁就限制了自己的发展潜力。

第二种可能性就是梦想。在树立目标的时候，完全不必考虑我们是否有能力去实现，这是一种完全"非现实"的目标。也许很多人认为这是不可思议的，但是只要我们制定了目标，就会考虑如何才能实现自己的目标。这样我们就会成长，就会离开自己的舒适区，为了目标而努力。这时，每当看到要买的东西，我们就会想：以我这样的消费方式是不可能实现自己的目标的，为了尽快实现我的目标，我还是少花一点钱吧。

这两种可能性关键是要告诉我们：假如我们以个人现状作为出发点，我们就会放慢前进的脚步，甚至停滞不前；而假如我们以目标为出发点，我们就能主动约束自己，减少不必要的浪费。

不规划自己未来的女人更容易无节制地消费，到了将来，她就必须承受别人为她规划的生活，那时她就只能做一个被人牵着线的风筝。

很多人把占有物品的多寡放在最重要的位置上，他们通过无节制地消费，占有一些无用的东西来逃避生活，转移目标。为了能够约束无节制的消费，你必须思考下列几个问题：

（1）你想要成为什么样的人？如果有人要在报纸上刊登一篇报道你的文章，这篇文章将是怎么样的呢？

（2）你将来想要做什么？通常情况下，你的一天是怎样度过的？你怎样安排一年的工作？

（3）你将来需要什么？你希望得到哪些东西，并愿意为之付出什么？你想要买一栋什么样的房屋、一辆什么样的汽车，在个人事业上取得什么样的成就？

刚开始，你也许写不出多少东西，因为你还不习惯这样做。但如果你经常做这样的练习，你就会养成一种习惯。这就是帮助你树立目标的过程。

请你从今天开始，下定决心经常为自己树立新的目标并制订行动计划。你需要在未来获得更多，要积极一点——但是绝对不要把这种积极用到消费中去。经过一段时间的努力，你就会发现，为了实现你的目标并为之克制消费欲望，放弃这样或那样不必要的东西，会让你很有成就感。看着自己离目标越来越近，你就会体会到，这远比在消费之后带给你的感觉更加美妙。

最后，你一定要记住，没有什么比无节制地消费更能阻止我们实现自己的目标了，因为无节制地消费以及由此产生的债务，只能把我们和过去捆绑在一起。目标对于我们自身的提高是如此重要，所以，如果你还没有自己的远景目标，那就马上开始行动吧！

第五章

女人的职场资本——你可以做得更好

第一节　顺利进入职场

选择理想的职业

如果有一天你早晨醒来，发现自己一直辛辛苦苦地在自己讨厌的行业工作着，对这个行业一点兴趣都没有，赚到的钱也微乎其微，那么一定要仔细想想你这一生到底想要做什么，这对你会大有益处的。当然，在一个理想的世界，你一觉醒来就会知道自己想要做什么，但现实是对大多数人来说，引领他们走向理想职业的不是发自内心的召唤，而是一种选择。想开心地做你的工作吗？下面教你怎样做。

1.现实一点

30岁了还想成为电影明星？对不起，这是绝不可能的。然而16岁起就一直在音像商店工作，现在想成为一名作家或者奥斯卡奖得主？这尽管不常见，但有人这样成功过。更有可能的是：砖匠变成医生，商店女售货员变成老师，从一个一无所长的人变成一名企业家。这就是发现自己热爱的事业的第一步：要扬长避短，但又要对自己的优势、弱点和目标有着现实的理解。

2.想一想在生活中你热爱什么

这是找到理想职业的关键。如果你所热爱的碰巧是实实在在的东西，如电脑，那你就可以立刻做出决定了。如果不是实实在在的东西，那就发散一下思维。如果你喜欢在室外活动，那就可以考虑环境保护和园艺工作。热爱音乐吗？那就把自己培训成为一名广播制片人，或者在唱片商店学习管理。喜欢购物吗？那你就可以做时尚连锁店的采购员。热爱体育运动吗？那你就可以做一名体育老师或者个人教练员。

3.一步一步地朝着目标奋进

你的事业不会一下就成功。如果想一蹴而就，那你不但会在失败的时候失去动力，而且还会从一个想法跳到另外一个想法。生活中许多事情要取得成功，就要制订一

◇ 选择理想职业时要注意的三件事 ◇

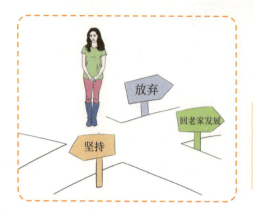

1.给自己一个时限

　　如果想成为一名记者，但是已经被拒绝了 140 次，已经等了 8 年了，那就是时候停下来重新审视一下自己的目标了。

2.同时做两件事

　　想成为一名作家，但是又要糊口。并非只有你一个人如此。很多人白天做一份工作，到了晚上才去追逐自己的梦想。

白天上班　　　　　晚上追梦

谢谢你的提醒，不过我还是要努力试试。

我看你也没有画画的天赋，还不如趁早放弃呢。

3.不要听别人的打击之言

　　生活中充满了愤世嫉俗的人，他们也许会告诉你说，你绝不会成功。真正重要的是你自己相信你能成功。

个简单而有策略的计划，每天做一点点。考虑一下训练、资金、学徒期和工作经验，然后再投入到实际的行动之中。

4.找一个工作指导人

这个人是一个现在已经在从事你理想职业的人。如果能见到他们，那你可以向他们请教一些你关心的问题！如果见不到，找一找有关资料，看他们是怎样做到的，看看你能从他们的经验中学到什么。

你的个性属于哪一类？

不知该怎样回答这个问题？根据心理学家的说法，智力总共有6种类型，尽管这6种智力因素中每一种我们都有，但我们确实会更倾向于某一种类型，这能帮助指引我们找到正确的方向：

内省型智力：这种人自信，有主动精神，适合自主创业。

语言型智力：这种人擅长语言交流，非常适合从事广告业、做记者、当老师。

视觉型智力：这是一种空间智力，这种人适合从事设计业、建设建筑业方面的工作。

人际型智力：这种人擅长团队工作，非常适合从政、当老师、做管理人员。

身体型智力：这种人身体敏捷，协调能力好，适合从事健身、建设、体育方面的工作。

数学型智力：这种人擅长逻辑推理，适合从事银行业、科学研究、电脑业方面的工作。

找工作时必须遵循的一些规则

如果打来电话的应聘者已经显示出了才智和主动性，除非他或她听起来傲气十足，不然有时面试官也会愿意与一个完全陌生的人见面。

1.千万不要在可能成为你雇主的电话应答机里留下很长的留言

没有一个雇主会有时间把你所说的那么长的话都听完全。如果一定要留个言，那就说一下你的名字，并简要说明你打电话的目的。然后，慢慢地、清晰地说一遍你的电话号码。记住，在挂电话之前再重复一次你的电话号码。

2.千万要写一封短小精悍但又吸引人的自荐信

言简意赅地介绍一下自己，并清楚地陈述一下你为什么想要安排这次见面。这封信最好是打印的、有你签名的，并且是通过邮寄或者你亲自送去的。发电子邮件多少显得有点敷衍，而且会让雇主觉得你并没花很多心思在这件事上，那么他为什么要花时间和精力和你见面呢？

3.千万还要附上能证实你值得对方花时间在你身上的证明

如果你正在寻找一份写作的工作，那么就节选几段你发表的文章寄给对方；如果你正在申请成为一名医学研究员，那么就把你发表的研究寄给对方。有些应聘者只是象征性地在公司露个脸，甚至没有预约面试，只是随意留下一封信或者一份简历，或者只是简单地罗列了一些有关他要编写的文章或者想要做的生意的构思。不要怕你的想法会被人偷走。这是目光短浅的做法，因为构思是能被层出不穷地酝酿出来的。而且，大多数人除了自己的构思，无法准确无误地把他人的构思呈现出来。他们无法彻底理解你构思的思路。因此，即使你的那些构思被人偷走，他们也无法完整、准确地呈现那些构思，换言之，你的构思、想法是安全的。

4.坚持不懈地努力

当打电话给你想见的人的助理时，要有礼貌。如果与你见面的是一个在公司就职的重要人物，但不是你原先写信联系的那个，千万不要感到失望，也千万不要在电话中口气冷淡。愿意服从公司的行政指示，按照指示办事，能表明你有很好的团队精神。

面试前要做好准备工作

你要留给别人的印象应该是干净朴实、低调做人的。

如果你已经给有权的人留下了极好的印象，并得到了面试机会，你应该怎么样进行准备呢？

1.做好调查工作

对于即将成为你上司的人而言，没有什么比在面试中看到应聘者显得愚钝无能、对公司一无所知更让他觉得懊恼的了，所以要尽自己最大可能地去了解有关公司、产品以及人事的一切信息，即使是用网络去搜寻公司的相关信息。如果那是一家杂志社，那么看一下该杂志的刊头，这样你就会清楚要与你见面的人是谁以及他或她在行政管理系统中的地位；如果是其他类型的公司，那么就上网浏览一下高级官员的名单以及其他信息。如果我是面试官，我会等不及地想把一个愚钝无能、对公司一无所知的人推搡着赶出我的办公室，但我会很高兴为那些做好了功课的人解答。我也很乐意向他人学习，只要别人提的意见是有根据、有见地的，而且是客气地提出来的。

2.注意着装仪表

如果你面试时嚼着口香糖，穿着运动鞋和皱皱的夹克，头发乱糟糟地跟刚从床上爬起来一样，那么一切都说明了你对这份工作毫不在乎。即使你手头拮据，在两样东西上还是绝不能吝啬的：鞋子和手提包。当人们从头到脚打量你时，正如我之前提到过的一样，他们通常都是从脚开始打量。不要穿透明的黑色长筒袜，去找一双厚点的、不透明材质的，这样才不会因露出你皮肤的颜色而显得不礼貌。但换句话说，如果你穿的是没有任何装饰的长筒袜，那么就一定要找一双透明的。

当然，最重要的还是要穿上一套能充分散发你由内而外的自信的衣服。

3.以低调、随和的方式展现自信

不要在面试时喷很浓的香水。不管未来的老板是男是女，深 V 字领的衣服或者太紧的衣服在面试时都不适合。因为你无从知道桌子还是会议室圆桌对面的面试官是否对某种香味过敏。真正有自信的人，他们表现自信的方式是很自然的，而且他们的举止和外表是绝不会矫揉造作的。

4.不要过分引起他人对你的注意

有自信的人不需要搞任何噱头，她们不需要用深色的口红、大胆的装饰品以及夸张的发型以试图引起他人的注意。面试时最好穿黑色、灰色、白色、深蓝色、浅棕色或者清淡柔和颜色的衣服；不要穿有圆点图案的、条纹的或者任何有失庄重的衣服，像淡黄绿色或者亮橙色的衣服也不宜穿。总之，任何会贬低你身份或者太过流行的服饰都是绝对被排除在外的。

如果想穿上一套不贵但又能与贵的相媲美的衣服，你就有必要去一趟裁缝店，清楚地告诉裁缝你要一条普通的直筒裙或者一件典雅的夹克。裙子的下摆一定要在最上方的膝关节处：稍短一点就会看上去不够职业，再长一点又会显得单调过时。不要带那些大个的、沉重的、会发出声音的首饰，但一定要经常带着手表。当然，带一两件珠宝首饰或者其他配饰也是没有问题的，这样倒能显现出自己的个人风格。但是，千万不能带得太多。最重要的是，在关键时刻你能表现出齐心协力的决心，并愿意挺身而出承担任务。

5.准备应付所有可能发生的事件

面试当天早点到场，这样才不会感到筋疲力尽，至少不会让自己看起来很疲惫。如果有需要，你还得留出时间去洗手间梳妆整理一下。如果碰上糟糕的天气，而你又不得不穿靴子，那一定要带上一双可换的鞋子。不要穿高跟鞋，因为摇摇晃晃地走在办公室里并不能显示你工作的沉稳性，反而相反。如果你找的工作是金融业或者法律业的，那么一般而言都应穿高雅的矮跟女鞋或者不露脚趾的凉鞋。当然，如果你要进入的是一个需要发挥自己创造力的领域，比如时尚界、娱乐界，那么你就可以无所顾忌地穿上露脚趾的鞋子。当你进入面试房间时，把你的外套和包都存放到等候区的衣柜里，这样你就可以一手挎着文件夹进去面试，同时伸出另一只手与面试的人握手。把那种大的、皱皱的肩包或者极小的钱包留在家里，千万不要在面试时用。

◇ 面试前的注意事项 ◇

1. 足够的简历备份

　　多带几份简历前往面试，显示你准备得充分，细节决定成败，这样可以给用人单位留下好印象。

2. 要提早到

　　尽一切能力准时，包括预先给可能发生的意外留下时间，所以尽量提前到达。

3. 尊重遇到的每一个人

　　一定要对每一个你接触的人都彬彬有礼，因为你碰到的不知道是谁，每个人对你的看法对面试来说都可能是重要的。

抓住面试的机会

没有人会想雇一个只能充当办公室家具的人：雇主需要的是你的思维和才能。

1.轻松进入面试房间

进入面试房间时，不要无精打采或者耷拉着肩膀，好像整个世界的重量都压在你身上一样（你甚至可以在面试的前一天，在镜子前练习走路和坐的姿势）。然后与面试官亲切地握手。有洁癖的唐纳德·强普也许会强烈反对任何人与他握手，但大部分雇主会很重视握手的力度，一次坚实而沉稳的握手是他们所期望的。如果你的手又湿又黏，那么就在进门前试着在手上喷一些无味的止汗剂。

2.对路上遇到的每个人都要以礼相待

如果你对接待者或者上司的助理态度蛮横，那么不久上司便会听到各种流言。办公室是个很小的地方。每个人都能让你学到东西，这取决于你怎样对待他们。而且，一旦开始工作，你就应该和门卫建立起良好的人际关系，这样你才能收到自己的信件。为高层工作的人其实和上司本身一样重要。他们的意见是很有参考价值的：他们知道上司的困境、上司的日程安排和上司的个人喜好。他们能帮你尽快融入自己的工作，所以和气地与他们相处：夸赞他们桌上孩子们的照片或者他们当天的穿着，这能让你从中受益匪浅。

3.微笑待人

跟人见面时，要直视他的眼睛，并与其热情握手。因为行政人员整天都要与人会面，基于以上所提到的肢体语言，他们需要不断磨炼自己的直觉，以此判断一个人。因此，要仔细观察，并微笑着表现出很大的兴趣；至少，你应该这么做。

4.不要太放肆

只要即将成为我同事的人能对公司有所贡献，我绝不会排斥他的意见。千万别以为自己随便发表意见会让你看上去很聪明。

一个在出版社工作的朋友讲述了一个年轻人的故事。这位青年刚从某知名大学毕业。他说他喜欢已故作家的书，自负地提议出版一些已故作家的著作，原因是他认为这些作家的著作经历了时间的磨砺但仍然屹立不倒。于是，这位朋友回答道："他们已经有了出版商，而我们需要的是注入新的血液。"这看似聪明、机灵的提议最终导致这位年轻人没能跨入这家出版社的大门。

5.保持幽默感

即使你搞砸了一小部分的面试，你仍然得坚持下去，尽量给人留下一个好的印象。如果对于意料之外的状况，你能用自己的幽默逗对方开心，让他忘掉此事，这就足以证明你有能力处理任何事情。

6.牢记于心，你并不需要读过名校

"天才的体形和背景是各不相同的。"这话是出自赫斯特杂志的经营主任吉尔·毛雷尔之口，他建议敞开胸怀去接受新的人才和生力军。当宝妮刚进入出版这一行时，包括吉尔在内的许多人都给了她机会，所以她也努力想为他人做同样的事。当她给某个人面试的时候，她不会注意他是从哪个大学毕业的。她毕业于多伦多大学，一个很有名的大学，但对于那些生活在北纬49°以下的人而言，他们对该学校几乎不了解。她曾遇到过不少毕业于某知名大学却毫无用处的人，反而是那些毕业于默默无闻大学的人却很聪明而且很努力。

7.流露出你将比其他任何人更努力工作的自信，并表明你坚定的信念

即使你并非毕业于某知名大学，一个聪明的雇主也能看出你是否是该岗位的合适人选。

某杂志创意总监唐纳德·罗伯特森是个很有才华的人，担任该职位长达14年。他在学生时代曾被渥太华艺术学院勒令退学，因为他的作品被认为"太商业化"。但对这家杂志社而言，没有什么能比拥有这么一个有才华的创意总监更令人兴奋的事了。

8.要用自己的想法武装自己的头脑

你的个人见解越是能在短时间内解决问题，越是简单而有见地，那么你对雇主绝对的不可或缺率就越高。如果你想进出版业，那么就说几个自己对于一些文章或者封面的看法；如果你想进一家广告公司，那么就说一些能引人注目的宣传标题。

9.真挚表达对职位、公司及其产品的兴趣

这虽然看似是毫无疑问的，但还是有很多面试者表现得像是为了帮公司的忙才来参加面试一样。一看到该公司有经济衰退的迹象，第一批离开面试房间的应聘者一定是那些整天表现出来想跳槽的人。没有人会雇用那些势利小人的。面试时，最重要的是千万不要表现出很无聊的样子，而且不要花大量的时间介绍自己，表达你对这份工作的渴望更为重要。大多数管理人员通过自己辛勤的工作才能坐上现在的位置，因此他们对周围那些有高人一等优越感的人毫无兴趣。这些管理人员在日常工作中被许多问题和压力所困扰，所以他们很需要有人能帮助他们解决这些问题，缓解压力。

10.如果你真的想得到这份工作，试着问问该公司是否有什么你能胜任的项目或者任务

为了得到工作，主动请缨为公司做出自己贡献的人，最能给面试官留下印象。借用约翰·肯尼迪的话就是："不要问你的上司能为你做什么，而要问问自己，你能为上司（或许他现在并不是你的上司，但一旦你被聘用就会成为你上司的人）做些什么。"

11.千万不要在面试时罗列你所有的要求

很多人都会在面试中单调沉闷地大讲他们所要的办公室条件、他们能工作或者不能工作的时间、他们所能接受的最少的假日数等。很多面试人员不止一次在面试

时碰到这种情况，这让他们很是惊讶。当他们听到这些时，他们所能想到的就是这些人所提的要求都不是问题，因为这个人无论如何也不会在这儿工作。

12.要积极乐观

不要说你现任上司的坏话。这就像一个男人对于前妻或者前任女朋友的第一次

◇ 面试中不宜做的小动作 ◇

面试中小动作不断，给人的感觉是不卫生、不自觉、不够端庄大方，有的动作还强烈地暗示出应聘者内心的紧张和自卑。

1. 抠指甲、拽衣服、仰头看天花板、想问题的时候摆弄手中的笔等的小动作常常会不自觉地出现在不同的应聘者身上。这些小动作会影响招聘官对你的印象。

2. 有的小动作会让人误以为是挑逗，如女性拢头发、晃动双腿等。

应聘时过多的小动作给人以沉不住气的印象，也给人以缺乏教养的印象，不但对获得招聘者的青睐毫无帮助，反而让你的仪表顿时失色，无法让招聘者感受到你的礼仪。

约会只给予负面的评价一样，这是件多么令人反感的事！如果面试时等了很长时间，也不要抱怨，因为这样的情绪在你进入面试房间后会给他人传达一种错误的讯息。如果你已经等了很长时间，除非有急事，否则千万千万别离开。大家都有自己要忙的事。如果你真的想得到这份工作，那么请耐心点。没有人会因为让你一直等待而感到开心的。真的，忙的人会为此感到内疚，但是他们确实因为所有不得不做的事而走不开，包括与你见面。

13.承诺一旦得到这工作，你将尽心尽责，而不只是努力工作

面试官们不希望在聘请了你 6 个月后为了同样的岗位再招人、面试。如果你是个有责任心的人，请一直尽心尽责地为公司工作，并且表明你至少会坚持工作 1 年以后才会申请提拔或者跳槽。毫无疑问，这期间你将接受历练。一旦你已经达到了一定的能力，雇主最不想听到的是你对无法立刻升职的满腹牢骚，所以一旦当你精通了自己的工作后，仍然要踏实地为公司服务，不要在乎升职加薪的事，这是你能给予上司的最好的回报。

14.不要撒谎

撒谎，这是迟早会被发现的事。信任是很宝贵的东西，而且一旦失去就不可能再找回来了。最有经验的面试官能辨别出任何一种虚张声势、无伤大雅的小谎或者在文凭中的过度夸大。

面试后要做后续工作

坚持不懈是至理名言，而且通常都能得到回报。

1.不管事情结果如何，学会灵活处理各种打击

有时，即使你在面试中表现得比其他人都优秀，但仍然可能得不到这份工作。因此，你不得不安慰自己也许这并非是计划好的，或者至少事情不会总是这样的。不乏有很多 1 个月或 1 年前没有应聘成功的人再次或者第三次去同样的公司应聘，最终成功获得工作。一段时间以后，公司的宗旨、财务状况或者现在的人事情况已经较之前不同了，所以你再次去面试时情况也发生了变化。因此有很多因素是你作为个人不能控制的，要学会灵活处理。

2.如果你真的想在一个特定的机构里工作，那么再试一次，然后就与它一起发展壮大

凡事只要你坚持努力了就总会有回报，比如，仅仅只是一张简单的节日贺卡都能让面试过你的人记住你的存在和努力，而且提醒他将在不久收到你的信。

与他们保持联系，同时显示出你对公司的长远思考和真实的兴趣。比方说，如果该机构在市场中取得了意外成功，那么送上你的祝福便条给可能成为你上司的人，

让他知道你关注的是公司长远的前景，而不仅仅只是你自己的现状。

3.若你手上已有了一份工作邀请，不要轻易接受

如果你确实有时间考虑你的选择，那么为了不让公司的人认为你还在犹豫或者有异议，你得问一下公司给你考虑的时间期限，并在这期间做出决定。

要小心谨慎地利用手上的工作邀请作为与你现在的上司讨价还价的条件，因为这么做，就已经显示出你准备离开这个公司了，当你把上司逼到背水一战的困境时，你将冒着什么都得不到的危险。

如果你需要和新的雇主讨论假期、开始工作的日子或者津贴的条件，最好把讨论的时间定在两天之内。如果你决定拒绝那份工作，那么就写信或者打电话感谢那位雇主，并委婉地予以拒绝。不管情况如何，都要有礼貌、专业地予以处理，而且在这过程中要边学边尽可能多地积累实力。这样，好的工作机遇到来时，你才能有资格接受挑战。

第二节　轻松应对职场问题

魅力女人与高薪

1. 魅力让女人在职场走得更远

魅力和美丽是两个截然不同的概念。美丽肯定是一种魅力，但相貌平平的女人也能焕发出巨大的魅力。女人在职场就是如此。

美丽能够在一些特殊职业上带给女人很好的发展机会，比如演员、公关人员等。但是对于大多数的职业来说，对职业素质的要求总是在相貌之上的。当然，兼具美丽与职业素养，后天更舍得花工夫，自然能够锦上添花，因为任何职业都不拒绝漂亮的女人。

不过你也不能因此而只注重美丽，职场需要的是你的能力，受教育程度是直接影响薪酬的。据调查，受教育程度对收入的影响极大，大约等于教育回报的1/3，而且几乎每多接受一年教育，平均年薪就增加8.3%。换言之，以平均年薪3万元为基数，每多接受一年教育就可获2490元额外收入，其中930元是因为受教育程度提高而获得的。对于普通职场女性来说，选择教育始终是最保险的提升自己实力的方法。

另外，经验对薪酬也有很大影响，经验在很多时候能够提高人的学历，单纯的学历在职场上并不吃香。没有名牌学校的背景，只要你经验多、工作时间长同样可以取得可观的薪酬。

不同职位对于相关经验的时间要求各不相同。一般来说，本科以上学历是普遍要求。除此之外，高级管理人才需要有 12 年以上的相关工作经验，管理人才需要 8年以上，而非管理人才则需要 5 年左右的时间。这些时间足以让一个人在自己的行业有所发现，而且这个工作时间段的人的薪酬普遍比较高。

美丽和名牌学历有相似的地方，那就是可以对你的职场生涯起到一个很好的开头作用。因为美丽，一些职业比如秘书等会优先录用你，可是任何公司或部门都不会是只重美丽或者学历的。

名牌大学师资力量强，教学质量高，培养出来的学生成才的可能性大。但这仅仅是一种可能性而已，名牌学校的毕业生并不是人人都能成才的。在招聘方深入了解录用对象之前，名牌有意义；在深入了解后，重要的是能力强弱、素质高低，是否是名校就不那么重要了。美丽的女人面对的也是这个问题。

名牌学历"只管半年"，而美丽所管的甚至还没有半年，公司的秘书只是美丽，却什么事情都不会，那将是一个多么可怕的事情啊。

所以女人要在职场走得更远，除注重你的美丽外，还需要发挥你的魅力，用你的细心弥补上司思考的不周，用你的柔情化解人事上的矛盾，用你的直觉判断做出正确的决策或者只是出一个点子，都会对你的未来起到很大作用。

2. 魅力女人赢得高薪的技巧

在今天这个职场竞争异常激烈的社会，很多女性感叹工作难找，取得高薪就更难了。其实只要你掌握了职场赢得高薪的技巧，取得高薪也不难。

（1）选择业绩佳、前景好的公司。高薪来自公司的高绩效，所以你要先留意公司的体制，如组织决策流程、员工素质、核心技术等。但是，也不应只关心企业现在的业绩，更应关心影响整个公司乃至整个行业发展的因素。

（2）观察企业的领导人是否具备前瞻性眼光。好的领导就像动力十足的引擎，会为公司输入新的想法，创造和谐的工作环境。如果领导人具有开拓进取精神，必定能为员工提供一个广阔的发展空间，薪金增长也自然水到渠成。

（3）让自己成为难以替代的人。物以稀为贵，职业也是一样。如果你做的工作人人都能做，你受重视的程度和薪金自然高不到哪儿去，如果你做的工作别人不能做或能做的人很少，拿高薪是顺理成章的。所以，职业女性应该时时注意企业的整体环境正发生哪些转变，并且思考在这样的转变中，企业急需具备什么技术或才能的员工，以便及早准备，提升自我价值。

（4）丰富自己的阅历。阅历丰富的通才，可以有效整合企业内高度分工的各项资源，形成综合效应。因此，女性要把握各种机会丰富自己的阅历，如参加项目规划、参加在职培训等，在学习的过程中尽心尽力，在潜移默化中提升自己的价值。

（5）具备团队协作精神。这几乎成为招聘方对求职者共同的、最基本的要求。可见合作协调在一个组织中的重要性，一个有序的组织应该强调专业分工，但绝不

◇ 薪酬谈判时的注意事项 ◇

请问工资金额是税前还是税后呢？

1.问清税前税后

薪水越高，所要承担的税金就越高，因此，最好事先问清楚是税前款还是税后款，并在劳动合同中加以注明。

2.分清基本工资与奖金

通常公司会把你的工资总额分成几块：如基本工资、效益工资、奖金、津贴、补贴等。在保证工资总额不变的前提下，你要力争基本工资的高低。

也就是说除了奖金和提成，基本工资是2000元，是吗？

保险公司给交吗？

3.高薪不能代替保险

《中华人民共和国劳动法》中规定：用人单位和劳动者必须依法参加社会保险，缴纳社会保险费。即使你们有了协定，公司也不能免除此种责任。

能各自为政。在这种环境下，能够组合、协调本部门或部门之间的工作，发挥团队力量的佼佼者，高薪自然不在话下。

（6）目光长远。这一招不是什么实际的办法，而是提醒你追求高薪是你的目标，但目光远大的人不能将视线只停留在追逐高薪上。因为只有不断增加你的个人价值，才是你取得高薪的源源不断的动力。如果一味追求高薪，而忽略了薪金仅是个人价值的反映，难免会舍本逐末。

与上司交往的艺术

在职场中，每一个职业女性都会有一个直接影响她事业、健康和情绪的上司。无论是男上司还是女上司，能否与他们和睦相处，对女性的身心健康、发展前途都有很大影响。那么，如何才能做到与上司和睦相处呢？

1.了解上司的为人

如果你不了解上司的为人、喜好和个性，只顾埋头苦干，工作再怎么出色也不会得到上司的赏识和认同。上司欣赏的是能深刻地了解他，并知道他的愿望和情绪的下属。了解你的上司，不但可以减少相处过程中不必要的摩擦，还可以促进相互之间的沟通，为自己的晋升扫清障碍。

2.注意等级差别

你与上司在公司的地位是不同的，上司不是你的朋友，他在乎他的权威和地位，他需要别人的承认。如果你的上司还有上司，你和他开玩笑，他会很没面子。就算他是你的朋友，在公司也最好把你们的关系界定为简单的上下级关系。

3.忠诚

忠诚是上司对员工的第一要求。不要在上司面前搞小动作，你的上司能有今天的位置说明他绝非等闲之辈，你智商再高，手段再高明，在他的经验阅历面前也不过是班门弄斧。

4.敏感上司的动机

上司的不同命令的下达方式可能暗含着不同的目的，比如吩咐，即要求下属严格执行，不得另行提出建议及加上自己的判断；请托，给予下属若干自由空间，但大方向不得更改；征询，欲使下属产生强烈的意愿和责任感，对他极为青睐；暗示，面对能力强的下属，有意培养对方的能力。所以，当你接受一个任务时，一定要弄清上司的动机，不要辜负上司的美意，错失良机。

5.不要委曲求全

因为工作被冤枉时，一定不要委曲求全，因为一方面你的"大度"可能掩盖了公司内部真正存在的问题，另一方面会让上司误解你的能力甚至是人品，你的沉默将使他对自己的判断更加深信不疑。既然于公于私都无益，那你还不如找机会解释清楚。

6.不要在上司面前流泪

泪水容易给人造成这样的印象：她是柔弱的，她的承受力太差了。如果你在上司面前流眼泪，那么原先打算提拔你的上司，也可能会认为你不能胜任你的工作，而把机会让给其他人。

7.及时完成工作

员工的天职就是工作。如果没有完成上司交给你的任务，不论有什么客观因素，也最好不要在上司面前解释什么，没有做好本职工作，任何理由都不是理由，因为上司关心的只是工作的结果。工作没做好，你的解释只会让他更加反感。如果确实是上司的安排有问题，你可以事后委婉地提出，但千万不要把它作为拖延工作的理由。

8.小处不可随便

在上司面前，要注意自己的言谈举止和工作中的细节问题，越是随意的场合越要加以小心，正所谓"当事者无心，旁观者有意"。很多上司都信奉"见微知著"的四字箴言，认为这些生活中的细节很容易暴露一个人的秘密。比如文件的摆放可以看出你做事的条理性和缜密度，发言的声音大小说明了你的自信心如何，酒会上的行为是否得体体现了你的个人修养与自制力，等等。

9.要有团队精神

任何一个上司都不会喜欢害群之马，因为是他所管理的团队给了他威严、权力和成就感。没有整个团队的成长，他的事业就失去了依托。所以不要只想着怎样讨上司喜欢，要和你的同事和睦相处，不要搞个人主义，团队意识是你成为一名优秀员工的最基本的要求。

要熟记赢得上司最佳印象的秘诀：

（1）说话谨慎。对工作中的机密必须守口如瓶。如果说话随便，说不该说的话，有意或无意地泄露秘密，将会给上司和自己的工作带来不便。

（2）苦中求乐。不管你接受的工作多么艰巨，你也要做好，千万别表现出你做不了或不知从何入手的样子。

（3）保持冷静。面对任何困难都能处之泰然的人，一开始就取得了优势。老板和客户不仅钦佩那些面对危机不变声色的人，更欣赏那些能妥善解决问题的人。

（4）善于学习。要想成为一个事业成功的人，不断学习、充实自己的知识是必要的。既要学习专业知识，也要不断拓宽自己的知识面，往往一些看似无关的知识会对你的工作起到很大作用。

（5）切勿对未来预期太乐观。千万别期盼所有的事情都会照你的计划发展。相反，你得时时为可能发生的错误做准备。

◇ 如何给上司留下好印象 ◇

想要给上司留下一个好的印象，就应该努力做好以下三点：

小李这么早就来了啊？

1. 提前上班

如果能提早一点到公司，会显得你很重视这份工作。每个上司都喜欢勤奋工作的员工。

经理，这是你要的文件。

这么快？

接到任务后要迅速准确及时完成，留给上司反应敏捷的印象，这是金钱买不到的。

2. 反应要快

好的，我马上去！

这些都是重要客户的名片，虽然人数多，但是我希望你一周内能拜访完，并整理出资料！

3. 勇于承担压力与责任

不要总是以"这不是我分内的工作"为由来逃避责任。当额外的工作指派到你头上时，不妨把它当作一种机遇。

做一个幽默的"魅力女主管"

幽默作为一种激励艺术，在公司的日常经营管理中有着重要的作用。调查显示：许多下属心目中理想的主管形象是：富有幽默感，善于调节与下属、客户之间沟通的气氛，可以让大家在轻松的氛围下工作。要做到这一点很不容易，但是作为一位受下属欢迎的主管，尤其是女主管，非常有必要了解如何运用幽默的智慧。

这也是很多满怀抱负的职业女性万万想不到的事情，阻碍她们成功的最大因素竟是她们视为禁忌的"幽默感"。她们不知道掩埋了幽默感，就等于没有了个人风格，最吸引人的神秘力量也因此丧失了。因此，女性也应摘下严肃的"面具"，恢复轻松自在的女性特质，并且学习保持幽默的态度，时时展现出胜人一筹的风度。

1. 幽默在管理中的作用

在工作中幽默能带来一些积极结果。作为主管，你的幽默越有效，这样的一些结果就越有可能会来到。

（1）幽默可以增加工作的满意度和投入程度。在工作中表现出更多积极有益的幽默，比如说，讲笑话和想方设法让别人笑的人在心理健康、工作满意度和投入程度方面的评价更高。同样，这些人也更不太可能辞职。富有个人魅力的主管通过树立运用有效幽默的榜样，能帮助下属取得积极结果。

（2）幽默是消除矛盾的强有力手段。当两个人或两个部门相互之间有冲突时，老练的主管会讲一些幽默的话，从而有助于消除双方的分歧。

（3）幽默会减轻紧张情绪。纵情大笑是身体上的放松，因为它使肌肉紧张，然后又放松。纵情大笑也非常像身体锻炼，它可以减轻工作上的压力和相伴随的紧张感，因为大笑会释放出内啡肽——那些荷尔蒙会导致一种放松和更强警觉的状态。如果你产生了一种让大家释放内啡肽的效果，你魅力的得分将会激增。

（4）在工作中有效运用幽默能提高生产力。因为幽默有助于下属放松紧张情绪，而且当他们放松时，他们的工作效率会更高。

（5）幽默可以使大家团结在一起，并且有助于更好地对付困难的工作。

（6）幽默非常有助于促进人际关系的改善。起润滑作用的幽默可以促进人际关系的和谐并且减轻工作中的紧张感。这种类型的幽默能使员工相互之间的关系顺利地运转，而且它还是有魅力的个人更为偏爱的一种幽默。相反，伤人感情的幽默会刺激相互之间的关系。起润滑作用的幽默是有助于人在部门中感到舒适自在的一种极佳手段。

（7）恰当形式的幽默有助于人对待逆境。在下属遇到困难时，作为主管的你及时运用一些恰当的幽默，鼓励他（她）调整心态，积极面对困难的挑战，一定会收到很好的效果。

（8）运用幽默可以让下属看到一个问题的更为轻松的一面，幽默有助于下属摆正事情的位置。

（9）以逗人发笑的方式，通过对想法进行反复琢磨的形式表现出来的幽默能促进创新。幽默是智力刺激因素的来源，因为不得不绞尽脑汁去寻找深深植于工作环境中的令人有趣的成分。

2. 培养自己的幽默感

幽默，是智慧的艺术。当然，幽默不是天生的，也不是一蹴而就的事情。要想做一个幽默的女主管，坚持以下几点就可以见效：

◇ 幽默要有限度 ◇

幽默的主管比古板严肃的主管更易于与下属打成一片。然而什么事都要有个度，"过犹不及"，当你在"幽他一默"时也一定要把握住幽默的限度，领会其中的技巧：

她怎么这么说话！真是太不尊重我了！

老李才是咱们组最聪明的，你看人家都"绝顶"了呢！

1. 幽默要高雅

当你在与下属沟通时，幽默要高雅才好，把下属的缺陷作为笑料是一种最不明智的行为。

看这材料，我忽然想起一个笑话……

老张正在发言呢，经理这是什么意思？

2. 幽默要注意场合

幽默并不是随时随地都可以运用的，应在某些特定的场合和条件下发挥幽默。

（1）博览群书，拓宽自己的知识面。知识积累得多了，知识面广了，与各种人在各种场合接触就会胸有成竹、从容自如。

（2）培养高尚的情趣和乐观的信念。一个心胸狭窄、思想消极的女主管是不会有幽默感的，幽默属于那些心胸开阔、对生活充满热情的人。

（3）有意识地训练自己对事物的反应和应变能力。

（4）提高观察力和想象力，要善于运用联想和比喻。

（5）多参加社会活动，多接触形形色色的人，增强社会交往能力，也能增强自己的幽默感。

总之，幽默是一种优美的、健康的品质，恰到好处的幽默更是智慧的体现，当你掌握了幽默这门社会交往的艺术时，你会发现与下属沟通不再是一件困难的事情，而且你的下属还会被你的魅力所吸引，被你的宽广胸怀所感动，进而敬佩你，最后真正接受你、服从你。善于幽默的主管，大多能把幽默的力量运用得十分自如、真实而自然。由此，当主管开玩笑时，下属们不会感到不伦不类或是哗众取宠，而是快乐。因此如果你想成为一位富有魅力的主管，不妨多些幽默。

育后女性速入职场有绝招

作为职业女性的你刚刚生完孩子，身份自然又多了一重，面对的问题也更多了，但你对工作的热情丝毫未减，并不想放弃原有的工作，你已经把生理和心理的状态都调整到了最佳，准备重新投入到自己的岗位，大干一场。但却发现你的上司和同事都投来了怀疑的目光，似乎断定你在产后已经把精力的重心放在了家庭和小宝宝身上，你已经不可能像以前那样拼命工作了，也不会有太高的工作热情了，心里想的都是自己的宝宝，只想着应付完工作赶快回家。

如果你的老板还算仁慈，会亲切地告诉你在不影响工作的前提下可以回家照顾孩子，或者某些工作可以在家里完成。你可能觉得很轻松，可以既不耽误工作，也不妨碍照顾宝宝。

可是，时间长了，你会发现很多事情已经悄悄改变了。虽然你的工作和从前一样努力和出色，但原本应该你去参加的重要活动却换了别人，年终奖金你也比其他人少，升职的问题上司再也没有跟你提起过。

问题的症结就在于你已经不知不觉地进入"妈妈地带"了，虽然你依旧勤奋又能干，但在同事和上司的眼里，你已经被划归到只关注孩子和家庭的妈妈范畴。所以，你的当务之急是改变自己的形象，改变别人对你的印象和看法，重新塑造自己优秀职业女性的形象。

1.用新技术让自己发光

一般的电话答录机都会自动记录来电的时间，你可以利用电话答录机来向他人展现你的工作激情和效率。"我通常会在早晨的工作开始之前先打几个重要的电话，这样客户会一上班就首先能听到我的声音。"做销售的季然说。

李贝的老板最喜欢加班的员工，所以李贝对自己的电子邮箱做了设置，推迟了给老板发送邮件的时间。而她的一个朋友则买了一个功能齐备的手机，在上下班的路上也可以随时收发邮件，并完成许多需要联络的事情，当然，她不会跟对方说自己不在办公室。

◇ 让上司重新认识你 ◇

你的上司是否知道，虽然你已做了妈妈，却还是和生育前一样精力充沛、富有责任心和有良好的工作状态呢？如果你不告诉他，他恐怕是不会那么想的。所以你要利用一切机会提醒他：

张经理，我想和您说一下最近的工作……

1. 经常给他打电话，或者定期与他共进午餐，跟他沟通你的工作进展情况及工作时间安排，让他知道你每天都做了什么。

小陈还是和以前一样勤快！

2. 你在办公室的时候一定要到他眼前晃一晃，让上司看到你在努力工作。

做这些事情的目的就是：赶在上司质疑你的工作能力之前，先给他一个积极的答复。

2.给自己创造一个绝对职业的工作环境

与客户见面拿名片的时候是否掉出来孩子的照片？胸前是否可以看到隐约的奶渍？文件夹的封皮是否被孩子的蜡笔划过？这些事情都会让人觉得你不够职业。

所以，要想让上司和同事以及客户对你有好印象，一定要把工作和居家的感觉严格区分开。你可以在办公桌上放一张孩子的照片，但一定不要在包里留着他（她）的奶嘴。对孩子的教育也很重要，一定要让他们明确地知道：妈妈的办公用品是绝对不可以随便碰的。

3.让你的话职业起来

在工作中，要注意你说话的方式方法，小心斟酌你的用词，使用那些可以强调你职业形象的话。让人觉得你不是"请假回家"，而是"在家工作"。不能说"不能参加下午的会了，因为要去给孩子开家长会"，要说"对不起，我下午已经约了客户"。

另外，你还得找周围的同事给你同样的支持。刚做妈妈的王玲是一家公司的客户主管。在她不得不照顾孩子的时候，她会交代秘书这样回答找她的人："王经理今天没有时间，她要见一位重要的客户。"王玲说："这么说也没错呀，难道我女儿算不上我的重要客户吗？"

4.浪费一点能源

这听起来好像不是"太环保"，可是对某些在职场上具有丰富经验的人来说，他们很愿意在自己不得不离开办公室的时候仍旧让电脑或者房间的灯开着，这样，别人会以为你只不过是去洗手间了。

5.坚持逛街的好习惯

你有了孩子之后，也就可能无法像从前一样有充足的时间、精力和金钱来给自己购买衣服了。你还会发现自己的着装还是停留在几年前的款式和风格上。所以，就像一位职业咨询顾问说的那样："如果你已经想不起来上次买新衣服是什么时候，那么说明你的形象已经被你忽略了。"而这造成的后果就是别人会认为你只是个操心的妈妈，而不是职业女性了。

职场压力调节法

对于职业女性来说，她们所面临的压力会比男性更多。尤其是如果你结了婚，有了孩子，你的压力就会更大。要应付这些压力，职业女性就必须具备良好的身体素质和健康的心态，还要有能力控制好情绪，为自己和他人增添能量。

缓解生活中和工作中的压力，对职场中的女性有着特别重要的意义。巧妙缓解、调节压力，能让你轻松度过每一天。

一、从身体方面来调节压力

这方面主要强调的是持之以恒地运动，特别是做"有氧运动"。例如，游泳、跳绳、骑自行车、慢跑、急步行走与爬山等。这些运动不仅能够让血液循环系统运作更加顺畅，还能够强化心肺的功能，直接增强肾上腺素的分泌，让整个身体的免疫系统强大起来，从而以更健康的"体质"去应付生活和工作中随时可能出现的各种压力。

◇ 职场女性缓解压力的方法 ◇

每个人在工作或生活中都有压力，而压力过大容易让人处于情绪风暴中，从而影响到工作、家庭及身体健康，学习如何减压也是一种生活的技巧。

1.是休假旅游或运动健身，旅游或者运动可以很好地转移注意力。

2.合理发泄，可以打打拳击、沙袋或者大声喊出来，这些都可以发泄出心中的压力。

通过多种方式，时常给自己减减压，每天用阳光的心情迎接朝阳，这样生活和工作才会更加有动力。

为什么洛克菲勒、卡耐基、拿破仑·希尔等超级富翁都酷爱运动？事实上，身体肌肉的运动，能够让你全身心都得到松弛，并让你的大脑有一个适当的休息机会。只有强健的身体，才是成功的能源。所以，在工作之余，你不妨做些运动来调节一下身心的压力。

1.韵律呼吸法

最简单、最快捷的松弛方法就是适当地呼吸。精神病学家指出：当一个人精神紧张时，他就会不自觉地改变呼吸的方式，从而增加压力的严重程度。下面教你一种韵律呼吸法：合上双眼，将精神集中于右鼻孔所呼出及吸进的空气，然后再集中左鼻孔的空气呼吸，每日反复数次，你会立即感到心平气和，富有韵律的轻松感觉就像浪涛拍岸。

2.有氧运动

有氧运动是消除压力最全面、有效的方法，无论哪种有氧运动都很有效，例如慢跑、骑自行车、跳舞等，都有异曲同工之妙，你甚至不用使自己汗流浃背，就能收到松弛的效果。

3.彻底放松一段时间

对职业女性来说，必要的放松绝对重要。就一天而言，你可以在经过一上午的繁忙工作后，来一段小小的午休。当然躺在床上呼呼大睡的愿望有点奢侈，而且也没有必要。你可以靠在椅背上，把双脚稍稍垫高，在脸上盖一张报纸，既可挡光，又可告知同事：午休时间，请勿打扰。这样的午休只要一刻钟就可保证你有个精力充沛的下午。

4.收拾凌乱的东西

当你的家或办公室乱得一团糟时，你的工作也可能会变得拖沓、无精打采，你要尝试用一张清单列出应优先处理的事情，并按部就班去处理，如将文件与杂物分开，按类归档，需要回复的信件马上回复，只需十几分钟，一切就会变得井井有条。周末逛逛街，和朋友小聚聊聊天，或放下手头一切工作，去遥远的地方做一次旅行，都会让你备感放松。

二、从心理方面来调节压力

心理学家视个人的情况而给予的个别指导和心理治疗，是个人应付压力的最佳方法。但他们也赞成利用有效的自助法来排除压力，例如正视压力、强调自己的成就、听音乐等。

1.正视压力

（1）认定自己是处于压力之下，然后把它冻结。

（2）将你的注意力从起伏的情绪转移到你心胸的四周，将你的能量集中于此约

10分钟。

（3）回忆一些愉快而难忘的事。

（4）让自己的心能更宽容体谅，凭直觉对抗压力。

（5）聆听自己内心的想法，自会找出解决方法。

2.学习说"不"

学习说"不"有时候比做1个小时健身来得有效，尤其是惯于逆来顺受的女性，更应学会对自己不喜欢的事做出适当的拒绝，起初也许会感到不习惯，但结果会是相当理想的。

3.强调自己的成就

正面而积极的心态也可减低紧张的程度。与其常常想着令自己不快的事，不如想想自己已取得的成就，同时别忘了称赞自己。

4.用音乐调节情绪

听音乐也是一种能有效消耗身体能量、调节压力和改善情绪低落的方法。很多种音乐都可以缓解压力，选择的准则便要视个人喜好了。

5.倾诉

密友对于女性来说，当然不可或缺，闲暇时可以和好朋友相互交流工作心得、家庭琐事及生活中的种种问题。很多的烦恼或担忧，只要说出来往往心情就好了一大半。当然，倾诉对象也可能是难得的"蓝颜知己"，如果是年长许多的"忘年交"，那就更难得了，可以从对方那里得到很多宝贵的经验。

第六章

女人的恋爱资本——通往幸福的起点

第一节　顺利俘获意中人的心

做有情调的女人

在文章的开头问女士们一个问题："你们认为什么样的女人才是男人最喜欢的？"大多数女士肯定会这样回答说："男人当然是最喜欢有魅力的女人了。"女士们说出的答案是有道理的，男人的确是喜欢魅力十足的女人。可是，要想获得男人的爱，光有魅力是不够的，女士们还需要让自己有情调。

几天前，卡耐基的老朋友达勒·赫斯特突然来到他家，同时还带来一位他从未见过的女士。一进门，达勒就兴奋地说："嗨！戴尔，这是我的未婚妻安蒂。告诉你一个好消息，再过三个月我们就要结婚了！"虽然在事前卡耐基已经有些预感，但达勒的话还是让他大吃一惊。

达勒是英国人，按照他的说法，他是一个有着高贵血统的英国贵族。他这个人很奇怪，尤其对感情特别挑剔。在这之前，有很多女士都曾经追求过他，其中不乏漂亮的、富有的和有身份的，可是我们这位达勒没有一个看得上眼。用他自己的话来说："我是一个贵族后裔，只有那种让我有怦然心动的感觉的人才能做我的妻子。"

事实上，安蒂说不上漂亮，更谈不上有什么高贵的气质。卡耐基不明白，达勒这个一向狂傲的家伙怎么会选择她。于是，在吃晚饭的时候，他问达勒："老朋友，你能给我讲述一下你们的恋爱史吗？"达勒满脸幸福地说："我们是在一次舞会上认识的，当我第一眼看到安蒂的时候，我就觉得她与众不同。你知道，那些参加舞会的女人都想出风头。她们在脖子上、手指上、耳朵上挂满了首饰，身上穿着价格不菲但却俗气到极点的晚礼服，脸上的浓妆足以让人望而生畏。说实话，每当我看到她们的时候，都有一种想呕吐的感觉。可是安蒂不一样。她那天只化了淡淡的妆，也没有带太多的首饰。最吸引我的还是她那套晚礼服，明显是手工制作的，而且给人一种清新脱俗的感觉。于是，我来到了安蒂身边，和她攀谈起来。一个小时之后，我发现我已经深深爱上了她，因为安蒂对生活的品位简直太独到了。她把那些物质的东西看得很淡，认为只要自己喜欢，什么样的生活都可以变得很快乐。她告诉我，她喜欢自己做衣服，因为那会让她有一种自主的感觉。她最喜欢的是一件睡衣，还说她喜欢穿着睡衣坐在餐厅吃晚餐的那种感觉。正是安蒂这种特有的情调让我对她着迷，所以我决定和她结婚。"

安蒂并不是买不起一身像样的晚礼服，但她却认为那样的生活太过俗套。安蒂对生活有着自己独特的品位，因此她想尽办法让自己生活充满情调。正是安蒂的这种情调，才最终俘虏了达勒的心。

的确，有情调的女人最能打动男人的心，因为男人在粗犷的外表下同样有一颗渴望浪漫的心。情调虽然不能与浪漫等同，但情调却能制造出浪漫。情调其实是一种对生活品质的追求，要求注重个人的享乐，而且还要有品位地进行文化消费。

那么，究竟怎么做才算有情调呢？坐在高级餐厅，品红酒、听音乐是情调；安静地坐在音乐厅欣赏交响乐是情调；悠闲地坐在咖啡馆，喝着咖啡，风雅地抽着女士香烟也是情调……

很多女士都把情调和上面那些高级场所联系起来，认为情调是一种奢侈的享受，永远与普通人无缘。事实上，女士们这种想法是错误的，情调是一个女人对生活的品位，是一种思想感情所表现出来的格调。情调与金钱、地位其实没有一点关系。

娜塔是个漂亮的女孩，而且很善良，还善解人意，但她的男友卡尔却与她分手了，为什么呢？卡尔说："是的，我知道娜塔有很多优点，但我和她在一起真的很不开心，她的生活简直没有一点情调。约会的时候，我常常提议去一些格调高雅一点的餐厅，因为那样才显得浪漫一些。可娜塔却说，与其花很多钱在餐厅吃，还不如自己买一些东西在家里吃。其实，在家里和喜欢的人一起吃晚饭也可以是一件让人感到愉快的事情，可娜塔却让我的希望落空。她总是胡乱地煮一些东西，然后很随便地把食物放在盘子里。我提议何不关上灯来一次烛光晚餐，可她却说那样太黑不利于吃东西。吃完饭后我提议跳一支舞，可她却说还有很多家务等着做。我提议将房间布置得温馨浪漫一点，可她却说那是在花冤枉钱。我真的受不了了，虽然我很爱她，但我还是选择了放弃。"

女士们，这不得不说是一场悲剧，一对本来相爱的青年却因为爱情以外的因素而分开。坦白说，娜塔的做法并没有错，应该说她所做的一切也都是为了卡尔着想。因为在她看来，能不花的钱最好还是省下。可是，她没有想到，她的这种好心却伤害了卡尔，因为卡尔希望自己有一段浪漫的恋爱经历。

美国著名心理学家唐纳德·卡特曾说："现代人面临的压力越来越大，很多人都不堪忍受。因此，不管是男人还是女人，都需要找到一种方法来缓解这些压力。我认为，最好的也是最有效的方法就是以情调来调节生活。情调能让生活变得多彩，也能让你从中体会到快乐。当然，这些不需要花费你很多钱。"

英国顶级服装设计师乔治·德莱尔也说过："情调其实并不是一种奢侈的东西，只要你愿意，每个人每天都可以过得很有情调。举个例子，假如我给你一筐梨，里面有一些是烂的，那么你该怎么处理？有人人会说先吃烂的，因为那样可以给自己节省下一部分。可是，当你吃完烂梨的时候，发现原来好的也已经变烂了。这样，你吃到的永远是烂的。也有人说先吃好的，因为那样可以让自己享受到美味。可是，当你吃完好梨的时候，那些烂梨已经没法要了。这样，你就浪费了很多。其实，你只要动动脑筋就可以了。为什么不把烂的那部分挖掉，然后煮成梨糖

◇ 如何做一个有情调的女人 ◇

情调的养成不是一蹴而就的，模仿不来，也着急不得。它来自于日常生活的点滴积累，亦需要勇气和精力。

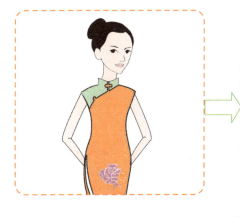

1. 追求精致的美丽

女人，可以没有华丽的衣裙、耀眼的珠宝，但绝不能容许自己以邋遢示人。一个有情调的女人必然是一个精于装扮的女人。

2. 拥有丰富的知识和内涵

她们必须具备足够的知识和内涵。阅读，能使一个人理性思考，博学睿智。

水，并在这个过程中把那部分好梨吃掉？这可是一举两得的好办法。显然，这不会花费你很多的时间和金钱，然而却可以让你的生活变得有情调起来。"

只要你们有一颗热爱生活的心，那么你们就一定可以通过情调来让自己的生活发生改变，也同样能用情调获得男人的爱。女士们一生要扮演很多角色，女儿、女友、妻子、母亲，而如果你们能够将每个角色都做得尽善尽美，让自己的生活充满情调的话，那么你的心情将明媚许多，你身边人的心情也会明媚许多。

情调女人深知自己最需要的是什么，她们会安排好自己的生活，也会维护好自己生命中最重要的东西。只有懂得情调的女人才能真正地爱别人，也才能让自己真正地快乐起来。而只有女人自己快乐了，她身边的男人才会快乐。爱情虽然是个很难说清楚的问题，但快乐却是爱情中不可缺少的因素。

实际上，要想获得一份永恒的爱，懂得制造有情调的爱情也是很重要的。很多女士认为爱情就是两个人互相喜欢，互相帮助，然后组建一个家庭，生儿育女。的确，现实中的生活就是这样，然而爱情是一个浪漫的词语，它无时无刻不需要情调来调试。没有情调的爱情将是枯燥乏味的。

不过，女士们必须清楚，男人喜欢有格调的生活，更渴望有格调的爱情。因此，如果女士们想让你中意的男人喜欢你，那么你们就一定要做个格调女人。

为悦己者容

女士们在赶赴约会之前都会做哪些准备呢？是坐在家中默默等待约会的到来，还是抓紧一切时间精心打扮一下自己？大多数女士肯定会选择后者，因为她们都想让自己喜欢的男人看到自己漂亮的一面。这不是虚荣，更不是虚伪，而是一种正常的心理。事实上，很多女人都以在男人面前"炫耀"魅力为荣耀。

对于后者，我们暂且不说，先说说那些不愿打扮的女性。这种女性往往独立和自主性比较强。在她们看来，取悦男人是一件耻辱的事情。特别是一些女权主义者，她们更不会为了男人而去梳妆打扮，用她们的话说："我穿什么衣服，化不化妆，这都是我自己的事。和任何一个男人都丝毫没有关系，即使是我所爱的男人。"

如果女士们有这种想法，那么你们最好早点儿放弃，因为你们还没有做好争取爱的准备。的确，爱是不能以外表来衡量的，虚有其表的爱情不是真爱。然而，女士们不得不承认，男女之间产生爱情的第一步就是感官上的认识，主要是视觉和听觉。试想一下，如果你没有给一位男人留下很好的第一印象的话，那么想要和他继续交往将是件很困难的事。

美国职业婚姻介绍所所长艾瑞克·庞德在一次演讲中说："我们曾经安排过

几千对男女约会。根据我的经验，那些双方都很重视约会，并且愿意为约会而精心打扮一番的男女的成功率要远比那些有一方或双方都不愿打扮的男女的成功率高得多。其中，如果女方在约会的时候没有修饰自己的话，那么第一次约会的成功率几乎很小。这并不是说男人都很好色，而是因为如果一个女人不化妆、穿着很随便的衣服去约会的话，那么男人就会觉得她是在轻视自己，从而放弃与她交往的想法。"

男人是一种自尊心很强的动物，特别是当他们与女人交往的时候，更希望满足自己的自尊。因此，女士们穿上自己精心挑选的衣服，化上适宜的妆的做法并不是取悦男人，而是满足男人的自尊心。当满足了男人的自尊心以后，女士们实际上就已经把男人征服了一半。其实，男人就是这么简单的动物，他们找妻子有时候就是为了满足自己的自尊心。

因此，女士们，你们要放下自己的"自尊心"，不要把为了男人而打扮看成是一件非常可耻的事情。事实上，你们这样的做法非但不会让男人轻视你们，反而会赢得男人更多的青睐，因为他喜欢你重视他。

无意中曾听到一对青年男女正在争吵，很显然，他们是一对热恋中的情侣。那个男的说："难道你就不能换一个发型吗？我说过了我讨厌这种爆炸式的头型。"女的有些委屈地说："怎么？你为什么不喜欢？你凭什么不喜欢？这可是今年最流行的。"男的有些激动，说道："什么流行不流行，我更喜欢以前长发披肩的你。还有，你再看看你的这身衣服，难道就不能穿得淑女一点吗？干吗把自己打扮得像个舞女？"小伙子的话的确有些过分，所以那个女的也生气地回敬道："我像个舞女？那你为什么还和一个舞女待在一起？你这个不知好歹的家伙。你知道吗？为了这次约会，我整整准备了一个星期，就是想给你个惊喜。可你呢？不但不称赞人家一句，反而还要污辱我？"男人也不示弱，说道："惊喜？是够惊喜的。难道你不知道我喜欢淑女类型的吗？你以前不是挺好的吗？干吗要穿成这样？上帝，我怎么会喜欢这样一个女人？"最后，这对恋人不欢而散。

其实，很多女士都有这样一个错误的观念，那就是她们认为精心打扮是自己的事，只要自己喜欢的，那么对方也一定会喜欢。每个人的审美观点都是不一样的，特别是男人在看待女性的时候往往有一套他们自己的审美观念。如果女士们不顾男士们的想法，执意要根据自己的意愿来梳妆打扮的话，那么结果肯定是会让每一次约会都不欢而散。

人际关系方面的专家约翰·查尔顿在《少男少女》杂志上曾经这样写道："青年男女恋爱成功的第一个前提就是让对方有一种愉悦感，这一点对于女士们更为重要。作为女性，你们不妨按照男人的意愿来打扮自己。虽然那会让你们觉得有一点委屈，但却可以让你心中理想的对象更加爱你。从心理学角度来说，男人看到一个女人愿意为了自己而改变，那么他就会认为这个女人十分地爱他。通常情况下，男人在面对这种女人的时候都会紧抓不放，因为他们希望自己有一个懂事的妻子。"

亨利是个年轻帅气的小伙子，而且还是华盛顿一家大公司的总经理。这样，亨利自然就成了女性心中的抢手货，因此追求他的女性不计其数。可是，这个亨利却是出了名的"冷酷汉"，不管什么样的女人都不能打动他的心。他曾经对外宣称，自己终生都不会娶妻，因为没有一个女人值得他去爱。

然而，就在几天前，《华盛顿邮报》以醒目的标题刊登了一篇名为《昔日单身贵族，今朝已要结婚》的文章。一时间，所有人都议论纷纷，都想知道这位神奇的姑娘到底是什么样子。当时，人们都猜想这个姑娘一定是美若天仙，说不定还出身贵族。然而，当婚礼举行的时候，所有的人都大吃了一惊，亨利的妻子虽然漂亮，但是并不是十分超群。而且，她以前不过是亨利手下的一个小职员而已。

当说起这段感情时，亨利直言不讳地说："正是她的一片真诚打动了我。"原来，那位姑娘以前只不过是个打字员。她和其他人一样，早就对亨利有了倾慕之情。不过，她知道自己绝不可能和亨利在一起，因此从来没有向任何人透露过自己的秘密。

不过，这位姑娘心中深爱着亨利，因此一直都想为亨利做点什么。由于和亨利在一起工作，所以她多少知道一些亨利的喜好。亨利不喜欢太瘦的女孩子，因为他认为那样看起来弱不禁风。于是，这位姑娘就拼命地猛吃，让自己的体重增加了十几斤。亨利不喜欢化浓妆的女孩子，所以她每天就给自己淡淡地涂上一些妆。此外，她还留心观察亨利喜欢她穿什么样的衣服。只要亨利说一句不错，那么她就会一口气买下很多件这个类型的衣服。有一次，亨利突然说姑娘脸上的一颗黑痣影响了美观，结果她回家之后居然用刀把痣割掉。结果，她的脸上落下了一个疤。当亨利知道这一切以后，他的心向她敞开了，因为他觉得遇到一个肯为自己改变这么多的女人真是太难得了。就这样，两个人终于走进了婚姻的殿堂。

可能有些女士会大喊委屈，因为她们为了追求亨利也都曾经刻意装扮过自己。她们不明白，为什么一个打字员可以成功，而她们却不行。事实上，这些女士都犯了一个严重的错误，那就是没有站在亨利的立场上考虑问题。她们的确是打扮自己了，可那是按照她们的意愿进行的。有的女士为了吸引亨利的注意，拼命地减肥，因为她觉得男人都喜欢苗条的女人。有的女士化上很浓的妆，因为她觉得男人都喜欢妖娆的女孩子。有的女士居然还穿上了暴露的服装，因为她觉得男人都喜欢性感的女人。事实呢？她们的做法恰恰是背道而驰，不但得不到亨利的爱，反而招来他的反感。

◇ 为心爱的男人打扮的原则 ◇

> 约会真是麻烦，还要化妆，浪费时间！

> 可不能这样想啊，你想想你男朋友看到你这么漂亮多开心呀！

1. 千万不要认为打扮自己是一件浪费时间和金钱的事情。

2. 要站在男人的角度看问题，按照他理想中的形象去打扮。

> 你怎么不穿性感一点啊，这身衣服太保守了！

> 我有自己的穿衣风格！

3. 为男人付出要有一定的底线。不能对男人言听计从，也要有自己的主见，这样的女人才吸引人。

羞涩的诱惑力

心理学家唐纳德·鲁卡尔曾经对1000名男士做过一项调查。他首先问这些男士，在他们心里，什么样的女人才是最美丽的？结果，1000名男士分别给出了各种各样的答案，有的说脸蛋漂亮，有的说身材苗条，还有的说气质高雅。可是，当唐纳德问他们认为女人在什么情况下最美丽的时候，那1000名男士几乎都回答说："羞涩的时候。"后来，唐纳德发表了一篇调查报告，其中写道："对于所有的男人来说，我是说所有，最无法抗拒的就是女人的羞涩。女人的魅力有千百种，女人也可以通过各种各样的方式来吸引男士们的注意。但是，不管什么方法都不能和羞涩相比。我可以肯定地说，懂得羞涩的女人永远都是最美丽的。"

"羞涩"这个词似乎已经离现代人越来越远了。的确，干吗要羞涩？在这个竞争如此巨大的社会，羞涩又能起到什么作用呢？你害羞，那你就别想找到一份工作；你害羞，那你就别想领到高薪水；你害羞，那你就别想得到升职；你害羞，那么你终将饿死……这是大多数女性的想法。事实上很多女士都认为只有性格泼辣一点，做起事来风风火火的人才能在这个社会上更好地生存。至于羞涩，那都是几百年前童话里的东西了。

当然，这种想法也不为错，因为如今不管遇到什么事，如果你不去主动争取的话，那么成功的可能性将会小很多。不过，女士们并不能因此就否定了羞涩的重要性。事实上，羞涩是人类的一种美德，也是人类文明进步的产物。著名的专栏作家狄卡尔·艾伦堡曾经说过："任何一种动物，即使是最接近的人类的黑猩猩，也绝不会有羞涩的表现。人类最天然、最纯真的情感表现就是羞涩。这是一种难为情的心理表现，往往与带有甜美的惊慌、紧张的心跳相连。当人们感到羞涩的时候，他的态度就会显得有些不自然，脸上也会泛起红晕。对于女人来说，羞涩就是一枝青春的花朵，也是一种女人特有的魅力。"

约翰·德克里，被称为纽约的商界奇才。他的婚礼举办得很隆重，新娘子也很漂亮。当婚礼仪式结束以后，在场的来宾一致要求德克里讲述一下他们的恋爱史。德克里有些腼腆地说："其实，我和我妻子是在一次舞会上认识的。事实上，那天舞会上有很多漂亮迷人的女士，我妻子在其中并不显眼。然而，当我去请她跳舞的时候，我的心却被她俘虏了。我走到她的面前，很礼貌地对她说：'小姐，能请你跳支舞吗？'当时，我妻子很害羞地低下了头，脸上泛起了红晕，怯生生地说：'对不起，先生，我怕我跳不好，那样会出丑的。'我确信那是世界上最美妙的声音，而她就是我生命中的天使。我不知道自己怎么了，但我确定我已经爱上她了。从那以后，我对她展开了疯狂的攻势。

"开始的时候，我总是找借口约她出来，或是送她一些礼物。可她每次都很羞涩地拒绝我。你们可能认为我会退缩。不，她的这种羞涩反而让我对她更加痴迷。于是，我开始不停地约她，送她礼物，并且向她表达爱意。当我把求婚戒指摆在她面前的时候，她的脸就像是一个红红的苹果。我能觉察到，她太紧张了，因为她不停地喘着粗气。那时，我真觉得她是世界上最美的女人。还好，最后她终于答应了我的请求，成了我的妻子。"

究竟是什么打动了约翰·德克里的心？没错，就是他妻子诱人的羞涩。我们假想一下，如果当时的那位女士不是很腼腆、很羞涩，而是异常兴奋地说："噢，天啊，你就是商业奇才约翰·德克里吧？你是我的偶像，事实上我早注意你了。来吧，让我们跳支舞。还有，舞会结束后我们可以考虑去喝点儿什么。"我想那位商界奇才一定会吓得逃之夭夭。

对于女性来说，羞涩是你们独具的特色，也是你们特有的风韵和风采。虽然有时候男士也会羞涩，但是最迷人的且出现频率最高的还是女人的羞涩。羞涩常常会让一个男人显得有些狼狈甚至可笑，但它却会让一个女人看起来魅力非凡。相反，如果一个女性缺少了羞涩，那么势必就会失去应有的光彩。羞涩是属于女性的，也是女性的特色之美。康德曾经说："羞涩是大自然蕴含的某种特殊的秘密，是用来压制人类放纵的欲望的。它跟着自然的召唤走，并且永远都与善良和美德在一起。"

的确，很多艺术家也都把眼光放在了女性的羞涩美上。普拉克西特列斯创作的《柯尼德的阿芙罗狄忒》和《梅迪奇的阿芙罗狄忒》这两幅雕塑作品都反映了女性的羞涩之美。羞涩就像一层神秘的轻纱，轻轻地披在女人的身上，让她们看起来有一种朦胧感。对于男人来说，含蓄的美最有诱惑力，最能激发他们的想象。因为，当女士们表现出羞涩时候，男人将会为你如痴如醉，痴狂不已。

斯泰尔夫妇大概是最令人羡慕的一对夫妻了。他们结婚已经有30年了，却每天都过着犹如初恋般的日子。两个人会经常送对方一些礼物，每天都要到附近的小树林中散步。对于大多数夫妻来说，结婚后如果还经常说一些情话简直是一件太过肉麻的事情，而在斯泰尔夫妇看来，那真是再正常不过了。斯泰尔先生曾经毫不掩饰地说，他每天晚上都要和妻子说："晚安，我的甜心。"

这真是太不可思议了，究竟是什么东西使得这对夫妇永保新鲜感呢？斯泰尔先生说，他们的关系之所以能够保持亲密如初，这和他妻子有着很大的关系。原来，斯泰尔夫人生性有些腼腆，很容易害羞，就算结了婚也依然如故。斯泰尔先生说："我妻子很害羞，对我也是一样。有时候，我送给她一件小礼物，她的脸会非常红，还会小声地和我道谢。在别人看来，我妻子也许有心理疾病，因为她对丈夫不应该这样。事实上，我妻子在其他事情上都很正常，唯独在我们夫妻关系上显得羞涩。然而，正是她的这种羞涩让我如痴如醉，感觉她依然是我以前所爱恋的那个姑娘。因此，我总是尽力讨好她，让她开心，因为我实在太陶醉于她羞涩时的样子。"

　　事实上，这位斯泰尔夫人一点也不腼腆，而且还非常健谈。这到底是怎么回事？她回答说："以前的我确实很害羞，但是经过这么多年的磨炼我已经不再那样了。可是，我知道我丈夫非常喜欢以前那个胆怯的、爱红脸的小姑娘，所以我就在他面前依然保持原来的样子。这很有效，因为丈夫总是把我当成那个小女孩。他会记得我的生日，还会送给我一些礼物。同时，他仿佛对我有说不完的甜言蜜语。"

◇ 羞涩也要注意两点 ◇

　　羞涩的女性更加惹人怜爱，但是需要提醒女士们注意两点。这很重要，女士们一定要牢记。

1.很多女士存在一个误区，那就是认为羞涩就仅仅是不好意思，甚至是胆怯。可是，如果一味地退让那就是懦弱。女士们千万不要为了得到男人的爱而放弃了自己的原则。

2.羞涩一定要发自内心，只有发自内心的、最纯真、最朴实的羞涩才是最有诱惑力的。

　　女士们，请你们牢记，不要刻意表现出羞涩，刻意表现出来的羞涩不但不会给人一种美感，反而会引起人们的反感。

女人的羞涩是有着惊人的魅力和功能的。它可以唤醒两性关系中的精神因素，从而使得两性之间的生理作用减弱了许多。在这个世界上，没有任何一种色彩能够比女人的羞涩更美丽。

其实，女士们没有必要刻意去学习，因为羞涩是女人的天性。想一想，当你们第一次收到男朋友的礼物时是什么感觉？当他第一次约你时是什么样的感觉？当他向你求婚时是什么样的感觉？多想想这些，那么女士们就能体会到什么才叫真正的羞涩了。

认可他，崇拜他

赫斯勒·霍夫曼先生是一名普通的教师。虽然他已经很努力地工作，但却始终没有取得什么成就。也就是说，赫斯勒先生是那种再普通不过的教师。也许正是因为这一点，赫斯勒先生一直没有找女朋友，用他的话说："我是一个每月只能领到微薄薪水的教师，有哪一位姑娘会看上我呢？"其实，赫斯勒先生还是不错的，虽然收入不高，但也足够维持生活。同时，赫斯勒先生还是一个心地善良、热情好客的人。事实上，有很多姑娘都曾经追求过他，但却都被他一一拒绝了。

后来，赫斯勒在一位朋友的家里认识了苏菲小姐。两个人非常投缘，一见面就谈得很投机。虽然赫斯勒对苏菲小姐很有好感，但却因为自卑而不敢表达。苏菲小姐好像看出了他的心思，就问赫斯勒是做什么工作的。赫斯勒有些不好意思地说："我……我不过是一名普通的教师而已。""真的吗？我最崇拜的就是教师了。"苏菲小姐真诚地说："一直以来，我都认为教师是世界上最神圣的职业。"赫斯勒显然不敢相信自己的耳朵，惊讶地问："苏菲小姐，你不是开玩笑吧？这可是一份没有前途的职业，而且收入也不是很高。"苏菲笑着说："不，你不要那么想。我从来不用收入来衡量一个人是否成功。我觉得，你就是英雄，因为你培养出了很多人才。"赫斯勒先生有些激动地说："太感谢你了，苏菲小姐，我现在才觉得自己应该感到自豪。只是……只是不知道你是否愿意和一个你心目中的英雄交往呢？"结果，苏菲小姐很爽快地答应了。

"其实，在很早以前我就开始注意他，而且也暗自喜欢上他了。不过，我知道他是一个因为自卑而不敢谈恋爱的人，所以我决定采用我的方法让他向我敞开心扉。我对他表示肯定，并且让他相信我是崇拜他的。最后，我丈夫终于不再自卑，也接受了我的感情。"苏菲小姐这样说道。

苏菲小姐非常聪明。的确，女士们要想获得男人的爱，首先就要让男人对你产生好感，愿意与你接触。如果一个男人和你接触以后，发现你狂妄自大、目中无人

◇ 崇拜和认可男人的注意事项 ◇

1. 赞美一定要真诚

不管做什么，真诚永远都是第一位的。如果女士们仅仅是为了讨男人欢心而去崇拜或认可他们，结果有可能会适得其反。

2. 善于发现男士的闪光点

并不是只有成功的男人才有优点，很多平凡的男人也一样有，只要女士们善于观察，一定会发现他们的优点。

3. 说出你的崇拜

尽管女士们从心里已经崇拜和认可你心仪的对象，但是如果你不将自己的想法表达出来的话，对方也不会知道的。

女士们，获得男人的心并不是很困难的事情，只要你们愿意付出，能够发自真心地认可和崇拜他，那么你们就一定可以得到梦寐以求的爱情。

而且还说话十分刻薄的话，相信他一定不会觉得找你做女朋友是个好主意。

女士们如果想在最短的时间内获得男人的好感，最好的方法就是认可他、崇拜他。这是因为，所有的男人都是自尊心非常敏感的，他们都渴望得到自己身边人的认可，特别是自己的伴侣。因此，满足他们的自尊心便是获得他们好感的最有效方法。

很多女士的自尊心也很强。她们认为，如果女人都去崇拜男人的话，那么无疑又回到了过去男尊女卑的社会。在她们看来，男人希望自己的妻子或伴侣对他们崇拜，无非就是想满足他们的大男子主义心理。这是对女性的一种不尊重，也是对新时代和新社会的一种挑战。

我们来听听专家的意见。婚姻心理学博士卢卡德·帕内尔曾经在一篇论文中这样写道："男人都有一种心理，认为只有崇拜他们的女人才会对他们产生强烈且持久的爱情。事实上，男人是想通过女人对他们的崇拜而获得一种满足感。在他们看来，女人对男人的爱是以崇拜为基础的。女人崇拜男人，那么就势必会渴望与心目中的英雄生活在一起，从而才能产生爱。事实上，这是一种雄性征服和占有欲望的体现。因此，聪明的女性往往都善于使用这一技巧，尽管有时候并非出自她们的本心。"

芝加哥心理学教授迪斯勒·肯特也曾经做过一项调查，他让100名男士写下他们愿意和什么样的女士交往。结果，只有不到1/10的人选择愿意和自己的上司或比自己能力高的人交往，而剩下的人都选择愿意与"不如"自己的女性交往。当迪斯勒问他们原因的时候，很多男人回答说："一个男人怎么可以让妻子超过自己呢？虽然这有些大男子主义，但男人的自尊心比任何事情都重要。"是的，女士们必须清楚，男人想获得女性的崇拜和认可并不关大男子主义的事，实际上那不过是他们本性的体现。

此外，女士们还有一种担忧，那就是害怕会"惯坏"自己的男人。有一位女士说："我知道应该这么做，这也的确很有效。可是，我很害怕，因为如果我在婚前那么做的话，很可能会让他把这种优越感带到婚后，恐怕到那时我的日子就不会好过了。他会像国王一样对我发号施令，还会像使用女佣一样指示我做这做那。为了不让他养成这种坏习惯，我是绝对不会在婚前纵容他的。"

其实，女士们大可不必担心，因为很少有男人是真正的"权力狂人"。事实上，如果女士们认可他、崇拜他，那么不但不会把他们"惯坏"，反而会让他们更加爱你们。

女士们，仅仅是一个认可和崇拜的做法就将给你们带来无穷的好处。在婚前，你可以吸引他的目光；在婚后，你又可以让你们的关系永保亲密。应该没有一个人会不愿意去使用这个技巧，除非你不想结婚。

让他获得从未有过的关爱

每当人们提到男人的时候，总会联想到坚强、勇敢、豪气冲天等词语。如果有人站出来说男人也同样需要关爱的话，恐怕一定会招来别人的笑话。虽然如今有很多人都在倡导女权主义，但在所有人的心中却依然承认男人才是社会的主导。因此，去关怀男人简直是一件可笑至极的事情。正是在这种观念的指导下，使得很多人都忽视了男人脆弱的一面，从而想不到关爱男人。

墨西哥大学心理学博士鲁纳德·巴克里曾经说："男人是一种最矛盾的动物。他们一方面坚强，希望自己能够承受住来自各方面的打击；另一方面又十分脆弱，希望有人能够给痛苦的他们以安慰和关怀。然而，男人的自尊心是非常强的，因此他们宁可自己承受巨大的压力，也绝对不会主动去向别人乞求关爱。"

实际上，鲁纳德的话中包含着两层意思：第一层意思是说男人同样需要别人的关爱；第二层意思是说很少有人对男人表现出关爱。鲁纳德应该是在暗示女人，因为这个世界上只有男人和女人两种。其实，鲁纳德的潜在意思是，女人应该学会给男人关爱。

然而，事实上女士们是如何做的呢？加州行为心理学专家迪勒斯·帕尔德曾经对1000名女性做过调查，问她们是否觉得关爱男人是一件很重要的事情。结果，绝大多数女人认为这是一种无谓的做法，而且还很可能会伤害到男人的自尊心。甚至有的女士还说："什么？要我去关爱男人？这真是我听到过得最好笑的事情。谁都知道，女人才是弱者，只有女人才需要关爱！至于男人，他们本来就该承受各方面的压力，这是他们生下来就该承担的责任。男人的自尊心比他们的生命还重要，你对他表示关爱，还不如让他去死。"

事实果真如此吗？安德鲁·希尔德曾经是美国最大的橡胶公司的总经理。这是一个在商场叱咤风云、呼风唤雨的奇才。在所有人的眼中，他永远是一个铁汉的形象，没有任何事情可以击倒他，也没有任何事情可以打败他。可是，安德鲁·希尔德在接受采访时曾坦白说："在我的坚强外表下，隐藏的是一颗脆弱的心。的确，在商场上我很坚强，但这并不代表我就能对那些压力视而不见。事实上，很多时候我都觉得自己有些喘不过气来，真想找个人倾诉一下，甚至大哭一场。然而，我却不可以这么做，因为没人会理解我。他们不会听我诉说，也不会允许我哭泣，因为我的形象永远都是成功者。其实，在我内心一直有这样的渴望，那就是找到一个能够给我精神和情感上关爱的妻子。"

女士们，安德鲁·希尔德并不是一个个例。事实上，很多外表坚强的男人在内心都是十分脆弱的。他们内心最渴望得到的就是女性的支持、理解和关爱。对于他们来说，女人的关爱要比美貌、气质、金钱重要得多。既然连最"坚强"的成功男士都如此渴望女性的关爱，那就更不用说是普通的男人了。

罗迪先生前前后后和5位姑娘谈过恋爱，但没有一次成功。他的家人很着急，几次问他其中的原因，而罗迪先生则总是找出各种各样的原因搪塞过去。后来，家人通过朋友的帮助给罗迪介绍了一个新女朋友，名叫蒂娜。说实话，罗迪先生起初

◇ 学会关爱男人 ◇

嗯，好多了。

你最近压力太大了，这样出来走走心情有没有好点？

1. 女士们首先要发自真心地想要去关爱男人，切身体会到男人的需要，那样才能让他们感受到温暖。

什么都不用说，我陪你待一会儿。

2. 选择恰当的表达方式。有时候，女士们对男人表示关爱用语言最合适，而有时候却是沉默最好。只有方式对了，才能让男人感受到关爱。

女士们，如果想牢牢抓住男人的心，那么就让他体会到前所未有的关爱吧！

并没有抱太大希望，因为几次恋爱的结果都让他太失望了。可是，为了不让家人担心，罗迪还是前往了一家名叫"情人场"的餐厅，与蒂娜小姐见面。

蒂娜小姐很普通，没有出众的外表，也看不出有什么过人之处。本来，罗迪先生只是想敷衍一下，并没有考虑真的和蒂娜小姐谈恋爱。一见面，罗迪就一声不响地坐在了椅子上。蒂娜看了看他，说："你看起来很累，罗迪先生！"罗迪点了点头，没有作声。蒂娜接着说："像你这种情况本不应该约我在餐厅见面，其实档次稍高一点的咖啡馆更合适一点。"罗迪有些吃惊地问："哦？蒂娜小姐为什么会这么认为？"蒂娜笑了笑说："劳累了一天怎么还会有心情吃东西呢？不如要上一杯咖啡，两个人听着音乐，坐在一起聊天。这样可以让你的精神得到放松。"罗迪有些伤心地说："你真的这么觉得？真不可思议，我以前的那些女朋友从未和我说过这些话。当我和她们约会的时候，她们总是抱怨我没精打采，而且还要求我和她们一起去疯狂。事实上，我已经累得不愿意做任何事了，更别说去玩。"蒂娜点了点头说："那是她们不懂得男人也需要关爱，以后我们的约会可以按照你的状况来安排。如果你今天很累，那么我们就找个雅致的地方休息一下；如果你今天心情不好，那我们就到酒吧去喝上一杯；如果你内心的压力实在太大，那我们就找个僻静的地方，让你好好倾诉一番或大哭一场。总之，只要能排解你心中的苦闷就好。"罗迪简直不敢相信自己听到了什么，他觉得这是他有生以来听到的最动听的话。他几乎是眼含着热泪对蒂娜说："你是我见过的最善解人意的女性，你就是我一直在等待的女神。"

其实蒂娜并没有做出什么惊天动地的大事，也没有和罗迪说什么海誓山盟的话。她不过是轻轻地告诉罗迪："我理解你在外面所承受的压力，所以我会想尽一切办法帮你缓解那种压力。"而对于罗迪而言，他从蒂娜那里获得的信息就是："罗迪，我会让你获得从未有过的关爱。"

女士们，真心希望你们能够理解男人，给他们足够的关爱。男人在外面的压力很大，但却找不到发泄的地方，也没有人愿意给他们关爱，所以他们就开始"学坏"。这样，酒这种东西就自然而然地成了男人最好的朋友。然而女士们应该知道，喝醉酒并不是男人的本意，他们不过是想借此来排解郁闷而已。如果女士们能够用自己的真情酿出关爱的美酒，相信那些男人也再不会去往人员混杂的酒吧了。

有一些女士会问，到底怎么做才是真正地关爱男人？她们可不能像电影中的女主角那样说出那么"肉麻"话。这是很多女士的认识误区，她们往往把一些美好的事情想得"太高尚"，甚至于是脱离现实。在她们看来，关爱男人虽然重要，但却是一件很难办的事情，因为那种做法会让人身上起疙瘩。其实，女士们不必有这种想法，贴近生活的"关爱"就在我们身边，只要女士们认识到了，也就一定可以做到。

机敏地抓住幸福

某机构曾搞过一次调查。让那些参加调查的女士说出自己对爱情的认识，并且还要坦白说出自己在爱情方面曾经做过的最后悔的事。在调查之前，人们都认为，大多数人一定会反省自己在与伴侣相处时所犯下的错误，说出自己的不足，并且也一定会下决心改正。然而，结果却和预料的大相径庭。很多女士居然说对现在的状况不满意，让她们最后悔的事竟然是当初没有选择另外一位更好的男士。人们研究这种现象，最后得出结论：很多女士都不具备抓住幸福的能力。

事实上，很多女士们虽然知道该如何挑选伴侣，但却由于各种各样的原因丧失掉了机会，从而让幸福从指尖溜走。

去年，辛姬丝女士终于和一位大她13岁的男士走到了一起，结为了夫妻。很多女士会认为，那位男士一定非常有本事，或者是一位很有名的成功人士，或者是一位非常有魅力的诗人、作家、音乐家、艺术家。然而，事实和女士们想象的完全不一样，那位男士不过是一名普通的汽车修理工，而且还曾经离过婚。至于说家境，我们只能用"维持温饱"这个词来形容。所有认识辛姬丝的人都感到不可思议，因为在这之前，曾经有很多既英俊又帅气的小伙子追求过她，可都被拒绝了。大家都很疑惑，不明白辛姬丝为什么会选择这样一个男人。

别人就这一问题问过她。辛姬丝沮丧地回答说："我现在已经30岁了。你知道，一个女人到了这个年龄是很难再嫁出去了。我有什么办法？我只能选择一个离过婚的且愿意娶我的男人。"别人很奇怪地问她："那么当初你为什么不从那些优秀的小伙子中挑选一个呢？"辛姬丝回答说："这都怪我，现在想起来真是后悔莫及。那个在银行上班的勃博其实很不错，那个开杂货店的戴韦人也很好，还有罗格、约翰、汤姆……那些人都很好。可是，当时的我却不这么认为，总是想再等等吧，说不定以后还能遇到更好的。结果，这一等就是10年。每当我遇到心仪的男人时，总是会想后面可能还有更优秀的。结果，以前那些人都结了婚，而我还在等待。没办法，我最后只好随便找个男人嫁了。"

其实，这一切都不能怪别人，是辛姬丝自己葬送了抓住幸福的机会。这一切的苦果都是她自己酿成的。

女士们，你们是否觉得这样说有些刻薄？也许有那么一点，但这么说没有说错。其实，像辛姬丝一样的女士大有人在。她们不是不知道该怎么挑选一个好男人，也有一双挑选好伴侣的"慧眼"。然而，她们的本性太过"贪婪"，总是认为自己目前遇到的不是最好的，而后面将要遇到的才是最棒的。结果，她们让机会一次次地溜走，直到有一天发现自己已经没有挑选的资本时才开始着急。可是，机会一旦错过就不会再回来，以前那些优秀的男士已经各自找到了伴侣。如今，只剩下

◇ 抓住自己的幸福 ◇

女士们究竟应该怎样做才能让自己抓住幸福呢？以下有几点建议送给女士们，希望能给你们提供帮助。

我就是喜欢这样细心的男人……

1. 明确知道自己喜欢的类型

不要让别人的话左右你的选择，只有知道自己喜欢什么样的类型，才能有的放矢地进行选择。

哼，我还年轻，怕什么！

听说小丽和她男朋友又分手了，这什么时候才能稳定下来啊……

2. 千万不要认为年轻就是资本

要知道女人最好的年龄就那么几年，一定不要浪费。

3. 在幸福面前不要犹豫

如果幸福就在身边，千万不要犹豫，一定要抓住机会，否则可能以后就没有这样的机会了。

女士们，幸福是要靠自己争取的，绝没有天上掉下来的幸福。要想让自己获得幸福，你们就必须练就一双识人的慧眼，拥有一份主动出击的勇气，然后看准机会，机敏地抓住幸福。

了那些"永不知足"的女士。

上帝对待每一个人都是公平的。他会给每一位渴望得到爱情和幸福的女人机会，而且都是平等的。然而，人类是上帝最琢磨不透的生物。每个人对待眼前的机会都有着不同的态度。那些懂得珍惜，善于发现，并能够机敏地抓住机会的人最终都得到了幸福，而那些抱着玩世不恭或是犹豫不决态度的人则放任机会溜走，从而与幸福擦肩而过。

曾经有一位叫迪拉的女士和辛姬丝的遭遇差不多，也是在无奈的情况下选了自己的婚姻。不过，迪拉有一点和辛姬丝不同，辛姬丝是对尚未出现的男士抱有幻想，而迪拉则是以自己的青春作为赌注。

其实，迪拉谈过很多次恋爱，但却没有一次超过三个月的。她父母很着急，也曾经劝她早一点找个可靠的男人嫁了。可是迪拉却说："着什么急，我还年轻，有的是时间。放心，只要我愿意，肯娶我的男人能排到6号大街街口。"

没错，迪拉并没有夸张，她也的确有夸耀的资本。不过，这种资本是在她30岁以前才有的。随着年龄的增长，迪拉的魅力逐渐减少，而以前曾经追求过他的那些男士也都组建了家庭。当然，结果不需要再多说了，她只能步辛姬丝的后尘。

如今，像迪拉这样的女性越来越多。她们往往各方面的条件都非常好，而且还都很年轻。正因为这样，这些女士对爱情没有正确的认识，把年轻、感情和幸福看成是可以挥霍的资本。她们交男朋友，但是只谈情不说爱。对于她们来说，恋爱不过是一场游戏而已，而她们就是游戏里的主角。至于说该选用谁来充当配角，那完全要依靠她们的喜好。在她们看来，只有等到自己玩累了的时候才应该真正考虑一下是不是该结婚。

没错，在以前的时候是会有很多配角和她们这些主角一起玩游戏。然而，随着时间的推移，那些配角或主动或被动地都退出了游戏，继而在一个新的游戏中寻找自己的位置，并且担当了主角。可是那些女士还在玩耍，还在自我陶醉。当有一天她们发现自己已经没资格做女主角的时候，她们感到累了，想要组建家庭了。可是，她们突然发现，这时候已经找不到一个像样的配角了，甚至于就算她们甘当配角，也没有人愿意再和她们一起游戏。

如果说辛姬丝女士丢掉的仅仅是婚姻的幸福的话，那么迪拉女士丢掉的则不止这些。试问，有谁会对一个朝三暮四的女人有好感？尽管迪拉女士不坏，也从没做过什么出格的事，但是却没有人愿意与她交朋友。

第二节　情场非常道："坏女人"有人爱

美丽让男人停下，智慧让男人留下

如果一个女人美丽且又有智慧，自不必说，哪个男人都会为她神魂颠倒，魂不守舍。可是，如果一个女人，美丽和智慧不可兼得，二者只留其一，那么，男人会为什么而留下，是美丽，还是智慧？

有人会说，为美丽。有此答案的人不乏理论依据——男人都好色，没有一个不喜欢美女。似乎很有道理，美女当前，的确任何男人都会不自觉地停下脚步。可是，如果单为了美色而停下脚步的男人，同样还会因为美色而开始新的征程。谁都知道，人的审美会出现疲劳，景色再美，看久了也会有厌倦那一天，到那时，"美色"恐怕连最普通但却新鲜的风景都不如。缺乏内涵的美丽在男人眼里就是这样，就像《茉莉花开》中的女人，个个都很美丽，但是被男人遗弃的悲剧却不断地重演——被吸引，停下脚步，然后离开。

如果换成智慧就不一样了。智慧的女人能读懂男人，知道如何吸引他，掌控他；智慧的女人善于讲究策略和技巧，让男人时刻保持新鲜感；智慧的女人更知道如何留住男人的心，而不是只让他停下脚步。

每个女人心目中都有自己的白马王子，有的喜欢高大、帅气、有风度的，有的喜欢有钱、有能力、有背景的，有的喜欢体贴、有责任感的……但多数女人只是在想想而已，并不会真的去努力寻找自己的王子。为什么？因为大多数女人在心目中的白马王子面前都会有点儿小自卑，到最后差不多就都嫁了一个与白马王子相差甚远的男子。这样的女人往往还会为自己辩解：白马王子，那只是青春期的幻想和错觉，女人要现实，不能总做幼稚梦。

任何女人都有嫁给好男人的机会，关键看她具不具备留住好男人的智慧。这种智慧，不仅包括前面说的智慧女人所具备的能力，还包括追求幸福的勇气。

不要总觉得自己太普通而产生与好男人交往的自卑感和压力感，这只能让摆在你面前的优秀男人白白地溜走。

没有勇气的女孩可能早已经被告知：男人总是喜欢漂亮女人，如果你足够漂亮，他们见到你自然会迈不动步；如果你不够漂亮，就不要有什么野心了，能嫁出去就不错了。真是这样吗？当然不是

与没有勇气追求幸福的女人相反，还有一类女人，会因为"美丽"而变得过分自信，或者是自负。这样的女人会自恃不凡地为自己的"美丽"贴上"亿万"标

签，声言非亿万富翁不嫁。她们或许没有想过，亿万富翁凭什么娶她们？是她们那不能永恒的美貌，还是无法掌控财富并让其升值的能力？

现代男人，尤其是好男人，因为见多识广已经变得很挑剔。他们对女人已经不满足于"花瓶"品质，他们需要的是女神雅典娜的智慧和蒙娜丽莎的永恒微笑的结合。

具备"花瓶"品质的女人，能让男人停下，却不能让他永远留下。除非"花瓶"女人在他产生视觉疲劳以前，将自己修炼成优秀女性，让自己永具魅力，因

◇ 获得幸福的智慧 ◇

有的女人之所以能成功获得幸福，是因为她们有勇气追求自己的幸福，并且时时刻刻都在为机遇的到来做准备：

可真漂亮！

1.她们每时每刻把自己调整到最佳状态，保持光彩靓丽，温和自信。

2.她们也会努力提高自身的品位嗜好、气质涵养和学识修养。

又来看书？

是啊，多读书总是好处多！

既要保持自己的美丽和自信，更要有好的品位和修养，这样的女人的确更容易获得幸福。这也是女人的一种智慧。

为，美丽只能让男人停下，智慧才能让男人留下。

男人为什么对"坏女人"着迷

有些女人可能无论如何都想不通，男人怎么会对"坏女人"着迷呢？这不是与传统观念背道而驰吗？没错，这的确不符合人们的传统观点，但是却与现实情况十分吻合。

男人为什么会对"坏女人"着迷？这是他们的天性使然。"坏女人"更能满足男人的狩猎欲望，让他们在追逐的过程中享受到成就感。

一、"坏女人"能让男人产生追逐的快感

男人天生喜欢竞争，越是激烈的竞争，就越是能激起他们的兴趣，让他们勇往直前。在男人看来，追逐的过程远远比追逐的结果更为精彩刺激，这一点与女人的看法是大相径庭的。

争强好胜是男人与生俱来的一种心理，他们不怕失败，也不会轻易认输，就怕不战而胜。在他们看来，只有经过自己的努力争取到的胜利才是弥足珍贵的，因为这是对他们自身能力的肯定。

在追求女人的时候也是如此，越是得不到的，男人就越想得到，因为他们希望征服一切不可能的事物。一次次挫败不但不会让他们灰心丧气，反倒会让他们更加骁勇，因为他们总是认为自己很快就要得到了。男人迷恋"坏女人"，就是因为"坏女人"从不让他们轻易得到，让他们充分证明了自己的力量。

一追就到手或者主动投怀送抱，无异于剥夺了男人追逐的权利和快乐，男人怎么还能对她倍加珍惜？

二、"坏女人"留给男人的印象深刻

对于男人来说，"坏女人"就是一种挑战，他们必须要做出足够的努力才能征服对方，赢得挑战。这样的挑战对男人来说并不是什么坏事；相反，他们更可能将其视为一种乐趣，享受征服的过程。

如果说乖巧顺从的女人是平静的湖水，那么"坏女人"就是时而平静时而澎湃的大海。作为一个观赏者，你也许会说湖泊和大海各有各的美，但对于一个划船者来说，对湖泊和大海的感情就绝不会是相同的。在湖泊中划船是一帆风顺的，不存在任何障碍；而在大海中划船却必然要经受惊涛骇浪的考验。对于男人来说，显然是后者给其留下的印象更深刻，也更让他留恋。至于前者，不过是其生命中的过客罢了，根本引不起他的注意。

在男人经过的时候掀起一阵风浪，给男人设置一些障碍，不但不会让男人退

缩，反倒会让他们更想去征服和占有。"坏女人"正是因为懂得这一点，才总是能让男人迷恋上她们。

三、"坏女人"让男人感觉神秘莫测

男人喜欢探索未知的事物，对于再明白不过的事物，他们是不会感兴趣的。越是神秘的事物，对男人的吸引力就越大。如果女人在一开始的时候就将自己的底牌

◇ "坏女人"有主见，更让男人欣赏 ◇

在男人那里，只有当他觉得她是一个很好的"对手"时，他才最可能和她坠入爱河，而不会喜欢只会对自己顺从的女人。

吃完饭我们去看电影如何？

我都听你的。

1. 当男人询问意见时，如果女人做出"随便"之类的回答，会让男人觉得她是一个没有主见的人，这将使她无法得到男人的尊重和全心全意的爱。

2. "坏女人"就从来都不会迎合男人的观点，她们会勇敢表达自己的想法和需求，这也是男人对她们着迷的原因之一。

今晚去看电影如何？

你不觉得酒吧更适合我吗？

由此可见，男人更欣赏有自己的想法和意见的女人，而不会真心喜欢只知道顺从自己的女人。

全部亮出，让男人把她看得一清二楚，那么她也就失去了对男人的吸引力。乖巧顺从的女人或许能让他们一时心动，但却绝不可能让他们着迷。

"坏女人"绝不让男人看清全部的自己，因为她们懂得，只有在男人面前保持神秘感，才能保持对男人的吸引力。

在男人看来，"坏女人"就像是带着面纱的神秘女郎，有一种朦胧美。男人希望揭开面纱一看究竟，但"坏女人"却不给他们这样的机会，她们会一点一点地揭开面纱，"坏女人"更像是一本值得细细品味的书，吸引着男人一直看下去，而且越看就越是难以放手。男人很想翻到最后一页，看看故事的结局，但又唯恐错过了中间的精彩。"坏女人"也不会给他们直接翻到最后一页的机会，所以他们只能一页一页地慢慢品读。

约会也有规则

约会是两个人开始交往的标志，是彼此加深了解的过程，约会的质量如何将直接决定两个人的爱情能否修成正果，所以，如何进行约会就成了女人的一堂必修课。

然而，有些女人却不懂得约会的规则，常常将原本浪漫美好的约会搞得一团糟，所以她们很少会感受到约会的美妙，甚至很少能跟同一个男人进行第二次约会，更别谈收获爱情了。

一、把约会的主动权留给男人

无论你多么期待与男人的约会，你都不要主动提出约会的建议，而且当男人提出约会的请求时，你也不能不假思索地答应他。如果由你来提出约会，男人就会认为你非常渴望同他约会；而如果你马上答应他的约会请求，则会让他认为你一直都在等着和他约会。这两种情况都会让男人轻视你，不珍惜你，从而让你处于十分被动的地位。你千万不能让男人觉得他已经占据了你生活的全部或大部，更不能让他觉得你已经对他死心塌地、非他不嫁了。

当然，你也不能表现得太过冷淡，那会让对方觉得你对他根本没有兴趣，会打消他的积极性。你可以这样说："我也很希望和你共进晚餐，不过我今天确实已经约了别人，要不咱们改在明天好吗？"如果他是真心希望和你约会，他就一定会欣然接受你的建议。如果他不接受，你以后就不用再理他了，因为他和你约会可能只是为了打发他的无聊时间。

二、选择合适的约会地点

约会的目的是使男女双方互相交流，增进了解，因此一定要选择理想的约会场所才能推动两个人情感关系的发展。约会的场所不能太嘈杂，不能是气氛沉闷的传统餐厅，也不要去对你们来说过于昂贵或过于时尚的夜总会之类的地方。如果场所过于温馨浪漫，超过你们关系的进展程度也不合适。

选择约会地点的规则是：哪里让你感到舒适、哪里能让你享受到最大的乐趣就去哪里。

三、别做让人扫兴的事

有些女人不解风情，面对男人送上的99朵艳丽的玫瑰花，不但不感动，反倒数落起男人的不是来。女人可能觉得自己这样做是为男人着想，怕他浪费钱财，殊不知自己的这种行为已经破坏了约会的气氛，让男人十分失望和扫兴。

勤俭持家虽是好事，但那绝不是在双方的感情还未牢固之前就应该考虑的事，约会当然要浪漫一些，再说男人的一片心意又怎能轻易否定呢？男人没有享受到约会应有的乐趣，他还会再次跟你约会吗？

四、掌控好约会的时间

适当的时间提出离开会让男人更加珍惜和你在一起的每一分每一秒，也会让他更想见到你。如果一直纠缠下去，或者等到男人提出离开，你就很被动了。男人需要有足够的自由，即使在谈恋爱的时候也是如此，他需要有时间和自己的朋友聊天，看自己喜爱的体育节目。如果你能体贴地为男人充分考虑到这些，他就会更加爱你，也会愿意抽出更多的时间来跟你约会。

五、遵循沉默是金的约会规则

约会之后不要给他打电话，不要对他说出你的想法，即使你爱他已经不能自拔，也不要急着对他倾诉你的心声。这是吸引他的最好办法，保持沉默，你就拥有更多的选择机会。沉默可以以静制动，让对方难以猜透你的心思。

当男人忍不住回想约会过程，而你却没有明确表态时，他就会猜想自己是不是做了什么你不喜欢的事。一段时间之后，他就会急于知道你在想什么，就会主动给你打电话。这是恋爱初期的基本规则，你越沉得住气，就越能掌握主动权。

当然，如果他是你理想中的男人，你真的很喜欢他，就要适当地给他暗示。

"不给他打电话"这一规则也要有所节制，因为他也可能不给你打电话，如果他是你喜欢的人，这样就会丧失继续发展的机会。你可以有预谋地在3天之后再给他打电话，打破他的游戏规则，让他对你感到好奇，激发起他追求你的欲望。

六、制定一些对方必须遵守但你可以不遵守的规则

没错，你使用双重标准，会让对方很恼火。但是适当地使用会让你显得很可

爱。比如，你可以规定你们就餐时他不可以在餐桌边打电话。但是当你的手机响起的时候，你可以大方地马上接听。如果他提出质疑，你可以说："我们女人接电话的次数本来就比你们男人多。"

你还可以禁止他在公共场所吻你，但是你可以，而且要故意在他脸上亲一下，然后说"我是情不自禁"。

如果能成功地使用双重标准，那么你就在约会中稳操胜券了。当然，使用双重标准也要有所节制，如果让他过于恼火，就会破坏你们关系的进展。

◇ 约会时给男人表现的机会 ◇

男人渴望在女人面前表现他们的绅士风度，他们非常愿意为女人服务。所以，在约会时要给男人表现的机会。

谢谢你来接我！

1.男人说到家里去接女人共赴约会，女人不要拒绝，而是给他这个机会；在家里等他来接。

2.到达约会地点，当男人赶在前面要为女人打开车门时，女人只需微笑着说一句："谢谢。"千万不要执意自己开车门下去。

男人喜欢自己被女人需要，尤其是在恋爱的阶段，所以，尽情享受男人的服务吧。

找到驯服男人的"按键"

如果把男人比喻成一只"野兽",想必很多女人会深有同感,然后会会心一笑。男人的确有点像那些还未经过驯化的野性未脱的动物,他们和它们一样调皮、淘气、不听话、不安分、自由散漫。这正是令恋爱中的女人头疼的问题:这个像野兽一样不安分的男人,会老老实实地在自己身边待多久呢?于是,女人心生幻想:有这样一种遥控器多好,上面有控制男人的按键,只要轻轻一按,自己就能驯服男人。

当然,在现实生活中,女人没办法拥有这样一个遥控器,但是,只要女人把握了男人的情感规律,也就等于有了那么一个可以控制男人的遥控器了。

男人更希望自己能掌控与女人交往的全局,但是他们不同于女人,女人管有没有掌控全局都会用心经营自己的爱情;而男性不是,掌控全局会让他们失去原有的兴趣,继而将注意力转移到其他的事情上。男人的这种心理决定了他们不可能对温驯顺从的乖乖女保持太久的兴趣。相反,越是控制不了的女人,他们越会刮目相看,越来越渴望接近。

这其实等于已经告诉了女人控制男人的秘诀——隐藏自己的真实情绪和真情实感。其实就是不让男人一眼看透你有多爱他。他越猜不透你,就越会对你着迷,你就越容易掌握住他。

回想一下,男人是不是有时在故意做一些出格的事情?其实他那是在试探你,他会根据你的反应来确定你的真实想法,进而决定怎么控制你。比如说,你们一起参加舞会,男人会把你扔在一边,主动和其他女人打招呼,并邀请她们跳舞。这时候你会做何反应?如果你表现得很郁闷、很生气,你就上了他的当了,你的表现只会让他认为你很在乎他,在吃他的醋。当他有了这种感觉,你对他的吸引力就要大打折扣了。但如果你不去理会他在做什么,而是和舞会上的其他人愉快地交谈,并接受其他男人的邀请,他就会因你没有想象中的那样好对付而方寸大乱、失去主张。

当男人方寸大乱、失去主张时,你再施以技巧,他就会不由自主、心甘情愿、无可救药地爱上你。不要觉得这是天方夜谭,在男人毫无防备的时候,是他们最容易陷入情网、坠入爱河的时候。

施以什么技巧?就是用男人的思维模式和语言模式与男人进行交谈,彻底打破他对女人的看法。

男人惯常以为女人都是感性动物,他们认为女人就连思维都是感性的,不管是什么问题,除了感性的反应,根本就不会有什么深入的思考。如果你能在男人方寸大乱时转换思维,看待问题时多些理性认识,多些深刻的剖析,而不是人云亦云或唯唯诺诺地遵从别人的观点,他就会对你刮目相看:"原来女人也很不简单啊。"这时,你就差不多成了那个拿着遥控器掌控全局的人。

其实哪里是女人不简单，而是女人越理智男人就越束手无策，越觉得你很有吸引力。这就是男人容易爱上"坏女人"的原因。

人们都说"好女人是男人的学校"，其实这句话不但苦了男人，也误导了女人。男人和女人，谁都不是谁的学校。或者说，感情和婚姻是男人和女人共同的学校。男人和女人，就是这所学校里两个共同学习、成长的学生，他们学习的主要方式应该是自学——自我发现和自我提升。如果一定要找出老师或校长，那就是男女

◇ 控制男人而不是改造男人 ◇

女人控制男人的目的是为了让他更爱自己,而试图改变他只会让你失去对他的控制。

我都听你的！

1. 因为一个人心甘情愿被别人控制是要有前提条件的，就是他深爱着你。

2. 如果你不顾他的自尊强行让他做出改变，他不但会拒绝改变，还会对你失去爱意。

即使女人能够成功控制男人，也无法改变男人的本质。所以，不管用什么办法控制男人，都不能试图去改变他身上的你认为是缺点的习惯或行为。这种做法是有违我们的初衷的。

间相互包容和关爱的心。为了爱，为了心爱的人，相互磨合和调整，发自内心地改变自己，只有这样，控制和驯服的难题才能得到完美的解决。

既然你已经选择了他作为你的男友，就要对你们的未来充满信心。相信总有一天，你们都会完全融入二人世界之中，徜徉在甜蜜的幸福之中，只有这样，你才算真正地把他驯服了。

制订一个"作战"计划

与男人相处是需要讲究策略的，"坏女人"更容易得到她们渴望的爱情和婚姻，就是因为她们更懂得与男人的相处之道。

男人与女人从相识到相恋，再到最终结为夫妻，一般都要经过5个阶段，第一个阶段为相互吸引期，第二个阶段为感情朦胧期，第三个阶段为感情明朗期，第四个阶段为亲密无间期，第五个阶段为谈婚论嫁期。在不同的阶段，男人的心理特点是不同的，因此，要想与自己所爱的男人顺利步入婚姻的殿堂，就必须把握好男人的心理变化过程，根据其心理变化及时调整与之相处的策略。

上面提到的5个阶段是非常重要的，在不同的阶段，与男人相处的策略也应该是不同的。如果不能确定男人正处在哪个阶段，或者在第一阶段做了第三阶段的事，那就很可能将事情弄糟。所以，你需要制订一个完整的"作战"计划，打好这场婚姻的"攻坚战"。这场战争虽然没有硝烟，也不存在钩心斗角、互相算计，但却是对女人智慧和心理的考验，如果没有周详的"作战"计划，取胜的把握就很小。

一见钟情的邂逅在现实生活中时有发生，但结果却未必都是圆满的。初次相识的一个男人和一个女人都被对方深深吸引住了，在分别之后，他们马上陷入了疯狂地想念之中。女人的感情大多比较含蓄，初次见面以后，她们通常会在家里等待男人的电话。但男人却未必会主动打给女人，尤其是那些不太自信的男人，常常因为害怕被拒绝而不敢主动与对方联系。也就是说，即使男人很喜欢这个女人，他也未必会主动与她取得联系。女人必须清楚这一点，否则一味地等待，很可能会让自己永远地错过这个男人。所以，在相互吸引期，女人不妨给男人一些暗示或者鼓励，这将让男人更加大胆地追求你。

感情朦胧期是一个不确定的阶段，双方都不太确定对方是不是最适合自己的人，这是一个过渡期，女人必须清楚这一点，否则就会做出不当的判断，认为对方不适合自己，或者对方不爱自己，于是轻易地放弃这段感情。也有些女人会因为这种不确定性而感到焦虑，缺少安全感，于是她们会拼命讨好对方，希望尽早与对方确定关系，可是被她们讨好的男人却很可能被她们的举动吓走。所以，在感情朦胧期，女人切不可把过多的精力放在男人身上，加深对彼此的了解才是最重要的。

◇ 男人在不同恋爱阶段的表现 ◇

你喜欢我的礼物，真是太好了！

1.处在相互吸引期的男人更希望得到女人的肯定。

2.处在感情朦胧期的男人不会对女人死心塌地；处在感情明朗期的男人一定会用心呵护他认定的这个女人。

你知道吗，最近我们公司……

3.处在亲密接触期的男人会毫无顾忌地把自己的心事与他所爱的女人分享；处在谈婚论嫁期的男人更喜欢自己说出结婚的日期。

清楚了这些，你就可以做出最有效的"作战"计划，将游戏人间的男人拒之门外，将真正的好男人留在身边。

在感情明朗期，男人和女人的感情都已经明朗化，他们已经可以确定对方就是最适合自己的人，于是他们不再关注其他异性，而是把全部的精力都放在了彼此的身上。很多女人认为，这时就可以向对方托付终身了，然而这一切都还为时尚早。虽然此时双方已经确定了关系，但是女人如果表现得过于主动或者与男人过于亲密，就会让男人感到不安，甚至因此而改变对女人的看法。

女人们千万别以为自己的亲密举动可以让男人更爱自己，对于唾手可得的东西，男人们常常不会去珍惜。适当地保持距离，反倒会让男人对你死心塌地。

在亲密接触阶段，男人和女人的感情得到了进一步的升华，他们已经走入了彼此的生活，进入如胶似漆的热恋期了。虽然已经进入热恋期，但女人仍然不能要求男人把所有的时间都用来陪自己，否则就会让男人觉得失去了自由，进而重新考虑你们的关系。

在经历以上几个阶段以后，就可以进入谈婚论嫁期了。女人总是追问男人为什么迟迟不娶自己，结果却让男人离自己越来越远。其实，男人不是不想娶，只是还没有到他们认为合适的时间。所以，即使到了谈婚论嫁的时候，女人也千万不要主动开口，如果对方是真的爱你，他就一定会说出来的，只是你不要太心急了。

结束未尝不是一件幸事

不管是男人说出的"我们分手吧"，还是女人说出的"我们很不合适"，分手总不是什么愉快的事。如果是后者，故事好像会少了几许凄婉，因为男人坚强，不管面对什么样的打击，都能轻松地拍拍屁股走人；可如果是前者，故事就会很曲折，还会充满哀怨，因为女人不像男人那样坚强。看来，男人变心之于女人的伤害，要比女人变心之于男人的伤害大得多。

男人变心，女人真的会如此受伤吗？受伤是免不了的，但也是暂时的，更不至让女人一生一世都沉浸在痛苦中。

我们常说"女人是水做的"。水，那可是世界上最柔韧的东西，遇到障碍它会绕着走，绕不过去，它会拿出"滴水穿石"的韧劲，任你多么坚硬，都会让你"吃不了兜着走"。女人也是一样，和男人相比她是以弱者身份出现的，弱者也要生存，弱者在博取生存权利和资源时，更会发挥"以柔克刚"、"四两拨千斤"的生存智慧。为了活得更好，女人不免会施展许多技巧和手段。女人处世如此，对男人和情感也是一样。

也就是说，女人在与男人的情感较量中，是应该很现实、识时务，懂得进退的。所以，作为男人，大可不必因为怜悯女人或者害怕女人走极端，而在明明变心之后还谋划如何与女人分手，甚至为了实现分手的目的，还采取什么循序渐进的策略——对女人越来越冷淡，越来越不关心，让彼此的关系渐渐冷却，好让女人主动提出分手，让自己从感情中逃离出来。

女人们应该明白，男人的这种做法，表面看似乎是在维护女人的尊严，可实质恰恰是不尊重女人的表现，变心了还勉强维持就是欺骗，再一步步地展示对女人的厌倦和恼恨，则是侮辱。从欺骗到侮辱，再巧妙地让女人提出分手，这样聊胜于无的尊严对女人来说伤害更大。

男人已经变心，却仍然在女人面前"逢场作戏"，只能说那女人太不细心、对

◇ 如何应对失恋 ◇

1. 给自己一定的时间难过
给自己一些时间，难过也好，哭泣也好，让自己去感受、消化自己内心的感觉。

2. 找人倾诉
要找自己的亲密友人，值得信任的人，把内心的痛楚通通说给对方听，当说完后，心里会感觉舒服很多。

和你说说心里好受多了。

不管什么事，只要说出来心里就痛快了。

在你经历过、领悟过、思考过之后，接下来要做的，就是让自己向前看，往前走，要相信有很多优秀的人等着你。

自己太不负责了。或许就是这样的女人让男人养成了变心后仍然"逢场作戏"的习惯，因为就是这样的女人，才会在发现男人变心后问他自己哪里做得不够好，追问他怎么会变心，才会安慰自己他有苦衷，还指望他能够回心转意。

既然男人不像女人那么情绪化，从开始感到厌烦、考虑分手，到采取行动、正式提出分手通常会有一段时间，女人也不妨利用一下他们的这一弱点，在他们之前采取行动。但这要有个前提，就是你得弄清楚男人为什么对你厌倦了。

一般来说，在恋爱中，如果女人整天跟个"乖乖女"似的，对男人有求必应，或者一味逢迎，极力讨好，男人就会觉得女人没有吸引力，没有神秘感，不懂得自尊自重，甚至还会认为女人别有所图，男人就会对女人丧失兴趣，丧失了追求的动力。

别忘了，男人天生就是个猎人，你要让男人觉得你是一个不好弄到手的"猎物"，他才会倍加珍惜你、追求你，把你奉为女王。费力追求在男人那里是一种享受，他会认为自己很幸运。

男人准备分手是有迹象可循的，比如，他与你相处的时间越来越少，给你打电话的次数越来越少，不再像过去那样关心你，开始对你说谎，并且和别的女人调情，开始找茬和你吵架，对你的外表和言行举止挑三拣四……遗憾的是，这些明显的信号有些女人虽然意识到了，却还在自欺欺人地认为这是两个人长期相处的必然结果。虽然有点担心，却还觉得没什么大不了。还有的热恋中的女人根本就是丧失了判断力，不但怀疑自己，还会给男人的冷淡找种种借口，比如他很忙，或者自己的某些行为让他不开心了……她们总是认为一切都是自己的错，认为只要自己做出改变就会挽回他的心。就算到最后迫不得已主动提出分手，让男人轻松离开时，她还觉得都是自己的责任。

女人轻易不要怀疑自己的直觉。当你的直觉告诉你，男人对你已经开始厌倦了时，你就真的需要施展点儿手段了，你要让自己变得不再紧张他，让自己变得目空一切，若无其事，让自己成为他的不驯服的"猎物"。女人要想获得男人的真爱，是要讲究策略的。

这里所说的不驯服，不是指"一哭、二闹、三上吊"，也不是凄凄哀哀地向他诉说衷肠："我很伤心，你没有必要对我撒谎。我们在一起曾经那么幸福，我以为我们会白头到老……"更不能指责他的背叛。别指望你能用哭闹打动一个已经变心或即将变心的男人，也别指望你的某一句表白能让他感到内疚，就不离开你了。这种想法是错的，一旦他对你没了兴趣，说什么都没用。你唯一能做的就是吊足他的胃口，激发他的狩猎兴趣、欲望和激情。

当然，这一切的努力也有一个前提，就是你非常喜欢他，非常珍惜你们的感情，他也值得你爱，不是花花公子，不是在有意玩弄你的感情，否则，大可不必费这么多心思，顺其自然好了，或者干脆就主动提出分手。

结束未尝不是一件幸事，至少你不用再在他身上浪费感情和青春了，也不会因此而嫁错人了。

第三节　赢得情场胜利要靠智慧

辨识"坏"男人

你对差劲男人的定义是什么？一个穿着袜子睡觉的男人（这是一个受妈妈宠爱的男人，而不是差劲的男人）；一个35岁了仍然认为他会成为一名流行明星的男人（这是自欺欺人而不是差劲）他让你相信你的任务就是照顾好他的每个怪异的念头，然后他却和你所有的朋友调情——差劲的男人，而且不止他一个。

对于大多数差劲的男人来说，问题出在他们不知道自己已经做得过分了，已经从让人心仪的男朋友变成了卑鄙可耻的小人。对他最好的处理就是把他踢出局。如果你还没有这么做，真正的问题是：为什么不？

1.注意那些警告征兆

如果你总是认为自己的前额上长了一块吸引差劲男人的磁铁，不停地哀怨自己为什么总是碰到差劲的男人，那现在就该看清楚你在和谁约会。事实是，差劲的男人总是会原形毕露。这就是说，如果你不注意观察那些警告信号，那么你或者过于沉迷于有个男朋友的幸福中，或者对你改变他的能力盲目乐观。

2.总是谈论自己的男人

从来不会停止谈论自己的男人（而且这不是由于第一次约会紧张造成的），从来不会问你一个问题的男人，很有可能就是个差劲的男人，因为这表明他太以自我为中心，而且这种自我需要不停地得到满足。

3.与别人有暧昧关系的男人

这是指那些结过婚的男人、正与某个人约会的男人、与某个女人同居的男人、分手了仍然和女友住在一起的男人，还有各种不能再当别人男朋友的人。和别人有暧昧关系的男人是差劲男人中特别的一类，因为他们使自己相信他们是好男人，只是他们"被误解了"。

4.总是和其他女人调情的男人

这种男人当着你的面都会垂涎地注视着别的女人，这种男人自己做错事还能使你感觉好像自己错了。尽管注视别人、与别人调情不算不忠诚，但这的确很无礼，因此这是个重要而清楚的信号，这表明了你们的未来不明朗。

5.不能让人信任的男人

这类差劲的男人第二次和你约会的时候就会原形毕露：他要么在约会前5分钟把你甩了，要么忘了和你的约会，要么迟到两个小时。这种男人会变成不可信赖的人，这种男人肯定会让你精神极度紧张焦虑，让你想着你生日的时候他会不会过来，甚至他能不能记住你的姓名。

6.撒谎的男人

我们都会时不时地说一些小小的善意的谎言，以免伤害别人的感情，或者只是为了使别人开心。但是，偶尔撒谎与总是撒谎是两件截然不同的事。不过这种持续的小谎言预示着迟早的弥天大谎。

7.事后诊断

怎样处理一个差劲的男人，决定权完全在你自己，但是你需要问自己的问题不是"一个好女人的爱能够改变他吗？"而是"这个人有能力给我想要的爱情和生活吗？"

揭穿男人的谎言

很多经常骗人的人早已习惯了说各种荒谬可笑的小谎，并且对更具欺骗性的大谎言也已经麻木了，以至常常忘了自己在撒谎。我们在这里谈论的是迷惑和欺骗，而且要当场抓住这种男人是很困难的，因为他们知道撒谎的原则。

幸运的是，上面这些描述对大多数人来说都不适用。总体来说，如果某个人在欺骗你，总会有一些明显的信号在你脑子中敲起警钟，你需要做的就是下面这些。

1.认真察觉不正常的信号

如果你不是一个天性多疑的人，可是突然之间你满脑子都是令人担忧的疑虑，发现自己很想读他的邮件，听他的电话留言，闻闻他的脖子看有没有香水味，当然不是你的香水味，你可能已经察觉到了一些非语言的信号，一切都有些不正常。

2.查看他的历史

研究显示，曾经对自己所有的伴侣都不忠诚的男人可能还会对新的伴侣不忠诚。这不是由于什么不忠的基因，这只是一种行为方式。这就是说他爱上的是恋爱初始时的刺激，他喜欢的是那种追逐的过程。如果他突然做出一些对你来说很陌生的行为（但是对他来说显然不陌生），那你一定要注意。

3.注意肢体语言

当某个人撒谎的时候，即使他（她）很善于撒谎，也总是有些显示撒谎行为的信号的。天生的撒谎者经常指责别人撒谎，却暴露了自己正在撒谎。在生活中总是

◇ 识别男人说谎的信号 ◇

一个人无论怎么会说谎，由大脑转换的说谎模式，都会有下意识的信号被抓住。即使是普通人，只需要识别这些信号，就能够知道这个人是否在说谎。

1. 说谎者虚伪的微笑在几秒钟就能戳穿他们的谎言。他们的笑不会到达眼睛，嘴角往往只有一边会上翘。

2. 人维持一个正常的表情会有几秒钟，但是在"伪装的脸"上，真实的情感会在脸上停留极短的时间，所以你得小心观察。

瞬间

3. 撒谎的人老爱触摸自己。

欺骗别人会产生一种副产品，那就是认为其他人也总是在欺骗别人。所以如果他经常说他不相信别人，那你就要注意他对你说的话了。

4.听一点流言蜚语

这听起来有些奇怪，但是很多事实都是通过流言蜚语传播出去的。这不是说你要相信你听到的任何只言片语，但是如果你已经查看了某人的经历，然后又听到一些让人感到很不舒服的话，那就要相应地采取一些行动了，即使只是为了驱除你的恐惧。

5.考虑天生的警觉

我们都有一种合理的本能反应，警告我们某些不好的事可能将要发生在我们的身上。如果你听到一声响亮的警钟，不要置之不理，而是要想一想它为什么会响起来。担心自己成了妄想狂？就问一个精神正常的朋友，看他（她）是什么观点。如果他（她）说你的直觉一向很有分寸，那你按直觉采取行动就行了。

如何和男人聊天

如果你相信女人来自金星，而男人却来自另一个星系，此外，一有帅哥和你说话，你就一头雾水，那么下面这些和男人说话的基本常识，你需要知道。首先，和男人说话没有你想象的那么难，因为大多数男人都渴望友善的女性和他说话。其次，如果一个男人真的想和你说话，那你的话不一定非要诙谐、机智、有见地。非常平凡的话题，如一包土豆条或者墙纸贴得怎样，都能让一场谈话顺利进行下去，而且还能燃起友谊的火花。但是，如果恐惧让你哑口无言，你需要知道怎样加速谈话引擎，下面教你怎么做。

1.和邮差也可以聊几句

多和男人说说话，不仅是你喜欢的男人，而且还有你不喜欢的男人：邮差、卖报的、售票员、咖啡店的伙计、复印机边和你一起等着复印东西的人。和他们聊聊，这能让你揭开你在大脑中给男人蒙上的那层神秘面纱。这样做的第二个作用就是，当某个男人和你说话的时候，阻止你的身体自动进入"战斗或者逃跑"的状态。如果恐惧让你动弹不得，那就想一想其他事物，不要把思想集中在自己身上。他没有盯着你背后竖起来的头发，而是在等你说话。如果不知道该说什么，那就试着问一些问题，评价一下天气，任何可以让你在男人面前建立自信的事都可以做。

2.向别人学习

观察一下你的朋友是怎么和男人说话的。观察别的女性怎样和男人说话也会有帮助。主要观察那些让人感觉舒适的非语言方式：对方说话的时候身体微微向前倾

◇ 和男人谈话要注意以下三点 ◇

> 我可听说你不只是工作厉害，还特别喜欢绘画？

1. 不要让他"劫持"了谈话

如果他一直在谈论他的工作有多么"有趣"，这让你感到很无聊，那就换一个话题，把谈话引到另外一个方向。

> 你觉得这里的环境怎么样？还喜欢吗？

2. 让谈话进行下去

问一些容易回答的问题，如："你觉得这个地方怎么样？"不要问"你喜欢这儿吗？"这样对方只能回答是或者不是。

> 听说你大学在 H 大上的，你是哪一级的呢？

3. 不要害怕冷场

如果你的脑子一片空白，想不起来任何可说的话，那就假装你在采访他，把时间、地方、人物、事件全问个遍，这样每次都能帮你摆脱尴尬，避免出现冷场。

斜，轻轻地碰一下对方的胳膊，微笑。如果犹豫不决，不知该说什么好，那开始时就谈论一些不会涉及个人隐私的话题，因为这让人感到更舒服自在，不至于感到像是被人盘问。接着就是聆听、聆听、再聆听，这能帮助你判断他是否感兴趣，他对什么感兴趣，怎样回答他向你提出的问题。

3.和男人说话而不要和男人唠叨

不要陷入另外一个极端，那就是对着男人唠叨不停；千万不能喋喋不休，不让对方有任何机会回答你的问题。

寻找心目中的白马王子

关于恋爱婚姻的书籍汗牛充栋，这些都显示，寻找（留住）白马王子根本就没有什么锦囊妙计。这很自然地将我们带到了怎样努力寻找白马王子的话题上。下面是你需要知道的一些事项。

1.知道自己想要什么

许多人的经历显示，为了某一重大事件去商店买东西是对寻找真爱最恰到好处的比喻。从本质上说，你需要知道自己在找什么。如果出门的时候不清楚自己到底想要什么，你可能对买东西产生恐惧，可能会买回一些根本就不适合自己的东西。所以，最基本的是要知道你想要什么，为什么，这样你就不需要把买回的东西统统扔掉。

2.在正确的地方寻找

如果你是个喜爱待在家里的人，讨厌夜总会里的吵闹声，那么每个周末都在酒吧里就不会对你有任何好处。如果你的跑鞋做过的最大运动量就是从冰箱处走到电视机前，那么想着找个运动型的美男子也不会有什么益处。无数研究显示，人以群分，物以类聚。所以如果想找个运动型的男性，那么首先你也要变成一个运动型的女性。

3.适合你的不止一个人

考虑一下"只有一个"这个问题。与爱情神话相反，适合你的人其实有"很多"。这就是说，有很多男性都可以出色地当你的白马王子，你可以和许多不同的男人过上幸福的生活。

4.你有什么可以提供的

如果你把所有的时间都花在对比这样的信息上：你想要什么，需要什么，你从白马王子那儿可以得到什么，那么很有可能你会忘记爱情等式重要的另一部分：他在寻找什么？尽管人们习惯于指责男人都只注重外表（这里我们要诚实面对，对所有人来说，长相都挺重要），男人其实会在伴侣身上寻找一些素质，幸运的是，这些素质和你正在他们身上寻找的素质是一样的。这就是说，他们在寻找各方面都发展健全的、有趣的人。如果把99%的时间都花在寻找约会、谈论约会、悲叹自己的约会状况了，你就不会成为各方面都健康发展的人，有趣味的人。

5.付诸行动

除非想和上门推销的广告员或者邮差约会，否则的话你就需要离开沙发，大胆地走出去寻找你的白马王子。这并不是要你每晚都泡在酒吧里，而是让你把渔网撒大一点。告诉别人你在找男朋友并不可怜：让媒人安排见面，在报纸和杂志上刊登个人简讯，尝试网络约会。让朋友给你介绍男朋友，走到一个陌生人的面前，直接约他出去，这些都不可悲。如果上面提到的任何一种方式都让你觉得尴尬、怪异，那就想一想：如果碰巧找到了一个优秀的好男人，他让你异常幸福快乐，你真的会在乎是在什么地方遇到他的吗？

给爱情输送新鲜的血液

达到现在这种双宿双飞的状态，你已经等了好几个月了，甚至好多年了。周日早上两个人躺在床上看报纸，一起在乡村散步，深夜两个人说说悄悄话，但是有一天"完美"先生不再那么"完美"了——现在什么可以挽救你们呢？谢天谢地，下面这些就可以。

1.保持一定的距离

尽管很想做一对缠绵鸳鸯，但是每天晚上都黏在一起，吃吃咖喱美味，看看电影，最能迅速地扼杀你们之间的爱情。你们喜欢彼此是因为你们两个人在一起的时间很特别，但是如果每天24小时中有7个小时都形影不离，那就不特别了。记住你是谁，有时也要暂时离开他的身边。

2.收敛自己贪恋的一面

需要某个人没有错，贪恋和某个人在一起也没有错；但是总是要别人向你保证会对你好就不对了。这对和你在一起的人来说很无聊，又会使你在感情上太过依赖别人。从来没有人告诉过你的事实是，尽管相爱有其精彩的一面，但是它也充满了恐惧和痛苦的时刻。幸运的是，这种贪恋阶段很快就会过去，随着时间的推移，你会习惯这种相爱的状态，到那时好的一面就会战胜不好的一面。

3.想要得到的不要太多，也不要太急切

放慢速度——你知道我是什么意思。如果你们已经为婚礼做好了规划，给孩子起好了名字，那你就需要深深地吸一口气，想一想你们在一起多长时间了。想要得到更多是无可厚非的，但是想要得到更多，又很迫不及待，那就不好了。

4.不要努力去改变他

同样道理，现在你已经摘下了玫瑰色的眼镜，能够客观地看待他，能够看到他的缺点了，但是不要努力去改变他。一口气让他改换职业，改变发型，换一种新的着装风格，没有什么比这更令人感到羞愧的了。记住：你爱上他是因为他原来的样子，为什么现在要努力去改变他呢？

5.不要总是形影不离

在遇到白马王子之前你过的那种自己热爱的生活现在到哪里去了？你的朋友、兴趣、事业都在哪儿？你为什么觉得这些都不再重要了呢？为了某个人而放弃自己的生活，那你注定总是贪恋和对方在一起，注定总是生活在恐惧之中，因为除了他，你基本上什么都没有。这就是为什么很多研究都显示，总是待在一起的情侣，心不一定总是在一起。

6.为爱情耕耘

需要付出努力才能使你们之间的爱情保持正常，这并不能显示你们之间的爱情有问题，这只是说明你们没有把对方看成理所当然的人。不管在一起多久了，做一些令他高兴的事总是会对你们有益的。与此同时，要让他知道，他做的什么样的事让你觉得很开心，这样他就会做得更多，而且还因为，这会让他心存感激。

第七章

女人的婚姻资本——如鱼得水，享受人生

第一节　不伤感情地改变他

最笨的女人才强迫对方

永远不要将自己的意见强加于人。没有人愿意被人强迫去做某一件事。当然，你的丈夫同样也不喜欢被你强迫着去做某些事情。

一个月前，戴尔去老朋友肯德勒家中拜访。刚一进门，就听见肯德勒的妻子塔莎在喊："肯德勒，你怎么还不快点准备。今天我要去街上买几件衣服，你必须陪我去。"肯德勒显得很不耐烦地说："知道了！可是你没看见有客人来了吗？"塔莎从里屋走了出来，看见戴尔站在门口，很不高兴地说："既然这样，那我们的计划就取消吧！"当时的戴尔很尴尬，不知道该如何是好。幸亏肯德勒并没有表示厌烦，而是热情地把戴尔请进屋子里。

几天后，肯德勒找到了戴尔，说他正准备和妻子离婚。戴尔听后很惊讶，赶忙劝解说："别这样，肯德勒！虽然你妻子有时候是有些过分，但是她却是爱你的。"肯德勒摇了摇头说："算了，戴尔，你不要再劝我了，我根本没有办法和她继续生活下去。你知道吗？我现在连一点儿自主的权利都没有。每当她想要做什么事的时候，我就必须服从。一旦我表现出不愿意，她就会和我大吵大闹。以前，为了维持整个家庭，我迫不得已答应她的要求，可是现在我真的受不了了。美国人曾经为了自由而战，而我今天也要为自己的自由向她宣战。"虽然戴尔一再劝说肯德勒，但最终还是没有成功。

戴尔为这段即将破碎的婚姻感到惋惜，因为肯德勒的妻子塔莎也是他以前的朋友。他很清楚，塔莎其实是非常爱肯德勒的，也从来没有把肯德勒当成"奴隶"。然而，塔莎正是因为不懂得"强迫"的危害性，所以才使肯德勒再也不能忍受她的"专制独裁"，最终选择了离婚。

纽约婚姻家庭关系研究专家约翰·蒂尔斯曾经在《婚姻与家庭》杂志上发表过

一篇文章，其中写道："所有的人都渴望从别人那里获得自重感，而男人更甚。男人总是喜欢以自己的想法去做事情，习惯按照自己的思维方式思考问题。对于一个男人来说，建议是世界上最愚蠢的事情，更别说是强迫。相关数据表明，在美国，夫妻之间发生争吵的原因中有很大一部分是因为妻子强迫丈夫去做某些她们认为应该做的事，而男人在面对这种情况的时候往往选择反抗。当然，有些男人也选择沉默，但那是更可怕的事情，因为他们正在积蓄力量，等待爆发。"

事实上，在现实生活中，很多女士都不懂得如何让自己的丈夫为自己做事。就像塔莎一样，她们会说："嗨，今天下午去逛街吧，你必须和我去！"或是说："我打算明天去拜访我的姑妈，你也和我一起去吧！"还可能说："你怎么搞的？为什么两天前叫你修理的炉子还没修好？"也许，这些女士根本不知道此时她们的丈夫在想什么。当她们要求丈夫陪她们逛街时，男人心里在想：怎么又去逛街？你的衣服已经可以开个服装店了。当她们要求丈夫陪她们去姑妈家时，男人心里在想：我干吗要去？你姑妈可是个刻薄、吝啬的老太太。当她们要求丈夫修理炉子时，男人心里在想：有这个必要吗？那个炉子其实根本没有什么大问题。虽然丈夫心里非常不情愿，但是还是去做了。当然，这不是代表丈夫认为你说得是对的，而是因为他非常爱你。退一步讲，就算他们从心里接受了你的意见，但恐怕也很难接受你的方式。事实上，你的这种口吻是在告诉丈夫，他是在你的强迫下去做那些事情。

男人的自尊心是很强的。如果你伤害到他的自尊心，那无疑是要取他的性命。对于男人来说，他们会不惜一切代价来捍卫自己的尊严。然而，强迫却是要剥夺男人们拥有自尊的权利，让他们乖乖地听命于妻子的吩咐。试想，这时的男人除了反抗还会选择什么？

伊尔已经结婚十几年了，但却很少和丈夫发生争吵。她非常聪明，也知道如何保护好自己丈夫的自尊心。每当她想要丈夫做一些不情愿的事情时，她总是会想一些策略来说服丈夫，而且还不让丈夫的自尊心受到一点伤害。

有一次，伊尔想要去拜访她的一位朋友，而那位朋友在不久前因为一件小事和她丈夫发生过争吵。老实说，伊尔的这位朋友对她丈夫很重要，因为她丈夫在工作上有很多地方需要他帮忙。不过，她也知道自己的丈夫是个很爱面子的人，如果贸然地让他和自己去一定不行。于是，伊尔就对丈夫说："亲爱的，昨天我看了一篇文章，上面讲了很多让人成功的方法。我觉得你应该好好看看这本书。""是吗？"丈夫显然对伊尔的话产生了兴趣，说道："有什么好方法？说来听听！"伊尔故作沉思，然后说："书中说，男人要想成功就必须学会忍耐，而且永远不要和对自己有帮助的人发生矛盾。"丈夫听后点了点头说："是的，说得很对！不过，我却做不到，就在前几天，我还和乔治（伊尔的朋友）大吵了一架。"伊尔笑着说："那有什么关系？书上还说，真正能够获得成功的男人总是在犯下错误以后马上改正。"丈夫想了想说："是的，你说得很对。因此，我现在决定和你一起去拜访乔治。我相信，我真诚地道歉是能够化解我们之间的误会的。"

伊尔说："我觉得，强迫一个男人去做他不愿意做的事是非常不明智的。试想一下，如果当时我逼迫他和我去拜访乔治，而且还骂他是个糊涂蛋，不懂得如何与人相处的话，相信不只他和乔治的关系无法缓和，就连我们夫妻的关系也会变得紧张起来。"

◇ 如何顾及男人的自尊 ◇

男人总是喜欢以自己的想法去做事情，习惯按照自己的思维方式思考问题。当女性的想法和他们不一致时，或者觉得他们的做法很不可理喻的时候应该怎么做呢？

其实我觉得你的想法不错，只是如果……

1.委婉地提出自己的想法。避开针锋相对，不钻牛角尖，让丈夫在不知不觉中被说服，并让他感觉是自己做出的决定。

2.就事论事，不要罗列男人的种种罪行。对于男人的努力，要给予鼓励和肯定。

你已经做得非常不错了，只要稍微再注意一点就好了，就是……

总之，明智的女人绝不能做伤及男人自尊的事情，因为，当他们的尊严受到挑战的时候，他们必然会奋起反抗。

的确，伊尔说得一点都没有错，如果她不是懂得强迫丈夫是一件非常危险的事的话，那么后果就真的不堪设想了。

女士们，其实让丈夫为你们做一些改变并不是不可能的事，有很多种方法可供选择。不过，在这其中，最笨的一种方法恐怕就是强迫了。

先赞扬，再批评，但赞扬要不留痕迹

女士们，你们的丈夫一定做过很多让你们不满意的事，这是很难让人接受的，所以你们有义务毫不留情地狠狠批评他们一顿。这种情形我们经常见到，比如有的妻子大声斥责丈夫为什么不能做到把报纸放回原处，有的妻子批评丈夫为什么老是不能记住自己的生日……可是，这些做法有效吗？不，一点都没有，因为凡是一个心理正常的人，尤其是男人，都不希望受到别人的批评。

作为妻子你们的确应该对丈夫错误的行为提出批评，因为这样才会使他以后不再犯下这种错误。然而，如果你们选用的方法不当的话，那么后果恐怕就不堪设想了。

有一位先生这样说：“尽管我心里十分清楚自身存在很多缺点，但我并不想改正它们。”

是什么原因使得他不愿意去面对自己的错误呢？这位先生继续说：“事情是这样的，我知道自己有些时候比较懒惰，而且性格也比较内向，不太会和陌生人打交道，这对于一个推销员来说是致命的。可您知道吗？当我和妻子聊天的时候她总是会打击我，说我是个百无一用的笨蛋。她批评我说，为什么我那么懒，为什么我见到陌生人比一个姑娘还要腼腆。天啊，我真的受不了她这种露骨直白的批评。”

的确，相信任何人都受不了。他妻子为什么不换一种方法？就像卡伊尔太太那样。

卡伊尔太太的丈夫霍金斯经常要到很多地方进行演讲。有一次，他写了一篇演讲稿，自认为比任何人所写的演讲稿都要精彩。霍金斯先生很自信，于是他非常高兴地让自己的妻子成了这篇演讲稿的第一位听众。卡伊尔太太静静地听先生朗读完，认为这的确是一篇非常不错的演讲稿，有很多优点。不过，这其中也有一些不足之处，因为某些地方霍金斯先生用词不当，这很有可能引发一场不必要的争论。卡伊尔太太清楚，自己的丈夫是一个自尊心很强的人，如果直接指出他的错误一定会让他难以接受。于是，她想出了一个办法，很巧妙地处理了这件事。

“亲爱的，你真的太棒了！”卡伊尔太太笑着说，“我在电视上听过很多人演讲，但没有一篇能够与你的相媲美，因为它确实有很多的优点。”看得出来，霍金斯先生已经开始得意起来。“可是……”卡伊尔太太把话锋一转，说道，“我觉得这篇演讲稿并不是在任何场合都合适，你应该慎重考虑一下，特别是你要面对的场合。人总是喜欢从自己的立场看问题，因此你会认为你演讲的内容是完美的。但是，如果你从自己的立场出发，恐怕有些地方就会显得不妥。"

霍金斯先生愤怒了吗？没有！他低下头，看着演讲稿说："是吗？哦，也许吧！我认为你的说法还是有一些道理的。好吧，有些地方确实应该改改。"

最后，霍金斯先生把那篇演讲稿修改了，而几天之后的那个演讲也十分成功。

推销员太太和卡伊尔夫人都是对自己的丈夫提出批评，为什么效果是截然相反的呢？那是因为，推销员太太的批评太直白了，而卡伊尔太太则是采用了先赞美再批评的方法。

事实上，每个人都不希望别人当面指出我们的弱点和错误，对此我们通常会感到不高兴。然而，如果一个人先对我们的优点进行称赞的话，那么我们一般情况下都会以一颗愉快的心去接受批评。因此，女士们，当你们想要对丈夫提出批评的时候，不妨采用这种先赞美再批评的方法。

林肯是美国历史上最伟大的总统，也是最成功的处理人际关系的专家。在那个最黑暗的内战时期，林肯遇到过很多很多的困难，然而都被他一一化解。有一次，联军的统帅胡格将军犯了一个很严重的错误，而且必须提出批评。如果换作别人，这一定是个非常难处理的问题，因为这位将军身系着整个国家的命运，而且为人还十分狂傲自大。

让我们来一起看看这位伟大的领袖是如何对将军提出批评的吧："胡格将军，你如今已经是军队的统帅了。我一直都坚信，这是自战争爆发以来我所做的最明智的选择，因为你有能力让我相信你。然而，有些事我也必须和你说，因为你并没有让我感到十分满意。

"我喜欢你，这是你所知道的，因为你非常出色。我明白，作为一个合格的将军，你一定能够把自己的职务和政治区分开，你的做法是正确的。你有常人所没有的东西——自信，这才是战争取胜的最关键因素。

"此外，你很有志气，这在很多方面都有体现，而且也是非常好的。但是我不明白，你为什么会阻挠我派去的柏恩塞将军带兵，难道这是出于你的自私？如果是这样的话，那么你就是对另一位与你同样对国家做出很大贡献的同僚犯下了一个大错。

"曾经有人和我说过，我也相信了，你在前段时间曾经说现在不论是军队还是政府都需要一位独裁者。你必须记住，我给了你军队的统治权并不是因为我相信你的话，而是因为我觉得你会是一个合格的将军。想成为独裁者不是不可能，但你必须取得胜利。我现在希望从你那里得到的是军事上的胜利，那时我真的会考虑给你独裁的权力。

"我的政府会尽一切所能给你提供帮助，同时我也会对其他所有的将领提供同样的帮助。我很害怕，因为你的这种想法很可能会让你的军队去批评他们的将领，这很危险。不过还好，这种想法只限于你一个人身上，所以我要帮助你消灭它。现在，你要做的就是小心谨慎，和你的军队一同努力，给我们带来盼望已久的胜利。"

女士们，你们从林肯的话中体会到了什么？是不是一种严肃的、不容置疑的批评？可是，这些话中没有"严重的错误""不能原谅"这些字眼，代替它们的是夹杂赞扬的批评之词，然而却不容轻视。此外，林肯虽然对胡格将军进行了赞美，但却没有丝毫谄媚的意思。胡格知道，林肯对他提出的表扬都是事实，而提出的批评也是正确的，因此胡格将军愿意改正自己的错误，并且愿为林肯服务。

◇ 要赞美但不要吹捧 ◇

在这里要提醒女士们，采用先赞美再批评的方法没错，但一定要注意不能让赞美留有痕迹。

你今天在我爸妈那里表现真好，简直就是完美……

有什么话就说，就知道拍马屁！

1. 女士们可以先赞扬自己的先生，但要注意：不要胡乱地吹捧、溜须自己的丈夫。

我听公司的张经理说你最近一个月的工作非常出色，我真为你骄傲，如果……

2. 你们必须记住，要想让丈夫接受你的赞美，首先必须找到值得赞美的地方。

鼓励更容易使人改正错误

女士们，你们知道什么样的语言最容易让你的丈夫改正他们所犯下的错误吗？如果你们的回答是批评的话，那么你们就犯下了一个很严重的错误。因为事实上，鼓励的语言更容易使人改正错误。

在所有的人际关系中，婚姻关系是最难处理的。不过，女士们可以从人际关系大师那里学一些方法和技巧，因为这些对你的丈夫同样适用。

拉菲尔·汤姆斯是一位非常了不起的人际关系学大师，他就十分擅长运用这种鼓励的方法使人改正过失。有一次，戴尔到他家去拜访。晚饭过后，他突然提议大伙一起围坐在火炉旁打桥牌。这绝对不行，因为戴尔对桥牌一窍不通。于是，他拒绝道："汤姆斯，你这是在让我难堪。我虽然不是一个很笨的人，但是我真的对桥牌一窍不通。我承认，凭我的脑子我是不可能学会这种休闲游戏的。"

汤姆斯却不以为然，笑着说："干吗？戴尔！这并不是一种高深莫测的游戏，实际上它非常简单。你只需要学会如何记忆和判断，其他的根本不必担心。对了，我记得你在不久前好像刚刚出版过一本关于怎样培养记忆力的书。怎么？现在对自己没有信心了？我相信你戴尔，你一定会很快学会如何打桥牌的。"

当时戴尔真的不知道发生了什么，因为糊里糊涂地就开始了第一次打桥牌的经历。虽然汤姆斯知道戴尔打得很糟糕，但是戴尔却总是听见汤姆斯的鼓励之词。现在，戴尔已经可以算得上是一个桥牌高手了。

女士们如果能像汤姆斯那样，你的丈夫真的是太幸运了。因为你的鼓励不仅可以使他改正自己的错误，更可以让他树立自信，最后取得成功。

美国肯塔基州曾出了一名非常出色的年轻的国际象棋选手。他在很短的时间内就取得了骄人的成绩，而且现在已经写了几本关于国际象棋的著作。然而，所有人都想不到的是，这位年轻人以前竟然是个"象棋盲"。

1928年，年轻的郝柏只身一人来到了肯塔基。本来，他希望找到一份教书的工作，因为他一直都认为自己在哲学领域很有建树。可惜，没有一个学校愿意收留他。为了生存，他做过很多事情，卖过手提箱、开过小型餐厅，甚至还在街上兜售过劣质的洗发水。

那个时候，他根本没有想到自己可以教别人下象棋，因为他不仅技术不高，而且还经常和别人就一个问题争论不休。每次失败以后，他总是会和别人强调自己的各种理由，说自己的失败是其他原因造成的。因此，周围的人没有一个愿意和他下象棋。

后来，他结识了上校的女儿，年轻美丽的亚瑟斯·迪勒。他们相爱了，并结了婚。聪明的亚瑟斯发现，虽然丈夫下棋的技术很差，但是他却总是习惯在失败后分析原因，于是就对他说："亲爱的，你的做法非常好，因为这会让你吸取教训。我相信，经过你的努力，你一定会成为大师级的选手。"

在这种鼓励的作用下，郝柏终于不再固执。每次下完棋后，他总是认真分析自己失败的原因，而不是去给自己找理由。如今，他终于成功了。

虽然很多女士都会认同以上的话，但是她们却固执地认为自己没有必要鼓励丈夫，因为丈夫做得确实很糟糕。有一位女士说："难道我不想去鼓励我丈夫吗？可实际上他根本没有可鼓励的地方。他笨手笨脚，连个吊灯都安不好，每天下班回家就是守着那台该死的电视。像这样的人，我有什么可鼓励的？"

面对这种情况，我们首先表示非常地理解，但这并不代表这种想法就是正确的。每当遇到这样的女士时，我们要问她这样一个问题："是吗？你认为他什么都做不了，那么你自己呢？"是的，女士们，在我们批评别人面前为什么不先反问一下自己？也许我们做得还不如人家呢！这时候，女士们就会发现，尽管他做得不够好，但依然应该得到你的鼓励。

几年前，卡耐基的侄女乔瑟芬·卡耐基从老家来到纽约担任他的秘书。那时她还是个孩子，因为那年她只有19岁，刚刚高中毕业。说实话，对于一个没有什么工作经验的女孩来说，想做好秘书这份工作确实不容易。因此，在刚开始的时候，乔瑟芬总是会犯下很多错误，而卡耐基也经常责备她。当然，他那么做是希望她能够改正这些错误。然而，他的责备非但没有使她尽快成熟起来，反而让她变得十分脆弱、敏感。他突然意识到，也许他帮助她的方法是错误的。

有一次，乔瑟芬把一份文件弄错了，这是一份很重要的文件。卡耐基很生气，准备狠狠地斥责她一顿。可是卡耐基又对自己说："你不要这么冲动，好好冷静一下。尽管乔瑟芬做错了事，但她还是个孩子。你的确有丰富的做事经验，但你的年纪也比她大好几倍。回想一下，你19岁的时候是什么样子，难道你比她做得好？不，那时候的你犯下了很多愚蠢的错误。你为什么不想一想，当你犯下错误的时候最希望得到什么？是批评？不，当然不是。那一定是鼓励。"

想到这，卡耐基就对乔瑟芬说："乔瑟芬，想必你已经知道自己犯下了错误，也一定很后悔。但是，这并不代表你是无可救药的，因为以前的我比你所犯下的错误更多。是的，我没有资格批评你，因为现在的你比以前的我做得好得多。我相信，你会正视这个问题的，将来的你一定是全美最棒的秘书。"

从那以后，乔瑟芬进步很快，因为卡耐基的话始终都在激励着她。

女士们，每个人，也包括你们，都不希望听到别人指责我们，打击我们，因为每个人都有自尊心。我们希望得到安慰、鼓励，这样才会让我们心甘情愿地去改正错误，而你的丈夫也是一样。这里要对女士们说的是，鼓励的魅力是非常大的。

所有的女士都希望自己的丈夫能够获得成功，也希望他能够彻底将自己的错误改掉。那么，女士们就应该再从头读一遍这篇文章，因为它告诉你们：鼓励更容易

◇ 鼓励远比批评要有用 ◇

1. 女士们，如果你对你的丈夫说，他对某件事的做法是你所见过的最愚蠢、最糟糕的事情，那么你无疑是亲手熄灭了他改过自新以及进步的希望。

2. 可是，如果你能够聪明一点，换一种方法，对他进行鼓励而不是批评和挖苦的话，那么相信整件事就变得非常容易解决了。

3. 原因很简单，你的鼓励是在向他暗示：虽然他的确错了，但是你相信他有能力把这件事做好。

　　每个人都喜欢听到鼓励，鼓励会让他们挖掘自己体内所有的潜能，努力把自己的事情做好。所以，女士们，学着去鼓励自己的丈夫吧！

使人改正错误。

切忌直截了当地指出他的错误

约翰·沙普先生开办了一家纺织厂。有一次，沙普先生在厂内巡查时，却看见有几个员工正在厂房里抽烟，而他们背后的墙上就挂着"请勿吸烟"的牌子。对于一个纺织厂来说，在厂房吸烟是最大的忌讳。一般人们肯定会这样想：这下有这几名员工受的了，沙普一定会狠狠地斥责他们一番，说不定还会把他们开除。

然而，事情却并非像我们想象的那样。沙普没有指着牌子说："你们几个家伙难道是瞎子吗？难道没有看到不许吸烟的警告？"而是静静地走过去，从兜里拿出一包烟，给每位员工发上一支，说道："嗨！我说！要是你们能够拿着我的这根烟到外面去抽的话，那么我将对你们这种行为感激不尽。"

那些工人知道自己违反规定了吗？他们当然知道。虽然沙普先生可以选择严厉地批评他们，但是他却没有这样做。那几名员工从那以后一定会非常敬重这位老板的。

如果妻子在面对丈夫错误的时候，也能像沙普这样灵活处理的话，相信离婚率至少可以下降一半。

先找到丈夫可以赞美的地方，真诚地称赞他，然后再委婉地提出批评。是的，这种做法没错。可是，有些女士们在运用完之后却发现，似乎丈夫依然不能接受这种温和的批评方式。凡是遇到这种问题的女士都犯了另一个错误——直截了当地指出丈夫的错误。

女士们可能不明白，我们不是已经在批评之前加上赞美了吗？为什么还要说是直截了当的呢？这是因为，很多女士虽然说出了真心赞美的话，但她们总是喜欢在这些话的后面加上一些转折词语，比如"但是""可是""然而"等，接着就是一连串的批评。比如，一个妻子想让丈夫懂得保持家庭环境整洁的重要性，那么她有可能会说："亲爱的，我真的发现你比以前做得好多了，因为我收拾房间已经不再那么累。可是，如果你能够不把烟灰到处乱弹、不把臭袜子到处乱扔的话，那真是太好了。"

女士们，应该说这种做法是不明智的，因为转折词后面的批评会使你的赞美大打折扣。它会让你的丈夫认为赞美是虚伪的，因为它的作用不过是引出后面的批评。因此，他们根本不会认为改正先前错误的做法是一件很必要的事情。

可是，如果女士们聪明一点，把那句话中的几个词语稍稍改动一下的话，那么效果就完全不一样了。比如，妻子可以这样说："亲爱的，我真的发现你比以前做得好多了，因为我收拾房间已经不再那么累。如果你能够每次都坚持把烟灰弹到烟灰缸里，把袜子放在洗衣机里的话，那真是太完美了。"

这样的话，丈夫们一定会很高兴，并且也知道自己的做法还有不足之处。原因很简单，他们没有听到赞美后面随带的批评，而妻子也间接地指出了丈夫的错误，使他明白那样做才是妻子最希望的。

永远不要直截了当地指出他的错误。的确，这种间接指出丈夫错误的做法要远比生硬的批评温和得多，而且还不至招来丈夫的反感。

很多女士并不太擅长说话，更不懂得如何赞美别人。对于这种情况，女士们完全可以采用另一种方法，那就是用实际行动告诉丈夫，他的行为是应该受到批评的。

罗格太太是个很内向的人，平时很少和外人接触，就连和自己丈夫的沟通都很少。然而，当她看见丈夫毫不留情地把她辛苦收拾的房间搞得一塌糊涂的时候，也总是会忍不住说上几句。罗格太太发现，不管自己怎样批评，丈夫都不把她的话当回事，依然我行我素。

一次，罗格太太整理房间的时候发现，自己的先生非但不帮忙，反而坐在沙发上悠闲地看报纸。不只这样，他还居然肆无忌惮地把烟灰弹到刚刚擦好的地板上，而烟灰缸就在距离他0.5米远的橱柜上。罗格太太非常生气，真想大声地斥责他一番。可是，她转念一想，丈夫并不是头一次这么做，而自己以前的唠叨也没有起到一点作用。于是，她决定改变一下方法。罗格太太默默地走到沙发跟前，拿起抹布将地上的烟灰全部擦干净。接着，她又从橱柜上拿来了烟灰缸，摆在了罗格先生面前。

以后发生了什么？相信女士们不会想到。罗格先生从此再也没有将烟灰弹到地上，而且居然还时不时地帮妻子做一些家务。

事实上，这种间接指出错误的做法，对于那些脾气暴躁、性如烈火的男人们来说更加有效。玛丽·庞克女士就曾经用这种方法让她那个邋遢的丈夫发生了改变。

庞克太太家的屋顶漏了。庞克太太白天要去上班，而庞克先生的工作时间则是在晚上，因此丈夫自然就担任起了修理工的角色。然而，庞克太太发现，每当她回到家的时候都会发现地上堆满了丈夫施工时留下的木屑，这简直太糟糕了。没办法，她只好带着孩子们一起把丈夫遗留下来的工作完成。

庞克太太知道，自己的丈夫既要修理屋顶，又要在外工作，这的确是一件非常辛苦的事。如果她直接对丈夫提出批评的话，一定会引发一场很大的争吵。于是，她在第二天早上对丈夫说："亲爱的，你做得太棒了，因为你昨天把屋子收拾得干干净净，找不到一丝木屑。"

从那以后，庞克先生每天在干活的时候都会在脚下铺上报纸。即使有一些木屑掉了出去，他也会把它们收拾起来。

以提问的方式来代替命令

纽约婚姻关系研究机构曾经对近千名已婚女性做过调查，发现其中绝大部分人都认为天底下最难的事情就是给男人提建议。女士们一致认为，狂妄、自负、固执己见等是男人共有的特性，要想让男人接受别人尤其是女人的意见，简直是一件不可能的事情。在她们看来，男人在面对意见的时候总是会采取防御和抵制的态度。

是的，男人有时候确实是对自己的自尊过于敏感，从而忽略了别人对自己所提的建议。然而，造成男人对建议产生抵触情绪的原因却是多方面的，其中妻子所采用的态度和方法最为重要。

洛根先生是一个"不拘小节"的男人，平日里就没有养成好的生活习惯。当他妻子刚辛辛苦苦地把凌乱的房间打扫完之后，他总是会跑进来"破坏"一番。当然，这并不是出于他的本意，而是因为他根本不知道这么做是不对的。

当遇到这样一个丈夫的时候，很多女士都会采取这样的方法。她们会叫喊着说："看看你都做了些什么？把你的脏脚从地板上拿开，还有别把烟灰弹得到处都是，下次看报纸的时候记得放回原位。"那么，结果会是如何呢？相信，大多数男人会选择默然不理，另一部分男人则会选择反唇相讥。女士们，这种命令的方法根本起不到你想要的效果，只会让事情越来越糟。或许，我们应该向洛根太太学习一下，因为她采用的方法要高明得多。

这天，洛根夫人刚刚打扫完房间，她的丈夫又想进去"搞破坏"。这时，洛根夫人突然说："等一下，亲爱的。""怎么了？有什么事吗？"洛根先生警惕地回答。洛根夫人笑了笑说："亲爱的，你是不是觉得现在的房间非常漂亮？"洛根先生点了点头说："是的，你说得没错。"洛根夫人又说："你是不是非常喜欢在这种环境下生活？"洛根先生又说："没错，正如你所说的。"洛根夫人接着说："那你是不是愿意为保持这种清洁而干净的环境做点什么呢？"洛根想了想说："我一直都有这种想法。"洛根夫人很高兴地说："我想你一定知道该如何做。"

洛根夫人在建议丈夫保持家庭环境清洁的时候并没有采用命令的语气，而是向洛根先生发出一连串的提问。结果，洛根先生顺着妻子的提问一点点地走下出，终于说出连自己也认为是应该做的事情。从那以后，洛根先生再也没有搞过"破坏"，因为是他自己说要为整个家庭的清洁做点什么的。其实，这一技巧并不是非常难学，只要妻子给丈夫一点自主的权利，让他们感觉那是他的主意就可以了。

如果女士们依然不自信，那么你们就看看银行出纳员爱丽丝·艾伯森是怎么做的。你们的丈夫总不会比一个固执傲慢的顾客更加难以劝说吧。

一天，有一位先生来到爱丽丝所在的银行，说打算开一个户头。按照规定，爱丽丝给先生递过几张表格，并嘱咐他一定要详细地填写。可是，这位先生在看完表格后，表示拒绝填写某些内容，因为他认为那样会泄漏他的一些隐私。

爱丽丝并没有命令这位先生必须填写表格，而是决定采用提问的方法来让那位先生接受银行的规定。于是，爱丽斯首先表示对那位先生的理解，因为那样的确是有泄漏隐私的嫌疑。同时，爱丽丝也表示，这些表格上很多地方并不需要填写。那位先生很高兴，因为他觉得自己是一名胜利者。

接着，爱丽丝问他："先生，如果您不幸遇到什么意外，是不是希望银行能够在最短的时间内准确无误地将您的钱转交给您所认定的人？"那位先生想了想，说："你说得没错，我的确希望如此。"爱丽丝接着说："那好，我们也非常希望能够做到那样。那么，您是不是觉得应该把您希望接受钱的这位亲人的名字告诉我们，以便使我们以后能够完全按照您的意思处理，从而不至出现耽误时间的现象呢？"那位先生沉思了一会儿，说道："没错，你说的这个的确有必要，我想我应该好好考虑一下。"

这时，情况已经发生了戏剧性的变化。那位先生已经没有了刚才得意扬扬的劲头，而且态度也缓和了下来。他知道，自己填写这些表格并不是为了给银行留下什么，而是完全要照顾好自己的个人利益。因此，他理解了银行的规定，也完全按照表格的要求填写了所有的资料。不只这样，这位先生还另外开了一个信托账户，并且指定他的妻子为法定受益人。当然，他也按照银行的要求留下了所有与妻子有关的资料。

没错，爱丽丝女士从一开始就一直让那位先生回答问题，让他不停地说"没错，是的"。这样一来，那位先生把原来的问题忘得一干二净，而且非常愉快地接受了爱丽丝懂的建议。

有的女士可能会说："我可不会这么拐弯抹角地说话，我更习惯于直接给我的丈夫提意见。因此，那种方法根本不适合我。"女士们大可不必灰心，其实你们也完全可以让丈夫接受你们直接的建议。不过，这种方法依然是以提问的方式作为前提的。事实上，这种技巧是从西屋电气公司的销售代表伊利尔女士那里学来的。

伊利尔女士负责华盛顿一个区的销售业务。在她所负责的那个区里有一家工厂，西屋电气公司一直都想和他们做生意。可是，伊利尔的上一任负责人已经做了10年的努力，始终都没有成功。后来，在伊利尔的一再劝说下，那家公司终于购买了几台发动机。伊利尔认为这是一个良好的开端，而且自己必须努力将这种关系保持下去。

一个月之后，伊利尔女士对那家工厂做了回访，接待她的是那家工厂的技术总监。本来，伊利尔觉得这一定是一次非常愉快的谈话，然而那位技术总监却一上来就说："对不起，伊利尔女士，恐怕我们的合作关系要终止了。"伊利尔感到非常惊讶，不明白这期间到底发生了什么。那名技术总监高傲地说："我这么做是有理由的，你们的发动机太热了，我的手根本没办法放在上面。"

伊利尔很清楚，如果这时候发生争吵，对解决问题时丝毫没有帮助的。因为在这之前，也有很多顾客像那位技术总监一样，拿出一些很没有道理的借口。尽管公司是在"据理力争"，但结果却总是无效的。于是，伊利尔就对那位技术总监说："是的，先生，我非常同意你的意见。的确，如果发动机热得吓人，真的没有必要

◇ 如何用提问式让丈夫接受意见 ◇

女士们，如果想要用提问的方式来让你们的丈夫接受意见，那么需要学会下面几个小技巧，并学会灵活运用。

1. 不停地让他说"是"

不断肯定之后，他会在心理习惯对你说"是"，也就容易接受你的意见了。

2. 让他说出你想要说的话

这会让男士认为这是他自己的主意，而不是妻子的建议。

说到底，还是需要女士能够保护好男士的自尊心，让他们觉得一切都是他自己的决定，而不是在接受别人的意见。

再买了。我想，您做出这种判断一定是有根据的，您这里一定有一套非常符合标准的发动机吧？"

那位总监点了点头说："是的，你说得一点都没错，可是你们的发动机超过了标准热度。"伊利尔接着说："我知道，先生。如果发动机的热度再加上工厂内的温度，一定快接近 150° 了吧？"

"没错！"这是总监第二次表示同意。

"可是，您是不是觉得没有人会把手放在150°的水龙头上？"

这次那位总监不得不说"是的"。

"那好，我建议您以后最好不要把手放在发动机上。"伊利尔笑着说。

最后，那位技术总监接受了伊利尔的意见，而且表示愿意再购进几台发动机。

给他一顶"高帽子"，并让他努力达标

很多女士都梦想着嫁给一个完美的丈夫，希望人类所有的美德都能够在他身上有所体现。然而，事实却总是无情地毁掉女士们的梦想。她们的丈夫固执、懒散、脾气暴躁，似乎在他们身上找不到任何优点。这时，女士们抱怨说："天啊，究竟怎样做才能让他有所改变呢？"在这里有一种方法教给女士们：给他一顶"高帽子"，然后让他努力达到目标。

有一次，卡耐基去华盛顿拜访威廉·约翰逊，和他讨论怎样的心理才能使人获得成功。他的朋友问他："戴尔，我知道你对象棋一窍不通。可是如果我现在告诉你，你是我见过象棋下得最好的人，你就是我心目中的象棋大师，你会怎么做？"

卡耐基以为威廉是在和他开玩笑，于是就说："威廉，不要再取笑我，好吗？我怎么可能是象棋大师？实际上我连个入门选手都不算。"

可是，威廉十分认真地说："不，戴尔，我就认为你是象棋大师。不管别人怎么看，我始终这么认为。"

卡耐基有些不知所措，不知道该如何回答他。最后没办法，他说："谢谢你，威廉，谢谢你对我的信任。我想，如果你真这么看我的话，我一定会努力学习象棋的，因为我可不想让我的老朋友失望。"

没想到威廉笑着对卡耐基说："对不起，戴尔，这只是一个实验而已！最近我一直在研究，一个美名，也可以说一顶"高帽"，对于一个人来说意味着什么。通过我的调查，我发现几乎所有的人在戴上一顶"高帽"以后都非常努力，因为他们都想使自己真正配得上头上的"高帽"。实际上，每一个人，既包括富人也包括穷人，就连那些乞丐和强盗都在内，无一例外地都尽力去保全住别人赐给自己的美誉。从心理学角度讲，这里面存在一点虚荣心，但有时候虚荣心也是敦促人们奋发

努力的动力。"

是的，威廉·约翰逊的话非常有道理。每个人，也包括女士们的丈夫，都会尽最大的努力使自己成为那个理想中的人的。然而，很遗憾地说，很多女士根本不知道送给丈夫一顶"高帽"是一件非常重要的事。

曾经有这样一位女士，她生活得非常苦恼，因为她的丈夫是个十足的"超级笨蛋"。这位女士说："你真的不知道我丈夫是个什么样的人！他干过推销员，可是两

◇ 什么是"高帽" ◇

想要用送"高帽"这一方法改变丈夫之前，女士们必须首先搞清楚究竟什么是"高帽"。

下班就在家看电视，真希望他勤快一点。

它不是一种虚伪的、假情假意的称赞，更不是那种令人厌恶的溜须拍马之词。实际上"高帽"是一种希望，是一种使人变得更好的希望。

如果女士们想在某一方面改变你的丈夫，那么最好的选择就是让他觉得那种特点已经成为他的显著特性之一了。

老公，咱家就你最勤快了！

莎士比亚曾经说过："如果你想获得一种美德，那么你就应该假设自己已经拥有了它。"也就是说想要改变丈夫哪一点，就在哪一点上给丈夫送一顶"高帽"。

个月过去了居然一件商品都没有推销出去。他还干过修理工，可他从没有修好过一件东西。他还干过售货员，可他每天接到的投诉比他卖出去的商品还要多。我真不明白，我当初怎么嫁给这样一个无理、傲慢的家伙。"

别人问她："那么你是怎么对待你丈夫的呢？"

这位女士显得非常生气，说道："难道他做错了事还要受到奖励吗？笨蛋、蠢货这些词用在他身上一点都不过分。"

女士们，相信你们此时也发现了这位女士的问题。的确，她总是称呼自己的丈夫笨蛋、蠢货，这势必会打消他的积极性。说实话，做一个笨蛋、蠢货比做一个成功人来说要简单得多，因为在这种"恶名"的作用下，她的丈夫每天都可以过得轻轻松松，反正一个笨蛋也不需要考虑太多的事情。

我们要替这位女士感到惋惜，因为她浪费了很多绝好的机会，如果当初能够告诉丈夫，他是世界上最伟大的推销员或是最出色的修理工的话，相信她的丈夫如今已经做到了。

森德夫人雇用了一个女佣，并在她到任的前一个星期给她前任的女主人打了个电话，向她询问一下这个女佣的情况。显然，这名女佣并不合格，因为前任女主人说她干起活来笨手笨脚，做饭也是非常难吃。最可怕的是，这位女佣还十分邋遢，从来没有把屋子打扫干净过。

在听到这一系列的批评之后，森德夫人并没有选择放弃，她认为自己完全可以让那个女佣发生改变。当他们见面的时候，森德夫人对女佣说："戴丽，前几天我给你的前任主人打了一个电话，从她那里得到一些有关你的信息。"戴丽的脸色显得有些难看，但她并没有说什么。森德夫人继续说："她告诉我，你是世界上最棒的女佣，你们相处得很好。你做事勤奋，还很诚实，而且烧得一手好菜。不过，她也对我说你这个人不太爱干净，从来没有把屋子打扫得很干净，但是我不信。因为我发现你身上的衣服非常整洁，我不相信一个如此爱干净的人会把屋子搞得一团糟。戴丽，我相信我们一定可以相处得非常好。"

事实上，森德女士的话都变成了现实女佣也每次都把房间打扫得非常整洁。因为她知道，自己是世界上最棒的女佣，自己从来不会把房子搞得一团糟，所以就算每天要多干一个小时，她也不希望让森德夫人对自己的希望落空。

既然森德夫人可以这样对待她的女佣，那么女士们为什么不可以这样对待自己的丈夫呢？他们并不是看不到自己的错误，只不过是没有改正错误的动力。如果女士们能够对丈夫说出这样的话："你是世界上最优雅的绅士""你是世界上最体贴的人""你是世界上最爱干净的人"，那么相信你和丈夫之间就没有那么多事需要争吵了。

此外，给丈夫戴"高帽"不仅可以促使他改正错误，还会让他对自己充满信心。

◇ 如何给丈夫戴顶"高帽" ◇

下面的几点建议送给女士们，它将会教给女士们如何给自己的丈夫戴"高帽"。

1.发现丈夫所欠缺的东西，因为丈夫欠缺的东西就是需要改进的地方，也是"高帽"的设立点。

2.根据他的需要给他设立一项"高帽"，并将这顶"高帽"送给他。

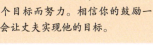

鼓励他、敦促他，让他为实现这个目标而努力。相信你的鼓励一定会让丈夫实现他的目标。

女士们可能不会相信，一项精神上的"高帽"曾经挽救过一个非常可怜的女人。

乔纳森住在新泽西的一个小镇上，对于一个单身汉来说，做饭简直是世界上最痛苦的事，因此他总是从附近的一个小饭店订饭。每天负责给他送饭的是一个洗碗工，名叫马格利特。这位年轻姑娘相貌很丑，斜眼、驼背、罗圈腿，就像《巴黎圣母院》里的卡西莫多。从她的表情上可以看出，她每天都在承受着肉体和精神的双重折磨。

这天，当乔纳森从马格利特手里接过自己订的比萨的时候，心中突然产生了对她说点什么的想法。于是，乔纳森说："马格利特，也许你自己都不知道，你身上蕴藏着世界上最宝贵的东西。"

马格利特显然已经习惯压抑自己的感情，所以当她听到这些话的时候并没有表态，因为她害怕自己的行为会招致客人的反感。过了半天，马格利特才开口说："先生，我……我真的不敢相信您说的话是事实，但从您真诚的态度可以看出，您说的都是真的。"

说完后，马格利特不声不响地回到了饭店。她还是习惯沉默，但在心里却一遍一遍地重复着乔纳森的那句话。渐渐地，一种自信的感觉从她心中升起，她开始觉得自己以前的想法太愚蠢了。从那以后，马格利特发生了很奇妙的变化，这种变化并不是来自别人的关心，而是产生于她自身。马格利特坚信，在她身上有一种世界上最好的美德，只是别人看不见而已。她忽略了自己的外貌，开始注重培养自己的行为和品德。

三个月后的一天，马格利特再一次敲开了乔纳森的门，兴冲冲地说："乔纳森先生，从明天起我将不能再给您送饭了，因为我马上就要做太太了。我将和厨师的侄子结婚，希望您能参加婚礼。这一切真的应该感谢您，如果不是您的那句话，相信我仍然在做自卑的可怜虫。"

当说到这件事时，乔纳森说："我真的不敢相信，我的一句话居然有这么大的威力。事实上，当时我只是觉得她可怜，应该给她一点鼓励。没想到，这句话居然改变了她的一生。"

既然一个陌生人的一句话能够改变马格利特的一生，那么妻子的一句话也同样可以改变丈夫的一生。可能女士们认为自己的丈夫确实配不上那顶"高帽"，因为那个美名对他来说是有些过分的赞美。那有什么关系呢？即使是过分一点又有何不可？即便你的先生不能做到你所期望的那样好，但这总比什么都不做要好得多。女士们，你们的那顶"高帽"一定会让丈夫充满信心，一个自信十足的男人是一定会取得成功。

激发他的高尚动机

女士们，你们知道所有男人们最热衷于做的一件事是什么吗？可能你们会说是喝酒、吸烟、看体育节目等，但事实上这都没有共性可言。对于男人来说，他们最喜欢做的事情就是那些在他们看来是最正确的、最好的事情。

每一个人都对自己十分尊重，都会认为自己才是世界上最善良的、最无私的

◇ **高尚动机的魅力** ◇

高尚的动机会让人做很多自己原本不想做的事情，那是因为高尚动机有很大的魅力：

表现爱心？那当然要自己动手做了！

把这些做好送给孤儿院的孩子来表达我们的爱心，你愿意和我一起做吗？

1.让人觉得这是最合理的事情，使人认为这才是最好的解决途径。

你说得不错，爱护环境要从小事做起，以后我都走着陪你买菜，不开车了！

2.让人愿意按照这种动机的指示去行事。

每个人都在内心把自己理想化，也都喜欢给自己的一切行为找到一个高尚良好的动机。女士们可以给丈夫找到一个高尚的动机，让他们心甘情愿去做事。

人。在他们眼里，按照自己想法去做的事情才是最高尚的。事实上，你丈夫在做事情的时候也是在遵循这样一条准则。

美国著名的心理学家乔纳德·卡特曾经说过，每一个人在做事的时候都会给自己找两个恰当的理由：第一个是这件事看起来确实不错；第二个是这件事的确不错。

女士们，你们有没有想过，如果你们能够激发起丈夫心理的高尚动机，那么改变他就不会是一件非常困难的事。

伊尔女士已经结婚5年了，如今她已经有三个孩子了。伊尔的丈夫乔治是个不错的男人。他有一份体面的工作，而且还十分体贴。对于一个妻子来说，这应该算得上是幸福的。然而，乔治有个坏毛病。也许是小时候家庭环境比较优越，乔治对食物特别挑剔。他不喜欢吃辛辣的东西，也不喜欢吃蔬菜。每当伊尔将面包端上桌子的时候，乔治总是先把外面那层硬皮剥掉，因为他说那些东西吃起来是在折磨自己的喉咙。几乎所有的小孩都有挑食的毛病，然而伊尔家的三个却挑得特别厉害，这是因为他们有一个同样挑食的父亲在纵容他们。

为了帮助乔治改掉这个坏习惯，伊尔女士想了很多办法，但都没有收到很好的效果。有一天，伊尔女士突然对丈夫说："亲爱的，书上说孩子的第一任老师是父母，我觉得挺有道理的。"乔治点点头说："你说得没错，我们的确要教会孩子们很多东西。"伊尔继续说道："那你觉得我们该怎么做？"乔治回答说："这还用问？当然是给孩子们做出榜样。"伊尔点头说："是的，我也同意。我一直都认为孩子们不应该挑食，那样对他们的身体不好。"乔治也表示了赞同。这时，伊尔有些狡猾地说："乔治，那我们应该怎样给孩子树立榜样呢？"乔治一下子就明白了伊尔的用意，从那以后他再也没有挑过食，因为他要给孩子们做出榜样。

为什么伊尔女士的一番话可以让乔治改掉一个养成了十几年的坏习惯？这是因为，伊尔让乔治觉得，给孩子们做出一个好榜样是一件非常高尚的事，因为那会帮助孩子们养成很好的习惯。正是在这种高尚动机的促动下，乔治才下决心改掉了挑食的毛病。

前一段时间，诺斯卡瑞夫爵士发现，有一家报纸上刊登了几幅他十分不愿意公开的照片。于是，他提笔给报社的编辑部写了一封信，信中内容是这样的："我知道有些时候一个人隐秘的照片能给一家报纸带来更多的读者，这的确可以让报纸获得很高的利益。然而，这种做法也很有可能会伤害到一个母亲的心，因为她不喜欢有人那么做。"第二天，那家报纸果然就把照片撤了下来。诺斯卡瑞夫爵士聪明地利用了人人都敬爱的母性伦理观念，激发起了报社编辑的一种高尚动机，因此才很好地解决了问题。如果信中的内容换成："你们这帮无耻的家伙，赶快把那幅照片给我换掉，那是我最最讨厌的事情。"相信整件事情的结果就会发生很大的变化。

洛克菲勒也非常善于使用这一技巧。对于他来说，最烦恼地莫过于终日被媒体的记者打扰。他非常不喜欢那些记者为了所谓的头条新闻而去骚扰他的孩子们，于是他就对记者说："请等一下，你们在拍照之前有没有想过，你们的这种做法是不是会伤害到一个孩子的心。你们也都是孩子的父母，如果你们的孩子受到这样的骚扰，你们将是一个什么心情。相信那时候你们就会非常理解我的感受了。"果然，记者们都放下自己手中的照相机，因为洛克菲勒激发了他们爱护儿童的高尚动机。

很多女士会说："你认为你的这种方法有效吗？不，我不认为。我的丈夫是个蛮横不讲理的家伙，你所谓的高尚动机在他眼里简直一文不值。省省吧，这一切都是徒劳的。"

事实是这样吗？不是的。你的丈夫可能不讲理，也可能独裁，但你们之间毕竟有爱做基础。然而，对于一家企业和他的顾客来说，这种爱是根本不存在的。因此，一个企业劝说顾客改变想法要远远比你们劝丈夫改变想法困难得多。

有一家汽车公司曾经出现过这样的问题，有6位顾客在维修工作结束之后拒绝支付修理费用，理由是他们认为有些收费项目并不合理。可是公司认为，既然6位顾客已经在维修验收单上签字了，那么就证明整个过程中没有错误，因此他们坚定地认为顾客必须支付欠款。

紧接着，这家公司的信用部对那6位顾客展开了一系列的行动。他们先是派人去"拜访"那6个人，然后严肃地通知他们必须缴纳欠款。他们告诉那6个人，公司的做法是完全正确的，没有一丝错误。言外之意就是，那6位顾客犯下了很严重的错误。同时，他们还让顾客了解到，一个汽车公司对于汽车的了解要远比他们那些门外汉多得多，因此对于付钱这一条来说没有任何可争论的。

结果很明显，公司的做法不可能让那些顾客服气，也不可能使问题得到很好的解决。后来，公司和顾客之间的矛盾越来越激化，以至那几位信用部经理都做好了诉诸法律的准备。就在这紧要关头，公司的总经理发现了这个问题，并表示愿意亲自去拜访那几位顾客。

经过一番调查，总经理发现这6名顾客一直都非常守信用，每次都是按时付款。因此，总经理断定，这次一定是在某一个环节上出了问题。也许，问题的症结就出在催讨的方式上。于是，总经理制订了一个完美的计划，开始向那几位顾客收账。

他首先分别拜访了那6位顾客，但并没有直接说明自己是来催款的。他只是强调，这次公司是派他来调查公司做了什么，错误出在什么地方。尽管他心里十分清楚，那份账单是没有一点问题的。总经理对顾客说，除非从他们那里听到一些意见，否则他是不会随便发表自己的看法的。同时他还一再强调，公司从来没有宣称自己毫无错误。说到汽车，总经理表示，现在他最关心的就是6位顾客的汽车，而世界上没有比他们更了解自己爱车的状况了。接着，总经理让那6位顾客发言，并且很专注地且带有同情地去听他们抱怨。最后，总经理说："我们必须承认，在对这件事情的处理上我们做了很多不妥的行为，这使您的正常生活受到了干扰，以至让您感到气愤。这一切和您没有一点关系，都是我们公司的过错，在这里我向您表示歉意。和您接触以后我发现，您是一位正派而且很有爱心的人，因此我斗胆请您帮我一个忙。我知道，您一定会有最好的办法来解决这件事的。尽管我有权力去更改这份账单，但我更想把这份权力留给您。当然，不管您做出什么样的决定，我都会绝对地服从。"

最后的结果是，那些顾客非但没有拒付欠款，反而支付的是最高款额。真难想象，一句"正派而且有耐心的人"居然会如此轻易地解决了这件事。丈夫与这6位难缠的顾客比起来，恐怕要讲理得多，如果你们也愿意这样做的话，相信他们也会心甘情愿地改变自己的。

没有一个人不想自己成为最高尚的人，你丈夫也不例外。如果你的丈夫已经有了一种良好高尚的动机，那么女士们就不需要再和他们强调了。如果他们还没有，那你们就想办法激发起他的高尚动机。

第二节　做丈夫事业上的好帮手

支持并理解要经常加班加点的丈夫

在一个家庭中，妻子扮演着一个非常重要的角色。当一些特别辛苦的日子来临时，妻子应该说是整个家庭中最不愉快的人。然而，作为妻子，你必须忍受这些不愉快，而且还要去做很多不愉快的工作，因为你的丈夫需要你的这些工作。

女士们，你们必须明白这个道理，也必须按照这个道理去做。很多时候，丈夫都需要为他的工作付出很大的努力。这时候，他并不需要你像一个女强人一样在旁边指手画脚，也不希望你整天没完没了地抱怨和唠叨。他希望你就像护士和保姆一样服侍他，就像精神支柱一样支持他。你不会说任何让他分心的话，因为你所做的只是默默地等待着一切恢复正常。

真心地希望各位女士能够支持你丈夫的工作。事实上，你们正确的行为无疑是在激励着你的丈夫。你应该让他觉得，你追求成功的渴望一点都不比他们差。你可以用行动向他表示："加油，亲爱的，我会在后面永远支持你，不管你要为这个目标付出多少努力。"试想一下，在这种情况下，丈夫们怎么会不全身心地投入到工作之中呢？怎么会还有精力和时间去顾及其他一些不重要的事情呢？

丈夫如果加班加点的话，那么一定会消耗很大体力。因此，你们必须合理地安排好丈夫的饮食。首先你们要经常给他们送东西吃，但每次的分量都不要过多。如果他的工作非常繁重，每天都要工作到深夜的话，女士们除了多给他们送吃的以外，还要十分注意食物的选择。你们应该选择那些容易消化的食物，因为这会使他的身体不需要付出额外的能量来进行消化，比如牛奶、水果沙拉、蛋糕、果汁以及

◇ 丈夫总是加班该怎么做 ◇

有些女士可能会问，我们到底该怎么做才能让丈夫安心工作？究竟有什么办法可以既帮助丈夫又不让自己过得太痛苦？对此我们有以下建议：

1. 合理安排他的饮食，使他有足够的精力应对工作。关怀和鼓励你的丈夫，让他知道你永远和他站在一起。

2. 给自己找一些新的兴趣，多参加一些娱乐活动，不要老是坐在屋子里发呆；或者学会给自己减压，提醒自己这种事情不是经常发生。

要知道，丈夫总是加班也是为了能给家庭带来更好的生活，因此，妻子应该理解并支持丈夫，而不是指责。

芹菜等。这些东西不仅非常容易消化，而且还含有丰富的维生素。如果凑巧赶上他需要整夜工作的话，那么你应该从晚饭开始就坚决不让他吃一些不容易消化的食物。如果女士们觉得自己这方面的知识比较贫乏的话，你们可以买一些有关营养的杂志或书，上面有很多医生的建议，他们会告诉你如何才能让你的丈夫保持充沛的体力。

接下来，女士们要做的就是不让自己的生活过得枯燥乏味。是的，一个人在家是件非常无聊的事，那么为什么不努力地改变自己，使自己受到别人的欢迎呢？实际上，这些事情并不一定需要丈夫的帮忙。确实是这样，做惯家庭主妇的你们可能在开始参加社交活动时会有一些不自然的感觉。其实，女士们大可不必有这种想法，因为只要你们愿意，是完全可以避免这种事情发生的。此外，女士们在参加社交活动时还可以采用一些小计谋，比如不要参加一些不适合你们的聚会，因为没有人愿意去理一个"多余的人"。你们可以尝试着去参加另一些聚会，说不定你们会受到难以想象的欢迎。

有一次，卡耐基的培训班上来了一位女士，她说最近一段时间过得非常苦恼。卡耐基问她发生了什么？她说："卡耐基先生，你真的要帮帮我，我简直要发疯了！我丈夫现在忙得要死，每天都工作到凌晨。如今，他根本没有时间管我，我每天都独自一人守在那所房子里。"

卡耐基对她说："那你为什么不给自己解闷呢？为什么不去参加一些社交活动呢？"

她有些沮丧地说："你当我没有吗？我去了，参加了一个家庭妇女烹饪俱乐部。可是在那里我根本找不到快乐，因为没有人愿意理我。她们都说我不该去那里，因为我对烹饪根本一窍不通。"

卡耐基想了想，说道："你为什么要和别人一样呢？并不是每个家庭妇女都必须参加烹饪俱乐部的。实际上，你完全可以根据你的爱好和特长去选择你喜欢的俱乐部。"

后来，这位女士放弃了烹饪俱乐部，加入了一个女性读者俱乐部。在那里，她成了最耀眼的明星，因为她对小说和诗歌有着非常独到的见解。每当俱乐部举行活动时，她的身边总是会围上很多人。人们都喜欢和她在一起探讨文学领域的事情。

如果女士们实在不愿意参加社交活动的话，那么你就自己排解烦恼吧！培养自己的一些兴趣，比如听音乐、绘画或是干脆去听一些课程。事实上，如果不是你丈夫忙得不可开交，恐怕你还没有机会去做这些事情。女士们，你们既可以借这个机会陶冶自己的情操，又不会让丈夫担心你寂寞孤独。

还有一点非常重要，那就是拜访你的朋友。拜访朋友既是一种排解自己内心孤独的方法，也是帮助丈夫安心工作的方法。你的丈夫以前是个热情好客的人，总是会时不时地去拜访你们的朋友。可他突然不再去了，朋友们会怎么想？他们一定会认为你的丈夫一定是不想和他们做朋友了。因此，你有义务做丈夫的"使者"，把这些情况全都告诉给朋友们。这样一来，你的丈夫就不需要去分心考虑该如何向自己的朋友解释了。

当然，女士们也不能总是默默无闻地做这一切。你们要向丈夫"邀功"，要让他知道你们正在努力地帮助他们。他们会感动，也会更加努力地工作。

最后，女士们必须学会调节自己的心态，你们应该对自己说："放心吧，这不会是经常有的事！这很快就会过去，我一定可以克服的。瞧，我现在做的不是很棒吗？"

你们将会迎来生命中的第二个蜜月。

称赞他的进步，激励他获得成功

每个人，都是由两部分组成的，一部分是真实的自我，另一部分是理想的自我。也就是说，一个在现实生活中非常懦弱的人，他理想中的自我就是成为一个坚强的人；一个对自己没有信心的人，他理想中的自我就是成为一个无所畏惧的人；一个说话口吃的人，他理想中的自我就是成为一个口若悬河的演讲家，而一个平凡的人，他理想中的自我就是成为一个成功人士。

之所以说这些，主要是希望女士们能够明白，帮助丈夫获得成功（也就是让他变成理想中的那个人）是每一位做妻子的责任。那么怎样才能做到这一点呢？不停地指责、无休止地挑剔、老是拿他与那些成功的人相比、逼迫他去做一些不想做的事情……这些愚蠢的做法显然都不能达到目的。作为妻子，你们应该做的是不停地称赞他的进步，通过激励的方法使他获得成功。

有一位资深的家庭问题研究专家曾经这样说过："很多女士都不知道赞美，特别是来自妻子的赞美，对于男人意味着什么。当一个男人从妻子的嘴里听到'亲爱的，你是最棒的，我真为你骄傲！我真的太幸运了，因为我选择了你！你知道吗？你将是我今生最大的荣耀'这类话的时候，没有一个不是斗志十足、意气风发的。对于男人来说，他们最大的动力就是来自妻子的鼓励。"

这种说法可笑吗？不，它说的完全是事实，很多取得成功的男人都印证了这一观点。一位名叫鲍勃·巴克斯的先生向我们详细介绍了他成功的历程。

"如今我越来越坚信，一个男人通过努力是一定可以取得成功的，不管他的条件是什么。告诉您一个有趣的现象，每当我为一项重大任务挑选合适的人选的时候，我总是会首先找他们的妻子谈话。因为我认为，一个男人事业的成败和他妻子处世的方法以及对丈夫的鼓舞程度是有很大关系的。你一定会觉得有些不可思议，但这并不是我凭空想象得出的结论，因为我自己就是最好的例子。

"在成为我太太之前，我妻子可谓应有尽有：她有一对非常爱她的父母，她本人也受过很高的教育，而且她的家境也十分富裕。我真的不明白，她当初怎么会看上我这么一个既没钱又受教育很少的穷小子。在结婚的头几年，我们的生活真的是非常艰苦的。除了一颗想要获得成功的心之外，我几乎没有任何财产。可是，我妻子从来没有抱怨过，相反她对我十分体谅而且不断地鼓励我，使我有信心去面对一切挫折和困难。

"对于我来说，我这一生所取得的一切成就都要归功于我的妻子，因为是她一直不懈地支持我、鼓励我。就在前几天，她患上了很严重的疾病，可是即使这样也没有忘记给我鼓励。在她心里，任何事都比不上给我提供帮助重要。每天早上，在我出门以前她总是会对我说：'亲爱的，你有什么事情需要我帮忙吗？'而每天晚上我回到家以后，她总是会温柔地对我说：'鲍勃，跟我讲一讲今天都遇到什么情况了。'她是我的女神，也是我的动力，我一生都不会让她失望的。"

这真是一名伟大的女性，更是一个明智的妻子。的确，妻子如果不断给予丈夫赞美和激励的话，那么一定可以让他们的生活焕然一新。是的，有时候，妻子的一句话就会改变丈夫的生活态度，使他们的心理不再有阴暗的乌云。这一点是从退役士兵汤姆·格斯登那里得来的。

这位年轻的小伙子曾经参加过第二次世界大战。在战争中，他的左腿不幸被炮弹击中，落下了终身残疾。不过，他的残疾程度并不严重，因为他还可以进行他最喜欢的那项运动——游泳。

那是一个星期天的上午，他和妻子一起来到了附近的一个海滩度假。汤姆很长时间没有如此开心过了，因此他迫不及待地脱去衣服，在大海中痛痛快快地畅游了一番。游累了之后，汤姆从水中出来，安静地躺在了沙滩上，享受着阳光的照射。突然，他发现很多游客都在以一种奇怪的眼光看着自己。他意识到，自己左腿上的那些伤疤太明显了，这是自己以前从来没有注意过的。

等到下一个星期天的时候，妻子又一次提议到那个海滩去度假，却不想被汤姆一口回绝了。汤姆有些沮丧地说："我才不要去那该死的海滩，与其被人家耻笑，还不如老老实实地待在家里。"

妻子很快就明白这是怎么回事，说道："为什么？汤姆，你怎么可以有这样的想法？我最了解你了，我知道你已经开始注意你腿上的伤疤了，然而你的那种想法是错误的。你知道吗？这些伤疤象征着勇气，它们给你带来了光荣、荣耀。我不认为你应该把它隐藏起来，你应该让所有人都知道，这是你为国家效力的证明，可以大大方方地带着它。不要再犹豫了，我们一起去游泳吧！"

最后，汤姆和妻子一起去了，因为他妻子已经替他消除掉了心中的阴影，他的生活将充满光明。事后，汤姆说："不管到什么时候我都不会忘记我妻子对我说的那些话，正因为它们才使我的心中感到无比的光荣。"

相信，如果不是有妻子的帮助，汤姆现在恐怕已经患上了抑郁症，因为腿上的伤疤使他根本无法面对生活。他会自卑，然后自暴自弃，最后可能会选择结束自己的生命。这样说是不是有些危言耸听？也许吧，但这一切都是可能成为现实的。这更加进一步说明，妻子的鼓励和赞美是使丈夫的生活变得光明的重要因素。

当丈夫的工作出现突然变化时

女士们，如果你们的丈夫从一个每天工作8小时的"规矩"男人突然变成了那种从事特殊工作或是工作时间比较特别的男人，作为妻子，你们应当怎样应对呢？是坚定地支持他、配合他，还是和他大吵大闹，让他回到原来的工作岗位？我们希望是前者。

曾经有这样一位太太，她的先生一直都梦想着有一天自己能够成为一名出色的乐团指挥家。后来，在自己的不断努力下，他终于被一个著名的交响乐团看中，成了其中的一名交响乐指挥。他们的乐团虽然经常要在晚上举办音乐会，但是这位先生却对自己的这份工作非常满意。可是，他太太却不能忍受，因为自己的先生突然间不能在晚上陪自己了，而且每天还回家很晚。于是，这位太太和自己的先生大吵大闹，一定要他放弃指挥的职业。最终，先生经不住太太苦苦哀求，只得放下指挥棒，重新做起了推销日用品的工作。老实说，他并不喜欢这份工作，而且也不适合做这份工作，同时也使他的收入减少了很多。如此一来，那位先生变得非常不快乐。他不但认为自己的前途渺茫，而且也影响到了他与太太之间的婚姻关系。

女士们，如果有一天你们的丈夫突然成了出租车司机、火车驾驶员、轮船驾驶员或是演员的话，那么你们应该做的就是马上调整自己，充分地配合丈夫，这样才能维持住你们的家庭生活。

有很多女士都说，她们非常羡慕那些明星的妻子，因为那些女人可以穿很多漂亮的衣服，而且还能成为众人瞩目的焦点。可是，那些女士只看到明星妻子风光的一面，却没有看到她们的难处。事实上，她们要比普通人的妻子付出很多额外的努力。很多明星都曾经有过失败的婚姻经历，这就是因为他们的特殊工作情况得不到太太的支持。

因此，一旦丈夫的工作发生了突然变化，女士们首先就是要清楚，自己并不是什么都可以获得的，而且还必须承认自己所面对的现实状况。你们应该明白，现在你们所要做的就是想尽办法在不破坏丈夫工作的前提下，维持住整个家庭的快乐。

斯俄德·麦卡丁是个文静温柔的女士，而她的丈夫则性格外向、活泼开朗。在很多人眼里，他们是最佳的完美组合。可是，自从他们的家搬进州长府邸之后，一切都发生了变化。丈夫每天都忙着处理各种各样的事，总是很早起床，很晚才睡觉，以至连她这个做妻子的都很难见到他。

　　她说，自己最幸福的时候就是陪同丈夫一起去外面旅行或演讲，因为那时他们才能在一起安静地共处一会儿。她对别人说："以前我不知道什么叫真正的激情和乐趣，但是现在我知道。事实上，我发现现在我们在旅途上获得的乐趣要远比以前在家中获得的多得多。坦白说，这段时间的经历我永远都不会忘记。"

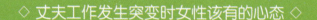

◇ 丈夫工作发生突变时女性该有的心态 ◇

当丈夫的工作突然变化时，妻子应有的心态是：

没事的，过不了多久你就又会调回来工作的。

1. 如果这种情况只是暂时的，那么就让自己高兴一点，暂时忍耐，告诉自己，任何人都可以在短时间内忍受一件哪怕是很痛苦的事情。

他的工作以后就是这样了，我应该学着适应才行。

2. 假如真的是长久的，那么你就接受它，并尽快适应。永远牢记，丈夫的事业就是自己的事业。

　　总之，如果你的丈夫工作突然出现了变化，而且这种变化能够使他获得成功，那么作为妻子，你就应该坚定地支持他，给予他最大的配合。

说真的，罗威·汤姆斯和麦卡丁州长都够幸运的，因为他们的妻子在面对这些突然出现的变化时表现得很冷静。同时，他们的妻子不但尽心竭力地为他们排忧解难，而且还能够让自己不被各种外界的诱惑所困扰。这样，他们的丈夫就可以集中全部精力去面对新的工作了。

女士们，你们是不是已经害怕了？是不是心中正在祈祷，不要让自己的丈夫加入那些特殊工作的人群之中呢？是的，任何一个正常人都不希望遇到这种情况。可是，如果你的丈夫为了取得事业上的成功必须去做这份工作怎么办？难道女士们会选择放弃？不，如果真是那样的话，从法律意义上讲可以称为遗弃。但是，从爱情上来说，那是一种不完整的、有残疾的爱。

那么，当丈夫的工做出现了突然的变化，女士们究竟应该如何应对呢？首先，心态是很重要的。如果你们能够迅速调整自己的心态，使自己有足够的心理准备的话，那么相信你们一定可以很快地适应这种变化，并且能够给予丈夫最大程度上的配合。

女士们，这个世界上没有完全可以让人感到快乐的职业。如果你丈夫真的很不幸从事了你所厌烦、讨厌甚至于害怕的职业的话，那么你们就应该考虑清楚，到底应不应该帮助他。如果这种变化可以使你丈夫取得成功的话，那么你们就必须坚定和他站在一起。要知道，不论生活方式是什么，总是会有其自身的利弊得失的。如果女士们只会抱怨现实的话，那么你们就永远不会有满意的时候。

善于倾听很重要

从一个朋友那里听到了这样一个故事：

有一个男人带着梦想去探险。当到达喜马拉雅山时，他遇到了世界上最可怕的灾难——雪崩。当搜救队发现他的时候，他已经被大雪困住足足有7天了。所有人都以为这个男人必死无疑了，但他却神奇地活了下来，因为他心里一直有这样一个信念——一定要回家再见妻子一面。最后，他终于回到了温暖的家。

当他敲开大门的时候，他的妻子正在熨衣服。这个男人太兴奋了，因为他是从死神那里逃出来的。他几乎尖叫着对妻子说："亲爱的，你知道我离开这段时间都发生什么了吗？哦，你不知道！我到了喜马拉雅山，遇到了可怕的雪崩。我居然没死，因为我想要见你一面。你想象不到，那大雪真的是……"突然，这名男子不再说话，而是呆呆地望着妻子。原来，妻子根本没有在听他的话，而是依旧在那里专心致志地熨衣服。过了一会儿，妻子回过头来对他说："请不要和我讲那些无聊的事情，我一直都不赞成你去冒险。"男子沮丧到了极点，低着头回到了自己的房间。

就在那天晚上，这个刚刚死里逃生的男人自杀了，他在遗书上写道：我真的不能容忍这样的事，为什么我妻子就不能听我说呢？我不能把我所遇到的一切都告诉她，得不到同情和理解，这种感觉简直比死还难受。因此，我最后决定选择死亡。

在这里，我们不想去探究这个故事的真实性，但它的确是印证了这样一个道理：倾听，对于每一个人来说都是十分重要的。

美国《福星》杂志曾经发表过一篇文章，上面有这样一句话：

作为妻子有很多事情要做，比如家务、看孩子等，但在所有事情当中最重要的一件就是安静地、专心地倾听丈夫诉说在办公室里所遇到的而且不能发泄的苦恼。

女士们，《福星》杂志所引用的这段话告诉了我们什么？它告诉我们，当一个男人在外面遇到麻烦、苦恼或是不愉快的事情时，他们根本不需要什么所谓的劝告。他们真正需要的是妻子的倾听。如果女士们能够做到这一点，那么你们也就可以被称赞为"安定剂""加油站"和"哭诉墙"了。

有些女士可能不赞同这种观点，认为这是要剥夺女士们发表自己看法的权利。其实，让女士们学会倾听并不是没有缘由的。事实上，每一个在外工作的男人都有这样一种体验，每当他们在办公室遇到一些事情的时候，不管这件事是好是坏，他们都希望能够回到家找个贴心的人倾诉一番，希望从中得到心理上的安慰。为什么会这样？道理很简单，因为人们在办公室的时候并不是经常有机会可以将自己的意见表达出来。尽管整件事进行得很顺利，但我们却不能在那里兴奋地大喊大叫。如果整件事非常棘手，我们也不能把自己的烦恼告诉给自己的同事。因此，男人们最大的希望就是当自己回到家中时，能够把自己内心压抑的情绪全都倾吐出来。

可是，女士们通常并不认为善于倾听是一件很重要的事。当丈夫满怀心事地回到家中时，我们看到的往往是下面这样的情景。

罗宾像孩子一样蹦蹦跳跳地跑回了家，气喘吁吁地说："贝拉，今天对我来说简直太有意义了。你知道吗？他们把我叫进董事会了，并且让我对那份报告进行讲解，而且居然还说要听听我的意见。你不觉得这是一件……"

贝拉悠闲地看着电视，心不在焉地说："噢，亲爱的，这的确是我今天听到的最棒的消息了。可是你似乎忘了，那台破机器太老了，有些地方需要换新的了。赶快吃饭吧，然后你去检查一下。"

"放心吧，亲爱的！"罗宾接着说，"你刚才听到我的话了吧！我们的经理要我在董事会上做出详细的说明。我当时有点紧张，说错了一些话，不过还好他们都听明白了。我想我的好运就要来了，因为他们已经开始注意我了……"

"是的，我知道。"贝拉依然慢条斯理地说，"对了，罗宾，你应该管管我们的杰克了。今天上午老师打来电话，说这孩子的成绩简直糟糕透了。不过，老师也说，只要杰克用心，就一定可以学好的。"

罗宾彻底失望了，因为他知道自己在这场抢夺发言权的斗争中完全彻底地失败

◇ 学会倾听的条件 ◇

1. 用你的行动向对方表示你正在倾听他们说话，比如随时附和一下他。

2. 选择适当的时机以诱导的方式提问，这表示你听得很认真，并且在认真思考他说的话。

3. 永远替你的丈夫保守住秘密，不要随便对外人说，否则这会让你的丈夫觉得自己是透明人一样尴尬。

了。他垂头丧气地走进了厨房，把自己刚才得意的心情与酱牛肉一起吃进了肚子。他吃得很快，因为他知道还有修理洗衣机和监督儿子学习的任务需要完成。女士们这时可能会说："那个贝拉太自私了，为什么她只要求别人倾听她的话，而自己不去倾听别人的话。"不，这不是贝拉的错，因为她和罗宾一样，都想要找一个忠实的听众，只不过她没有把握好时机而已。如果贝拉足够聪明的话，完全可以在专心认真地听完罗宾的话以后，再和他谈论家务事。相信，那时候的罗宾一定非常乐意倾听。

可能女士们没有认识到善于倾听的重要性，事实上这不仅给自己的丈夫提供了最大的帮助，而且也是女士们一种宝贵的资产。想象一下，如果一个真诚的女士能够在和别人谈话的过程中非常专注，而且还会时不时地提出问题，那么这无疑是在向对方暗示，她已经领会了对方所说的每一个字。相信，这样的女士无论走到哪里都是受欢迎的。

曾经有一位非常有才气的诗人说过："想成为一个真正有礼貌的男人就必须学会这一点：就算是一个什么都不懂的人在你面前吹嘘你最清楚的事情，你也应该表现出极大的兴趣去倾听。"实际上，这一原则也同样适合女士们。就算女士们被一些爱唠叨的人搞得有些烦躁，倾听也同样会给你带来很大的好处。

那么，究竟怎样做才能算是善于倾听呢？

在这里，我们首先要说的就是心态的问题。玛丽·威尔森曾经说过："如果听众对你所说的话不做出任何反应的话，那么相信没有人能够把要说的话说好。因此，最好的倾听方式就是向那些说话者传递信息。如果你心里有所感触，那么你就马上用实际行动表现出来。"

她说得没错，事实的确如此。如果你正兴致勃勃地和别人谈论某些事情，却突然发现他的眼睛正在东张西望，身子也在椅背上倾斜而且手指居然还在不停地敲桌子的话，这时你心里将是一个什么滋味？如果那个人十分认真地听你说话，身子微倾，注视着你的脸，而且面部还时不时地做出一些表情回应的话，你的心情将是多么愉快啊！

因此，想成为一个善于倾听的高手，那么我们首先要做的就是对说话者所说的内容表示感兴趣。我们有必要对自己的身体进行一些训练，因为那样会使它变得更加灵活机敏。

有了心态的准备，女士们下一步要做的就是掌握一些倾听的技巧了。有必要在这里先说明一点，希望女士们能够学会倾听，但这并不代表是让女士们一言不发。事实上，适时地提出问题，诱导对方回答则是倾听的一种很高的技巧。

要掌握这一技巧，女士们必须明白"诱导"这个词。它是指听者采用询问的方式向说者表达自己所期望得到的答案。用诱导的方式提问，是因为有时候直截了当地提出一些问题，会给人一种莽撞无礼的感觉。但诱导式的提问却是一点点地暗示和激励对方，使谈话能够顺畅地继续。

我们来举一个简单的例子，首先是直截了当地问法："这件事太棘手了，也太麻烦了！劳工和主管之间的矛盾已经不可调和了，你到底想怎样处理他们之间的矛盾？"而诱导式的询问方法则是："你应该知道，有些事情并不是完全不可解决的，至少我是这么认为的。我觉得劳工和主管之间一定可以在某种范围内取得谅解，这一定是可以的。难道你不这样认为吗？"女士们，你们肯定无一例外地都会选择接受第二种提问方法。

还有一点女士们必须要牢记，那就是替你们的丈夫保守秘密。要知道，很多男人之所以不愿意向妻子倾诉自己所遇到的苦恼，主要是因为他们对妻子没有最基本的信任，而这一切又都是妻子的"快嘴"造成的。男人们非常害怕自己的妻子在不经意间和单位的同事或朋友说："你们知道吗？等罗基先生退休以后，我家的乔治一定会想办法坐上经理的位子的。"结果，第二天早上，乔治接到了罗基先生的电话，得知自己已被公司解雇。

由上面几点我们可以看出来，如果想成为一个善于倾听的妻子，那么你只要做到对丈夫的工作感兴趣并且在丈夫最需要你的时候提供帮助，这就足够了。至于他工作上的一些细微小事，这并不是你们倾听的范围。

有一个会计师说，他妻子是世界上最完美的女人，尽管她对会计一窍不通。他说："我妻子从来没抱怨过，因为我什么都可以跟她说，甚至于一些非常专业的知识都可以。尽管我知道有些时候我说得有些深奥，但她似乎都能明白。你体会过吗？当你回到家以后，妻子坐在身边听你讲述一些事情，这多么幸福和美妙啊！"

他说的的确是事实，如果一位女士或妻子拥有一双善于倾听的耳朵，那么这双耳朵绝对可以把她的脸庞装饰得比希腊美女海伦还要漂亮。

让他感到自己很重要

我们前面曾经不止一次提到过，人类在本质里最深层的驱动力就是希望具有重要性。哈佛大学的著名心理学家威廉·詹姆斯也曾经当众指出："在人类的本质中，有一种最殷切的需求，那就是渴望得到他人的肯定。"是的，正是这种需求才使得人类和其他动物有所区别，也正是在这种需求的作用下，才使人类有了丰富的文化。

然而，很多女士似乎并不重视这一点。女士们往往抱怨自己的丈夫带回的薪水太少，埋怨他们经常加班，却从来没有发自真心地赞美过他们。这些做法都无疑导致夫妻的沟通出现障碍，因为妻子们忘记了一件非常重要的事情——让丈夫感到自己很重要。

很多女士都不理解这种说法，曾经有一位女士面带不屑地说："你说我应该让我先生感到重要？可那个前提应该是他的确做得很出色。实际上呢？他不过是个最底层的小职员罢了。再说，我为什么要让他感到重要？这样能给我和我的家庭带来什么好处？事实上，即使我给了他这种感觉，他也一定还是不思进取。"让我们用事例来证明这位女士的观点是错误的。

几年前的一天，卡耐基在纽约的一家邮局里排队等候寄挂号信。卡耐基看到里面有一个营业员工作态度十分不好，因为他显得非常不耐烦。确实，称重、取邮票、找零钱然后再写收据，这种单调的工作年复一年地进行着，这的确让人感到烦闷。于是，卡耐基对自己说："我应该帮帮他，让他感到高兴。同时，我也要让他喜欢我。因此，我应该找些话说，不过话题必须是关于他的。"接着，卡耐基又问自己："那么他又有什么值得让我好好夸赞一番呢？"

要想在短时间内找到一个陌生人身上的优点，这的确是件不容易的事。不过，幸好卡耐基在这方面刻意锻炼过自己，所以称赞这位营业员对卡耐基来说，并不是十分困难的事。于是，当他给信件称重时，卡耐基真诚地对他说："上帝真是偏爱某些幸运的人，我真的希望能够和你一样，有一头这样漂亮的头发。"他当时很吃惊，微笑着对卡耐基说："是吗？这确实是真的，不过可惜它已经不如以前那样漂亮了！"卡耐基对他说："虽然它有可能没有以前漂亮，但我觉得它依然十分棒，因为它会让排队等候的那些顾客有一种赏心悦目的感觉！我想，如果邮局里没有了你这头漂亮的头发，那么我们这些人一定会觉得太枯燥了。"他听后非常兴奋，和卡耐基交谈了好一会儿。最后，他高兴地对卡耐基说："谢谢您对我头发的称赞。"

如果我们每一次做事都那么自私，只要不能从别人身上得到好处，就不会对别人有哪怕一丁点儿称赞的话，那么我们将是多么可怜的人。如果我们内心深处的灵魂比在野地里生长的酸苹果大不了多少的话，那么我们的心灵将是多么贫乏。

一位心理学家朋友曾经这样说："每个人都一样，都希望得到别人的认同，也都需要别人知道自己的价值。你、我和其他人都渴望在自己生存的那个世界中有一种对别人很重要的感觉。你不会喜欢那种言不由衷的恭维，而对真诚的赞美却十分受用。"

克里斯先生在一家报社做记者。说实话，他真的不适合做这份工作，因为他性格内向，有些害羞，而且还缺乏自信。每天早上，克里斯先生都是皱着眉头起床，然后苦着一张脸吃早餐，接着又很沮丧地离开家门，因为他知道自己又要忍受一天的折磨。而到晚上，当他家的大门打开时，克里斯先生总是愁眉苦脸，然而懒散地把公文包扔在沙发上。他不喜欢看电视，也没有其他爱好，他的一天就是由上班、下班、发呆和睡觉四部分组成。对于他来说，生活不是一种快乐的享受，而是一种痛苦的折磨。

　　终于有一天，克里斯先生再也忍不住了。吃晚饭的时候，他对妻子说："亲爱的，我是不是真的很没用？我觉得自己活在这个世界上简直就是多余。"妻子看了看他，回答说："我不知道是什么原因导致你产生这种想法，但我从来没有这样

◇ 让丈夫感觉自己很重要的好处 ◇

让丈夫感到自己重要有以下好处：

你放心吧，这些事情我都能帮你搞定！

1.让他对自己充满信心

　　只有有了自信，男人才会更容易成功。

还是你厉害，你要不在家我肯定没办法了。

2.加深他对你的爱

　　男人喜欢被需要，如果你让他觉得他对于你非常重要，他会更加爱你。

　　如果女士们让丈夫感到自己重要，那么势必就是在激励他前进。所以说，不要总是抱怨丈夫，试着去激励他，让他觉得他真的很重要。

认为过。克里斯，我一直都认为，你是世界上最棒的人。你知道吗？你写的那些稿子让很多人知道刚刚发生的事实，而也正是在你的努力之下我们的家庭一直都过着非常殷实的生活。我不知道什么叫成功人士，但我觉得你所做的一切都是非常成功的。克里斯，你干吗那么不相信自己？你永远是我心中的英雄。"克里斯听后没有做出反应，只是心里不听地念叨着："我是最棒的？我是最棒的？……"

第二天早上，克里斯起床以后，发现妻子已经上班去了。他来到餐桌前，准备吃早餐，突然看见一张字条，上面写着："克里斯，你要相信自己，我一直都认为你是最重要的。"

从那以后，克里斯先生再也没有感到痛苦过，因为他知道自己对于社会和家庭是很重要的。他不再害羞，也不再害怕，而且还对生活和工作充满了信心。如今，他已经做到了报社主编的位置。这一切都改归功于他的妻子。

克里斯真的很幸运，因为他遇到了一个聪明的妻子。相反，如果克里斯遇到下面这个妻子的话，恐怕他真的没有勇气再活下去了。

当唐纳德拖着疲倦的身体打开家门时，妻子那张写满厌恶的脸马上就映入了他的眼帘。妻子不满意地吼叫道："你这个笨蛋，告诉过你多少遍了，进屋之后第一件事就是脱鞋。看看你，都把地板踩成什么样子了。难道你不知道我每天拖地都很辛苦吗？"

唐纳德已经很累了，所以他不想和妻子争吵，于是就说："亲爱的，请理解一下我好吗？我要在外面工作，还要养家糊口。即使我有些地方做得不够好，你也不应该如此责备我。"

丈夫的话显然激怒了妻子，只听她说："养家？你还好意思说。你每个月拿回的那点薪水还不够隔壁的罗格夫人买瓶香水的呢！我真不明白，为什么都是男人，人家罗格先生就能做到经理的位置，而你却永远都是一个小职员。"

唐纳德有些挂不住了，回应道："可我已经尽力了。如果没有我，你哪里来的钱吃饭，哪里来的钱交房租，又哪里有钱养活孩子。"

妻子也不甘示弱，马上说："是吗？难道这一切都不是你应该做的吗？你为什么不想想我，我每天要在家里做家务、照顾孩子，还要给你这个废物洗衣服，准备食物。天啊！真不知道你对这个家来说意味着什么？你简直就是一个十足的笨蛋。"

从那以后，唐纳德对工作更加没有信心。最后，他失业了。不过，他也再没有和妻子争吵过，因为他选择了离婚。

对比最容易让人判断出到底谁对谁错，相信女士们此时已经非常清楚为什么要让丈夫感到自己重要了？

很多女士在问，到底该怎么做才能让丈夫感到自己重要。下面送给女士们几条建议，相信能对你们有所帮助。

（1）内心必须渴望让丈夫觉得自己重要；

（2）仔细观察他身上的优点；

（3）对他表示尊重，然后真诚地赞美他。

女士们，只要你们能够让丈夫感到自己重要，那么他就已经离成功不远了。如果你想成为丈夫事业上的好帮手，那么就应该做到这一点。

你的野心会害了他

如果我们说一个男人野心勃勃，那这并不是一句含有讽刺意义的话，相反那是在称赞男人。野心实际上代表了一个男人的进取心和事业心，没有野心的男人是不会在事业上取得成功的。然而，如果我们说一个女人有野心，那么这就不是一件让人高兴的事情了，因为一个女人，特别是妻子的野心，很可能会害了自己的丈夫。

曾经有一位诗人说："对于一个男人来讲，最可怕、最恐怖、最可悲的事情莫过于遇到一个野心勃勃的女人。"虽然他的这些话有些偏激，但他的话也并非完全没有道理。我们曾经见过很多这样的例子，就因为妻子的野心太大，所以才最终导致男人在事业上的失败。

杰克·劳伦先生是一家公司的小职员，已经结婚5年了。虽然他不是那种事业有成的男人，但是他的收入完全可以维持整个家庭的日常开支。本来，他可以拥有幸福，因为他完全具备那种资格。可是，很不幸，他遇到了杰希卡女士，一个野心勃勃、不甘平凡的妻子。

劳伦先生并不像其他丈夫那样，每天下班之后可以享受到一顿丰盛的晚宴。当他拖着疲惫的身子回到家中时，所要做的第一件事情就是详细地向妻子汇报自己的工作情况，并且还要虔诚地聆听妻子的教诲。

杰希卡对劳伦现在的状况很不满意，因为她觉得自己不应该嫁给一个平凡无用的家伙。她对金钱的野心简直到了让人生畏的地步。在她心里，只有像安德鲁·卡内基或是洛克菲勒那样的人才配得上自己，因为那样才能让她显示自己的财富。于是，她每天都要教训劳伦先生一番，给他分析现在的状况，告诉他做一名小职员永远也没有出头之日，现在最好的选择就是放弃工作，自己经商。可是，劳伦先生很清楚，自己根本不是做生意的料，如果让他去经商，那还不如杀了他。杰希卡可不管这些，她所要做的就是逼迫自己的丈夫满足自己对金钱的野心。最后，在妻子的一再坚持下，劳伦先生只好选择辞职，做起了一个贩卖皮毛的商人。

然而，事情并不像杰希卡想象得那么好。由于没有经验，而且准备也不够充分，劳伦在经商的第二个年头就赔掉了自己几年的积蓄。失败本来并不可怕，可是劳伦却承受不住失败的打击，因为杰希卡根本不理解他，而是把失败的罪责全都推到了他的身上。最后，劳伦先生在悲愤中自杀身亡。

这是几年前在《纽约时报》上刊登过的一篇报道。本来，杰希卡对金钱充满渴望无可厚非，因为所有的人都喜欢物质的享受。然而，当她把野心注入这种渴望的时候，一切都变得不再正常了。杰希卡开始逼迫自己的丈夫，让他按照自己的意愿行事，结果使得丈夫忍受不了这种压力而选择了自杀。

女士们，你们无一例外地都渴望自己的丈夫能够获得成功。但是，你们所应该做的是想办法帮助你们的丈夫，让他们能够更好地为实现自己的目标努力，而并不是成为实现你们野心的工具。

辛蒂斯·德勒尔太太出生于一个普通农民家庭，连做梦都想着能够过上上流社会的生活。不过，她并没有像杰希卡那样整天逼迫自己的丈夫，而是采取了另外一种更加委婉的方法：间接干预。这是因为，辛蒂斯女士非常清楚，要想实现自己的梦想，就只有凭借自己的丈夫。

德勒尔先生在政府机构中做秘书，这无疑给辛蒂斯女士提供了大显身手的机会。于是，辛蒂斯开始打听丈夫在工作时遇到的各种情况，并且还传授给丈夫一些获得上司好感的方法。她教德勒尔先生要保持低调，并且要时不时地向领导献殷勤，而且还要懂得如何察言观色，如何观察时机。德勒尔先生可没有那么大的野心，他所想的就只有做好自己的本职工作。有一次，德勒尔问辛蒂斯为什么这么热衷于干涉自己的工作，辛蒂斯直言不讳地说："很简单，我希望有一天能够有人恭敬地称我为州长夫人。"

可是，后来的事情却大出辛蒂斯预料，德勒尔先生不仅辞掉了政府的工作，而且还和她离了婚。当别人问起德勒尔为什么会这么做时，德勒尔先生说："其实，以前的我一直工作得很开心。虽然我只不过是一名小秘书，但工作却给我带来很多乐趣。可是，自从我妻子开始干预我的工作之后，我发现我再也体会不到那种乐趣了。我觉得我是工具，是我妻子实现她野心的工具。我曾经尝试着按照她所说的去做，但我发现根本做不到。我不知道自己的出路在哪，也不知道究竟该如何做。我迷失了方向，找不到出路。我要崩溃了，因为我不知道自己是谁。最后，我只好选择退出，因为我要找到属于自己的路。没有任何人给我压力，我所要做的就是找到适合自己的工作，快乐地享受每一天。"

女士们，听听这个男人的呼声吧！的确，他妻子没有让他感到任何压力，但却叫他迷失了方向。他不知道自己是在为谁工作，也不明白自己的出路究竟在什么地方。因此，他要反抗妻子的野心，也要摆脱妻子的控制，因为他想要一种快乐、自由的生活。

对于一个男人来说，他所需要的不是一个野心勃勃的妻子，而是一个能够给他细微关怀，并且能够帮助他的爱人。因此，女士们一定要清楚，野心勃勃的女人对男人来说没有一点好处。

放弃控制他的想法

可以肯定地说，没有一个男人会梦想着嫁给一个"女王式"的妻子，因为那样的话就意味着男人将成为这个家庭的附属品，或是妻子的奴仆。对于一个未婚男人来说，他们最害怕的就是在婚后失去自由和自主的权利，而对于一个已婚的男人来说，他们最渴望的就是自己能够掌握家中的大权。

芝加哥大学心理学教授唐纳德·庞物曾经说："对于一个男人来说，最不能忍受的就是被妻子控制。他们在心里渴望能够掌管一切事情，包括自己的工作、家庭的财政支出乃至家务劳动，尽管他们不可能做到。一个真正精明的妻子往往会满足男人的这种心理，使他们有一种成就感。要做到这一点，妻子们首先要学会的就是顺从。"

肯定会有女士非常生气地说："什么？让我们学会顺从男人？不，那是一种自取灭亡的方法。男人们都是很自私的，根本不会考虑妻子的感受。你给了他控制你的权利，那么他就会肆无忌惮地在外面花天酒地，怎么还会考虑事业和家庭呢？如果没有我的控制，他会把心思花在工作以外的事情上，那样我们整个家庭都会陷入前所未有的危机之中。"

是的，男人的确容易开小差，特别是在他们的事业取得了一点儿成就之后，但这只是男人的一种天性。既然是天性，那么就很难用一种高压手段来控制住。因此，女士们妄图想用控制丈夫的方法来使丈夫在事业上取得更进一步的成就，无疑是一种不明智的选择。

尼达最近简直都要发疯了，因为家里面大大小小的事情压得她透不过气来。她自己要上班，还要抽出时间照顾孩子，而且还得做家务活。这些都是其次的，最主要的是尼达每天都要为自己的丈夫操心。早上的时候，她要替丈夫准备上班所穿的衣服，还要嘱咐他在单位上应该做的事情。同时，她还要仔细检查丈夫的钱包，确保里面没有足够的钱让丈夫可以去酒吧或是其他娱乐场所。此外，每天晚上尼达还要认真听取丈夫的报告，以便为他事业的发展做出下一步计划。

本来，尼达做的这一切都是为了丈夫好，因为她怕丈夫被其他的事情打扰，从而不能安心工作。然而，结果却事与愿违。尼达的丈夫不但在工作上没有取得一丝进展，反而越来越差。不只这样，尼达的丈夫还背着尼达偷偷地和公司的另一位女同事好上了。

尼达在得知一切后非常伤心，质问丈夫为什么不理解自己的苦心，为什么要背叛自己。尼达的丈夫这时也终于忍不住爆发了，对尼达说："你一直都在强调是为了我好，可你有没有想过我的感受。我每天都像一个奴隶一样生活，没有自由，没有自主，不管做什么事都要受到你的监视。现在的家庭并不是属于我或是我们的，而完全是属于你的。因此，我没有必要为别人的家庭付出努力。我要自由，我要快乐，所以我每个月都给自己留下一部分钱，因为我要让自己得到放松。至于说那件事，我想你现在应该明白了，我需要的是一份平等的爱情，而不是一种女王与仆人

◇ 女士们该学习的夫妻相处原则 ◇

想要让丈夫集中精神，努力工作，同时也会对你更加关爱，就要学会运用以下两个原则：

咱们家的财务以后还是你来管吧……

1. 尊重他，给他自主权

男人的自尊心都非常强，而给他们自主权无疑是对他们自尊心的维护。

最近大家都在理财，你觉得我们是不是也可以投资点什么呢？

2. 理解他，遇事与他商量

遇到事情的时候，要学会多与丈夫商量，不要自己独断或者与其争吵。

总之，女士在与丈夫相处的时候，一定不要有控制丈夫的想法，而是应该多尊重他、理解他，这样丈夫才能感受到妻子带来的家庭的温暖，从而更加关爱家庭，工作也无后顾之忧。

的关系。"

现在，尼达的确是应该反思自己了。她控制了丈夫的一切，剥夺了丈夫所有的自由，使得丈夫对整个家庭失去了责任感。尼达的丈夫认为，自己并不是在为整个家庭工作，而仅仅是在为自己的妻子打工。他不觉得事业和自己有什么关系，因为一切成就都会归妻子所有。因此，他追求的是刺激，是享受，只有那些东西是属于他的。在没有得到应有的尊重的时候，任何一个男人都不会把养家当成己任。

女士们，这就是控制丈夫的危害。它首先夺去了男人自由和自主的权利，继而又伤害到了男人的自尊。于是，丈夫们没有了激情，也没有了责任感。他们会抓住一切机会放纵自己，使自己免受压迫之苦。本来，这些女士是想通过控制男人的方法使他们不受外界的打扰，却适得其反。

事实上，女士们如果懂得放弃控制丈夫的想法，并且对他的思想表示出充分尊重的话，那么就会使他感受到自己对整个家庭的影响力。你在向丈夫传递一种信息，那就是你十分信任他，这种信任会给你的丈夫增添无穷无尽的力量，而且也会让他觉得自己在家庭中扮演着一个十分重要的角色，整个家庭都要靠他来维持。于是，他会集中精神，努力工作，同时也会对你更加关爱。

给予他同情与谅解

很多妻子都不能容忍丈夫的错误，面对这种情况时，她们选择的往往是抱怨、唠叨或是咒骂。结果如何呢？她们换回来的往往都是无休止地争吵，更或是离婚。

究竟该怎么处理这些问题？用什么办法才能让夫妻之间免受这种无谓争吵的折磨？在这里有一剂灵丹妙药送给女士们，只要女士们按照上面写的去做，就一定可以避免发生这种情况。其实，这剂灵丹妙药不过是一句话："如果我是你，我大概也会这么做。"

有一次，卡耐基的培训课上来了一位痛苦的女士。她抱怨说："卡耐基先生，请你帮帮我好吗？我真的快忍受不了那个家伙对我的折磨了。"他问她是什么原因使得她如此烦恼，她回答说："还不是我的丈夫。天啊，如果你和他生活一天，你一定会疯掉的。当他晚上回来的时候，总是一屁股就坐在椅子上，然后大声质问我是不是把晚饭准备好了，洗澡水是不是烧好了？我简直就像是他的佣人一样。不只这样，他还十分邋遢。衣服穿一天就脏得不成样子，袜子一天不换就不能再要了。上帝啊！他简直就是地狱的魔鬼。他从来没有体贴过我，洗完澡之后就坐在沙发上看那该死的体育节目。我不明白，难道他就不能像隔壁的史密斯先生那样，每天晚饭后和太太一起洗碗吗？真不知道当初我怎么会选择嫁给他。"

卡耐基微笑着听完这位女士的抱怨，然后对她说："请问女士，你的丈夫是做什么工作的？"那位女士有些不解地回答说："他？他不过是一名建筑工人而已。"他点了点头说："好的，女士！我有一位朋友承包了一项建筑工程，他那正好需要人。你明天可以到他那里工作一天，然后再来找我。当然，他是会付给你工钱的。我相信，到那时候你的问题就可以解决了。"

果然，在第三天的时候，那位女士再一次找到卡耐基。这次她没有抱怨，而是对他说："谢谢你，卡耐基先生，你让我发现自己当初的想法是多么愚蠢。我在那个工地干了一天的活，天啊，那简直是世界上最苦的差事了。当晚上我回到家的时候，真的十分希望能够洗一个舒舒服服的热水澡，然后再享用一顿丰盛的晚餐。至于说做家务，不，根本不可能，因为我当时只想安静地坐在沙发上看会儿电视。我现在终于明白，那些事不应该怪我丈夫，因为换作是我也同样会那么做。"

我们替这位女士感到高兴，因为她终于懂得了给予他人同情和谅解的重要性。的确，我们没有资格去指责别人，即使那个人犯下了很深的罪孽。也许，一个抢劫犯之所以会选择那条道路是因为他家里有几张嘴等着吃饭，只不过他选择了错误的方式。

著名心理学家葛兹斯曾经说："所有人都在追求同情。很多孩子都迫切地向别人显示他所受到的伤害，甚至故意弄伤自己来获得别人的同情。同样，成人也往往会找出各种理由来告诉别人自己受到了伤害。他们会对别人诉说自己遭遇的意外、疾病，为那些真实的或是虚假的伤害而自怜。应该说，这是人类所共有的一种习惯。"

妻子应该清楚，丈夫的确是有很多不良习惯，比如吃饭出声、穿衣不讲究等，但那完全有可能是因为他从小就已经养成了。如果你不是一直被母亲严格要求的话，很有可能也会和他一样。当丈夫的一些行为让你不能忍受的时候，请不要立即责备他。你应该先让自己冷静下来，然后理智地分析一下，也许那时候你能找到更有效的解决办法。

芭丽丝是一名钢琴教师，同时教12个孩子学钢琴。在她的钢琴班上，有一个女孩子十分喜欢留长指甲。女士们十分清楚，长指甲对于弹钢琴来说是有一定妨碍的，当然芭丽丝也知道这一点。不过，在开始课程之前，芭丽丝并没有直接和那位女孩说指甲的问题，因为这样做有可能会打击一个孩子的自信心，而且还很有可能让她产生一种抵触情绪。这是因为，芭丽丝发现那个女孩经常会在同学面前炫耀自己的指甲，这足以证明她十分喜欢自己的长指甲。经过仔细考虑，芭丽丝决定采用另一种方法来劝说那个女孩子。

在第一堂课的时候，芭丽丝对那个女孩说："哦，我还从来没有见过这么漂亮的指甲，换作是我也一定会为拥有它而感到自豪。不过，也许你在学习一段时间以后会发现，要想弹好钢琴，短指甲比长指甲更有利。你应该好好想一想，到底是哪种方式更合适。"

◇ 如何改正丈夫的缺点 ◇

想要改正丈夫身上缺点，却无从下手的话，不妨听一听下面的建议：

我要冷静……

1. 先冷静下来，不要马上做出反应，因为冲动之下往往会做出不理智的行为和决定。

他白天工作这么累，难免会有压力，所以才会抽烟的。

2. 站在他的立场上思考一下。想一下如果你是他，你会怎么做。

你每天工作这么累了，我帮你揉揉好不好？

3. 对他的行为表示理解，并对他的处境表示同情。

虽然没有责怪丈夫，但是却比责怪他的效果要好得多，往往妻子理解和同情丈夫之后，丈夫一般会主动改正这一缺点。

那个女孩笑了笑，表示说愿意选择留长指甲弹钢琴。芭丽丝这次彻底失望了，于是在第三天的时候，她找到了那位女孩的母亲。母亲回答说："对不起，老师，我不能帮您，因为我女儿对指甲的喜爱胜过了一切。可是，我非常想知道，到底您是怎么让她决定把指甲剪下来的呢？"芭丽丝很吃惊地问："我不知道，上次她可和我说她不想剪掉指甲。"女孩的母亲回答说："可是她真的自己剪掉了，她还说，自己愿意为了学好钢琴而放弃指甲。"

芭丽丝责怪那个女孩了吗？没有。她只是对女孩的做法表示了同情和理解。然而，她却使那个女孩明白，虽然长指甲很漂亮，但为了学好钢琴就必须做出牺牲。

如果女士们都像芭丽丝那样的话，相信丈夫身上的缺点会很快改正的。

帮助他受到欢迎

相信女士们都会同意这一说法——如果自己的丈夫不善社交或者是个脾气古怪的人，那么做妻子的应该想办法给他们提供帮助，使他们受到大家的欢迎。这是一件非常重要的事，因为男人们在外面工作，经常会在自己的社交活动中遇到一些很有价值的合作伙伴。如果他们是一个不受欢迎的人，那么可能会丧失掉很多机会。女士们，你们必须清楚，不管你丈夫从事的是什么职业，哪怕只是一家便利店的售货员，能够得到别人的喜爱都无疑会给他们带来很大的好处。我们必须承认，很少有妻子能够真正地从业务方面给丈夫提供帮助，因此帮助他们广受欢迎则成为了妻子的头等大事。

曾经有这样一个家庭，其中的男主人是个十足的"讨厌鬼"。他脾气暴躁而且傲慢自大，没有人愿意与他在一起聊天，因为总是会发生争吵。可是，这个家庭却有很多朋友。当然，这并不是因为大家能够忍受男主人的怪脾气，而是因为这家的女主人非常有风度。

当别人第一次接触到这个男人的时候，心中不免会产生一丝厌恶之情。可是他太太说："请您原谅他好吗？这不是他的错。他是一个孤儿，从小就没有得到过温暖。"听完这些话，别人开始同情这个男人，也开始理解他的行为。不过，别人更钦佩这位妻子，因为她虽然不能让丈夫变得受人喜欢，但却让大家以宽容和同情的心态来对待他。

女士们，虽然你们现在知道帮自己的丈夫受欢迎是一件多么重要的事情，但很多女士并不知道到底该怎样帮助自己的丈夫。有些女士错误地认为，炫耀丈夫的最好办法就是让别人羡慕自己，于是她们想尽办法来显示自己，比如穿上名贵的貂皮大衣。

女士们，这一点是非常重要的。你们必须找机会让你的丈夫能够在别人面前显露出他的特殊才华，因为这些东西往往会引得别人产生兴趣。这样一来，别人自然对你丈夫产生了好感。

有的女士可能会说："我的丈夫虽然有很强的工作能力，但他却并不懂得如何在众人面前说话。每当需要他在众人面前表达的时候，他却变成了哑巴。"是的，女士们说的这种情况确实存在，但这时候丈夫更加需要你这个最亲密的人的帮忙。女士们，其实你们完全可以采用一些技巧，把你那沉默寡言的丈夫引领到你们的谈话之中，使你丈夫能够自如地与别人交谈。方法其实并不难，那就是看准时机，适当地把话题转换，以便让你的丈夫表现出他最大的优点。

有一次，卡耐基在培训课上遇到了一位年轻的女士。这是一位非常聪明机敏、善解人意的妻子，正是有了她的帮助，丈夫才从一个沉默寡言、不懂交际的人变成了一个喜欢参加各种各样聚会的社交专家。这位女士对他说："维格（她丈夫的名字）其实是一个心地善良的人，而且他也很乐意给别人提供帮助。不过很可惜，由于他不善表达，所以只有极少数和他很亲近的人才知道这一点。维格有些孤单，他的朋友只有那几个，这是因为他从不愿意主动去和别人说话，也就不会认识新的朋友。他沉默寡言，甚至于让别人感觉他是个冷漠的人。我非常担心他的这种状况，也很希望他能够得到别人的欣赏和重视，于是我一直在想办法帮助他。"

这时，卡耐基问道："那结果怎么样呢？你是否真的帮助了你的先生？"

女士点了点头说："是的，我做到了。不过开始的时候，我真的有些犯难。如果我当面提醒他的话，一定会伤害到他的自尊心。因此，我决定找一个非常好的办法，使他在不知不觉中发生改变。我知道，维格非常喜欢摄影，所以不管走到哪儿，我都会想办法给他找一个有相同嗜好的人。这个方法太有效了，维格和那些人谈得非常投机，几乎忘记了自己。他太投入了，完全在不自觉的情况下把最真的自我表现了出来。"

"后来，维格变得开朗了。当他和别人谈论其他话题的时候，也显得不是那么困难了。不过有时候他还是需要我的帮忙，因为遇到新朋友的时候，他还是需要我给他提供一些线索，好让他能够找到一个适当的话题进行交谈。"

"如今，维格整个人都已经变了。现在的他喜欢参加各种聚会，也愿意认识一些新的朋友。很多人都认为这简直是一个奇迹。每当我听到有人赞美我丈夫的时候，内心都充满了无比的骄傲和自豪。"

是的，女士们，这足以成为你们骄傲的资本。你的丈夫可能不善言谈，也可能性格孤僻，但他一定会有一些属于自己的嗜好，而且这些嗜好往往又是他的专长。因此女士们，如果你真的想帮助你的丈夫，那么你就要首先发现他的嗜好和专长，然后在必要的时候把话题转向他喜欢的方向。这样一来，你的丈夫就会对谈话非常感兴趣，就可以把他的优点表现出来，而别人也会对你的丈夫产生好感。

不过不幸的是，似乎并不是所有的妻子都能够像上面那位女士一样。有一个人在一家电器公司做推销员，他的业余爱好就是研究有关武器的发展历史。本来，他并不是一个沉默寡言的人，因为他总是想找机会把自己脑子里那些稀奇古怪的、让人惊奇的知识告诉给别人。可惜，遗憾的是，并没有多少人知道他在这方面的造诣，因为他从来没有抓住过一次真正的机会。这怪谁？事实上，他的太太从来不允许他在别人面前卖弄那些没用的东西，因为在她看来这些都是变态者才喜欢的。

这个人真是太不幸了，如果他也能遇到一位善解人意的妻子的话，相信一定会生活得非常快乐。

第三节　婚姻是需要经营的

女人要会爱

作为一个女人，应该懂得一个和睦家庭的可贵，懂得一个温馨的家对于女人幸福的意义。但是，一个完整的家，永远也不可能离开男人。记得有一句话是这样说的："对男人多一分了解，对女人来说，也就多一分保障。"这句话虽然说得有些片面，但也不无道理。然而，女人是否能真正地了解一个男人的内心世界呢？

在生活中，男人扮演着领导、下属、丈夫、父亲、儿子等不同的角色，肩负着各种艰巨的使命，这就要求他们在履行对家庭、妻子、子女、环境等责任时必须拼搏，全力以赴。如果不履行这些责任，男人必将受到社会各方的谴责，因此，要做一个好男人，其实是很累的，也不是很容易就能做到的事。

做一个会爱的女人，就要学会爱自己的男人，这是一个聪明女人创造自身幸福和欢乐家庭的开始。

那么，女人要如何爱男人呢？学会下面7件事，你就会成为一个会爱的女人。

（1）聪明的女人不要整天追问对方爱不爱你，只要用心去体会就品味出来了。爱是做出来的，不是说出来的。挂在口头上不落到实际上的爱太苍白无力，婚姻生活是现实的，风花雪月的恋爱不是真实的生活。婚姻是从柴米油盐中感受爱的。

（2）不要总摆脸色给对方看，女人在生气的时候是很丑陋的。人无完人，对方性格上会有缺点，生活细节会与你不同，令你不满意，但他工作上已有很多压力，在你面前，他需要放下面具，做回自己，做个普通人。宽容是做人和对待婚姻应有的态度。

（3）给足男人面子。男人对自己的面子看得比什么都重要，不管在私下他有多么宠爱你，多么怕你。在人前你一定要给足对方面子，让他做天不怕地不怕、老婆更不怕的他口中的顶天立地的男子汉。男人不喜欢朋友们开玩笑取笑他怕老婆，除非他有足够的强大后盾和高高在上的身份，可是，大部分人都是普通人。给足他面子，他就会更加宠爱你。

（4）男人大多喜欢吹牛，千万别戳破他的这个小把戏，因为这样做可以让他们得到一点力量，找到一点自信，好继续人生征程下面的拼搏。虚拟的成就感能让他

◇ 学会爱自己的丈夫 ◇

充满爱的婚姻是幸福的，那么作为女人，应该如何爱自己的丈夫呢？想要学会爱自己的丈夫，首先要学会以下两点：

你看看人家小李的老公，工作又好，脾气也好……

1. 不要在丈夫面前总说别人的丈夫如何如何好，你是他最亲密的人，爱他一定要尊重他。

2. 爱他的父母。爱人的父母就是自己的父母，爱屋及乌，对他的父母好，他会对你更好。

一个女人如能时时关怀她所爱的男人，那他在远离你及家人单独工作、生活时也会让人放心和可以信赖。

心情明朗起来，没人喜欢自己一无是处。和妻子在一起，谈话是心灵的放纵，只要爱人得到快乐，轻松一点装傻附和他一下不是很好吗？

（5）不要让虚荣和功利迷住眼睛，物质的追求是无止境的，你的人生不是活给别人看的，鞋子合不合脚只有自个知道，舒服最重要。千金易得，有情郎难寻；金钱有价，真爱无价。

（6）男人为何喜欢温柔的女人，因为他们虽然外表坚强，但内心却很脆弱，他们需要妻子的柔情似水，轻怜蜜爱。只要你有优雅的外表和气质，有含情脉脉的眼神，以柔克刚就是轻而易举的事。温柔，是可以"杀死"一个男人的，对于男人，温柔是致命的诱惑。

（7）家庭和事业同等重要，女人要追求独立必须要对工作负责，要有职业道德，要从工作中得到乐趣，但不要做工作的奴隶，不能为了工作而忽略家庭，毕竟你努力工作是为了更快乐地和家人在一起，享受生活。

一个女人如果善于关怀男人，也就会带动他去关怀、理解他身边的人；一个会爱男人的女人，也一定是一个有信心和有魅力的人。

女人，请不要在恋爱中迷失自己

爱情当然是女人的追求，是神圣而不可亵渎的。但是处于恋爱中的女人需要警醒的是：爱情有一定的原则，即使在爱情中女人也不能完全地迷失自己。而女人又是最容易在爱情中迷失自己的。面对所爱的人，女性往往愿意为了爱情而把自己完全改变。为了得到心爱的人的喜爱，让自己表现得如他喜欢的样子，比如说他喜欢听的话，留他喜欢的发型，改变自己的穿衣风格以适应他的喜好，做他喜欢的事情，等等。但是过一段时间以后，你会突然感觉到你已不是原来的自己了。

苏珊·杰弗斯曾在她的书中说道："但当他要求你所做的改变让你感到不愉快时，你必须要有足够的勇气和智慧对他说：'谢谢你的建议，但那样做有违我的本性。'"她给了女性一个警告：不要在恋爱中迷失自己。

那么，女人要怎样做才不会在恋爱中迷失自己呢？

首先，对你的爱人不能无条件地顺从。

你的爱人是否经常会在你工作繁忙的时候突然让你帮他，搞得你分身乏术、手足无措？他是否经常忘带家门钥匙，急呼你回家开门，让你不得不放下手中的工作，应声而去……

如果你的生活中出现了上述类似的情况，你可能就会很无奈地感叹——当初他可不是这样，怎么现在变得不能互相体谅了呢？殊不知，正是你一味地迁就体谅造就了他的这种改变。

有一种行之有效的方法可以让你帮他改掉这些习惯，那就是你必须学会对你的爱人说"不"。相爱是应该互相迁就、互相体谅，但绝不是无条件地顺从。只要他提出的要求是不合理的，你都有权利拒绝。而且，在你拒绝爱人的要求时，一定要让他明确你拒绝的是他的哪一个要求。这样可以让你的拒绝更具有针对性，只拒绝那些过分的、不合理的要求和行为。

当然，拒绝也要讲究策略，要适时适量，尤其是他的那些"习惯"已经根深

◇ 审视自己是否在恋爱中迷失 ◇

从现在开始，女人就应该审视一下自己，你是否已经在和恋人交往的过程中渐渐迷失了自己。

我需要被尊重、被平等对待。所以，不能凡事都听他的。

她怎么回事？以前我说什么就是什么，这次怎么不听了？

1. 就要从检查自己的内在需求开始，问问自己究竟需要什么，不要对爱人无条件地顺从。

2. 求助于自己的闺中密友，她们可以帮助你重新审视自己的处境，给你一些很好的建议。

运用你的理智全面了解一下你爱的人，同时也要他全面地了解你，建立在理智基础上的感情才能经得起岁月的洗礼，以后的婚姻生活才能幸福长久。

蒂固，如果你一下子改变态度，他会接受不了，很容易怀疑你对他的感情发生了改变。因此，你应该由弱至强，让他的心里有个适应和缓冲的过渡期，逐步逐条地改掉他的那些坏"习惯"。

具体的做法是：当他提出不合理要求时，你首先要表现得不如原来上心，然后逐步拒绝其要求。根据"习惯"形成时间的先后，由晚至早，逐一消退。

当你感觉到你采取的措施已经有了一定的效果，他的不合理要求已经减少了一些时，你就应该向他摊牌了，告诉他为什么会有那些不合理要求，习惯形成的主要原因在他，以及近一段时间为什么总是拒绝和拒绝所收到的效果。

当然，这样的"摊牌"会有些伤人。因此，你必须根据你自己长期以来对你爱人的了解，选择最适宜的方式，向他详细说明事情的前因后果。

其次，在恋爱中要保持适当的理智。

女人为爱而生，女人更为爱而活，当爱情来临时，女人恨不得向全世界宣布她的爱情。

著名女作家谢冰莹说："恋爱，在人生的旅途上，是不可避免的遭遇，它是一件和吃饭穿衣一样很平常的事情。然而在当事人看来，简直是世间最稀罕最神秘的一件事。他们可以为爱情自杀，或远走高飞，什么名誉、学问、事业，他们全不顾及，只觉得两人的爱是伟大的、神圣的，谁也没有权力来干涉，谁也没有力量来阻止。他们仿佛像一对疯子，什么人也不需要，哪怕世界上没有一个亲戚朋友同情他们，他们也觉得没有关系，甚至两人都穷得没有饭吃也不管，反正只要有'爱'便行。"

但是，恋爱中的女人有时是盲目的，在她的眼睛上，蒙上了一层厚厚的爱情之网，让她失去了理智的判断，除了爱她什么也看不见，什么也不想；除了爱，她情愿失学失业，情愿一无所有。

其实恋爱之道，最宝贵的在于理智，而恋爱中的男女往往只有感情，没有理智，只觉得对方是一个完美的人，没有丝毫缺憾。而关于对方的思想究竟怎样、人格品德如何、他的家庭环境怎样、他周围的朋友都是些什么样的人等这一切都应该在恋爱的时候调查清楚，弄个明白。在恋人面前，不要总展示你的优点，使他爱慕，进而盲目地崇拜，你应该把你的思想、家庭状况以及你特殊的个性也告诉他，使他完全认识你，了解你，如果他是真的爱你，就一定爱你的坦白忠诚。否则，你把一切隐瞒起来，将来结婚之后，等到他发现你本来面目的时候，那会是你不幸婚姻生活的开始。

同时你在观察对方的时候，不要只顾注意他的优点，也要尽量搜寻他的缺点，你可以故意找些问题来试探他，比如他约你去看电影，有时你可以拒绝；他要请你吃饭，你说这时候已另外有约，不能前往，看他有什么反应。

女人在恋爱中应该保持理智，不应该单凭感情来判断一个人的好坏，这是许多过来人的经验之谈。如果是经过慎重选择后的婚姻，一定是美满的；否则，即使结合了，到头来还会落得一个离婚的下场。

很多与初恋情人结婚的女人，她们的婚姻大多以失败而告终，其原因就在于这是没有理智的恋爱，更是没有理智的婚姻。

"贤妻良母"要三思

现如今，女性大概可以分为两种类型：一是甘心贤妻良母型；二是忙事业顾不上家型。从两种类型女人的家务活上，我们可以归纳出一些心得。

某女子生长于传统的相夫教子之家，五年前初为人妻、少涉世事，立志继承母业，做一名贤妻良母，便一人独揽家中的所有家务，先生下厨、买菜、洗衣被她一一拒绝。她为独揽家务琐事乐此不疲。

丈夫很是庆幸自己能娶到这样贤惠的妻子，并由衷地感到幸福。他欣赏妻子的能干，叹服女人的耐力。岁月流逝，光阴荏苒，就这样过去了两年，丈夫似乎早已习惯了自己躺在沙发上或看电视，或看报纸，等着妻子将饭菜做好，更为可恶的是，妻子耳畔的赞美也销声匿迹了。再后来，妻子自己的事业如日中天，开始繁忙起来，渐渐无暇顾及家务事。一旁的丈夫很是不适应，对此颇有微词。妻子陷入了劳而无功、劳而有过的尴尬境地。

一日，妻子与好友相见，好友谈及某日亲自下厨为其丈夫操办生日，此番举动令她的丈夫好生感动，并由此对她倍加怜惜。相比之下，妻子不由得哀叹上天如此不公。

冷静下来，我们分析一下原因，是妻子忽略了一条基本的经济学规律——边际收益递减。妻子难得下厨，奉献行为稀缺，边际收益很高；而妻子的奉献如江水滔滔，长年累月担负着家务之责，自然淹没了感觉。况且水涨船高，夫妻博弈如同斗鸡，其均衡的模式是你进我退。丈夫由赞叹到麻木直至挑剔，精确地描述了这泛滥的奉献造成的边际收益递减。常言道"久居兰芝之室，不闻其香"，伦理学崇尚克己、奉献、博爱，而经济学注重成本收益的比较。在经济学家的眼里，婚姻更像一张契约书，体现着平等互利、等价有偿，界定着双方的权利义务，即使像七仙女和董永这样的"天仙配"，也得"你挑水来我浇园"。

家庭也像团队生产，激励约束不相容同样会产生偷懒及搭便车的行为习惯。贤妻良母型女性不仅使自己的收益成本不对称，而且会带来较大的外部性，例如造就丈夫的懒惰、儿女的低能等。由贤妻良母导演的家庭悲剧也屡见不鲜。边际收益递减规律提醒女性：贤妻良母难做。在为家庭做奉献时是否应该有一个把握的度？

有一本书名叫《像经济学家那样地思考》，很是发人深思，其实，斯蒂格里茨所著的《经济学》一书中，就提出一个观点：像经济学家那样思考。言外之意，经济学家与一般人的思考不同，对同一问题、同一事件，经济学家得出的结论与一般人得出的结论往往偏差很大，甚至完全相反。像经济学家那样思考，意味着更多的理性、更多的智慧，做家务也是如此。

用"心"去经营你的婚姻

婚姻就像百合花，百年好合的愿望盛开，纯洁而耀眼，生命的荒原因此生动而丰富。然而，许多婚姻中的女人却感到奇怪，为何自己勤俭持家，相夫教子，却始终不能得到丈夫的欢心？

原因就是男人和女人对"贤妻良母"的定义各有不同。对男人而言，"好妻子"当然必须留在家中，全心全意料理家务。但"最好的妻子"却是除能做到这点外，还不干涉他们的业务生活，让他们下班后拥有自由自在的天地。

女人不明白男人的这种心理，反而认为自己是好妻子而严加管束丈夫的一举一动，随之惹得对方反感。结果，在丈夫眼中，"贤妻"变成了"恶妻"，半点不领情。丈夫有时也会遇到同样的问题。

其实，在婚姻中，细节决定成败。由于人的情感复杂而微妙，某些细节在夫妻情感的交流中也起着重要作用，有时甚至会变成决定作用，导致婚姻的成败。那么，夫妻双方要营造和维护美满的婚姻关系，就要注意以下生活中的细节：

1.尊重对方

人都是爱面子的，当着别人的面批评爱人，最容易挫伤对方的自尊心，影响夫妻感情。所以，要学会尊重对方，尊重他的思想和感情，越是人多的时候，越要恭维他，以博得对方的欢心。只有夫妻俩在一起时，你再向他提些意见，甚至可以进行严肃的批评，对方都会在愉快接受之余，感受到你煞费苦心中体现出的浓浓爱意，从而以加倍的爱来回报你。

2.必要的信任

你如果不信任你的丈夫，就好像是在沙上筑塔，别想会建立起亲密无间的夫妻关系。缺乏信任是通往亲密之路的最大阻碍，每个人的成长经验都会影响到信任能力的养成，幸福的婚姻是建立在互相信任的基础上的。

3.适当的依赖

如果你在精神上、物质上完全依赖别人，让对方扮演供应者的角色，那么你的自尊便会被人拿走，你会更缺乏安全感，并产生寂寞感，恐惧感也会日渐加深。因此真正的亲密关系是一种微妙的平衡互动关系，对爱人适当的依赖才会使你的吸引力更持久。

◇ 夫妻矛盾化解法 ◇

夫妻发生矛盾是常事，要学会迅速化解的方法：

他喜欢看足球，我就陪着他看吧。

1. 夫妻间兴趣爱好不一致时，双方应该宽容，尊重对方的爱好，不要横加干涉。

不要生气了，都是我不好……

2. 一方生气时，另一方应保持冷静，不必申辩理由，等对方"冷却"后再心平气和地进行解释或自我批评，以免引起矛盾冲突。

3. 双方要经常沟通，遇事冷静，避免产生误会。很多问题只要沟通好了，就不会发展到争吵的地步。

4.学会取悦爱人

有些女人，婚前与爱人约会时，总要想方设法取悦对方，但结婚以后便不再在意对方对自己的感受。这种做法会减小自己对他的吸引力，进而损伤夫妻感情。所以，婚后，女人应细心体会丈夫的内心感受，不但要处处体贴照顾丈夫，而且还要学习一些取悦丈夫的技艺，如学几个拿手好菜，为他新买的西装配条出色的领带，不时来点幽默等。

5.创造意外惊喜

出乎意料地给爱人一点惊喜，常会起到感情"兴奋剂"的作用。因此，不时地创造一点意外惊喜，对于增进夫妻双方的感情很有好处。如瞒着对方，为他买一样他很想得到的物品，创造一个他没有准备但却非常喜欢的活动等，都可使意外惊喜油然而生，从而在惊喜中迸发出强烈的感情之花。

6.适当来点小别

俗话说："小别胜新婚。"在过了一段平静的夫妻生活后，有意识地离开对方一段时间，故意培养双方对爱人的思念，再欢快地相聚。这时，就能使夫妻俩思念的感情热浪交织成愉悦的重逢狂欢，把平静的夫妻感情推向一个新的高峰。

7.注意自身形象

有些女人，婚后对衣着、容颜等不再讲究，其实，无论夫妻哪一方，都不希望对方在别人的心目中留下不好的印象。因此，女人在婚后注意自身形象，不但可以取悦丈夫，而且也可以在公众场合下为对方争得面子。否则，就有可能影响双方的感情。

8.不要对爱情期望过高

如果你认为爱情能医治你心灵上的创伤，因此把这一过分的希望强加在你的爱人身上时，你得到的只能是不断的失望以及他对你的反感。这些不切实际的希望所产生的效果总是适得其反的，它们不会使你得到身心上的放松。此外，婚姻关系使你对自己持有自我欣赏的良好心态，但是，这种良好的感觉必须建立在正确的自我价值之上。否则，这种感觉就不能化为内心的力量，而只能依靠表面现象维系和爱人良好的关系。一旦爱人离你而去，你就会感到异常孤独、束手无策，这会损害你健康的自我形象。因此，女人应该有足够的勇气和力量，用积极的目光看待自我价值。女人必须学会首先爱自己，然后再去爱别人，才能得到别人真心的爱。

9.彼此保留一份自我空间

当代女性十分注重保持在家庭婚姻中的独立意识和独立人格。而在婚姻家庭领域保留一份自我空间，又是女性保持独立性的首要条件。

女性保留一份感情空间，用来爱自己。她们心中的隐秘不愿对爱人说，也是封闭这部分感情的权利。行动也是有一定空间的，业余时间不单单同恋人、家人在一起，还要参加各种社交活动。

当然，给丈夫保留一份自我空间也是非常必要的。而在日常生活中常常会出现这种情况：妻子总希望丈夫能守在自己的身边，而丈夫并不愿意，虽然妻子给丈夫做了可口的饭菜，给丈夫许多温存和女性的美感，丈夫仍感觉不到快乐；相反，他们会感到空虚、无聊，妻子"粘"得越紧，丈夫的这种感受就越强烈。

因此，在婚姻生活中，除非夫妇能够相互尊重对方的嗜好，并给对方一个空间，否则，没有一对婚姻是能够幸福和美满的。

10.慎交异性朋友

夫妻婚后有自己的社交活动，这是很正常的。但是，与异性朋友交往时要慎重，要留有分寸，让彼此的关系只控制在普通朋友的关系之内。对那些明显对自己有好感甚至对自己不怀好心的异性朋友，要主动疏远，以理智来处理感情纠葛。

11.把承诺进行到底

婚姻不仅仅是一纸法律上的合约，它还包含了身体、情感上的结合。在婚姻里，夫妻双方都热切期盼彼此感情归属的忠诚及患难与共的相互扶持。在这儿，没有中间的灰色地带，你不能只做一半的承诺。

12.回忆美好时光

热恋期是婚姻的前导，热恋中的男女，那种"一日不见，如隔三秋"的情感，实在是非常美妙的。结婚以后，经常回忆婚前热恋时的美好时光，能唤起夫妻的感情共鸣，并在共同的回忆中增加浪漫情感，更加向往未来，从而增进夫妻感情。

13.再度蜜月

结婚时的蜜月，是夫妻俩感情最浓的时期。那时，两人抛开一切干扰，完全进入只有两个人的甜蜜的爱情天地，享受"伊甸园"之乐。婚后，如果能利用节假日，每年安排时间不等的"蜜月"，再造只属于两人的爱情小天地，重温昔日的美好时光，定能使夫妻感情越来越浓。

14.留足浴爱时间

现代社会里，竞争激烈，生活节奏日益加快，每个人的工作都十分繁忙，有不少人因忙于事业而顾不上夫妻俩的感情生活，以至夫妻经常不能一起吃饭、休息，影响了两人感情的巩固和发展。所以夫妇工作再忙，也要巧于安排，挤出时间留给两人共同生活，共浴爱河。

15.警惕财务危机

结婚以后，如果不能搞好家庭的收支平衡，就会出现家庭财务危机，影响夫妻感情。有些家庭，钱归一方掌管，如果不能做到财务公开，当一方经济要求得不到满足时，也会产生家庭矛盾。因此，要夫妻双方共同理财，坚持量入为出的持家原则，勤俭节约，精打细算。手中要始终留有一些应急经费，以备不时之需。这样，既能防财务危机于未然，又能拒感情危机于千里。

16.庆祝有纪念意义的节日

结婚纪念日、对方生日、定情纪念日等，是夫妻双方爱情史上的重要日子。当这些有纪念意义的日子到来时，应采取适当形式，予以纪念，使双方都感到对方对自己怀有很深的爱意，这对于巩固夫妻感情有很大作用。

◇ 夫妻争吵调和法 ◇

夫妻之间难免会发生争吵的行为，但是，如果发生了争吵，应该积极主动调和这一行为，而不能任其发展下去。

> 上次你也是这样，还有去年……

1.发生争吵时，双方都应就事论事，切忌翻陈年旧账，更不能以"离婚"相威胁。

> 我不该和他生气的，他其实对我挺好的……

2.应多想对方的优点，尤其要多想在困难时刻互相帮助、相濡以沫的情景。

只要多为对方想想，争吵就显得十分不必要了。另外有一点要注意，不该在孩子面前争吵，以免使孩子遭受心灵上的创伤；不应争取孩子站在自己一边，更不能拿孩子出气。

17.补偿往昔

不少夫妇结婚时由于条件所限，未能采取心中理想的形式来回报对方的爱意，如未能度蜜月、未能给爱人买一件像样的礼品、简化婚礼程序等。结婚数年，当经济条件具备时，要记着完成这些当初未能让对方如愿的事，以偿还过去欠下的情债，这会使对方觉得你是个很重情、多情的人，爱你之情便会倍增，如不少男性婚后给爱人买金首饰，许多已过而立之年的夫妇补拍结婚彩照等。

18.别忘和爱人吻别

你绝对想不到，当你急着出门时的匆匆一吻有多么大的魔力，临别的一吻能把你们彼此的心紧紧地系在一起，让你一整天都沉浸在甜甜的亲密中，好像他从没离开过似的。如果你因公出差，也别忘打个长途电话，让他知道，你的心好端端地放在他那儿。

现代婚姻保鲜秘方

结婚以后，才发现"两人世界"其实没有想象中的那么浪漫，不仅平淡如水，而且有时还烦琐得吓人，时间长了，竟毫无激情，甚至有的婚姻早早地就触礁了。

究其原因，就是男女在婚后，没有自觉地在意识上做出改变，以适应人生新的阶段，最终导致婚姻关系的破裂。

一、男女婚后应建立的8种意识

（1）家庭必须放在第一位。结婚后，夫妻双方在感情和精力上，都应把家庭放在第一位，你不能在同时同地同一感情世界里既做女儿又做妻子，既做儿子又做丈夫。所以，当你决定结婚时，就等于决心以自己的新家庭为主。

（2）婚姻中"我们"最重要。要懂得婚姻中存在着第三方而绝非只有两方，第一方是男方，第二方是女方，第三方是婚姻，即"我们"。不少问题要从"我们"的角度去考虑。

（3）维护婚姻是项长期任务。维护婚姻，使婚姻免受矛盾影响是你的一项长期而又艰巨的任务。你必须为自己定下规矩，例如休息时不要把白天的愤怒带上床；问题若在48小时里解决不了，就该让它变成历史；夫妻间绝不能动手打人等。

（4）处理危机是生活常事。结婚后会不断地发生一些生活危机，如生病、经济因素等，所以，双方都要学会处理危机，处理得好，反过来能加强婚姻关系。

（5）忠诚是婚姻的必备要素。婚后，要对对方忠诚，忠诚是你获得幸福婚姻的必备要素。

（6）既要做夫妻又要做朋友。夫妻双方要互相照顾、互相鼓励，在不少婚外情事件中，有外遇的一方并非是寻求性快乐，而是寻求自己认为是其生命一部分的"好朋友"。

（7）幽默是夫妻情感的好帮手。要使婚姻生活多彩多姿，幽默必不可少。

（8）让美好的回忆永驻心间。人是随着年龄的增长而转变的，变得更加成熟，但成熟又往往意味着世故。因此最后一件也是最重要的一件——保留美好的回忆，把两人蜜月初期的快乐留在脑海中。

二、婚后保鲜秘方

（1）**矜持庄重**。婚后，妻子保持婚前恋爱时的矜持与庄重，尽量保持自己美好的形象是十分重要的。然而不少女性在恋爱时很淑女、端庄，婚后却不大注重形象，大大咧咧、毫无忌讳的，误以为木已成舟，自己已进了婚姻的保险箱，全不知这样做的严重后果。如果妻子将女性贤淑的涵养坚持到底，就一定会拥有幸福美满的婚姻。

（2）**幽默诙谐**。幽默、诙谐、笑口常开，不但可以使自己显得富有活力和魅力，还可以巧妙化解家庭矛盾，增强家庭的凝聚力。

（3）**若即若离**夫妻间保持一定的距离，即结婚了也保持恋爱时双方的相对独立性和自由度，可大大提高相互的吸引力。这种距离可分为两种：一种是有形的，另一种是无形的。前者是指夫妻在时间和空间上的间歇性暂时分离，后者是指夫妻在充分信任的基础上尊重对方的隐私权，不干涉对方正常的社交活动，给对方充分的合理的社交自由。俗话说"小别胜新婚""距离产生美"，夫妻间保持适当的距离，可获得事半功倍的呵护婚姻的效应，可避免夫妻间因长期耳鬓厮磨而产生的矛盾与厌倦。

（4）**神秘浪漫**。婚后，作为妻子的你，时不时给丈夫来点儿"罗曼蒂克"的小把戏，适度给丈夫一点儿小悬念，可有效地引起丈夫的好奇心与吸引丈夫的注意。一般情况下，爱情的小"陷阱"能创造意外的惊喜，营造婚姻的浪漫气息。再说，妻子保持少女时那种"犹抱琵琶半遮面"的害羞与含蓄，还可给丈夫遐想的空间，让丈夫不时如雾里看花，这种朦胧美可使妻子更富有魅力。

（5）**温柔撒娇**。妻子适度撒娇，丈夫不但不会生厌，还会萌生怜爱之意。可以说，在丈夫面前，妻子的娇气与年龄无关，女人无论年龄多大，永远都可以是丈夫的娇妻。在夫妻意见不一或闹别扭时，妻子适度撒娇会收到意想不到的效果，丈夫因怜爱、迁就而做出让步，夫妻矛盾也就烟消云散。因此可以说，妻子撒娇是调解夫妻矛盾的"缓冲剂"。但有一点必须注意，那就是撒娇时一定要注意适度，切莫将"娇滴滴"演绎成"刁蛮"。

（6）**你唱我不随**。一个人一生只要婚姻不发生变数，就会朝夕面对爱人，有一辈子的时间可以投进去，少待在一起个把小时无关紧要，不要时时事事都在一起。一些年轻夫妻在朋友聚会、同事相约甚至外出游玩时，情愿解散成两人组合，分头独立社交，这种方式是一种夫妻双方事先达成默契、彼此认同的行为，是对各自禀性、爱好和独立性的尊重。当然，这种独立行为不能替代"两人世界"，否则结婚就失去了意义，所以我们应该知道，保证"两人世界"的主体性是最根本的，分与合的比例分配要得当。

◇ 改变沉闷的婚姻氛围 ◇

实际上，整日处于两人世界之中，婚姻难免陷入沉闷之中，那么，如何改变这种沉闷的氛围呢？

1. 多与朋友聚聚，或是分别参加一些别的活动，都可以给婚姻关系带来新鲜元素。

我们去打羽毛球吧，我现在觉得这项运动不错。

你也觉得不错了吧？我就说嘛。

2. 女人唠叨日常琐事，常常使男人感到乏味。女人可以尝试着不断变化谈话的内容和方式。

习以为常的惯例也是使感情淡漠的主要原因之一。事实上，有时做点出格的事却会使人记忆犹新，而几乎所有打破常规的些许努力，都会带来意想不到的效果。

（7）夫妻"AA制"。过来人都知道，柴米油盐的婚姻远比浓情蜜意的恋爱要复杂得多。

在一起生活就一定会共同面对经济上的问题，小到请朋友吃一顿饭，大到赡养父母资助弟妹，都和家庭财产有关。如果遇到两人意见不一，争执就在所难免，而本来相爱的两个人，为钱闹得疏远甚至反目成仇，实在不值得。所以，最具创意的夫妻"AA制"出现了，而大多数倡导者是女性。

流行于年轻夫妻中的"AA制"，大致有两种形式：一种是每月各交一部分钱作为"家庭公款"，以支付房租、水电费等家庭支出，其余花费自己负担；另一种是请客、购物、打车等费用都自理，只在买房、投资之类大项目上平均负担。然而，对恩爱的两个人来说，谁会为多付了一顿饭钱而争执不下呢？

夫妻"AA制"可以说是一种前卫但不彻底的方式。说到底，只是一场两个人的游戏，这场游戏可能在有了孩子之后结束，孩子会让两个人有更多"共同"的感觉，想分可能都分不开。

当然，许多选择"AA制"的夫妻都懂得，婚姻的责任和约束对他们来说仍然存在，一旦结了婚，人就要受到约束，就不能随心所欲地与异性朋友频繁约会，也不能和前任情人继续眉来眼去。当然，如果丈夫买了房子，妻子也得责无旁贷地共同偿还银行贷款。或许，采取这种形式只是为以后在同一个屋檐下共同生活做一个缓冲或心理准备。

经营婚姻收获幸福

英国有一首民歌唱道："褐发的姑娘有房还有地，金发的艾林达却一无所有。"

民歌所表达的意思很明确，为了钱而结婚不会有好下场，因为只有钱的婚姻并不会带给你想要的幸福。

斯密认为：一个人或一个社会追求的最终目的是幸福，财富是幸福的基础，但财富本身不等于幸福，对个人来说，幸福是一种感觉，它来自"心灵的平静"，而不是财富本身。只有当一个人有同情心、讲道德时，才会产生幸福感。

对于男女的婚姻来说，夫妻之间只有在心灵平静的状态下，相互接纳对方，并把对方的利益看得与自己的利益一样重要，甚至更重要，处处为对方考虑，才能收获幸福的婚姻。男女的爱情不只是一种迁就和忍让，更多的是包容、相互促进、利他，多为对方着想，不仅从生活、感情上为对方着想，也要从经济上为对方着想。

现在，我们假定小明和小芳是一对年轻夫妻，小明的月收入是3000元，小芳的月收入是2000元。在他们没有结婚之前，两人只能花自己的钱，小明花他的3000

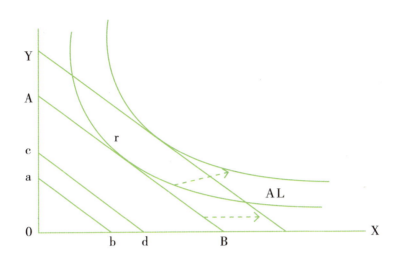

元，小芳则用她的2000元。结婚后，两个人的钱可以放在一起，拿出一部分共同使用。这样，他们的预算线就从原来的水平提高到一个新的水平。

上图中，ab线是小芳结婚前的消费预算线或收入线，cd是小明原来的收入线，结婚后，妻子小芳将其月收入中的一半（1000元）拿出来交给小明用于家庭的开支，从而两人结婚后共同的预算线是AB线，它与新的、更高的消费无差异曲线AL相切于r点。丈夫由于得到了妻子的资助，其收入线和无差异曲线都提高了（AB>cd），夫妻二人再共同把资金用于投资，夫妻二人的收入线或预算线将不断向右移动，其消费无差异曲线也将向右移动。也就是说，夫妻共同经营自己的小家庭，不断将收入和消费水平向更高的方向移动，从而二人的幸福和生活满意度不断提高。

这里只是从收入和消费上来探讨夫妻双方共同经营家庭的规模增值效应和资源整合效应。上面我们已经谈到，夫妻的资源整合包括人力资源、信息资源、关系资源、情感资源等，如果再加上这些资源的重新整合与夫妻同心的协同效应，收入和幸福的增值效应是十分明显的。而这些资源整合所产生的收入增值和幸福增值效应不太好分析。有时，一个信息资源的整合或关系资源的整合就可能在某个关键时刻产生迅速的增值效应，这里，偶然性的因素比较多，不予分析。

单从婚姻本身来说，婚姻对幸福有明显的促进作用。根据瑞士经济学家布伦诺·弗雷在其《幸福与经济学》一书中的研究显示，婚姻能显著提高女人的幸福水平，那些已婚女性的主观幸福水平比未婚者、离婚者、分居者和鳏寡者的幸福水平都要高。婚姻和幸福之间的这种积极关系主要是由婚姻本身的一些积极作用所促成。婚姻能够提升幸福感的主要理由有两个。其一是婚姻能够提供额外的自尊来源，可以躲避工作和其他人际关系方面的压力，是一个有效的避风港，从而使女人在自己的社会

◇ 经营婚姻有方法 ◇

不管是恋爱还是婚姻，都是需要维护和经营的，而保持新鲜和活力是维护婚姻的重要方法之一。

1. 要树立配偶第一的原则

只有重视夫妻情感，优先考虑配偶的正当感情要求，婚姻才会稳固。

2. 尽量使家庭生活丰富多彩

可经常举办一些家庭活动，如家宴、野餐等，回忆往事，加深了解。

3. 及时进行爱的滋润

这会燃起夫妻对爱情、对生活的新追求，让婚姻始终维持一种新鲜感。

定位上多了一个立足的基础。其二是已婚女性更有机会受到那种长久亲密关系的支持，由于亲戚增多，又有儿女等，她们享受亲人的天伦之乐就足以使其身心更加愉快，从而感到孤独的时候会少很多。根据这位经济学家调查的瑞士情况显示，已婚者的生活满意指数达到 8.36，分居者仅为 6.33。可见，即使没有夫妻双方资源整合所产生规模经济效应、收入增值效应、资源稀缺效应，单就婚姻本身来说也有利于女人幸福感的增加。所以，经营好自己的婚姻是一件回报率很高的事情。

第四节　让你的家庭生活幸福快乐

珍惜丈夫的身体

有一本杂志上曾经刊登过这样一篇文章，据调查表明，在50多岁这个年龄段里，男性的死亡率要远远高于女性，而其中大多数男性又都是已婚的。最后，专家们进一步指出，这一切可怕的后果很大程度上是因为妻子的过失。

女士们可能认为这种说法太荒谬了，因为事实上你们是非常珍惜丈夫的身体的。为了让他有足够的精力去应对工作，女士们给丈夫准备了许许多多的美味食品，比如油炸食品、甜点或是其他一些高热量的食物。每位妻子都希望自己的丈夫能够吃得好一点，因为工作会消耗掉他们体内的很多能量。然而，正是妻子的这种"好心"却在一点点地谋杀着自己的丈夫。

有一次，美国科学促进协会在圣路易召开了一次会议，一位资深的教授说过这样一段话："战争是人类最可怕的灾难，人们对它的恐惧胜过了一切。然而，有一个事实却是非常可怕的，那就是实际上死于餐桌上的人要远远多于那些死于战场上的人。"

这位教授的话是很有见地的。细心的女士一定会发现，那些每天过着半饥半饱生活的劳工，他们的寿命竟然远远长于那些体重超常的丈夫们。《减肥与保持身材》的作者诺曼·焦福利博士在一次医学研讨会上说："在20世纪，公共卫生所面临的最大的问题就是肥胖，这是一件非常可怕的事情。"

女士们，你们是否清醒了？是否还想找各种理由对丈夫的腰围增长推卸责任呢？我们必须承认，丈夫们所吃的食物，很大一部分都是他们亲爱的太太亲手准备的，特别是那些烹饪手艺高超的妻子，她们丈夫的腰围更要粗一些。要知道，没有一个丈夫会拒绝妻子为他准备的精美食物，除非他做事从来都不近人情。

绝大多数男人在中年以后就很少进行运动了，这时他们体内所需的热量也就随之减少了。然而，在妻子的悉心照顾下，这些男人反而吃得更多了。作为一个妻子，你有义务去维护丈夫的健康，使他养成一个良好的饮食习惯。

那么，究竟什么才是最好的食物呢？美国面粉协会的营养专家霍华德博士告诉我们："要想减肥，首先就要少吃脂肪含量过高的东西，每天根据个人体能消耗的情况来安排三餐，最好不要过量地吃。此外，一定要均衡植物性蛋白和动物性蛋白。"

我们可以这样理解博士的话，世界上最好的食物就是那些低热量却能产生高能量的东西。如果你还是不清楚自己到底该怎么做，那建议你去看医生，他会给你一个非常合理的建议的。

此外，妻子们还应该注意一点，那就是当你的丈夫用餐的时候，千万不要让他的精神处于紧张状态。我们经常看到这样的情形：闹钟响了以后，丈夫马上从床上爬起来，匆忙地跑下楼，几口把早餐咽下肚子，然后迅速跑出门去赶7：58分的班车，接下来是紧张的工作，然后是15分钟的快餐，接着又是紧张的工作。这就是现代人的生活。

如果真是这样的话，那么妻子完全可以采取一些措施。其实很简单，只要你每天早起一会儿，为你的丈夫准备好早餐，然后让他悠闲地享受完这顿早餐。这不是件困难的事，劳拉·布里森夫人就是这样的。

劳拉的丈夫是一家不动产代理公司的财务主任，每天都有忙不完的工作。布里森先生经常会在晚上带回一整公事包的文件，然而由于太过劳累，他经常不能在晚上将这些东西处理好。针对这种情况，劳拉给丈夫提了一个建议，让他每天晚上早一点休息，然后第二天早晨提前一小时起床。事实证明，这种做法是相当明智的。如今，布里森一家已经养成了早睡早起的习惯，而且不管布里森先生是不是有很多工作需要回家处理。

布里森太太说："我们每天都可以收到一份很好的礼物，那就是每天早上的那一个小时。这个礼物包括不慌不忙地享受一顿美味的早餐，还包括利用剩余的时间轻松地处理好丈夫手中的工作。他这段时间的工作效率非常高，因为它是一天中最安静的时刻。没有人敲门铃，也没人打电话，我们可以坐在一起静静地读书，也可以做一些其他的事情。我丈夫很喜欢画画，这在以前根本是不可能的。可现在，他经常会自己在画板上画一些东西。如果我们实在没有什么事可做，那就到公园里去散散步，呼吸一下新鲜的空气。"

布里森太太还说："这一个小时对我们来说太重要了！从那以后，我们每天都可以享受一个舒适的早晨，而且不管这一整天会发生什么，我们都有足够的精力去应对。不过需要提醒的是，这个办法只适合那些有早睡习惯的人。"

对于疾病来说，最好的治疗方法就是预防。众所周知，心脏病、糖尿病、肺结

◇ 学会珍惜丈夫的身体 ◇

身体的健康十分重要，但是作为妻子，应该如何珍惜丈夫的身体，这里倒有几点建议：

1. 女士们首先要做的就是找一张有关体重和寿命的对照表，接下来再称一下丈夫的体重，看看是不是超过了标准的 10%。

2. 如果是，那么你们就有必要咨询一下医生，准备有助于减肥的菜单，并按菜单给丈夫准备三餐。

3. 女士们千万不要放松对丈夫的监督，让他们自己处理，更不要相信那些说得天花乱坠的广告。

不管你们要采取什么减肥措施，一定要首先争得医生的意见。当然，在保证饭菜营养健康的前提下，味道也是不能忽略的。

核以及癌症等是对人类威胁最大的几个杀手，如果我们能够在早期发现病情的话，那么是完全可以将生命挽回的。然而，很多妻子却忽略了这一点。美国糖尿病协会曾经做过统计，全美大约有200万人清楚地知道自己已经患上了糖尿病，但却有另外100万人并不知道自己已经患病，这一切都是因为没有做定期的检查。

对于现代人来说，有一个事实是很可悲的，那就是大多数人对自己身体的关心远远不如对汽车的关心。这时，做妻子的就要担负起监督的责任，因为你们必须让丈夫定期地接受健康检查。

另外，很多女士都对丈夫的工作十分支持，希望丈夫能够竭尽全力地取得成功。事实上，女士们的这种出发点是没有错的，但是这种做法却可能会缩短他们的寿命。当他们用自己的生命换回来成功的时候，却发现已经没有时间去享受胜利的果实了。因此，如果你的丈夫是要忍受很大压力才能获取升职的话，那么这种升职宁可不要。

如果拼命地多赚钱所换回来的后果是身体的损害或是过早地死亡的话，那么我们宁可选择少赚一些钱。女士们，这一点是非常重要的，如果你们的丈夫给自己施加的压力实在太大了，那么你们就必须想办法让他平和心态，不再被利益所驱使。在家庭中，妻子的作用是十分大的，因为一个女人的态度完全可以改变男人的行事准则。

如果女士们的丈夫每天都十分疲倦的话，那么你们就应该想一些好的办法帮助他们了。其实，抗拒疲倦的最好办法就是在感到疲倦之前就休息。每当你的丈夫回到家中的时候，你们完全可以让他们在午餐后或晚餐前小睡一会儿。这很有好处，因为它可以让你的丈夫能多活几年。事实上，很多成功人士都有午睡的习惯，正如朱利安所说："睡午觉是件很惬意的事，这样可以让人们重新积蓄起精力来。"

最后一点，也是非常重要的一点，那就是妻子们一定要想方设法地给丈夫营造一个快乐的家庭生活。在那些突然倒下不能再站起来的男人中，绝大多数都是内心十分紧张、情绪不佳。他们的精神会反射出消极的思想，使他们失去正常的状态。接下来可能发生什么？这些人极有可能因为精神恍惚而被机器所伤，或是被来往的车辆撞倒。

此外，这样的人往往还会出现暴饮暴食的行为。这一点是剑桥大学的一位教授通过研究发现的，他说："那些精神紧张、心情不快或是备受压抑的人，经常都会有狠狠地吃上一顿的想法。"

女士们，相信你们一定认识到了珍惜丈夫身体的重要性。是的，如果想真正取得事业上的成功，健康的身体则是一切的前提条件。因为只有精力充沛的人才能面对加倍的工作。作为妻子，你们有必要也必须对丈夫的健康状况负责，就像一首专门写给已婚男性的歌曲中所写到的："我的生命是掌握在你的手中。"

让他有自己的爱好

我们前面曾经不止一次地强调过，夫妻之间一定要有共同的目标和共同的爱好。因为这些是获得幸福婚姻的基础。然而，在这篇文章里，我们却要提出与以前相矛盾的一种说法，那就是作为妻子，一定要让丈夫拥有属于他自己的爱好。

《婚姻的艺术》这本书上说："作为夫妻，两个人都必须做到能够互相尊重对方的爱好。这不仅是夫妻之间的一种礼仪，更是幸福婚姻的首要基础。这是一个很现实的问题，因为没有两个人会在思想、愿望以及意见上能够取得完全的一致。我们应该明白这种事是不可能发生的，当然也就不应该去奢望。"

女士们是应该让自己丈夫拥有一点私人空间。你们应该显得大度一点，让丈夫做一回任性的孩子，使他们可以按照自己的想法去做喜欢的事，尽管有时候你可能难以发现那些事的迷人之处。

在卡耐基和桃乐丝结婚以前，他就已经和赫马·科洛伊成为了一对非常要好的朋友。那时候，每当一有空闲，他们两个就会聚在一起，做一些他们彼此喜欢的事情。后来，卡耐基认识了桃乐丝，并和她结了婚，但他并不认为应该为此放弃这个乐趣。事实上，在他们一起生活的这20年时间里，他每个星期日的下午都会和赫马·科洛伊在一起。那真是件非常美妙的事情，他们或是一起在森林里悠闲地散步，或是去一家平日少有机会去的餐厅吃东西，或者干脆就在他家的庭院里聊天。不过，不管做什么，他们都会过上一个轻松愉快的下午。

有一次，卡耐基开玩笑似的和桃乐丝说："这20年来，每个星期日的下午我都不能陪你，难道你就从来没有抱怨过吗？"

桃乐丝回答说："开始的时候确实有这样的想法，但后来发现这很愚蠢。因为一个星期有7天，除了那天下午以外，你所有的时间都在陪着我，所以我不应该有什么抱怨的。况且，你们是在享受一种既轻松又自在的乐趣。我非常清楚，当你享受完这种乐趣以后，你会再一次回到我身边，或是投身于工作中。正是我的这种'纵容'，才使得你有足够的活力去面对新的一周。"

卡耐基真的要非常感谢他的妻子，因为她对他是如此的大度。有一次，卡耐基和赫马·科洛伊说起了这件事，没想到他居然和卡耐基有同样的感受。他告诉卡耐基，因为写作的需要，他曾经长期居住在加州的一所农场里。有一次，他的邻居威尔·勒吉斯先生提出想要买一把十分难看而且杀伤力很大的大刀。当时，勒吉斯太太不知道丈夫为什么要买这个危险的东西，而且认为自己有必要劝告他不要去买。因为勒吉斯太太认为，自己的丈夫极有可能只是心血来潮，说不定在买回来之后的第三天就不再去管它。

不过，勒吉斯太太还是很理智的，因为她最后决定要迁就丈夫。不只这样，她

◇ 给丈夫的爱好留一点时间 ◇

1. 女士们，任何一个丈夫都背负了很沉重的负担，他们总是想找机会从中解脱出来。

他还有别的事情要做，已经和别人约好了。

你老公把你送来就走啊？

2. 如果女士们认识到这一点，就应该帮助他们培养一些属于自己的爱好，并给他们提供机会去享受这些爱好。

3. 女士们必须明白一点，不管丈夫怎么安排那些时间，他们都会感到非常快乐的。这种自由独立的感觉比做任何事情都美妙。

所以，不管丈夫是喜欢打保龄球，还是喜欢看电影，作为妻子，都应该尽量满足他们的要求。

还特意亲自跑到了省城，为丈夫买回来了那把大刀。赫马清楚地记得，当时的勒吉斯先生就像一个收到圣诞礼物的小孩一样兴奋。

那么这把大刀到底对勒吉斯先生有没有用处呢？事实证明是有的。在他们的牧场里有一处杂草丛，他经常一个人带着大刀去那里清除杂草。这些都是次要的，最主要的是，每当勒吉斯先生遇到什么难题无法解决时，他总会悄悄地跑到那里去，发疯似的狂砍一阵。当他把心中所有的烦恼都发泄出来以后，那些棘手的难题往往也已经得到了解决。

勒吉斯总是见人就说，他一生收到的最好的礼物就是妻子送他的那把大刀。是的，因为勒吉斯太太帮助了自己的丈夫。坦白说，勒吉斯太太在最初并没有意识到这东西能有如此大的意义，她之所以这么做，主要是因为她认为自己应该满足丈夫的要求。

女士们，相信这时你们已经非常清楚了，一种嗜好对于一个男人来说是非常有帮助的。勒吉斯先生的大刀已经证明了这一点，因为它帮助勒吉斯先生发泄了心中的烦闷情绪。

还有一点必须告诉女士们，那就是如果让你的丈夫培养起一种嗜好，这不仅是对丈夫非常有好处，而且对妻子也很有好处，这也是有事例证明的。

罗林·哈瑞斯夫人的丈夫吉姆斯·哈瑞斯是一家石油公司的审计员。每当空闲下来的时候，吉姆斯总是拿起他的工具，或是把屋子装饰一番，或是把那些旧家具修理一通。他的妻子从来没有抱怨过他做这些"无聊"的事，因为吉姆斯的手艺不亚于那些专业人士，而且这还能使他们的家庭变得愉快自然。

同时，吉姆斯还很喜欢小动物，总是想出各种办法来训练家里那只苏格兰小猎狗。虽然这只小狗的技巧与那些专业的马戏相比还差得远，但它却给周围的邻居带来了很多乐趣。对此，罗林感到非常满意。

不过，在这里必须提醒各位女士，我们可以让丈夫拥有自己的爱好，但这并不代表可以容忍他们"玩物丧志"。如果有一天你们发现自己的丈夫对那些所谓的爱好表现出的热情远远大于对职业的热情时，那么就应该马上警觉起来。因为这已经向你发出警告，有些事情已经偏离了固定的轨道。这些情况是在向你暗示，一定是某些地方出现问题了，使得你丈夫已经失去了对工作的兴趣。这时，作为妻子你们不应该再继续纵容了，相反应该深入了解丈夫的情况，然后帮助他进行调整。这么做的原因很简单，妻子之所以让丈夫拥有自己的爱好，主要是为了对单调枯燥的生活进行调剂，从而消除他的紧张情绪。如果爱好没有成为生活的润滑剂就失去了积极的意义。

遗憾的是，很多女士，尤其是那些家庭主妇，并不十分看重男人的爱好，因为她们每天都有很多时间一个人独处，所以对男人这种无理、奇怪的要求很难理解。

其实，这些女士们不明白，一个男人偶尔被妻子"抛弃"，这并不是一件可悲的事情。相反，男人们正好可以借此机会使自己得到一定的解脱，因为他们终于可以不受女人的约束和限制了。在这段时间里，他们可以完全地支配自己的时间，自由地享受一下生活。

曾经有一个快乐的单身汉说，在他眼里，相貌、身材以及财产等状况都不是最重要的。如果有一个女人在平日里能够陪着他，而在他需要独处的时候又可以满足他的话，那么他会毫不犹豫地选择和他结婚。

有些丈夫喜欢打保龄球，那么妻子们就不如放任他们去打一通宵；有的丈夫喜欢打牌，那么就不妨允许他们多玩一会儿；如果他们喜欢钓鱼、修理东西或是读书，那么妻子们就都应该尽量满足他们的要求。女士们必须明白一点，不管丈夫怎么安排那些时间，他们都是会感到非常快乐的。这种自由独立的感觉比做任何事情都美妙。

女士们，任何一个丈夫都背负了很沉重的负担，他们总是想找机会从中解脱出来。如果女士们认识到这一点，愿意帮助他们培养一些属于自己的爱好，并给他们提供机会去享受这些爱好，那么你无疑是在给你的先生创造幸福，也无疑是在给你和你的家庭创造幸福。

喋喋不休是幸福婚姻的禁忌

前不久，一位老朋友的儿子找到卡耐基，希望他能够帮助他摆脱现在的困境。坦白说，这是一位非常不错的年轻人，二十几岁，在一家广告公司工作，拥有一份不错的薪水。大家都知道，在这一行工作竞争是非常激烈的，而且压力也很大。年轻人告诉卡耐基，他现在真的非常需要妻子给他安慰和爱心，好让他能够有足够的勇气面对一切。他的太太是很积极地帮助他，不过这种帮助却是以喋喋不休的唠叨为前提的。

年轻人受不了了，因为在他太太无休止的嘲笑和指责下，他已经失去了振奋的勇气。他说，其他的事情都不是问题，最让他难以忍受的是，他妻子已经用喋喋不休逐渐磨平了他的信心。最后，他丢掉了这份工作。接着，他又向妻子提出了离婚。

我们真的不愿意看到这场悲剧性的婚姻，但它确实发生了。女士们，不知道你们对此有何看法，但要告诉你的是，作为一名太太，你对丈夫无休止地、喋喋不休地唠叨，就好像是不起眼的水滴，正在一点点地侵蚀着幸福的石头。

莱维斯·托莫博士是著名的心理学家。他曾经展开过一次调查，让1000名已婚的男士写出他们心里认为妻子最糟糕的缺点。调查的结果让人大吃一惊，因为几乎所有的人都在第一项写下了"唠叨"这个词。博士说："一个男人婚后的生活能不能幸福，完全取决于他太太的脾气和性情。即使他的太太拥有人类所有的美德，可她只要拥有了喋喋不休这一项缺点，那么一切美德也就等于是零。"

有个人就是受不了妻子的唠叨而离家出走，最后悲惨地死在了外面。其实，这个人很多女士也熟悉，他就是大文豪托尔斯泰。

按理说，托尔斯泰夫妇应该每天都享受着生活的快乐。是的，托尔斯泰的两部巨著在世界文学史上都闪烁着耀眼的光芒。他的名望非常大，他的追随者数以千万计，财产、地位、荣誉，这些东西他都已经拥有了，而它们也都为美满幸福的婚姻奠定了基础。的确，在开始的时间里，托尔斯泰和夫人度过了一段非常幸福和甜蜜的生活，直到那件事的发生。

由于一些不知名的原因，托尔斯泰的性情发生了很大改变。他开始视金钱如粪土，把自己所有的伟大著作都看成是一种羞辱。他放弃了写小说，开始专心写小册子。他开始亲自做各种各样的活，尝试着过普通人的生活，而且还居然努力去爱自己的敌人。

托尔斯泰的突然改变给自己制造了悲剧，因为他的妻子不能容忍他的这种变化。这位夫人喜欢奢侈的生活，渴望名誉、地位和权力，喜欢金钱和珠宝。然而，这一切，托尔斯泰都不能再给她了。因此，她开始喋喋不休地唠叨、吵闹，甚至当得知托尔斯泰要放弃书籍的出版权时，她居然把鸦片放在嘴里，威胁要自杀。

就这样，美好的婚姻被喋喋不休摧毁了。在托尔斯泰82岁那年，他再也忍受不了妻子的唠叨了。1910年10月，那是一个下着大雪的夜晚，托尔斯泰偷偷从妻子身边逃了出来。这位可怜的老人在寒冷的黑暗中漫无目的地走着，11天后，这位世界文学巨匠患上了肺病，死在了一个车站上。当车站人员问起老人最后的愿望时，托尔斯泰回答说："请不要让我再见到我的妻子。"

托尔斯泰夫人终于为她的喋喋不休付出了代价，不过在最后她也明白了一切。临死前，她对孩子们说："是我，是我，真的是我，是我害死了你们的父亲。"很可惜，托尔斯泰夫人明白得有些迟了。

事实上，很多名人虽然有着骄人的成绩，但却依然不能摆脱忍受妻子唠叨的痛苦，比如法国皇帝拿破仑三世的侄子及林肯，还有那位著名的哲学家苏格拉底。

女士们之所以会唠叨，无非是想以这种方式来改变自己的丈夫，希望自己的丈夫能够变成自己想要的那种。可事实呢？古往今来，好像还没有一位妻子真的通过唠叨达到了自己的目的，相反她们给自己换来的都是苦果。

前一段时间，汤姆以前的一位邻居来到纽约看他，看得出他现在过得非常开心。汤姆问他现在在做什么工作，他说他已经是全美一家著名公司的副总裁了。汤姆发自真心地替他高兴，并表示了祝贺："真是太好了，你妻子劳拉想必也一定非

◇ 不做唠叨的女人 ◇

你是不是一个爱唠叨的女人呢？如果答案是肯定的，为了你们的爱情和婚姻，不妨看一下以下几点建议：

1.不要重复讲话

一件事情只说一次，不要一直重复自己的话，要知道，你说一遍，你的丈夫完全能够听清楚。

2.冷静对待不愉快的事

不愉快的事情最容易让女人唠叨，不要总是不厌其烦地诉说着自己的不快和郁闷。

3.培养自己的幽默感

以幽默的方式对待发生的事情，会让你的心情舒畅。

做到以上几点的话，看看哪个丈夫还能说女人唠叨？

常高兴。"没想到，汤姆的邻居却有些生气地说："你最好不要在我面前提到她，因为我现在的妻子名叫露易丝。"汤姆不明白他为什么这么说，因为他清楚地记得他妻子的确是叫劳拉。最后，邻居告诉了汤姆事情的原委。

原来，汤姆的这位邻居婚后的生活一直都不幸福。他的妻子太挑剔了，对他所做的每一件事和每一份工作都表示轻视，他的事业差一点毁在他太太的手上。他从乡下出来以后，在城里做了一名推销员。他很热爱这份工作，把所有的热情都投入到里面。可是，每天晚上，当他拖着疲倦的身体回到家中时，得到的却是妻子无休止地唠叨："瞧瞧，谁回来了？今天生意不错吧，一定拿回不少钱！怎么样？想必你比我还要清楚，再过几天我们又要付那该死的房租了。"

这种痛苦一直折磨了他好几年，最后，汤姆的邻居终于凭借自己的努力取得了骄人的成绩。可惜，他的太太也不能再留在他身边，因为他娶回了一位年轻而且能够给他足够爱心的女孩。

在这里，必须提醒各位女士的是，喋喋不休本身就已经危害极大了，然而拿自己的丈夫和其他人相比则是一种最具破坏力的方式。

有一次，卡耐基培训班上的一位男士告诉他："卡耐基先生，虽然从您的课堂上我学到了很多东西，但我毅然决定要和我的妻子离婚。"

卡耐基很惊讶地问他这是为什么，他说："你简直都不知道她在说什么。她问我，为什么我赚不到很多的钱，而隔壁那个叫史密斯的家伙却可以；为什么我只被提升了一次，而同办公室的摩根却是两次；为什么她哥哥能给太太买一条珍珠项链而我不能给她买。更过分的是，她居然还说如果她当初成了霍格太太，现在一定过得非常幸福。"

我们真的替这位太太感到悲哀，因为她根本不理解幸福生活的真谛。是的，任何一对夫妻在婚后都会有争吵，这是一个很正常的现象。应该说，大多数心理健全的男士都可以忍受与妻子发生的一般性的争执，而且不会让彼此之间的感情出现裂痕。可是，如果一个男人每天都承受着无休止的、一刻不停的、喋喋不休的唠叨所产生的压力的话，那么他的进取心就会慢慢丧失。不管一个男人在事业上多么成功，只要他每天都必须面对一位唠叨的太太，那么他的事业就一定会逐渐走下坡路。

纽约大学的斯蒂芬博士曾经在一次演讲中提到，作为一名丈夫，他们应该享有四种新的自由，而第一种就是不受妻子唠叨的自由。更加有趣的是，瑞典国会曾经对判定谋杀罪的准则提出过一个让人吃惊的提议，那就是如果能够证明受害者是一个很喜欢唠叨的人，法院就可以把一项预谋杀人罪改判为过失杀人罪。而新泽西有一条法律规定，如果丈夫把自己锁在客房里，那就是有罪；如果他这么做是为了躲避妻子的唠叨，那就是无罪。

别做婚姻的文盲

美国婚姻关系研究专家迪尔科·波多勒曾经说："在美国，每年都有很多对青年男女开始他们的婚姻生活，同时又有很多对夫妻结束他们的婚姻生活。很多人，特别是女性，对他们婚后的生活非常不满意，认为婚姻后的生活质量远远没有达到他们预期的目标。事实上，并非所有的婚姻问题都是在婚后才产生的，有很多是在婚前就已经有了。很多年轻人在对婚姻没有正确认识的情况下就草草地选择了结婚，从而为以后婚姻问题的出现埋下了定时炸弹。我可以肯定地说，现在大多数美国的青年人，也包括那些已婚的夫妇，至今依然在做婚姻的文盲。"

不知道女士们在看到迪尔科这段话的时候是什么感受？也许你们并不同意他的看法。你们已经结婚几年、十几年甚至几十年了，但你们的婚姻依然在持续着。虽然偶尔会发生一些摩擦，但那也是不可避免的。的确，女士们和你们的丈夫都在为维持你们的婚姻做着努力，这是你们双方的责任和义务。然而，如果在这里问女士们："你们的婚姻幸福吗？你每天都过得非常快乐吗？"很多女士们并不一定就可以很理直气壮地回答说："是的！"

事实上，很多妻子，特别是那些已经结婚很多年的妻子，对待婚姻往往是一种"勉强"的态度。她们的婚姻没有激情、没有快乐，也没有新鲜感。对于她们来说，婚姻不过是代表着时间的推移，并没有其他任何意义。

导致这一现象产生的根本原因就是女士们对婚姻没有一个正确的、透彻的、清楚的认识。她们或是把婚姻看得过于浪漫，或是把婚姻看得过于理性，这也是迪尔科把她们称为"婚姻的文盲"的原因。我们曾经对这一问题做过细致地研究，发现这类女性往往在对婚姻的认识上存在五大误区：

1.女性对婚姻认识存在的第一大误区：爱情就等同于婚姻

持有这种想法的女士大有人在，家住纽约肯德尔大街B区162号的阿尼小姐就是一个典型的例子。阿尼在年轻的时候非常喜欢读言情小说，而且每每都被书中的情节吸引。她对爱情和婚姻充满了许多美好的憧憬和向往，非常希望能够过上书中所描写的生活。后来，她认识了达沃尔，一个风趣幽默的年轻人。在相处了两年以后，阿尼决定和达沃尔结婚。这是因为，一方面，达沃尔很会讨阿尼欢心，总是会制造出一些阿尼意想不到的浪漫事情，这使阿尼终日都陶醉于爱情的甜蜜之中；另一方面，阿尼一直都对婚姻有着向往，所以她不想错过这次机会。在结婚的前一天晚上，阿尼整夜都没有睡着，因为她已经为自己婚后的生活编织了一个美好的梦。她梦见自己每天都和达沃尔在一起。他们一起吃早餐、午餐、晚餐，还时不时地出去野炊。达沃尔对她非常好，时不时地送她一些小礼物。后来，他们有了孩子，一家人过上了幸福美满的生活……

然而，阿尼这个美好的梦在结婚后很快就被打破了。失去了婚姻的新鲜感以后，达沃尔不再像以前那样对她甜言蜜语，更不会准备什么礼物。此外，为了维持生计，达沃尔每天都做着早出晚归的工作，根本没时间陪她。后来，孩子也出生了，但这并没有让阿尼感到高兴，因为女士们都知道，照顾孩子是一件非常麻烦的事情。于是，阿尼对婚姻失去了信心，甚至开始怀疑自己当初选错了人。如今，阿尼每天还都生活在后悔、抱怨和唠叨之中。

是谁制造了这场悲剧？达沃尔？不，是阿尼自己。如果她不是把婚姻想象得非常浪漫，而是对婚后的生活有清醒认识的话，相信现实的婚姻也不会让她有如此巨大的反差感。这种类型的女士把婚姻看成童话，没有考虑到其中的现实成分。因此，一旦婚姻从童话回到现实中，马上就会引起这些女士的不满，继而导致婚姻出现问题。

2.女性对婚姻认识存在的第二大误区：婚姻不需要浪漫

持有这种观点的女性大多是那些结婚很多年的妻子。他们对婚姻的认识与上一种女士正好相反，是把婚姻看得太过现实。很多结婚多年的妻子都认为，丈夫和自己之间已经没有什么新鲜感可言，更不可能找到任何新鲜感。于是，他们放任婚姻枯燥、平淡、乏味地发展下去，也并不想为改变婚姻做点什么。

有人曾经问过一位结婚15年的女士，问她如何评价自己现在的婚姻质量。那位女士坦言说："简直糟糕到了极点，每天都重复着前一天的内容，根本没有任何浪漫和激情可言。"别人又问那位女士，是不是愿意为改变这种现状而做点什么。那位女士说："不，我没那么打算过！虽然我们的婚姻状况很糟糕，但是其他夫妻也是一样。事实上，这才是真正的婚姻生活，它并不像很多年轻人想象得那样浪漫。其实，早在几年前我就已经对这种状况做好了准备，所以现在也并没有觉得有什么不妥。"

这类女士确实是认识到了婚姻的现实一面，然而却忽略了它浪漫的一面。虽然她们对现在的婚姻没有怨言，但并不代表这就是一段没有问题的婚姻。最简单地说，她们的丈夫也许就和她们有着相反的看法。

其实，要想使婚姻浪漫一点并不是什么难事，有很多方法都可以采用。比如，女士们偶尔不妨奢侈一下，和丈夫来一顿烛光晚餐，或是在饭后挽着丈夫的手臂到树林中散步。如果有必要，即使是结婚很多年，妻子也可以尝试着和丈夫撒撒娇。虽然这看起来多少有些肉麻，但的确可以起到调节婚姻的作用。

3.女性对婚姻认识存在的第三大误区：一切都是他的错

很多女士都曾经抱怨说，她们的丈夫是个木头脑袋，一点都不解风情。有的甚至干脆说，她们已经对丈夫没有吸引力了，因为丈夫已经不像以前那样对她甜言蜜语、关怀备至了，当然更谈不上什么浪漫可言。

◇ 什么是好的婚姻 ◇

通过观察幸福婚姻我们可以了解到，好的婚姻需要经营，更有一定的规律可循，下面总结"好婚姻"的3条规则：

1.不要只想自己,随时准备做出让步。

2.找出时间来两个人独处，结婚后依然是情侣。

3.想出解决矛盾的办法，不要忍耐或动武。

但事实却并非如此，很多不解风情的男人说，并不是他们本意不想给妻子一段浪漫幸福的婚姻，而是现实的生活不给他们机会。为了维持整个家庭的生活，丈夫们不得不每天早出晚归，而且还要在外面承受巨大的工作压力。这样一来，丈夫们就把大部分精力花费在养家糊口上，因此也就没有心思去考虑什么浪漫与温馨了。

虽然上面那些话听起来好像是借口，但它也的确是现实存在的。女士们，希望你们不要把所有的错误全都推卸给男人，而应该去理解他们、体谅他们。既然他们没有精力制造浪漫，那么你们就应该主动一些。方法很多，或是提醒他们，或是干脆自己制造，总之是不能将抱怨和牢骚挂在嘴边。

4.女性对婚姻认识存在的第四大误区：夫妻之间的沟通是多余的

很多女士都有这样的错误认识，那就是夫妻之间的了解和沟通应该是在婚前，婚后的夫妻只是生活而已，不需要沟通。其实，这种想法是大错特错的。事实上，夫妻之间婚后的沟通更加重要。很多事实都告诉我们，夫妻之间缺乏沟通是导致婚姻出现问题的罪魁祸首。

两性心理学专家瓦德尔·希勒克曾经说："很多夫妻都忽视了沟通的作用，把沟通看成是一件多余的事情。他们有自己的理由，认为双方经过从恋爱到结婚很多年的相处，已经非常了解对方了，因此根本不需要进行沟通。然而，经过调查发现，夫妻之间能够做到真正相互了解最少需要5年以上的时间，也就是说，在这5年时间里，夫妻之间都是在不断地进行摸索。因此，夫妻双方要经常沟通，一定要把彼此内心的真实感受告诉对方，这样才能使婚姻生活幸福美满。"

5.女性对婚姻认识存在的第五大误区：夫妻之间应该是透明的

这一点也很重要。很多女士都认为，爱情是纯洁的，两个人既然组成了家庭，那就不应该存在任何目的。这种想法不应该说完全的错误，因为真诚是建立美满幸福婚姻的关键。然而，这些女士又忽略了另一点，那就是爱情也是自私的。有时候，善意的谎言对于保持夫妻之间的关系有着至关重要的作用。

虽然这几大误区并不能涵盖婚姻中所出现的所有问题，但却完全可以被称为五门必修课。因此，奉劝那些即将结婚或是已经结婚的女士们，好好看看这五点，不要再让自己做婚姻的文盲。

在生活的小细节中体贴他

萨巴兹是一名法官，曾经处理过4万宗和婚姻有关的案件，并曾经促使两千多对夫妇重归于好。因此，他完全可以算得上是婚姻关系方面的专家。有人在闲谈间问他，什么才是导致婚姻失败的罪魁祸首。他的回答让人大吃一惊，他说："一般人们可能会认为经济困难、性格不合等是导致婚姻失败的主要原因。是的，我承认，那些东西确实起到了很大的作用。然而，大多数夫妻之所以不能和睦地生活，主要原因就是他们忽视了生活中的小细节。举个小例子，如果妻子能够在丈夫早上出门的时候愉快地和他挥手说再见的话，那么离婚率将会降低很多。"

曾经有一对夫妻找到萨巴兹，说他们两个已经下定决心离婚了。于是，萨巴兹让他们坐下来，商讨一下有关离婚的条件。经过一阵讨论，这对夫妻惊讶地发现，原来他们彼此还很惦记和关心对方，因为在一些事情上，他们还是会考虑彼此之间的需要。这对夫妻终于明白，他们之间并不是没有了爱，而是因为爱被繁忙的工作和生活中的琐碎细节所淹没了。最后，这对夫妻都同意撤销离婚协议。这个事例足以证明，只要夫妻之间能从细节做起，那么一段看似支离破碎的婚姻是完全有恢复的可能的。

的确，在现实生活中有很多妻子并不太重视生活中的那些小的细节。在她们看来，只要把大方面处理好，就一定能够让家庭幸福快乐，至于小细节则不值一提。女士们忽略了一个问题，那就是一段婚姻实际上就是由成千上万个小细节组成的。试想一下，如果女士们忽略了所有的细节，那对于一个家庭来说将是多么可怕的灾难。美国《评论画报》上曾经有这样一篇文章，上面写道："对于任何一个美国家庭来说，注入新鲜事物都是很重要的。比方说，一个男人通常会把身体斜靠在沙发上，跷着二郎腿欣赏体育节目的行为看成是一件很美妙的事情。然而，大多数妻子则认为这种行为是一种没有修养的、放肆的做法。"

女士们应该清楚，一段婚姻的本质就是一连串的细节。如果妻子忽视了细节的作用，那么就一定会和自己的丈夫发生矛盾，就像阿迪娜·米勒所说："毁灭我们幸福美好时光的并不是已经失去的爱。实际上，正是生活中的小细节促使了爱的死亡。"如果女士们有时间的话，不妨多去婚姻法庭旁听。一段时间之后你们会发现，夫妻之间的感情往往都是被一些琐碎的小事毁掉了。

爱因斯坦一生中经历过两次婚姻。他的第一任妻子名叫米利娃。坦白说，米利娃也是个好姑娘，只不过是她更渴望从丈夫那里得到关爱。可是，既然她选择嫁给了爱因斯坦，那就必须把自己摆在科学研究的位置之后。于是，她开始对丈夫抱怨、不满、唠叨，当然更不会对爱因斯坦表示关心。最后，两个好强的人都到了忍无可忍的地步，只好选择了离婚。

后来，爱因斯坦又与爱丽莎结为夫妻，这可是位善解人意、体贴入微的妻子。她知道自己的丈夫需要搞科学研究，也明白丈夫需要她的关心和照顾。她从来不去干预丈夫的工作，总是默默地替丈夫搞好后勤，让丈夫能够安心搞研究。爱丽莎的举动让爱因斯坦感动异常，总是会尽量抽时间来陪她。正是这种互相体贴才使得他们两个都过得幸福、愉快。爱因斯坦曾经这样说过："以前我并不懂得应该在小事上体贴我的妻子，因为在我看来科学研究才是最重要的，那些小事都是女人应该做

◇ 女人应该如何关心自己的男人 ◇

男人之所以忽略女人，很大程度上是由于女人对男人也缺少关心，想让他爱你如初，那就收敛自己的任性，从现在开始学着关心他吧！

1. 对于他过去所做的事情，不管对错不要再提。重复提及会让丈夫感觉心烦。

2. 他与别人有争议时，要站在他这边，让他感觉你和他一条心。

3. 在细节上体贴丈夫，帮他整理整理衣服，让丈夫整洁地出现在众人面前，天冷了提醒他多穿衣等，这些小细节都会让丈夫感觉到你的爱。

的。可是，我的爱丽莎通过行动让我明白，要想获得美满幸福的婚姻必须懂得互相体贴，而这种体贴要从小事入手。相对论是我发明的，但这里面却有爱丽莎一半的功劳。"

爱丽莎真是一个伟大的女性，因为她通过自己的努力不仅让丈夫获得了成功，而且还亲手营造了一个美满幸福的家庭。可能有些具有女权思想的女士会说："我不明白，我们为什么要忍受如此的折磨？这些努力没有报酬，荣誉永远都是属于男人。"如果你们是这么想的，那么就大错特错了。试想一下，如果女士们无私地为丈夫奉献了自己的一切，那么丈夫怎么可能会不感谢你们。

实际上，在日常生活中最能让丈夫感到亲切和温暖的事，正是妻子在细节方面所表现出的体贴。当你的丈夫在晚上拖着疲倦的身子回到家的时候，你是否已经为他准备好洗澡用的热水？如果你的丈夫在公司被上司训斥了一顿，回到家显得心情非常烦躁的时候，你是否会默默地为他端上一杯热茶或是热咖啡？如果你做到了，那么你就已经成功了。如果你没做到，那么你就应该努力去做。

女士们可能会说："我一直都在按照你所说的去做，可是我的丈夫却并不领情。"的确，女士们是这样做了，可你们却是把自己定位成女佣或是咖啡馆服务员。你们会很不耐烦地问丈夫："我说，热水我早就已经准备好了，你怎么还不去洗？""你要不要来杯茶""快说你到底想喝什么茶"……实际上，任何一个心情烦闷的人都不会有心思去回答你所提的问题的。

胡瓦克·阿格斯是个非常幸运的男人，因为他有一个"十全十美"的妻子。他说："我觉得现在我之所以会比很多男人生活得更加幸福，主要是因为我有一位体贴入微的妻子。我有很多话想对她说，但我最想说的是，如果再给我一次选择的机会，我仍然愿意选择她，当然前提是她依然肯嫁给我。应该说我是成功的，但我所取得的任何一点成功都是和我妻子密不可分的。"

没有爱情的婚姻是不幸福的，即使你拥有了金钱和权力。可是，如果作为妻子，你能够让你的丈夫在你细微体贴的爱情中获得自信和幸福感的话，那么你们的生活将会在精神境界上有很大的提高。

罗斯福是美国最伟大的总统之一，而罗斯福夫人也可以称得上是美国女性的楷模。总统夫人说："我丈夫总是很忙，因此有很多事情需要由我来安排。我总是尽力替他安排好生活中那些琐碎的事情，不让那些无谓的东西打扰他。你知道，我丈夫经常要去各地进行演讲，而他又总是喜欢从孩子中挑选一个同他一起去。于是，这项工作就落到了我的头上。为了不让我的丈夫感到厌烦，我每次总是安排不同的人。我丈夫非常高兴，因为这样他就不会感到厌烦，从而缓解了自己旅途中的压力。"

女士们，要想让你的家庭保持快乐，那么就请记住这一原则：在生活的小细节中体贴他。

让婚姻的纽带更加坚实

现代社会的离婚率已经远远大于以往的任何一个时期，因此大多数女人对白头偕老的黄金婚姻已经不再抱希望。两个思维方式、行为特点，还包括其他方面都有太多不同的男女结合在一起，共同生活长达几十年之久，必须经历各种各样的艰难挑战，要坚持下来的确不是一件容易的事情。但是，如果你掌握了婚姻的若干秘诀，那么你就能将婚姻的艺术发展到至高的境界。离婚，自然也是可以避免的。

要想让婚姻的纽带更加坚实，你可以参考以下秘诀：

1.差异吸引

使男人和女人最终走到一起的是吸引力，而吸引力的丧失，也正是导致许多婚姻失败的罪魁祸首。就像磁铁的正极和负极永远互相吸引一样，男人和女人之所以相互吸引，其最重要的原因是男人和女人的差异。因此，如果女人能保持其阴柔秀美的气质，那么她们就可以在婚姻中保持长久不衰的吸引力。

在正确处理差异所带来的冲突的前提下，又不否定真实的自我差异，这样我们才能保持持久的吸引力。相反，放弃自我去取悦伴侣，最终会置感情于死地。在现实生活中，女人更加容易为了获得男人的欢心而放弃自我，使自己越来越失去吸引力。毫无疑问，只有当女人完全体现出自己的阴柔之美时，女人才对男人最具吸引力。

当然，这种吸引力并不仅仅指身体的吸引。实际上，在建立了感情的基础上，我们对自己伴侣其他方面的好奇和兴趣也会与日俱增。我们会惊异地发现，我们对伴侣和自己的思想、感觉和作为等方面的差异，也仍然很感兴趣。当然，其前提是始终使感情充满活力，这样才能使差异发挥作用。在此前提下，运用新的婚姻关系技巧，去做出些许变化，使自己更加符合自己的性别角色，不断地丰富自我的。通过这种丰富，我们可以更深地发掘出潜在的自我，从而产生持续不断的吸引力。

2.变化和成长

人们的新鲜感往往只能保持一段时间，与此相对的是，大多数女人都懒于变化，因而不能提供源源不断的新鲜感，这也是许多婚姻失败的重要原因。很多女人下意识地认为，爱自己的伴侣就意味着整日厮守不分，她们并没有意识到，整日厮守会使婚姻关系平淡无味、毫无神秘感。实际上，整日处于两人世界之中，人们容易变得沉闷，而与其他的朋友相处，或是分别参加一些别的活动，都可以给婚姻关系带来新鲜元素。

没有激情的婚姻关系会阻碍夫妻的成长，从而让婚姻更加走向沉闷。已婚男人感受不到尊重，他也不会继续成长，也渐趋于保守。他可能会莫名其妙地感到回到家里会日感郁闷，与妻子的关系越来越疏远，做事也越来越缺乏主动性，他对日常事务的处理则越来越刻板和一成不变。习以为常的惯例也是使感情淡漠的主要原因。事实上，有时做点出格的事却会使人记忆犹新，而几乎所有打破常规的些许努力，都会带来意想不到的效果。

3.需要和依恋

男人和女人因为相互吸引而走到一起，但是结合在很大程度上却是出于爱的需要。如果感受爱的过程令人感到不安，自己的需求并没有从对方那里得到满足，感情就会迅速变淡。女人失去使男人愉悦的能力，他的感情自然而然会受到压抑；女

◇ 健康的婚姻关系 ◇

真正健康的婚姻关系是，夫妻就好像一对好朋友，也就是说，他们总是知道在自主和依赖之间保持平衡。

1.很多时候他们彼此依赖，彼此成为对方的支柱，在有困难的时候他们能够共同扛过去。

2.但是，女性也不能过于依赖男人，要能够承担起自己的责任，那么当对方无法满足和帮助你的时候，你就能够自己激励自己。

这样的婚姻才是健康的婚姻，既能相濡以沫，又彼此独立。

人感受不到倾诉情感的安全，她也会压抑自己的感情，关上心灵的大门。无论是男人还是女人，不断压抑其感情，久而久之，他们就会在心灵的周围筑起一道围墙。

恋爱开始时，女人可以不断地感受到爱，因为对方总是想尽办法来满足自己感情的需要，那时，压抑感情的心灵围墙并没有把你们的心灵阻隔。而一旦那堵围墙完全阻隔了你们的心灵，爱恋的情感也就不复存在了。为了寻回昔日的感情，必须彻底打破这堵围墙。每当我们尽自己的努力去满足对方的需求时，就像从这座围墙上搬走了一块砖，这会使一小束感情之光射入我们的心灵，让我们感到满足。通过彼此间成功的交流和相互间的满足，那堵大墙肯定会逐渐被打破，感情之火将会再次熊熊燃起。

4.个人的责任和自我解除烦恼

很多女人在结婚之后倾向于把所有问题都推到对方头上。当她自己感到不适时，对方总是成为她推卸责任或抱怨的对象。由于自己的不快而责备伴侣，这无疑是一个并不那么明智的举动。尽管我们希望自己的伴侣像父母一样疼爱我们，他们对自己的爱应该是无私的，但是这种期望无异于感情的杀手。对方的确可能会对你付出无私的爱，但是你能够做的却只是一无所求。

我们内心的烦恼应该由我们自己来平复。当女人感到不耐烦时，不要要求男人不断地做出改变，也许对方正在不断地给你所需要的支持。你所应做的是，不必过分着意改变自己的伴侣，而要更多地注意改变自己的态度。如果你对自己的伴侣心生怨恨，那么你就很难接受、理解以及原谅他的欠缺。当你无条件地去爱自己的伴侣时，彼此的爱恋就会更加深厚。永远记住，尽管已经结婚，但你的问题仍然是你的问题，需要你自己去解决。